JN161199

植調 雑草大鑑

WEEDS OF JAPAN IN COLORS

企画 公益財団法人
日本植物調節剤研究協会

浅井元朗 著

全国農村教育協会

WEEDS OF JAPAN IN COLORS

by MOTOAKI ASAI

planned by : The JAPAN ASSOCIATION for ADVANCEMENT of PHYTO-REGULATORS (JAPR)

Zenkoku Noson Kyoiku Kyokai Co., Ltd.
Taito 1-chome, Taito-ku, Tokyo 110-0016 Japan

発刊に寄せて

日本植物調節剤研究協会（植調協会）は，東海道新幹線が開通した1964年の11月に財団法人として設立され，法律改正を経て平成23年に公益財団法人に移行し，50周年を迎えた。

植調協会は公益事業として，新しく開発された除草剤をはじめとする植物調節剤に関して，①その薬効・薬害や作物残留量分析などの検査・検定，②そのより適切な利用法についての研究開発，③生産現場での適正使用に向けた普及啓発を行っている。

除草剤の適正な使用基準は，植調協会の実用性を評価するための薬効・薬害試験を通じて策定されており，それが農薬登録に生かされている。その適用場面は，水稲作から畑作，野菜花き，果樹，草地飼料作，ゴルフ場などの芝，さらには家庭園芸や非農耕地の緑地管理などに及んでいる。その場面場面で様々な雑草に対処すべく，上手な除草剤の使い方が求められている。

そんななか，除草剤の効果やその有効範囲を調べるには，イネ科から広葉，さらには一年生から多年生までという，多くのそして多様な雑草種を正確に見極めることが第一歩であり，基本でもある。しかし，雑草は生育につれ姿形が変化し，専門家といえども，生育ステージによっては，その種類の判別に苦労することが多い。

これまで，その指針となってきたのが，昭和43年に植調協会の企画を受けて刊行された「日本原色雑草図鑑」（全国農村教育協会）であった。本格的なカラー雑草図鑑として，今日まで12回の改訂・増刷を重ね3万7千部が発行され，多くの方々に利用されている。

植調協会では，50年の歴史を有する除草剤の薬効評価を専門的に行う機関として，雑草の調査・研究や防除に携わる専門家をサポートする，より実際的なプロ仕様の雑草図鑑の必要性を感じていた。つまり，種子，そして発芽したばかりの芽生え・幼植物から，生育中の草姿，さらには開花の様子まで，雑草の生育ステージの変化に応じて，雑草調べができる図鑑が望まれていたのである。そこで，設立から半世紀を刻んできたこの50周年を機に「雑草の一生が分かる，プロ向け雑草図鑑」の刊行を企画し，そのタイトルに，敢えて植調の文字を入れ，「植調雑草大鑑」とした所以はここにある。

この期待に応えて，素晴らしい雑草大鑑に仕上げてくれたのが，本書の著者で雑草生態学の第一人者の（独）農研機構の浅井元朗上席研究員の博識と熱意であり，加えて，この種の図鑑の発行には定評のある全国農村教育協会の全面的なバックアップが大きな力となった。本書は，水田雑草28科129種，畑地雑草54科583種を掲載しているが，そのうちの重要種については，実際に種をまき，定点観測的に雑草の生育を追って撮影するなど，地道な努力が積み重ねられている。植調協会の意を汲んで，本書の完成にご尽力いただいたことに，心より感謝の念を捧げたい。

本書が雑草の生態や防除試験に携わる専門家の方々の傍に常に置かれ，活用されることを願う。また，雑草防除に携わる我々は，本当は心から雑草を愛おしく思い，また，その生命力の逞しさに感動し，その生育の進み具合から季節の移り変わりを感じている。本書は専門家以外の自然愛好家など，より深く雑草を理解し，学び，付き合って行こうとする巾広い読者にも，十分満足していただける質の高い内容になっていると自負しており，より多くの方々に活用されることになれば，望外の喜びとなる。

2014年12月12日

公益財団法人 日本植物調節剤研究協会 理事長　小川　奎

まえがき

ー雑草図鑑の系譜と本書の成り立ちー

本書は，雑草 の図鑑である。

人間の生活圏内に“勝手に”自生する草本が 雑草 と見なされる。人間はこれまでも，そしてこれからも否応なしに雑草と付き合い続ける。付き合う以上，その相手の特性を知る必要がある。知るための手引も時代に応じて引継ぎ，発展させる必要がある。

21世紀初頭の日本では，数多くの野草，雑草図鑑類が出版されている。溢れている，といってよいほどである。それぞれに季節ごと，場所ごと，花の色別など，見やすさ，使いやすさに工夫が凝らされている。しかし，それらは根本では同工異曲で，散策での自然観察の手助けとして，花の咲いた状態で名前を知り，それについての若干の古典的な生物学あるいは文化的薀蓄で味付けをする，というつくりになっている。

雑草の名前がなかなか覚えられない，その大きな理由のひとつは，生育段階に伴い草姿が変化してゆくことである。小型の図鑑の，少数の写真でこれを表現することは難しい。しかし，雑草を覚える，付き合うということは，その種の生活史全体を理解することである。

農地や緑地など，土地管理や植物調査に関わる技術者らの要望に応えられる，雑草の生活史全体を捉えた雑草図鑑は長らく出版されていなかった。

昭和20年代，敗戦直後の食料生産復興と，当時の産学官挙げての除草剤の普及を軸にした科学的，組織的な雑草防除研究が日本で船出した。その後約20年の研究の蓄積により，ほぼ同時期に2冊の雑草図鑑が刊行されている。

笠原安夫著「日本雑草図説」1967年（以下「図説」と略す）

沼田真・吉沢長人編「日本原色雑草図鑑」1968年（以下「原色図鑑」と略す）

両書はともに当時の日本全体の主要な雑草（農業上の重要性の高い草種から，人里に広く普通に生育するが，害が小さいために生物としての実態がほとんど知られていない種まで）の生活史を網羅することを意図した総覧的図鑑である。ともに刊行以降，日本注）の雑草をほぼ収録した不可欠な資料として広く使われ，何度も版を重ねてきた。その後刊行された廉価な雑草の図鑑類やハンドブック類は，基本的にはこの2冊の内容を引用したものが多い。

私も学生時代にこの2冊と保育社の野草図鑑などをあわせて片っ端から雑草を覚えていった。当時すでに，新たな外来種の移入，定着など，多くの部分で両書は時代の要請には答えられなくなっていた。

注）沖縄がアメリカ軍の占領統治から日本に返還されたのが1972年である。図説，原色図鑑ともに初版刊行当時の沖縄は占領下で，両書には南西諸島に特有の雑草はほとんど収録されていない。その意味では，本書が初めて沖縄地方も含めた「日本の雑草」を網羅することに挑んだ書籍である。

その一方でこの間，植物図鑑や野生草本の知見はさまざまな進歩を遂げている。美しい細部拡大写真を多用した山と溪谷社の図鑑群，外来種の増加とそれを反映した帰化植物の専門図鑑や分類群・生育地単位のすぐれた図鑑，地域博物館による自然誌研究活動を集積した地域植物誌，多年生雑草の地下部生態に関する研究の蓄積，遺伝子情報の解析による分類体系の再編などである。

さらに，webによる情報伝達も急速に進歩している。日本のある地点で採集，撮影された植物の画像がその日のうちに全国に伝達される。種名や学名を入力して画像検索をして同定することはもはや常識的である。パソコン上で世界各国の植物誌や基準標本を比較することも可能となっている。

このような，新たな図鑑類や資料を組み合わせて「図説」「原色図鑑」の不足を補いながらも，21世紀にあわせた網羅的な雑草図鑑を編纂する必要性を次第に強く感じてきた。本書はこれらの進展を，両書の系譜に取り込み，引き継ぐことを目指して企画を進めた。

京都大学大学院農学研究科雑草学研究室による雑草生物学研究の伝統。岡山大学資源植物科学研究所野生植物研究室による雑草種子収集事業。農林水産省農業研究センターの耕地雑草防除研究と日本各地の問題雑草を積極的に収集，栽培してきた水田雑草，畑雑草見本園の維持管理。さらに農業研究センター等と（公財）日本植物調節剤研究協会による除草剤委託試験事業の連携網。加えて2011年から始まった，（独）農研機構の生態的雑草管理プロジェクトによる雑草生物情報データベース（http://weedps.narc.affrc.go.jp）の構築。そして本書の出版元である（株）全国農村教育協会が支えてきた出版を通じた積極的な普及啓蒙活動。こうした，日本の雑草研究において重要な役割を果たしてきた拠点の先達が蓄積してきた研究資産を，「図説」「原色図鑑」の系譜に再構築することで本書が成り立った。

雑草の“生き物としての姿と振るまい”の多様さに関心を惹きかつ，図鑑の本質である“眺める楽しみ”にも応えるという構成を心がけた。大鑑の名を冠した本書が，雑草に関わる多くの方々が，さらに深く雑草を識り，学び，伝える手引として活用され続けることを期待している。

2014年11月

著　　者

目　次

（ゴチック文字は見出しのある種をあらわす）

[トクサ科]

序　論

雑草：攪乱の中に生きる植物

雑草という名の植物はない。しかし，雑草とみなされる植物はある。ある植物が雑草かどうかを決めるのは人間である。土手や道ばたに花を咲かせる草は，通りすがりの市民にとっては野草であるかもしれない。しかしその土地の所有者，管理主体者にとっては雑草だろう。

人間が生きていくには土地が必要で，土地があれば雑草と向き合い続けなければいけない。管理すべき土地を所有していれば直接に雑草と対峙する。土地を所有していない都市の人々でも，公園や道路沿い，河川敷などの緑地の景観の恵みを受け続けるために，税金を通して間接的にその労務を誰かに委託している。農業者が農耕地に対して，不断に耕起や刈り取りを続け，場面場面で適切に選んだ除草剤を施すことで，作物が整然と生育する環境が維持され，その結果として消費者が食品を手にしている。

雑草を理解するとは，雑草の生態と土地管理の手段とを合わせて捉えることにほかならず，農地や緑地といった暮らしの景観が，常に誰かの手によって維持されていることに思いを馳せることでもある。

雑草の多様性

雑草を適切に管理するためには，雑草を識別し，その特性を理解する必要がある。“雑草”と一括りにすれば，たしかに何処にでも生えている。しかし，個々の草種に目を向ければ，それぞれに生育時期，生育場所に特徴があり，決して，どこにでも生えているわけではない。草種ごとに生育する立地が少しずつ異なり，同じ立地に共存する傾向の強い種群も存在する。ある土地の雑草の種の構成は季節，年次による変動があり，長期的に見るとある草種の消失や移入により組成の変化が生じる。

本書全般で示すように，植物は生育段階によって形態が連続的に変化し，見かけの姿が異なる。出芽時期の早い個体と遅い個体とでは成熟個体のサイズが数百倍の違いを示すこともある。生育環境によっても，見た目に異なった印象を与える。作物の草冠下で庇陰された個体と，肥沃な陽地で生育した個体とではまるで別種のように見えるほどの可塑性を示す。また，刈取後に再生した個体や，生育期終盤の個体は，健全個体と異なる姿を示すことがある。

どの生育段階でも種の識別ができれば，ある土地の雑草の種の組成およびその変遷や管理との関係をより深く理解できる。

雑草–攪乱（管理）の中に生きる植物群

雑草は人間の管理の影響下に生きる植物群である。人間は土地を利用するために，さまざまな管理作業を加えている。土を耕したり，草刈りをするなど，その土地の植生を壊すことを生態学の用語で攪乱という。農地や緑地では，耕起，草刈り，湛水と落水，火入れ，放牧，除草剤処理といったさまざまな攪乱が加わることで，その土地の機能が保たれている。

土地の管理法と雑草の生態との関係は，耕地（攪乱地）と草地（草刈り地）とに大別できる。攪乱地では耕起によって裸地が生じるが，草刈り地では地表は植被と植物残渣に覆われる。この違いが雑草の種組成と増減に大きく影響する。

耕起：土が耕されると，地面を覆っていた植物やその枯死体が土中に埋め込まれて裸地となる。地表面の雑草種子も土中に埋め込まれ，耕土全層に均一に分散される。一方，土中に埋もれていた（古い）種子の一部が地面近くに露出する。地表面には直接，日射が注ぐため，地温や乾湿の変動が激しい。雑草とされる植物の種子の多くが短時間の露光や地温の変化を感じて発芽，出芽する。裸地には他の土地から風で飛散した種子も着地し，発芽する。耕起された土壌は膨軟となるため，耕起していない土壌よりも深い位置から雑草が出芽できる。

刈り取り：刈り取りでは耕起とは異なり，刈り取られた植物残渣（リター）が地表面を覆い，地表面の土の動きも少ない。成長点の高い植物の多くが刈り取りで死滅し，成長点が地表面付近や地下部にある，イネ科草などの再生に有利な環境となる。刈り取りによって地表面が露光すると，緑陰によって阻害されていた地表面種子の発芽や庇陰されていた幼植物の生育が促される。笠原（1968）が示し，現在も雑草学の書籍に引用され続けている「人里植物」とは耕地周辺の草刈り地の植物である。

管理体系と雑草の生態

いつ，どんな作業が，その土地に加わったか？　その作業体系が何年続いたか？　それがその地に生える植物－すなわち雑草－の組成と量を規定する。

雑草の種類を識別し，その土地に加えられた管理の種類と時期と，雑草の生態的特性とを合わせて捉えることで，その土地の植生の現在と将来を考えることができる。雑草とその管理の関係を理解するには，雑草の種ごとの生育の季節性と繁殖のしくみの理解が不可欠である。

一年生（夏生と冬生）：植物全体が発芽後１年以内に開花・結実し，枯死する植物を一年生草本という。四季の明瞭な地域では，生育時期によって夏生一年生と冬生一年生に大別できる。夏生は春期に発芽・出芽し，秋までに開花・結実するものをいう。冬生は秋期に発芽・出芽し，越冬後夏前に開花し結実するものをいう（越年草ともいう）。冬生の多くは越年草と一年草の性質を合わせ持ち，温暖地以南では冬生であっても，高緯度地域では夏生となる。また小型の，短期間で開花・結実にいたる一年生草種は暖かい地方では一年で複数の世代が交替する。

多年生：多年生草本は地下部が少なくとも2年以上生存し，成熟後はふつう2回以上，毎年開花，結実する。地表や地下の根や茎などで栄養繁殖を行う。栄養繁殖器官には，匍匐茎，地下部の塊茎，鱗茎，根茎，根などがある。多年生でも一年生と同じように大量の種子を生産する草種から，種子をほとんど生産しないものまで，種ごとにふるまいは多様である。また，暖かい低緯度地域では通年生育する多年生として，冬期が寒冷な地域では一年生としてふるまう草種もある。

多年草は単立型と拡大型，拡大型をさらに地上部匍匐型，地下部拡大型の3タイプに類別化できる。単立型は地際の茎あるいは根から数年間，茎葉を出す。水平方向への植物体の拡大はほとんどない。地上部匍匐型は匍匐茎が地表面を這い，越冬または越夏する。地際での刈り取りが繰り返される立地に多い。地下部拡大型は地下を横走する根茎または根系が繁殖器官となる。このタイプはいったん侵入・定着するともっとも防除が困難でその害も大きい。

耕地：畑地では通常1年以内の短期間で栽培する作物が交替する。作物の栽培に合わせて土を耕すことで，地表面の土もろとも植生がいったん破壊される。そうした土地では，作物と同じ時期に生育する草種が生き残り，夏作物の畑では夏生の一年生草本が優占する。秋期に播種し，翌年に収穫する作物の畑では冬生の一年草が生育する。野菜畑や庭，道ばたのように，頻繁に草取りや耕起が繰り返される土地では，短い間に一生を終える小型の草種のみ繁殖できる。

緑地：樹園地や草地などの緑地では，地上部の植生の除去が繰り返される。植生除去の時期と方法によりその後の草種の生育が左右される。芝地や畦畔のように，頻繁に草刈りのなされる土地では，草高の低い，生長点の密な草が生き残り，優占する。土手のように植生が密で，草刈りの頻度がやや低い土地では，イネ科を主体とした多様な多年生草本が混生する。空き地のように，植生が疎で，草刈りの頻度も低い土地では，発芽から開花・結実まで1年以上要する二年生草本が優占することが多い。落葉果樹の下草では，導入外来牧草などの冬緑型イネ科草種と夏生のイネ科雑草との交替草地で，それにときおり広葉草種が侵入する。常緑果樹の場合は，除草剤や刈り取りを契機として冬生一年生と夏生一年生が交替し，法面などを繁殖源とするさまざまな多年生草本が侵入する。

雑草を見る視点には，単に植物としての名前や形態にとどまらず，それぞれの草種が個々の攪乱，すなわち人間の働きかけに対して，どう反応するのか，各草種の反応の総体として，その植生がどう推移するのか，という視点が欠かせない。

本書でその一端を紹介したさまざまな雑草の営みを知ることが，農耕地や公園・緑地管理に汗を流す方々から，草花を愛で，土と離れ，管理すべき広い土地を持たない市民らまでが，視座を共有するきっかけとなることを期待する。

本書の利用にあたって

本書の構成

本書は2010年代の日本において，人間の管理（人為攪乱）が加わる立地に生育する植物群（イネ科のササ，タケ類，大半のシダ類，雑灌木類を除く）のうち，水田雑草129種と畑地雑草583種，計70科712種を採録し，うち約500種について，種子，幼植物，成植物，花・果実の写真を掲載した。

和名・学名・英名：水田雑草，畑地雑草についてそれぞれ，APG Ⅲによる分類体系の科の五十音順に，各科内ではおおよそ属のアルファベット順を基本に掲載した。ただし，近縁種，または同じ地域，立地に生育する草種を比較しやすいよう，同じ見開き頁に掲載するための入替えを適宜行った。なお，水田雑草では単子葉類，双子葉類の順に掲載し，その後，浮遊植物，シダ類，コケ類，藻類を掲載した。

種の和名と学名はおもに『日本維管束植物目録』(邑田仁監修・米倉浩司著，北隆館，2012)，『BG Plants 和名-学名インデックス(Y-List)』(米倉浩司・梶田忠，http://bean.bio.chiba-u.jp/bgplants/ylist_main.html，2003-)に従った。英名はおもにアメリカ雑草学会 Weed Science Society of AmericaによるComposite List of Weeds(http://wssa.net/weed/composite-list-of-weeds/)を引用した。

原産地：1600年代以降に日本に移入したことが明らかな草種について，外来種として扱い，その原産地を示した。それ以外の草種については在来と記載した。

分布：日本国内の分布範囲について示した。

出芽，花期：出芽時期について，全国的に分布する草種については，関東地方で種子からの出芽または栄養繁殖器官からの萌芽が見られる時期を示した。分布が北海道または九州以南に限られる草種については，その地域のおおよそ推定される時期を示した。花期についても同様である。なお，詳細な調査がなされていない，記録のない草種も多く，それについては，同様の生活環をもつ近縁種から推察される時期を示したものもある。また，同じ草種でも地域による違いがあるため，生育時期についてはおおよその目安と捉えてもらいたい。

草丈：成植物(開花～結実期)のおおよその高さを成人男性の身体部位で示した。また，つる性植物はつる性，浮遊植物については水面，と表記した。

生活史：植物体全体が，発芽してから1年以内で開花・結実し，枯死する草種を一年生とした。発芽から開花，結実まで1年以上2年未満とされる草種を二年生とした。地表や地下部の茎，根などにより栄養繁殖を行い，2年以上生存する草種を多年生とした。それぞれ生育の季節性の明瞭なものについて夏生，冬生と付記した。

繁殖器官：種子重量は千粒重を表記した。笠原安夫（1968）『日本雑草図説』養賢堂，榎本敬（1991）雑草研究36（別）134-135，榎本敬（1992）雑草研究 37（別）130-131に記載のある草種については，有効数字2桁目までを引用した。それ以外の草種については，著者らが採種した種子を風乾後，計数，秤量して算出した。

栄養繁殖器官については，根と茎をできるだけ区別して表記した。根茎には地際の短縮した株基部と，地下を横走・拡大する根茎とを含む。地表面付近を横走する匍匐茎との区別は必ずしも明らかでない。また，株基部からの萌芽も，短縮根茎あるいは根の不定芽に由来するか明らかではないものがある。これらは今後の確認を要する。

種子散布：重力，付着，被食，風，水，雨滴，自動，アリに類別化して記載した。

解説：外来種については日本への移入年代を記載した。また，農耕地，緑地での位置づけや特徴的な生態などについても記載した。2014年時点で除草剤抵抗性生物型の存在が確認されている草種についても記載した。

掲載した大半の草種について，その種の生活史全体を捉えることを意図し，幼植物，成植物および花・果実，種子を写真で示した。そのために約450種を栽培し，幼植物からの生育の過程を撮影した。

種子由来の幼植物の生育段階については，作物栽培分野で作物種ごとに慣行とされている表記とは異なり，すべての分類群で統一した表現とした。すなわち，双子葉植物については，子葉，第1葉，第2葉…とした。成植物まで葉を対生する草種については，子葉，第1対生葉，第2対生葉…とした。単子葉類については，子葉鞘，第1葉，第2葉…とした。

また，主要な多年生草種は地下部繁殖器官の写真を盛り込み，イネ科草種については識別の重要な部位である葉節部も掲載した。

従来の雑草図鑑ではあまり考慮されていなかった繁殖器官の形態についても写真と記載を充実させた。

なお，従来，雑草に関する書物で濫用されてきた“発生”の語は多義であり，理解の混乱を避けるために極力使用を控えた。種子から発芽した幼植物については出芽，栄養繁殖器官からは萌芽と記し，生育場所を示す場合には，……に生育する，と記した。

水田編

タイヌビエ

田犬稗　watergrass, Late　イネ科　ヒエ属

Echinochloa oryzicola (Vasing.) Vasing.

【在来】

分　布	全国	生 活 史	一年生（夏生）
出　芽	5〜7月	繁殖器官	種子(3.2〜3.9g)
花　期	7〜9月	種子散布	重力, 水
草　丈	腰〜胸		

もっとも代表的な水田雑草。タイヌビエ，イヌビエ，ヒメタイヌビエなど，水田に生育する雑草ヒエ類は「ノビエ」と総称される。

水田に群生したタイヌビエ。

タイヌビエ。左：子葉鞘は膜質。第１葉は線形〜披針形で先が尖り，淡緑色。長さ8〜25mm，幅1〜1.5mm。水田条件での出芽可能深度は2〜3cm。右：第２葉は線形で先が尖り，長さ2〜3cm。

左：2.5葉期。葉身の両面とも無毛。右：3〜4葉期。第１葉は枯れ，消失する。

分げつ期。葉鞘は扁平で葉身は左右に拡がり先は垂れる。葉縁はざらつく。稈は直立し，淡緑色で，イヌビエと異なり赤紫色を帯びない。ヒエ類のうちで，草姿がもっともイネに似る。

出穂期。稈の先に円錐状の穂をつける。長さ10〜15cm。イヌビエと異なり淡緑色。

タイヌビエ（左）とイネ（右）の葉節部。タイヌビエの葉には葉舌，葉耳がない。まれに葉身の付け根にまばらに毛が生えることがある。

タイヌビエの小穂の形質には2型あり，第１小花の護穎が膨らみ，光沢のあるタイプをC型。平たくざらつくタイプをF型という。写真はF型。

イヌビエ

犬稗　barnyardgrass　イネ科　ヒエ属

Echinochloa crus-galli (L.) P. Beauv. var. *crus-galli*

【在来】

分　布	全国	生活史	一年生(夏生)
出　芽	5〜7月	繁殖器官	種子(1.6g)
花　期	7〜9月	種子散布	重力, 水
草　丈	腰〜胸		

水田の他, 水湿地や畑地, 草地など, 生育地の幅が広い。近年は各地の水田で増加傾向にある。草型や芒の長さなど形態の変異が多い。畑地や道ばたなど乾燥地に生育する小型の変種ヒメイヌビエvar. *praticola* Ohwiとの変異は連続的。

イヌビエの変種ヒメタイヌビエ*E. crus-galli* (L.) P. Beauv. var. *formosensis* Ohwiは関東以西に生育し, 葉身の縁が肥厚して直立する。タイヌビエに酷似し, 出穂前の識別は難しい。シハロホップブチル (ACCase阻害剤) に抵抗性タイプあり。

イヌビエ。左:2葉期。第1葉は線状披針形, タイヌビエに比べやや大きい。第2葉は線形。右:分げつ期。生育初期には株は左右に開張し, 葉鞘は赤紫色を帯びる場合が多い。

旺盛に分げつし, 出穂したイヌビエ。開けた場所では稈は地際を這い, 四方に拡がる。

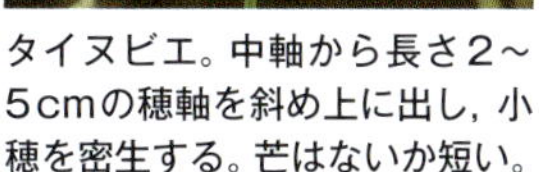

タイヌビエ。中軸から長さ2〜5cmの穂軸を斜め上に出し, 小穂を密生する。芒はないか短い。

イヌビエ。左:花序の各枝はタイヌビエより長く, 広く開く傾向がある。小穂は赤紫色を帯びる。右:有芒型(ケイヌビエ)。水路や水湿地ではこのタイプが多い。

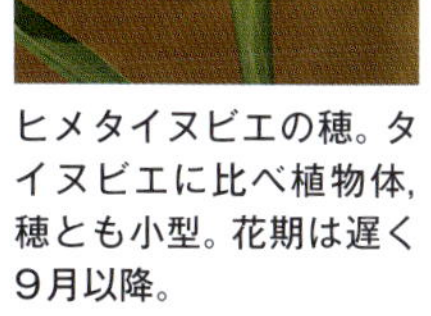

ヒメタイヌビエの穂。タイヌビエに比べ植物体, 穂とも小型。花期は遅く9月以降。

小穂。左:タイヌビエ。長さ約4mm。第1包穎の長さは小穂の約1/2で他のヒエ類より大きい。中:イヌビエ。長さ約4mm。第1包穎の長さは小穂の約1/3で小さい。右:ヒメタイヌビエ。長さ約3mm。第1包穎の長さは小穂の約1/3で小さい。第1小花の護穎は膨らむ。

キシュウスズメノヒエ

紀州雀の稗 knotgrass イネ科 スズメノヒエ属

Paspalum distichum L.

【北アメリカ】

分布	関東以西	生活史	多年生（夏生）
出芽	4～7月	繁殖器官	種子（1.3g）
花期	7～10月		越冬茎
草丈	足首～膝	種子散布	重力，水

西日本に多く，湖沼，ため池，水路などではしばしば浮遊マット状に水面を覆う。水稲早期栽培では収穫後も旺盛に生育する。大正年代に和歌山県で気づかれたことが和名の由来。暖地型牧草として導入，利用が試みられたことがある。

チクゴスズメノヒエ

筑後雀の稗 － イネ科 スズメノヒエ属

Paspalum distichum L. var. *indutum* Shinners

【北アメリカ南部】

分布	関東以西	生活史	多年生（夏生）
出芽	5～7月	繁殖器官	種子
花期	7～9月		越冬茎
草丈	膝～腰	種子散布	重力，水

キシュウスズメノヒエの変種。ひとまわり大型で，葉鞘や葉身に白毛が密生する。穂はしばしば三叉になる。キシュウスズメノヒエは6倍体（2n=60）であるのに対し，チクゴスズメノヒエは4倍体（2n=40）。1970年代に福岡県で確認された。

キシュウスズメノヒエ。左：種子由来の幼植物。新葉は2つ折れで抽出する。葉身は柔らかく先は尖り，葉鞘とも無毛。右：水面を伸長する匍匐茎。節で分枝した稈が直立し水上茎となる。節の付いた切断茎からも萌芽，再生する。水田内では，株間に稈を直立させる。

チクゴスズメノヒエ。しばしば水面に浮島状の大群落をなす。（角野氏原図）

キシュウスズメノヒエ。左：葉鞘の上部と節部にはまばらに毛がある。右：葉舌は高さ約2mmで切形。

チクゴスズメノヒエの葉節部。葉鞘に白毛を密生することがキシュウスズメノヒエとの識別点。

花序。キシュウスズメノヒエよりもひとまわり大型となる。総は長さ5～8cmで2～4本。（角野氏原図）

キシュウスズメノヒエの花序はV字型で，総は長さ3～6cm。中軸の下側に2列に小穂が並ぶ。

小穂。左：キシュウスズメノヒエ。長楕円形で長さ約3mm。淡緑色で先が尖り，まばらに短毛がある。第1包穎はほぼ消失。右：チクゴスズメノヒエ。長さ約3mm。第1包穎は披針形。護穎と内穎はやや革質で光沢がある。

チゴザサ

稚児笹 | - | イネ科 | チゴザサ属

Isachne globosa (Thunb.) Kuntze

【在来】

分布	全国	生活史	多年生(夏生)
出芽	4～7月	繁殖器官	種子(260mg)
花期	6～9月		越冬茎
草丈	膝～腿	種子散布	重力, 水

水湿地, 休耕田, 水路, 河川など水辺に生育し, しばしば水田内に匍匐茎を伸ばして侵入する。

チゴザサ。左:越冬茎からの萌芽。新葉は巻いた状態で抽出し, 葉身はやや硬い。下:地際から匍匐茎を伸ばして拡がり, 節から発根する。葉身は4～7cmの披針形, 上面は光沢がなく, 縁はざらつき, 先は尖る。

左:葉節部。葉鞘は有毛で, 葉舌は長毛列となる。右:開花期。

チゴザサ。左:花序の枝は細く, 淡緑色または紫褐色を帯びた小穂を多数まばらにつける。上:穂は2小花をもち, いずれも稔性がある。花序には腺がある。右:小花は2個の硬い護穎と内穎に包まれる。

ハイコヌカグサ

這小糠草 | bentgrass, creeping | イネ科 | ヌカボ属

Agrostis stolonifera L.

【ヨーロッパ】

分布	北海道～九州	生活史	多年生
出芽	5～7月	繁殖器官	種子(74mg)
花期	7～8月		匍匐茎
草丈	膝～腰	種子散布	重力

クリーピングベントグラスとして世界各地で芝生として利用される。明治初期に侵入し, 水湿地の他, 畑地, 牧草地, 河原などに生育する。本州中部以北の水田で, 畦畔から水田内に侵入・定着している。

ハイコヌカグサ。右:越冬茎からの萌芽。新葉は巻いた状態で抽出する。下:全体無毛。根茎は短く, 基部から匍匐茎を長く伸ばして広がる。葉身は扁平で質薄く, 白～青緑色。

左:葉節部は無毛, 葉鞘は平滑。葉舌は膜質, 高さ1～4mmで尖らない。上:横走して伸長する匍匐茎。

左:円錐花序は淡緑色または紫色を帯び, 直立し, 長さ15～20cm。花序の幅は狭く, 枝は開花後上向きに閉じる。上:小穂は1小花からなり, 長さ約2mm。

ドジョウツナギ

泥鰌繋ぎ | - | イネ科 | ドジョウツナギ属

Glyceria ischyroneura Steud.

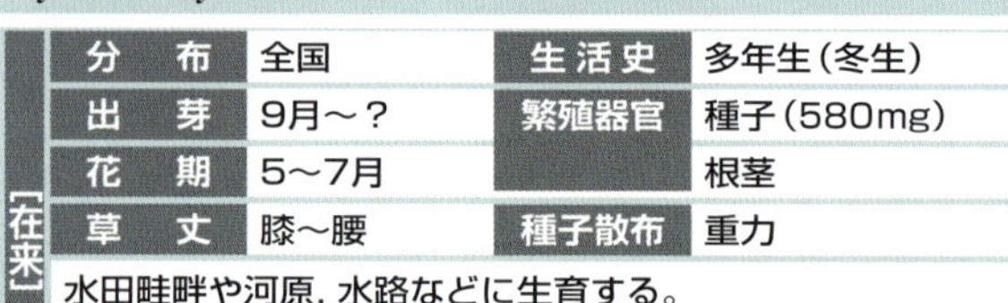

【在来】

分布	全国	生活史	多年生（冬生）
出芽	9月～？	繁殖器官	種子（580mg）
花期	5～7月		根茎
草丈	膝～腰	種子散布	重力

水田畦畔や河原，水路などに生育する。

ドジョウツナギ。左：種子由来の幼植物。葉身は線形で左右に開出し，先は垂れる。右：根茎からの萌芽。新葉は2つ折れで抽出する。

上：葉身，葉鞘とも無毛。茎の下部は地を這い，上部は斜上する。葉身は革質で光沢がある。右：葉節部。葉鞘は口が閉じて筒状になる。葉舌は切形で高さ約1mm。

水田畦畔で出穂したドジョウツナギ。円錐花序ははじめ小枝は開かず線形。

左：円錐花序は長さ15～40cm。小枝が展開して広がり，先はやや垂れ下がる。右：小穂は灰色～紫色を帯び，長さ4～7mm，3～7小花。包穎は透明な膜質。護穎は7脈あり脈は目立つ。小花をつなぐ小軸は湾曲する。

ムツオレグサ

六折草 | - | イネ科 | ドジョウツナギ属

Glyceria acutiflora Torr. subsp. *japonica* (Steud.) T. Koyama et Kawano

【在来】

分布	関東以西	生活史	多年生（冬生）
出芽	9月～？	繁殖器官	種子（2.1g）
花期	5～6月		根茎
草丈	膝～腰	種子散布	重力

水田や水路，ため池など水辺や水中に生育する。湿田に多い。

ムツオレグサ。左：種子由来の幼植物。葉身は線形。右：越冬茎からの萌芽。新葉は2つ折れで抽出する。葉身は灰緑色を帯び，先端は急に尖り，ボート型になる。全体無毛。

開花期のムツオレグサ。株をなして立ち上がる。円錐花序は長さ10～30cm。直立し，線形状。基部は葉鞘内にある。

左：葉鞘は下部のみ合着。葉舌は薄膜質で三角形，高さ3～6mm。葉身の幅は約5mmで，葉舌より短い。中：小穂は長さ2.5～5cm，8～15小花。右：内穎の先は2裂し，護穎より長い。

雑草イネ

雑草稲 red rice, weedy rice **イネ科** **イネ属**

Oryza sativa L.

【在来】

分布		生活史	一年生（夏生）
出芽	5〜7月	繁殖器官	種子（17.8g）
花期	8月	種子散布	重力，人為
草丈	腰〜胸		

かつて「赤米」として各地に発生していたが，2000年代初頭から直播圃場で問題が再発した。その後，移植栽培でも確認されている。古代米，栽培赤米品種と異なり，籾は自然脱粒する。栽培イネと同種であるため，蔓延すると防除は困難である。

左：条間から出芽した雑草イネ。右：栽培品種よりやや早く出穂するタイプが多い。

蔓延圃場。

出穂期の有芒，赤色型（長野県Aタイプとされる）雑草イネ。

左：栽培品種の登熟期に立毛中で脱粒した雑草イネの穂。右：圃場に落下した脱粒籾。

左・上：脱粒する有芒，赤色型（長野県Aタイプ）の穂。

有芒，赤色型（長野県Aタイプ）の籾。

上段は玄米，下段は籾。左：Aタイプ（有芒，赤色），中：Dタイプ（無芒，赤色），右：コシヒカリ。

（雑草イネの写真はすべて酒井氏原図）

ヨシ

葦 reed, common イネ科 ヨシ属

Phragmites australis (Cav.) Trin. ex Steud.

【在来】

分布	全国	生活史	多年生（夏生）
出芽	4～5月	繁殖器官	種子（510mg）
花期	8～9月		根茎
草丈	頭～3m	種子散布	風

河原，湿地などに生育し，太く長い根茎で増殖し，大群落をなす。しばしば隣接する水田，畑地に入り込む。

ツルヨシ *Phragmites japonicus* Steud. は河原など水辺の砂地や礫地に生育し，地表に匍匐茎を伸ばすことが多い。

ヨシ。上：幼植物の葉身は線形，ややねじれ，先が尖る。稈は直立する。右：太い根茎が地中深くを横走し，節から地上茎を萌芽する。

ツルヨシ。左：幼植物。葉身は線形，先が尖り，平らで斜上する。基部は狭まる。下：匍匐茎。葉身のある葉鞘に覆われ，葉鞘は紫色を帯びる。節には白毛が密生し，節ごとに「く」の字形に屈曲する。

稈は円形，中空で直立し，分枝しない。節間は長く，節は無毛または少し毛がある。葉身は広線形で先が尖り，やや硬い。ふつう途中から垂れ下がる。

左：水田周辺から水田に侵入する。葉は稈に2列に互生し，縁はざらつく。右：葉舌は低く，縁に短毛が列生し，褐色を帯びる。葉耳があり，葉鞘の口部は数本の長毛が生える。葉身基部は円形，葉鞘はほぼ無毛。

左：花序の先端は下垂し，枝は半輪生する。はじめ紫色を帯び，のち紫褐色となる。右：結実期の花序。白毛が目立つ。熟せば小花ごと散布される。

稈の先端に長さ15～40cmの大型の円錐花序を出す。

左：小穂は長さ12～17mm，3～4小花からなる。第1包穎は長さ3～4mm，第2包穎は5～8mm。小花の基部に長い白毛がある。最下の小花は雄性，それより上は両性。護穎は先が長く尖る。内穎は護穎の1/2以下。上：穎果は長楕円形，褐色で長さ約2mm。

マコモ

真菰 | wildrice, Manchurian | イネ科 | マコモ属

Zizania latifolia (Griseb.) Turcz. ex Stapf

【在来】

分布	全国	生活史	多年生（夏生）
出芽	4～6月	繁殖器官	種子（7.4g）
花期	8～9月		根茎
草丈	胸～2m	種子散布	重力，水

川岸や湿地に生育する抽水植物。地中の根茎で増殖して群生し，しばしば隣接する水田に入り込む。

ジュズダマ

数珠玉 | Job's tears | イネ科 | ジュズダマ属

Coix lacryma-jobi L.

【在来】

分布	本州以南	生活史	多年生（夏生）
出芽	5～7月	繁殖器官	種子（211g）
花期	8～9月		根茎
草丈	腿～2m	種子散布	重力，水

水辺や畑地に生育する。ハトムギ *Coix lacryma-jobi* L. var. *ma-yuen* はジュズダマの栽培用変種で総苞葉は楕円形～長楕円形でもろい。

マコモ。根茎の先端と節から地上茎を伸ばす。葉はほとんどが根生する。葉身は線形で柔らかく，葉鞘とも無毛，ざらつく。幅2～3cm。水田に萌芽した場合はイネよりはるかに大型。

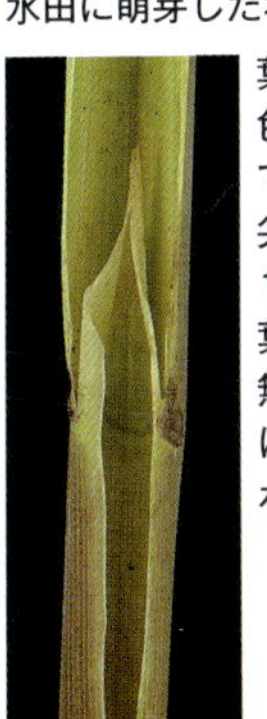

葉舌は白色の膜質で先端が尖り，高さ1～2cm。葉節部は無毛。葉鞘はややスポンジ質。

稈は円柱形で太く，平滑で無毛。円錐花序は長さ40～60cm，枝は半輪生し，上半部に雌性，下半部に雄性の小穂を多数つける。

左：雌性小穂は線状披針形，長さ約2mm，淡黄緑色で長い芒がある。包穎はなく，1小花。右：雄性小穂は狭披針形，長さ約6mm，淡紫色。包穎はなく，1小花。護穎，内穎とも膜質で，赤褐色の葯が透けて見える。

穎果は紡錘形で暗灰色，長さ8～9mm。

根茎は太く，横走し，先端に越冬芽をつける。

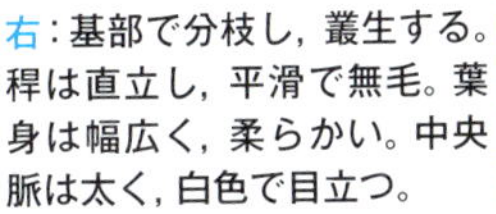

ジュズダマ。左：第1葉は葉身がなく葉鞘のみ。第2葉ははじめ長楕円形で直立。無毛。上：第2葉は披針形で先が尖り，外側に反り返る。第3～5葉の先端は下垂する。

上：暖かい地域では多年生となり，前年の越冬株の基部や根茎から新葉を展開する。

右：基部で分枝し，叢生する。稈は直立し，平滑で無毛。葉身は幅広く，柔らかい。中央脈は太く，白色で目立つ。

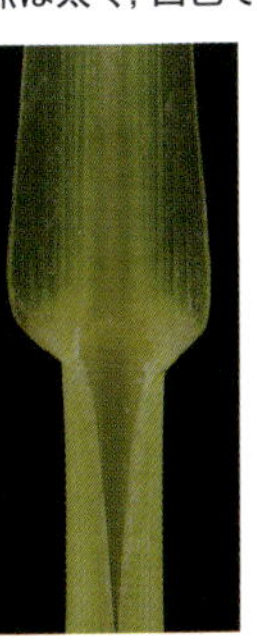

葉舌は短く，切形。葉鞘は平滑で光沢がある。葉身基部は耳形。

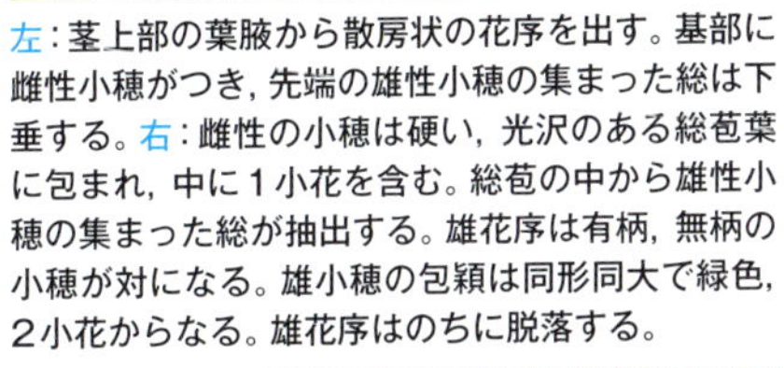

左：茎上部の葉腋から散房状の花序を出す。基部に雌性小穂がつき，先端の雄性小穂の集まった総は下垂する。右：雌性の小穂は硬い，光沢のある総苞葉に包まれ，中に1小花を含む。総苞の中から雄性小穂の集まった総が抽出する。雄花序は有柄，無柄の小穂が対になる。雄小穂の包穎は同形同大で緑色，2小花からなる。雄花序はのちに脱落する。

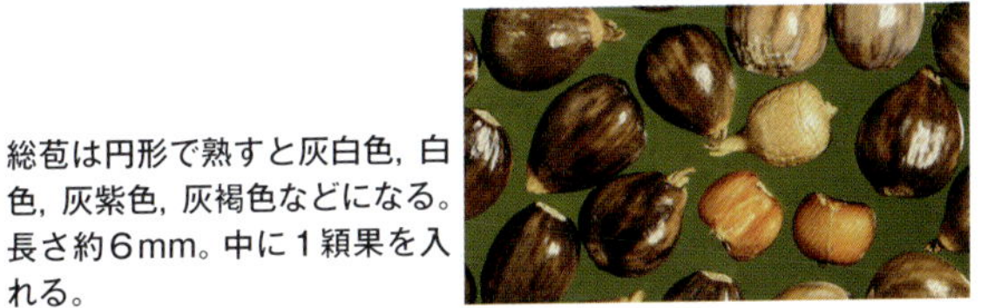

総苞は円形で熟すと灰白色，白色，灰紫色，灰褐色などになる。長さ約6mm。中に1穎果を入れる。

ガマ

蒲 | cattail, common | ガマ科 | ガマ属

Typha latifolia L.

【在来】

分布	北海道〜九州	生活史	多年生（夏生）
出芽	4〜5月	繁殖器官	種子（110mg）
花期	6〜8月		根茎
草丈	胸〜2m	種子散布	風

池沼や休耕田，水路沿いに生育し，しばしば水田にも入り込む。地下を横走する太い根茎により増殖する。

ガマ。上：子葉鞘は線形で曲がり，先端には種皮がつく。第1，2葉は淡緑色，広線形で先は尖る。質は柔らかい。右：種子由来の幼植物。幼茎は扁平で，葉は互生する。葉身は柔らかく，平行脈があり，先は曲がる。

左：根茎から萌芽した地上茎。葉は線形で長く立ち，緑白色。幅1〜2cmで，厚く無毛。断面は半月状。根茎は春〜夏に伸長する。右：前年の地上茎基部についた芽からも翌春に萌芽する。

根茎の節から多数の地上茎を出し，群落をつくる。

葉は基部で筒状に合着して茎を包む。

花茎上部に雄花群，それに接して雌花群をつける。開花中の雄花群は黄色に見える。雄花はきわめて小さく，花被はなく，雄ずい3本と白色毛2個からなる。

茎頂に太さがほぼ一定の，円柱形の花序をつける。花茎は葉よりも少し短いか同長。熟した果穂は茶褐色で幅23mm以上，長さ約10cm。

種子を飛散し始めた果穂。上方から飛散する。

果実は堅果で，種子は1個。長さ約1mm。

コガマ

小蒲 | − | ガマ科 | ガマ属

Typha orientalis C. Presl

【在来】

分布	本州〜九州	生活史	多年生（夏生）
出芽	4〜5月	繁殖器官	種子（38mg）
花期	7〜8月		根茎
草丈	胸〜頭	種子散布	風

湿地，水路，休耕田などに生育する。全体ガマに似るが小さい。

ヒメガマ

姫蒲 | cattail, southern | ガマ科 | ガマ属

Typha domingensis Pers.

【在来】

分布	全国	生活史	多年生（夏生）
出芽	4〜5月	繁殖器官	種子（81mg）
花期	6〜8月		根茎
草丈	腿〜2m	種子散布	風

池沼や水路，休耕田などに生育する。ガマ類ではもっとも水深の深いところにも生育する。

コガマ。上：葉の幅は5〜8mm。ガマよりも細い。直立し，ゆるくよじれる。右：茎は直立し，高さ1〜1.5m。根茎の節間はガマより短いため，茎がより密集する。

ヒメガマ。草高は約2mになり，ガマとほぼ同高。果穂は幅5〜18mm，長さ6〜20cm。

左：花期はガマやヒメガマより約1か月遅い。右：雌花群は長さ4〜12cmで雄花群と接する。果穂は濃褐色。径23mm以下で長さ3〜9cm。上端がもっとも幅広く，下部に向かってわずかに細くなる。

ヒメガマ。左：葉の幅5〜15mm，ガマに比べて細く，質は硬い。右：雄花穂と雌花穂との間が離れ，軸が裸出する。雄花穂は長く，6〜20cm。

コガマ。左：堅果の下の長い柄に絹毛がある。右：種子は楕円形で，長さ約1mm。

ヒメガマ。堅果は長さ約1mm。楕円形で淡褐色。中に種子を1個含む。

イヌホタルイ

犬蛍藺　bulrush, rock　カヤツリグサ科　フトイ属

Schoenoplectus juncoides (Roxb.) Palla.

【在来】

分布	全国	生活史	一年生（夏生）または多年生
出芽	5〜7月		
花期	7〜9月	繁殖器官	種子（1.3g），根茎
草丈	膝〜腰	種子散布	重力，水

ホタルイ類のうち，イヌホタルイが水田でもっとも一般的で，湿地，ため池などにも生育する。株基部で越冬し，翌春萌芽する多年生であるが，水田では主に種子で繁殖する。スルホニルウレア系（ALS阻害）除草剤に抵抗性タイプあり。斑点米カメムシ類の宿主となる。

イヌホタルイ。左：2葉期。基部に種子がつくことが他のカヤツリグサ属雑草との識別点。子葉鞘は糸状，第1〜3葉は線形。右：3葉期。

左：幼植物の地下部。根は白い。右：茎の断面。クログワイ（p.38）と異なり中空ではない。

左：4葉期。葉は上方に2列互生で線形葉を抽出する。写真のように波状に屈曲することが多い。葉の横断面は平たい半円形となる。右：3〜5枚の線形葉が出た後に，直立した茎を抽出する。茎が出ると線形葉はしだいに枯れる。

茎は細い円柱形で，地際で分枝して叢生し，直立する。高さ20〜80cm。

水田に群生する開花期のイヌホタルイ。

左：茎の先に2〜7個の小穂が頭状につく。小穂の先に伸びているのは茎ではなく1枚の苞葉（長さ5〜15cm）。上：花期の小穂。無柄，緑褐色で狭卵形〜長楕円形，長さ約10mm。雌しべの柱頭は2（〜3）岐。1小穂当りのそう果は30〜60個。

タイワンヤマイ

台湾山藺　－　カヤツリグサ科　フトイ属

Schoenoplectus wallichii (Nees) T. Koyama

【在来】

分布	北海道～九州	生活史	一年生（夏生）または多年生
出芽	5～7月		
花期	8～9月	繁殖器官	種子（1.0g），根茎
草丈	膝～腰	種子散布	重力，水

中部地方以北の日本海側に多い。小穂，そう果の形態がイヌホタルイとの識別点となる。スルホニルウレア系（ALS阻害）除草剤に抵抗性タイプあり。

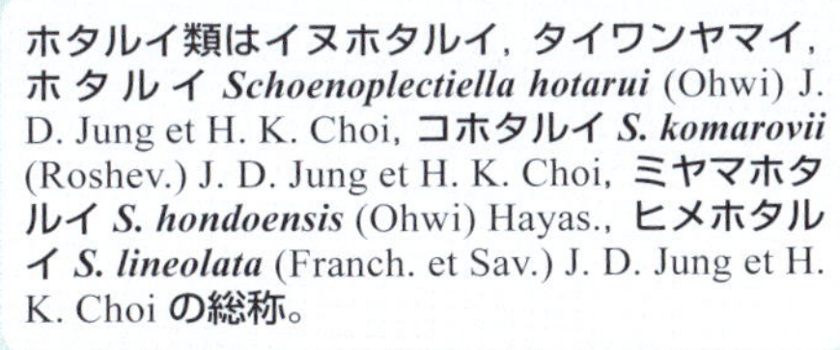

ホタルイ類はイヌホタルイ，タイワンヤマイ，ホタルイ *Schoenoplectiella hotarui* (Ohwi) J. D. Jung et H. K. Choi，コホタルイ ***S. komarovii*** (Roshev.) J. D. Jung et H. K. Choi，ミヤマホタルイ ***S. hondoensis*** (Ohwi) Hayas.，ヒメホタルイ ***S. lineolata*** (Franch. et Sav.) J. D. Jung et H. K. Choi の総称。

越冬株の基部から萌芽したイヌホタルイ。前年の刈株が見える。種子由来と異なり，最初から茎が出る。

タイワンヤマイ。上：直立茎を抽出したタイワンヤマイ。イヌホタルイに酷似し，識別は難しい。右：開花期。苞葉は通常，イヌホタルイより長い。他のホタルイ類に比べ稈が細い。

イヌホタルイ。そう果は広卵形でレンズ状，長さ1.5～1.8mm。緑色から熟して黒紫褐色となる。刺針状花被片はそう果より短い。

左：小穂。イヌホタルイに比べ細い紡錘形で，長さ1～2cm，先端が尖る。鱗片は熟しても緑色。上：そう果は広卵形でレンズ状，長さ1.5～1.8mm。緑色から熟して黒紫褐色となる。刺針状花被片はそう果の約2倍長で逆刺がある。

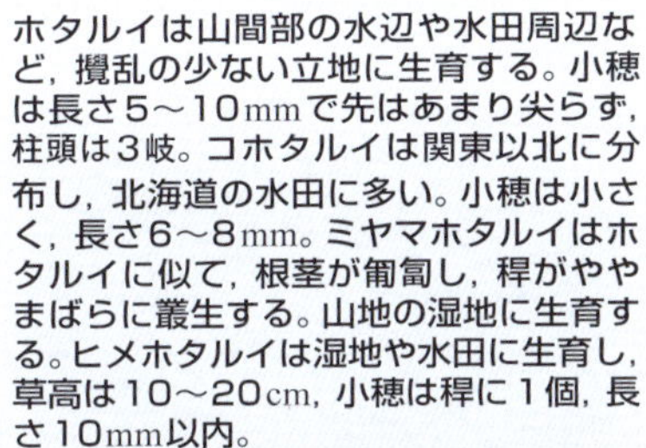

ホタルイは山間部の水辺や水田周辺など，攪乱の少ない立地に生育する。小穂は長さ5～10mmで先はあまり尖らず，柱頭は3岐。コホタルイは関東以北に分布し，北海道の水田に多い。小穂は小さく，長さ6～8mm。ミヤマホタルイはホタルイに似て，根茎が匍匐し，稈がややまばらに叢生する。山地の湿地に生育する。ヒメホタルイは湿地や水田に生育し，草高は10～20cm，小穂は稈に1個，長さ10mm以内。

サンカクイ *Schoenoplectus triqueter* (L.) Palla は湿地，水路，水田などに生育する多年生植物で日本全国に分布する。カンガレイ ***S. triangulatus*** (Roxb.) Soják も湿地，水路，水田などに生育する多年生植物で北海道南部以南に分布する。

サンカクイ。稈の断面は三角形。横走する根茎から1本ずつ稈を出す。稈の上部に2～6の柄を出し，長さ7～15mmの小穂が1～3個つく。

カンガレイ。稈の断面は三角形。叢生して大きな株になる。稈の上部に無柄の小穂が2～10数個側生する。

シズイ

しず藺 | - | カヤツリグサ科 | フトイ属

Schoenoplectus nipponicus (Makino) Soják

【在来】

分布	全国	生活史	一年生または多年生（夏生）
出芽	5～7月		
花期	7～10月	繁殖器官	種子（29mg），塊茎
草丈	膝～腰	種子散布	重力，水

池沼や湿地，水路，水田に生育し，東北地方以北や西日本の標高の高い水田で多い。水田では主に塊茎で増殖する。

シズイ。左：土中の塊茎からの萌芽。萌芽の深度は通常深さ5cm以内。中：2～3葉期にはイヌホタルイに似るが，葉はあまり開かない。葉は線形。右：5～7葉期から分枝を形成する。

茎は直立し，断面は三角形。ミズガヤツリに似るが，高さ40～60cmで全体に柔らかく，基部に数葉をつける。

塊茎は長さ約1cm。やや扁平で，半円形や丸形など，変異がある。

8月以降，下方に伸びる根茎の先端に多数の塊茎を形成する。

シズイ。左：短い2～3本の花序枝の先に，楕円形の小穂を1～3個つける。小穂は長さ8～15mm，黄褐色で先は尖る。右：そう果。倒卵形で長さ2mm，刺針状花被片はそう果の2倍長。（谷城氏原図）

生育期のミズガヤツリ地下部。親株の葉が3，4枚になると3本の細長い根茎を地中に伸ばし，茎先の小塊茎から萌芽を繰り返す。

8月以降，根茎の先端に紡錘形の塊茎を形成する。

ミズガヤツリの塊茎ははじめ白色，1m^{2}当り約500個が形成される。

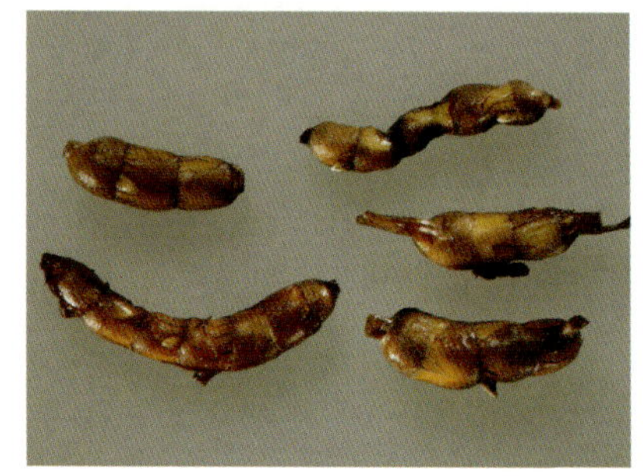

塊茎は数節が連結し長さ3～6cm，鱗片葉がある。

ミズガヤツリ

水蚊帳吊　sedge, flat　カヤツリグサ科　カヤツリグサ属

Cyperus serotinus Rottb.

【在来】

分　布	本州以南	生活史	多年生（夏生）
出　芽	4～7月	繁殖器官	種子（279~437mg）
花　期	8～10月		塊茎
草　丈	腰～胸	種子散布	重力, 水

池沼や湿地，水田に生育し，難防除水田雑草の１種。カヤツリグサ類の中では大型で高さ１m前後になる。水田では主に塊茎で繁殖する。塊茎は畑水分条件でも良好に萌芽する。

ミズガヤツリ。左：越冬した塊茎から萌芽した幼植物。塊茎の萌芽深度は浅く，地表面～１cm程度。右：１つの塊茎からいくつかの幼芽を生じる。土中深くに埋没した塊茎はほとんど萌芽せず，地表面の低温乾燥でも死滅する。

生育期。１本の親株から子株を次々と形成して増殖する。

茎は直立し，三角形で太い。基部は少数の鞘状の葉で覆われる。

葉は広線形で，幅５～８mm，光沢がある。

水田内のミズガヤツリ。光沢のある葉が目立つ。

開花期。根茎で連結した地上部が群生する。

左：花序の枝は５～７本で線香花火状に小穂をつける。苞葉は３～４枚で，花序より長い。小穂は赤紫色か赤褐色。右：小穂は長楕円形～披針形で，長さ 10～15mm，約20個の小花を２列につける。（谷城氏原図）

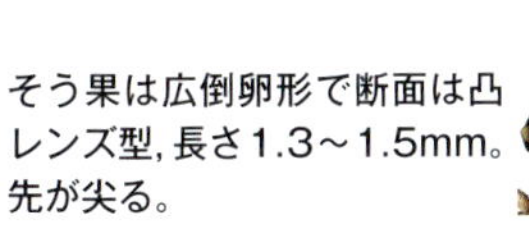

そう果は広倒卵形で断面は凸レンズ型，長さ1.3～1.5mm。先が尖る。

タマガヤツリ

玉蚊帳吊 | sedge, smallflower umbrella | カヤツリグサ科 | カヤツリグサ属

Cyperus difformis L.

【在来】

分　布	全国	生活史	一年生（夏生）
出　芽	5〜7月	繁殖器官	種子（18mg）
花　期	7〜9月	種子散布	重力，水
草　丈	脛〜膝		

水田，休耕田，湿地などに生育する。水田の一年生カヤツリグサ類のうち，全国的にもっとも普通。

水田や畦畔，湿地に生育するカヤツリグサ属として，アオガヤツリ *Cyperus nipponicus* Franch. et Sav. var. *nipponicus*，ウシクグ *C. orthostachyus* Franch. et Sav.，アゼガヤツリ *C. flavidus* Retz.，カワラスガナ *C. sanguinolentus* Vahl，メリケンガヤツリ *C. eragrostis* Lam. などがある。

タマガヤツリ。左：第1葉。線形で鋭頭，長さ5〜8mm。種子は1cm未満の浅い層から発芽する。中左：2葉期。線形葉を上方に2列互生で抽出する。写真のように波状に屈曲することが多い。葉の横断面は平たい半円形。中右：上から見た2葉期のタマガヤツリ。右：第4葉を抽出，茎は直立する。黄緑色で軟弱。

上：基部の葉脈はあみだくじ状となる。下：根は赤色を帯びる。

根元から数本が分枝して株になる。茎は三角形で柔らかい。

葉は線形で先が尖り，中脈は表面ではくぼみ，裏面では盛り上がる。茎は叢生し，水稲群落内では高さ50〜80cmとなる。

タマガヤツリのそう果。狭倒卵形で3稜があり，黄白色，長さ0.6mm。

ヒナガヤツリのそう果。倒卵形で3稜がある。長さ約0.5mm。

コゴメガヤツリのそう果。狭倒卵形で長さ1.2mm。

ヒナガヤツリ

雛蚊帳吊　－　カヤツリグサ科　カヤツリグサ属

Cyperus flaccidus R. Br.

【在来】

分布	本州～九州	生活史	一年生（夏生）
出芽	5～8月	繁殖器官	種子（16.5～23mg）
花期	7～9月	種子散布	重力，水
草丈	足首～脛		

水田や川辺などの水湿地に生育する。水田の一年生カヤツリグサ類では小型で，湿潤～浅い湛水条件で出芽し，水稲収穫後や休耕田で目につくことが多い。

コゴメガヤツリ

小米蚊帳吊　flatsedge, rice　カヤツリグサ科　カヤツリグサ属

Cyperus iria L.

【在来】

分布	本州以南	生活史	一年生（夏生）
出芽	5～8月	繁殖器官	種子（124mg）
花期	7～10月	種子散布	重力
草丈	脛～膝		

水田の他，畦畔や休耕田，転換畑，道ばたなど，湿った土地に生育し，乾田直播の乾田期間に多発する。湛水条件ではほとんど発芽しない。畑地に生育するカヤツリグサ（p.282）との出穂前の識別は難しい。

タマガヤツリ。茎の先に2，3枚の苞葉の間から短い花柄を出し，その先に径1cmの球形の花序を集めてつける。苞葉は花序より長い。

ヒナガヤツリ。基部で分げつして叢生し，全体に黄緑色で軟弱。

コゴメガヤツリ。茎は直立，茎先に長い苞葉を数枚出し，その間から5～10本の花序枝を出す。

タマガヤツリ。上：花柄の長さは不同，小穂は紫褐色を帯びる。右下：小穂は10～20個の小花を2列につける。（谷城氏原図）

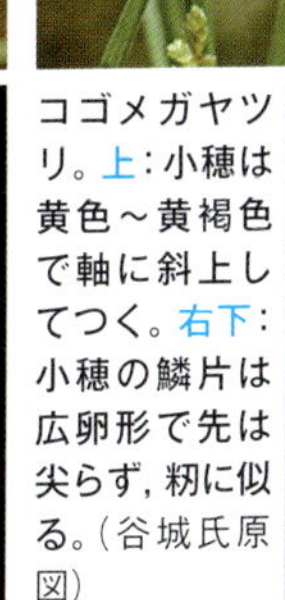

ヒナガヤツリ。上：茎の先に苞葉を2，3枚つけ，そこから花序枝を数本出す。小穂は長さ3～10mm，扁平で5～7個が掌状に集まる。右下：小穂は淡緑色で20～30個の小花をつける。鱗片の先は外側に曲がる。（谷城氏原図）

コゴメガヤツリ。上：小穂は黄色～黄褐色で軸に斜上してつく。右下：小穂の鱗片は広卵形で先は尖らず，籾に似る。（谷城氏原図）

コウキヤガラ

小浮き矢柄　bulrush, cosmopolitan　カヤツリグサ科　ウキヤガラ属

Bolboschoenus koshevnikovii (Litv. ex Zinger) A. E. Kozhevn.

【在来】

分　布	全国	生活史	多年生（夏生）
出　芽	4～7月	繁殖器官	種子（3.5g）
花　期	5～9月		塊茎，根茎
草　丈	膝～腰	種子散布	重力，水

海岸近い低地の湿地や水田に生育し，干拓地の水田に多く，強害草となる。通常，塊茎で増殖する。

上：塊茎から萌芽したコウキヤガラ。湛水状態～畑状態で萌芽する。右：萌芽した塊茎。出芽可能深度は約15cm。

生育初期。茎は直立し，三角形。ミズガヤツリに似るが，葉身と葉鞘の区別が明らかで，葉身の先はやや内側を向く。

左：葉は茎の基部に少数つき，葉身は扁平で長さ10～40cm。上部の葉は茎より長い。分株を出して増殖する。上：茎の頂部に3～6個の小穂をつける。花序枝を出す小穂と出さない小穂とがある。小穂は卵状楕円形，長さ8～15mm。苞葉は通常2～3枚で花序より長い。

コウキヤガラ開花期。高さ1mに達する。

コウキヤガラの塊茎。直径約2cmの球形で，硬い突起を持つ。水田では地表下10cm以内に多く形成され，土壌中では約5年生存できる。

そう果。広倒卵形でレンズ状，光沢がある。長さ3.5～4mm。

ウキヤガラ

浮き矢柄　bulrush, river　カヤツリグサ科　ウキヤガラ属

Bolboschoenus fluviatilis (Torr.) Soják subsp. ***yagara*** (Ohwi) T. Koyama

コウキヤガラ（左）とウキヤガラ（右）。コウキヤガラはウキヤガラに比べて小型で，葉身が鋭角に立つ。

【在来】

分　布	北海道〜九州	生活史	多年生（夏生）
出　芽	4〜7月	繁殖器官	種子（3.6〜8.5g）
花　期	5〜9月		塊茎，根茎
草　丈	腰〜胸	種子散布	重力，水

池沼の周辺や湿地などに生育し，水田にも入り込む。主に地下茎で増殖する。コウキヤガラに比べて大型で，水田には少ない。

左：塊茎から萌芽したウキヤガラ。初生葉と第１葉。中：生育初期。茎は三角形，平滑で径約１cm。葉は線形で先が尖り，緑色で質が硬い。葉の基部は葉鞘となって茎を包む。右：葉は茎より長く，しだいに細くなって先が尖る。

水田畦畔際の地下部から萌芽したウキヤガラ。コウキヤガラと比べ大型で，葉身は光沢があり，開いて垂れる。

ウキヤガラ。上：茎先の２〜４枚の苞葉から，５〜８本の花柄を出す。下：小穂は褐色で狭卵形，長さ８〜20mm。

水田に群生するウキヤガラ。横走する根茎から多数の地上部を抽出する。

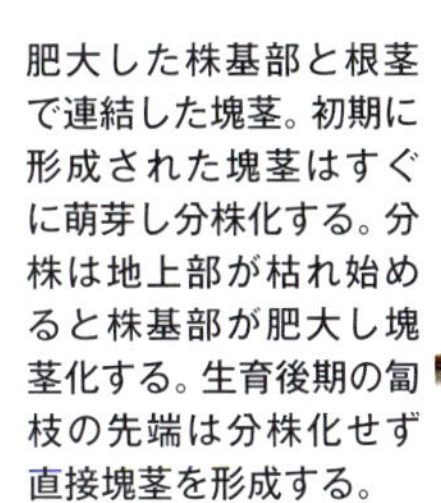

肥大した株基部と根茎で連結した塊茎。初期に形成された塊茎はすぐに萌芽し分株化する。分株は地上部が枯れ始めると株基部が肥大し塊茎化する。生育後期の匐枝の先端は分株化せず直接塊茎を形成する。

ウキヤガラ。左：塊茎，直径３〜４cm。右：そう果。倒卵形で３稜があり，長さ約３mm。先端は嘴状に尖る。

クログワイ

黒慈姑 | chestnut, Water | カヤツリグサ科 | ハリイ属

Eleocharis kuroguwai Ohwi

【在来】

分布	本州以南	生活史	多年生（夏生）
出芽	5～8月	繁殖器官	種子（2.5g）
花期	7～9月		塊茎
草丈	腰～胸	種子散布	重力，水

水田や池沼，水路などに生育し，水田では強害草となる。水田では主に塊茎で繁殖し，種子生産や種子由来の増殖はまれである。ため池と水田で生態型が分化し，異なる生活環をもつ。

ハリイ *Eleocharis congesta* D. Don var. *japonica* (Miq.) T. Koyama は全国に分布し，池沼や水田，休耕田に生育する。稈が叢生して株をなし，草高は8～20cm。ヌマハリイ *E. mamillata* Lindb. F. は池沼や水田に生育し，北日本に多い。横走する根茎から稈が叢生し，稈は高さ30～80cm。

越冬塊茎からの萌芽始め。

左：塊茎から，いくつかの幼芽を萌芽する。最大出芽深度は約30cm。右：地下部。地上部はイヌホタルイに似るが，クログワイは地下に塊茎があり区別できる。

横走する根茎で連結した分株と塊茎。

左：基部に長さ3～4cmの葉鞘状の葉を数枚つける。右：線状円筒形の稈を多数叢生し，全体に柔らかい。稈は径1.5～4mm。

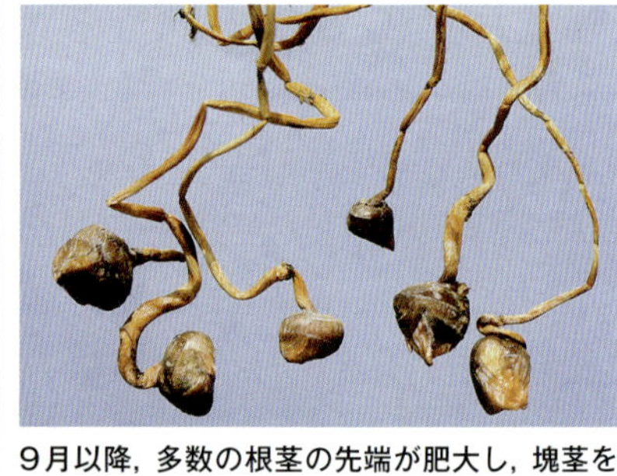

9月以降，多数の根茎の先端が肥大し，塊茎を形成する。

塊茎。黒褐色で径約1cm，先端が嘴状になる。

左：夏期に根茎の先に多数の分枝を出して群生する。茎は直立し，高さ40～70cm。上：葉は葉鞘状となり，稈の基部を抱く。右：茎の断面。中空で多数の隔膜で仕切られる。

水田中の成植物。稈は暗緑色で，先端は丸みを帯びる。

マツバイ

松葉藺　spikerush, needle　カヤツリグサ科　ハリイ属

Eleocharis acicularis (L.) Roem. et Schult. var. ***longiseta*** Svenson

【在来】

分布	全国	生活史	多年生（夏生）
出芽	4～6月，9～10月	繁殖器官	種子（41mg）
花期	6～9月		根茎，殖芽
草丈	足首	種子散布	重力，水

水田，湿地の地際に密生して生育する小型の多年生植物。イグサ田や除草剤普及以前の湿田では強害草。乾田では越冬芽は死滅しやすい。スルホニルウレア系（ALS阻害）除草剤に抵抗性タイプあり。

群生した開花期のクログワイ。稈の先端に黄褐色，円柱状の小穂をつける。

左上：花期の小穂，長さ1.5～4cm。雌性先熟で先に白い雌ずいを出す。右上：その後，淡黄色の雄ずいを出す。
左下：花後の小穂。多くの小花が瓦を重ねたように並ぶ。鱗片は狭長楕円形で鈍頭。

そう果。淡緑色～黄褐色で広卵形，長さ約2mm。表面はなめらかで光沢があり，網目模様がある。

マツバイ。上：根茎の各節についた越冬芽から萌芽する。右：根茎は白色，各節から数本の稈を叢生し，多数のひげ根を出す。葉は長さ1～2cmの糸状で淡緑色。

上：根茎は土中を横走し，四方八方に伸び，多数の分株を形成する。右：出穂したマツバイ。稈は細く径約0.3mm，高さ3～5cm，各節に葉を10枚程度叢生する。

マット状に群生したマツバイ。稈の基部は赤みを帯びる。

左：花茎は葉とほぼ同形で，稈頂に淡褐色で長さ2～4mmの小穂を単生する。
右：開花中の小穂。1小穂に数個の小花をつける。

そう果は長倒卵形で長さ約1mm，表面に隆起した格子斑紋がある。

ヒデリコ

日照り子 fringerush, globe カヤツリグサ科 テンツキ属

Fimbristylis littoralis Gaudich.

【在来】

分布	全国	生活史	一年生（夏生）
出芽	5〜7月	繁殖器官	種子（39mg）
花期	7〜9月	種子散布	重力，水
草丈	足首〜膝		

水田，畦畔など日当りのよい湿地に生育する。乾田直播田で多発し，休耕田や湿潤な畑地にも生育する。

テンツキ ***Fimbristylis dichotoma*** (L.) Vahl subsp. ***dichotoma*** var. ***tentsuki*** T. Koyama は本州以南に分布し，水田や畦畔に生育する。稈は直立し，高さ20〜50cm。叢生し，葉や鞘などに毛がある。ヒメヒラテンツキ ***F. autumnalis*** (L.) Roem. et Schult. は全国に分布，畦畔，休耕田などに生育する。高さ15〜30cm，叢生し，無毛。

ヒデリコ。左：第１葉は線形，多肉質で淡緑色，長さ2.5〜5mm。第２葉は狭い線形。中：幼植物の葉の基部は扇状に広がり，葉身は反曲する。右：葉は根生し柔らかく，扁平な線形で，茎より短い。茎は葉鞘に包まれた平たい四角形。

開花期。葉は叢生し，細く，滑らかで光沢がある。花茎は葉の間から数本直立する。

左：花序枝は数回分枝する。苞葉は2〜4枚，花序よりも短い。右：小穂は卵形〜広卵形，赤褐色で長さ3〜4mm。

ヒデリコ。そう果は倒卵形で長さ0.6mm。黄白色で光沢があり，表面に多数の突起がある。

本葉５枚程度になると根際から細長い白色の根を伸ばし，その先端に分株をつくる。

出芽後約２か月を経ると，根茎の先端に塊茎を形成して越冬する。

塊茎。径3〜6mm，先端の嘴状の部分に複数の芽がある。

そう果は突起のある翼が発達する。種子は倒卵形，淡褐色で長さ約1.5〜1.7mm。

ウリカワ

瓜皮　－　オモダカ科　オモダカ属

Sagittaria pygmaea Miq.

ウリカワ（左）とオモダカ（右）の比較。ウリカワの塊茎は小さく，出芽深度も浅い。

【在来】

分布	全国	生活史	多年生（夏生）
出芽	4～8月	繁殖器官	種子（220～400mg）
花期	7～10月		塊茎
草丈	足首	種子散布	重力，水

水田の代表的多年生雑草の1種で沈水～抽水性～湿性の小型の植物。主に塊茎で繁殖する。暖地に多い。1970年代に全国的に発生面積が増加したが，その後沈静化している。スルホニルウレア系（ALS阻害）除草剤に抵抗性タイプあり。

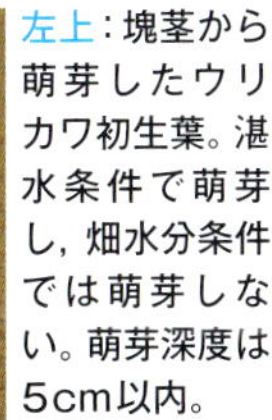

左上：塊茎から萌芽したウリカワ初生葉。湛水条件で萌芽し，畑水分条件では萌芽しない。萌芽深度は5cm以内。左下：第1～4葉は線状披針形～広線形で，先が尖る。長さ1～2cm。右：引き抜くと地下に塊茎がある。葉の質は柔らかく，基部は白色。

生育が進むと葉はへら形または広線形となる。葉には多数の平行脈がある。

上：ウリカワ生育期。葉はすべて根生し，全緑で両面無毛，長さ4～18cm。先端は鈍頭。生育期間を通じて同形。右：水田内に多数の分株を形成して群生するウリカワ。

葉中から5～20cmの花茎を出し，3輪生する単性花をまばらにつける。上方に雄花，最下方に無柄の雌花をつける。

左：雄花。花弁は3枚で白色，雄ずいは12本。上：果実は球状に集合してつき，そう果は扁平で長さ約4mm。

オモダカ

沢瀉　Arrowhead　オモダカ科　オモダカ属

Sagittaria trifolia L.

【在来】

分布	全国	生活史	多年生（夏生）
出芽	4〜7月	繁殖器官	種子（400~450mg）
花期	7〜10月		塊茎
草丈	膝〜腰	種子散布	重力，水

水田の他，水路，浅い湿地に生育する。塊茎で繁殖する代表的な水田多年生雑草。食用のクワイはオモダカの変種で通常花をつけない。オモダカの塊茎も小さいが食用になる。スルホニルウレア系（ALS阻害）除草剤に抵抗性タイプあり。

上：塊茎から萌芽した幼芽。出芽深度は深く，大きな塊茎は約20cm以深からも出芽する。右：はじめ数枚の葉は線形〜広線形，先は尖らない。

上：葉齢が進むと葉はさじ形となる。右：塊茎由来の幼植物，根は白い。

左：さらに葉齢が進むと葉身と葉柄が明瞭になる。右：続いて矢じり形の葉が展開する。若い成葉の裂片は短い。

葉はすべて根生し，長い葉柄がある。成葉の葉身は細長い。

葉身は頂片より左右の裂片が長い。葉形，サイズは変化，変異ともに多様である。

秋期に根茎の先に塊茎を形成する。直径0.5〜1cm，嘴状の芽が通常1つつく。早期栽培水田では，イネ収穫後にも多くの塊茎が形成される。

オモダカ（左）とコナギ（右）幼植物の比較。オモダカの葉は幅広い。

左：種子から発芽した幼植物。子葉鞘は線形で先が尖り，逆U字形に曲がる。長さ約1cm。第1，2葉は広線形～線状披針形で平行脈。中：第5葉まではほぼ同形の広線形で先は尖らない。右：第6葉以降，へら状披針形で先が尖る。塊茎由来よりも幼葉の時期が長い。

左：雄花はやや長い柄があり，雄ずいは黄色で多数。右：果実は球形に密集する。成熟すると脱落する。

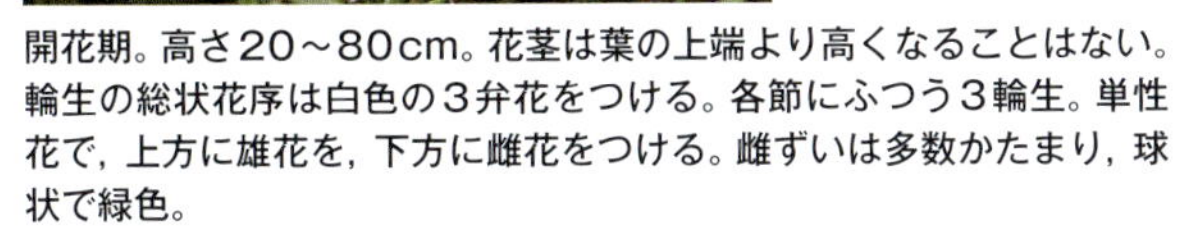

開花期。高さ20～80cm。花茎は葉の上端より高くなることはない。輪生の総状花序は白色の3弁花をつける。各節にふつう3輪生。単性花で，上方に雄花を，下方に雌花をつける。雌ずいは多数かたまり，球状で緑色。

左：そう果。扁平で翼があり，花柱が嘴状に残る。褐色で長さ3～5mm。右：種子は倒卵形，長さ約1.5mm。

水稲群落内に密生したオモダカ。

アギナシ

顎無	－	オモダカ科	オモダカ属

Sagittaria aginashi Makino

【在来】

分　布	北海道～九州	生活史	多年生（夏生）
出　芽	4～7月	繁殖器官	種子（400～900mg）
花　期	7～10月		球茎
草　丈	膝～腰	種子散布	重力，水

水田の他，水路，浅い湿地に生育する。オモダカに比べてまれで，山間の湿地や水田など，より自然度の高い環境に生育し，北日本に多い。

上：種子から発芽したアギナシ幼植物。子葉鞘は逆U字形。第１葉は線状披針形～線形。淡黄緑色。右：第３葉までは線形，その後数枚の葉はへら形となる。

越冬株からの萌芽。オモダカに比べて矢じり葉になるまでの期間が長い。

上：葉はすべて根生し，長柄の先に矢じり形の葉身をつける。側裂片は頂裂片よりやや短い。右：側裂片の先端は尖らず円みを帯びる。頂裂片はオモダカに比べやや細い。

３輪生の総状花序の下方に雌花，上方に雄花をつける。花弁は白色で３枚。写真は雄花。花茎は葉の高さより上まで伸びる。

葉柄基部の内側に密生した小球茎をつけ，越冬する。根茎はない。

上：小球茎は径３～６mm，灰褐色～茶褐色。先端に芽がある。親植物の枯死後，脱落，浮遊して広がる。右：小球茎から萌芽した幼植物。根は白い。

越冬株からの萌芽はしばしば赤みを帯びる。

ヘラオモダカ

篦沢瀉 | - | オモダカ科 | サジオモダカ属

Alisma canaliculatum A. Braun et C. D. Bouché

【在来】

分　布	全国	生活史	多年生（夏生）
出　芽	4～7月	繁殖器官	種子（280～470mg）
花　期	7～9月		根茎
草　丈	腰～胸	種子散布	重力，水

水田の他，湖沼，ため池，水路などに生育。水湿地では肥大し越冬した根茎からの萌芽が多く，水田では主に種子で繁殖する。葉身と葉柄の境が不明瞭でへら状なのが和名の由来。スルホニルウレア系（ALS阻害）除草剤に抵抗性タイプあり。

左上：幼植物の葉は叢生し，線状披針形で先が尖る。ウリカワやオモダカに比べて幅の狭い線形葉を6～9枚展開する。左下：線形葉の後，しだいに葉身と葉柄の違いが明瞭となる。右下：葉は根生し，披針形で無毛。葉身は披針形～広披針形で先端は尖る。基部はしだいに狭まり，葉柄に流れる。全縁でやや厚みがある。

根元から20～80cmの花茎を出す。枝を3または6本ずつ数段輪生し，花序枝はさらに3本の小枝を輪生するか花柄を出す。円内：花は両性で，萼片は3枚で緑色，花弁も3枚，倒卵円形で白色～淡紅色。雄ずい6本，雌ずいは多数が1列環状に並ぶ。

左上：果実はそう果が1列環状に並んだ集合果。扁平倒卵形。背部に深い溝がある。左下：そう果は扁平で倒卵形，黄褐色～褐色で長さ2～2.5mm。右：越冬株からの萌芽。

サジオモダカ

匙沢瀉 | waterplantain, European | オモダカ科 | サジオモダカ属

Alisma plantago-aquatica L. var. ***orientale*** Sam.

【在来】

分　布	本州以北	生活史	多年生
出　芽	5～7月	繁殖器官	種子（190mg）
花　期	7～9月		根茎
草　丈	腰～胸	種子散布	重力，水

主に北日本の水湿地に生育するが，水田にも生育する。水湿地では越冬株由来の繁殖が多いが，水田内では主に種子により繁殖する。

サジオモダカ。左上：種子由来の幼植物。子葉鞘の先端は種皮をかぶる。第1，2葉は線状披針形～線形，鈍頭。左下：第3，4葉から葉鞘と葉身の区別があらわれる。葉柄と主脈はしばしば赤みを帯びる。右：生育中期，さじ形の葉が明瞭となる。葉は根生，葉身の基部は切形または心形で葉柄との境が明瞭。

左：花茎は高さ30～80cm，数個の枝を数段輪生し，各枝から長さ10～20cmの花茎が伸びる。上：花は両性，萼片3枚，花弁は3枚で白色～淡紅色。

左上：果実はそう果が1列三角状に並んだ集合果。左下：そう果は扁平で倒卵形，背部に浅い溝がある。右：越冬した根茎からの萌芽。

コナギ

小菜葱 | Monochoria | ミズアオイ科 | ミズアオイ属

Monochoria vaginalis (Burm. f.) C. Presl ex Kunth

【在来】

分　布	北海道南部以南	生活史	一年生（夏生）
出　芽	5〜8月	繁殖器官	種子（120mg）
花　期	8〜10月	種子散布	水
草　丈	足首〜膝		

もっとも代表的な水田広葉雑草で，ため池や河川にもときに生育する。北海道にはまれで本州以南に多い。多発し，密生すると競合によりイネに著しい雑草害を及ぼす。スルホニルウレア系（ALS阻害）除草剤に抵抗性タイプあり。

コナギ。上：1葉期。子葉鞘は線形で先に種皮をかぶり，逆U字形に曲がる。右：2葉期。第1，2葉は線状披針形。

上：3葉期。葉身は多肉質で無毛。先端は尖る。右：3葉期のコナギ地下部。根はしばしば青紫色を帯びる。

第5，6葉まで線状披針形〜広線形で先は尖り，淡緑色。

第7葉以降，葉身と葉柄が明瞭となり，葉身は先の尖った披針形〜狭卵形。

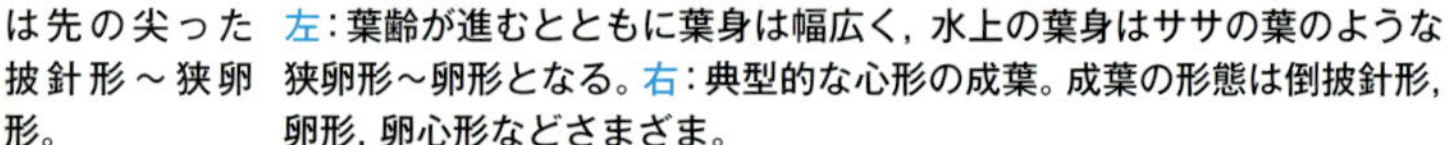

左：葉齢が進むとともに葉身は幅広く，水上の葉身はササの葉のような狭卵形〜卵形となる。右：典型的な心形の成葉。成葉の形態は倒披針形，卵形，卵心形などさまざま。

根元から数本の茎を出し，各茎に1枚の葉をつける。根生葉の葉柄は長く斜上する。植物体は柔らかく，全体無毛。

水面を覆ったコナギ。有機栽培水田など，湛水条件で撹拌される立地で特に高密度になる傾向がある。

アメリカコナギ

亜米利加小菜葱　Ducksalad　ミズアオイ科　アメリカコナギ属

Heteranthera limosa (Sw.) Willd.

【北アメリカ】

分布	関東以西	生活史	一年生（夏生）
出芽	5〜7月	繁殖器官	種子（56mg）
花期	7〜9月	種子散布	水
草丈	足首〜膝		

水田などに生育する。1970年代後半に岡山県で確認され，その後，西日本の水田に散発的に出現し，各地に広がっている。

密生したコナギ。窒素吸収能が高く，密生すると水稲の減収を招く。

上：葉柄の基部に青紫色の花を数個つける。花茎は短く，花序葉より低い。左：花は径約2cm。花被片は6枚。雄ずい6本のうち，1本は長い。しばしば閉鎖花をつける。

果実。花後に花茎は下向きになり，楕円形で長さ7〜10mmの蒴果をつける。1果実に多数の種子を入れる。

種子。長楕円形で長さ約1mm。灰褐色で先が尖り，縦に数本の条がある。

アメリカコナギ2葉期。子葉鞘は線形。第1，2葉は淡緑色で広線形〜線状披針形。

上：はじめ数枚の葉は広線形。その後葉身は卵状披針形〜卵形。葉柄は長く，斜上する。右：コナギと異なり，葉身の先端は尖らず，基部はくさび形。

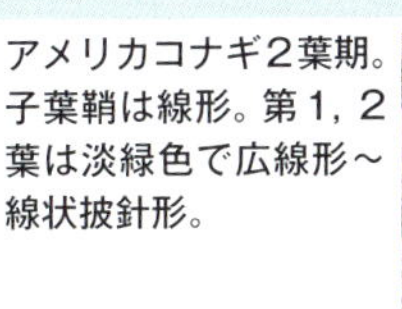

上：開花期。葉柄基部から伸びた花茎の先に6弁花を1つつける。左：花は径約2.5cm，花被片は淡青色から白色まで変異がある。開花は午前中。

上：蒴果は長さ3〜4cmの苞に包まれる。右：種子は楕円形で黒褐色，長さ約0.7mm。

ミズアオイ

水葵 | - | ミズアオイ科 | ミズアオイ属

Monochoria korsakowii Regal et Maack

【在来】

分布	全国(アジア東部)	生活史	一年生(夏生)
出芽	5〜7月	繁殖器官	種子(650mg)
花期	7〜10月	種子散布	水
草丈	膝〜腰		

池沼や河川，水路や水田に生育する。かつては日本の低湿地にごく普通だったが，湿地の開発による生育地の減少とともに減少した。北日本の水田に多く，西日本ではまれ。スルホニルウレア系(ALS阻害)除草剤に抵抗性タイプあり。

左：2葉期。コナギに似るが大型。中：第5，6葉まで線状披針形〜広線形の沈水葉。淡緑色で先は尖る。コナギと異なり，葉身の基部がもっとも幅が広い。右：葉齢が進むと，葉身と葉鞘の区別が明瞭な浮葉となる。葉身は線形〜長楕円形〜倒披針形。

葉柄基部から花茎を出し，葉より高い位置に花序をつける。

花序は長さ7〜12cm，その下に2枚の苞が対生状につく。1花序に数〜数十個の花をつけ，1日花が順次咲く。

コナギに似るが植物体がはるかに大型。成葉は円心形，先は急に尖る。濃緑色で光沢がある。葉の基部は葉鞘となって茎を抱く。茎は太く直立し，多孔質で柔らかい。

水田に群生するミズアオイ。水稲との競合条件では草高1mに達する。

ミズオオバコ

水大葉子 duck-lettuce トチカガミ科 ミズオオバコ属

Ottelia alismoides (L.) Pers.

【在来】

分布	全国	生活史	一年生(夏生)
出芽	5～7月	繁殖器官	種子(140mg)
花期	8～10月	種子散布	水
草丈	(水面下)		

ため池，水路，水田などに生育する一年生の沈水植物。落水状態では枯死するため，中干しが行われる水田では繁殖できない。水深によってサイズと葉形は大きく変化し，水田では比較的小型だが，ため池などでは大型となる。

花，直径2.5～3cm。花被片は6枚。雄ずい6本のうち，5本は黄色。1本はやや長く青紫色。青紫色の雄ずいの位置は左右対称の2タイプがある(鏡像二型性)。

果実は長楕円形で長さ約1～2cm。花後に花序は下向きになり，楕円形の蒴果をつける。

種子は長楕円形で長さ約1.3mm。灰褐色で先が尖り，縦に数本の条がある。

左：子葉鞘は狭披針形，第1，2葉は線状長楕円形。右：幼葉は叢生する。はじめ線形の葉を数枚出した後，披針形～広卵形の葉となり，水中を斜上する。縁は波打ち，細かい鋸歯がある。

開花期。葉は根生で叢生し，長い柄があり，水中を斜上する。質は薄く，紫褐緑色で，5～9の平行脈がある。葉間から出した長い花茎の茎頂に，紅紫色を帯びた白色の3弁花を水面に開く。

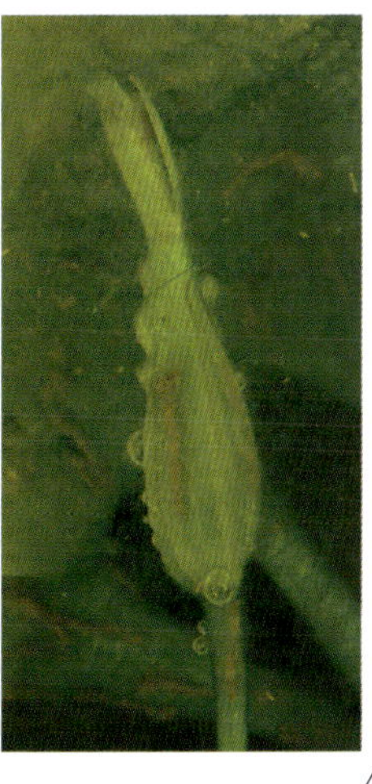

左：花弁は広卵円形，径15～25mm。雄ずい3～12本，雌ずい3～9本。右：果実は長楕円形，角には波状のひれがある。熟すと縦に3裂し，水中に種子を出す。

ホシクサ

星草 | pipewort, ashy | ホシクサ科 | ホシクサ属

Eriocaulon cinereum R. Br.

【在来】

分布	本州以南	生活史	一年生（夏生）
出芽	6～7月	繁殖器官	種子（14.5mg）
花期	8～9月	種子散布	水
草丈	～足首		

水田，休耕田，水路，湿地などに生育する小型の一年生草本。かつては水田の普通種であったが，除草剤の普及後に減少したとされる。現在でもしばしば水田に密生する。水稲生育期にも出芽し，水稲刈取り後にも開花する。

ヒロハイヌノヒゲ

広葉犬の髭 | – | ホシクサ科 | ホシクサ属

Eriocaulon alpestre Hook. f. et Thomson ex Koern.

【在来】

分布	全国	生活史	一年生（夏生）
出芽	5～7月	繁殖器官	種子（35.7mg）
花期	8～10月	種子散布	水
草丈	～足首		

水田や湿地に生育する小型の一年生植物。北日本の水田で多く見られる。水田に生育するホシクサ属ではもっとも害が大きい草種とされる。

ホシクサ。左：第1，2葉は線形，長さ約1cm，幅1mm以下。右：幼葉は叢生し，第4，5葉から外に反り返る。質は柔らかく無毛。

葉は根生し，線形で長さ3cm程度，しだいに細くなって先は尖り，やや外に反り返る。葉脈は格子状。

上：茎はなく，根元から花茎を数本出す。花茎は縦に浅い5本の溝があってややねじれる。花茎は高さ6～15cm，先端にほぼ球状の灰白色の頭花をつける。左：頭花は径3～4mmで，多数の雄花と雌花が集まる。

ヒロハイヌノヒゲ。左：幼葉は扁平な線状披針形で先が尖り，黄緑色。右：葉は広線形で，先端はしだいに細くなる。葉の基部は白色を帯びる。葉脈は平行で多く，網目状に横脈が目立つ。縁はわずかに波状に曲がる。

上：葉は叢生し，基部がもっとも幅広い。根元から5～20cmの多数の花茎を出し，先端に頭花をつける。花茎は少しねじれる。左：頭花は径約5mmの半球状。多数の雄花，雌花からなる。総包片は白色の膜質で頭花より短い。

種子。左：ホシクサ。淡茶黄褐色で透明，楕円形で表面にはやや規則的な六角状網目斑紋がある。長さ約0.3mm。右：ヒロハイヌノヒゲ。淡茶褐色で半透明，長楕円形。下端はわずかに尖り，黒褐色でへそ部がある。長さ約0.8mm。

ヒルムシロ

蛭筵　－　ヒルムシロ科　ヒルムシロ属

Potamogeton distinctus A. Benn.

日本にはホシクサ属の植物が約40種あり，水田にはホシクサ，ヒロハイヌノヒゲの他，ニッポンイヌノヒゲ *Eriocaulon taquetii* Lecomte，イヌノヒゲ *E. miquelianum* Koern. var. *miquelianum*，イトイヌノヒゲ *E. decemflorum* Maxim.，クロホシクサ *E. parvum* Koern. などが生育する。正確な同定には頭花を分解する必要がある。

【在来】

分　布	全国	生活史	多年生（夏生）
出　芽	4～7月	繁殖器官	種子（4.5g）
花　期	5～10月		鱗茎
草　丈	足首	種子散布	水

水田の他，湖沼，ため池，河川，水路などに生育する浮葉植物。かつては水田の代表的多年生雑草で，主に鱗茎（殖芽）で繁殖する。手取り除草の時代には強害草であったが，除草剤の普及後は急激に減少した。

左：泥中の鱗茎からの萌芽。はじめ数枚の線形葉をつける。萌芽深度は10～25cmで深い。右：鱗茎から萌芽した2葉期。托葉は長さ3～5cmの薄い膜質。

水田のような浅い水中では浮葉のみをつけるが，水深のある条件では披針形で質の薄い枕水葉を出す。

浮葉は互生し，緑色で光沢があり，葉脈が明瞭。

新葉は巻いて抽出する。水面に浮かぶ浮葉は長い葉柄をもつ長楕円形。

浮葉の托葉の中から長さ約7cmの花茎を水面上に出す。花茎は茎より太い。

左：花序は長さ2～5cm。淡褐色で無柄の花が密に集まる。花被はない。
右：結実期の花穂，果実は広卵形。1花穂当りの種子は30～60粒。

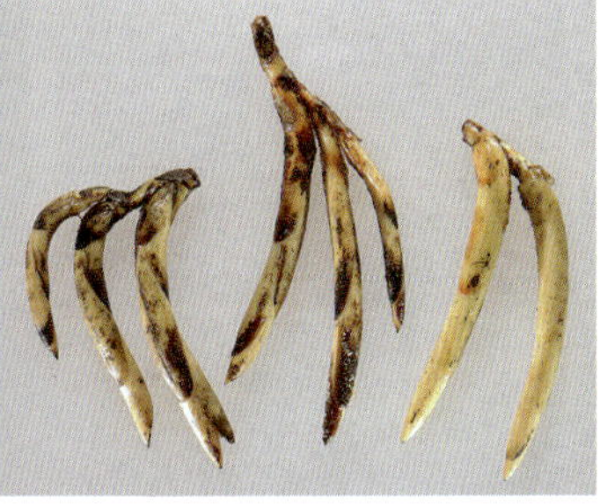

左：8月下旬以降に地下茎の先端が肥大し，黄色のバナナ形の鱗茎となる。土中深さ10～20cmに多い。右：鱗茎は直径約3mm。m^2当りの生産量は200～500個。

果実は黒褐色で広卵形，長さ3mm。水田内での種子による繁殖はまれである。

イボクサ

疣草 dayflower, marsh ツユクサ科 イボクサ属

Murdannia keisak (Hassk.) Hand.-Mazz.

【在来】

分布	全国	生活史	一年生（夏生）
出芽	4～7月	繁殖器官	種子（2.8g）
花期	8～10月	種子散布	重力
草丈	足首～膝		

水路や湖沼などに生育し，水田では畦畔際に多い。湛水条件下では発芽しない。耕起や代かきで茎が切断されても，断片から萌芽し，再生する。茎は地面を這うように伸び，水田内では水稲によりかかり，減収や収穫の支障になる。

シマイボクサ ***M. loriformis*** (Hassk.) R. Rao et Kammathy は九州南部以南に分布し，イボクサと同様の環境に生育する。花弁は淡青紫色で雄ずいは2本。

左：2葉期。第1葉は長さ約1cm，幅3～4mm。第2葉も同形で長さ2～2.3cm，幅5mm。右：葉は互生し，先が尖り，線状披針形。平行脈があり，両面とも淡緑色。基部は葉鞘となり茎を抱く。

左：地際で分枝した幼植物。葉鞘の縁には歯牙がある。右：茎基部は這って分枝し，各節から発根する。

上：全体ほぼ無毛。茎は柔らかく，淡紅紫色を帯び，先は斜上する。葉鞘の縁にまばらに毛がある。右：旺盛に分枝し，水際に茎を広げる。水田では収穫後に地際の茎から萌芽した分枝による種子生産が多い。

左：茎上部の葉腋に淡紅紫色の花を1個ずつつける。花柄は1.5～3cm。上：萼片は3枚，緑色。花弁3枚で，淡紅紫色または白色。雄ずい6本のうち，3本は完全，3本は仮雄ずい。

上：果実は柄の先に垂れ下がるようにつき，楕円形で長さ約1cm。成熟すると先が3裂して種子が落ちる。右：種子は1果実に4粒。1果実内の種子は形，大きさがそれぞれ異なる。灰褐色で表面にしわがある。

セリ

芹　waterdropwort, Java　セリ科　セリ属

Oenanthe javanica (Blume) DC.

水路際に走出枝を伸ばし，群生するセリ。

【在来】

分布	全国	生活史	多年生（夏生）
出芽	4～7月	繁殖器官	種子（2.5g）
花期	7～9月		匍匐茎
草丈	足首～膝	種子散布	重力，水

水路際，湿地に生育し，畦畔から水田にも侵入する。水田内では耕耘や代かきで越冬株や匍匐茎が切断され，それが広がって再生する場合が多い。春の七草のひとつとされ，昔から食用に栽培されてきた。

左：地下走出枝からの萌芽。匍匐茎の節にできる越冬芽で増殖する。中：萌芽した新葉は３出複葉のように深く切れ込み，光沢のある緑色。葉柄は長い。右：地際で多数分枝し，茎は地表面を這う。葉は互生し，２回羽状複葉。小葉はやや卵形で先が尖り，不ぞろいの鋸歯がある。

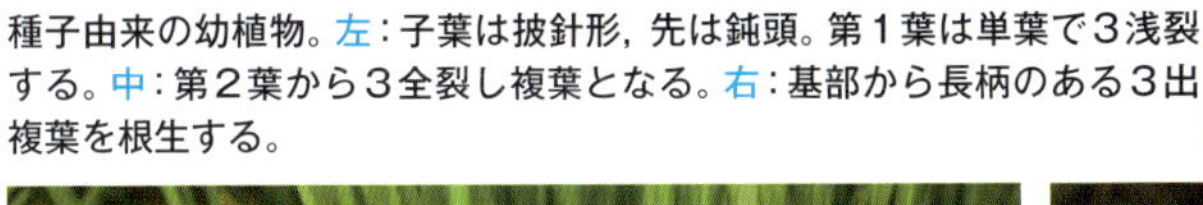

種子由来の幼植物。左：子葉は披針形，先は鈍頭。第１葉は単葉で３浅裂する。中：第２葉から３全裂し複葉となる。右：基部から長柄のある３出複葉を根生する。

茎は四角柱状で中空。匍匐茎の各節から発根する。葉柄の基部は茎を抱く。

夏期に茎の先に直立する花茎を出す。

左：白色の５弁花を10～25個ずつ，径３～５cmの複散形花序につける。花弁は卵型で内側に向かってくぼむ。右：果実は２個の分果にわかれ，分果は数本の筋のある楕円形。中にそれぞれ１個の種子がある。

分果は長さ2.4mm。長い花柱と萼歯が残存する。

アゼナ

畦菜　falsepimpernel, common　アゼナ科　アゼナ属

Lindernia procumbens (Krock.) Borbeás

【在来】

分　布	本州以南	生活史	一年生（夏生）
出　芽	5～7月	繁殖器官	種子（4.7mg）
花　期	8～10月	種子散布	重力，水
草　丈	足首～膝		

ヒメアメリカアゼナ ***Lindernia anagallidea*** (Michx.) Pennell は北アメリカ原産，アゼナに似るが葉は小型で，花柄は苞葉の1.5～3倍長。関東以西に分布する。

アゼナ，アメリカアゼナ（アメリカアゼナC型），タケトアゼナ（アメリカアゼナR型），ヒメアメリカアゼナなどを総称してアゼナ類と呼ばれる。アメリカアゼナは1930年代に侵入が確認され，1950年代以降に水田で見られるようになった。水田の代表的な小型の一年生雑草であるが，水深の浅い場所に多く，湿った畑にも生育する。3種はしばしば水田に混生する。いずれもスルホニルウレア系（ALS阻害）除草剤に抵抗性タイプが確認されている。

アゼナ。左：子葉は長楕円形～線状披針形で先は尖らず，長さ1.5～4mm。淡緑～緑色で無毛。第1対生葉は線状楕円形または卵状楕円形，長さ4～12mm。中：幼植物。葉は対生し，無柄で卵形～長楕円形。全体無毛。右：生育期。葉に鋸歯はなく全縁，3～5本の明瞭な平行脈がある。茎は四角い柱状で株元から分枝する。植物体は全体に柔らかい。

水田に群生したアゼナ幼植物。

アゼナ開花期。葉腋から長い花柄を出し，その先に花を単生する。

アゼナの花柄は苞葉と同長か約2倍。果実の先は円みがある。

水田に混生したアゼナ類。左はアゼナ，右はタケトアゼナ。

裂開した蒴果から種子を散布したタケトアゼナ。果柄は苞葉と同長～1.5倍長。果実の先は尖る。

アメリカアゼナ

－ falsepimpernel, low アゼナ科 アゼナ属

Lindernia dubia (L.) Pennell subsp. ***major*** (Pursh) Pennell

【北アメリカ】			
分布	本州以南	生活史	一年生（夏生）
出芽	5～7月	繁殖器官	種子（4.6mg）
花期	6～10月	種子散布	重力，水
草丈	足首～膝		

タケトアゼナ

－ falsepimpernel, low アゼナ科 アゼナ属

Lindernia dubia (L.) Pennell subsp. ***dubia***

【北アメリカ】			
分布	本州以南	生活史	一年生（夏生）
出芽	5～7月	繁殖器官	種子（4.6mg）
花期	6～10月	種子散布	重力，水
草丈	足首～膝		

生育期のアメリカアゼナ。アゼナ同様，株元から分枝する。葉の基部は狭まり，葉柄状になる。全体無毛。左下は幼植物。2～3葉期までは鋸歯は判然とせず，アゼナとの識別は難しい。

生育期のタケトアゼナ。全体無毛で，株元で分枝する。葉の基部は円～心形となってやや茎を抱く。左下は幼植物。

アゼナ類の葉の比較。左：アゼナ。全縁で3～5本の平行脈が目立つ。中：アメリカアゼナ。基部はくさび形で狭く，上半部に鋸歯がある。紫斑があらわれることが多い。右：タケトアゼナ。卵形でわずかに鋸歯がある。

アゼナ類の唇形花の比較。左：アゼナ。葉腋から長い花柄を出し，淡紅紫色の唇形花を単生する。花は長さ約6mm。下唇は上唇より長い。萼は5深裂する。アゼナは雄ずい4本に葯がある。中：アメリカアゼナ。右：タケトアゼナ。唇形花は白～淡紫色で長さ約1cm。アメリカアゼナ，タケトアゼナは雄ずい4本のうち，2本のみに葯がつく。いずれも日当りの悪い条件では閉鎖花をつけることがある。

アゼナ類の種子の比較。左：アゼナ。楕円形で少し湾曲し，淡黄褐色。縁に半円形に湾曲した微細な毛を列生し，横の隆起脈はない。長さ0.3～0.4mm。中：アメリカアゼナ。楕円形で少し湾曲し，淡黄褐色。横の隆起脈があり，種子の縁部に毛はない。長さ0.3～0.4mm。右：タケトアゼナ。長さ0.3～0.4mm。

アゼトウガラシ

畦唐辛子 － **アゼナ科**（旧ゴマノハグサ科） **アゼナ属**

Lindernia micrantha D. Don

【在来】

分布	本州以南	生活史	一年生（夏生）
出芽	5～8月	繁殖器官	種子（8.2mg）
花期	8～10月	種子散布	重力，水
草丈	～足首		

湿地や溝，畦畔，休耕田など，水深の浅い場所に生育し，水田や湿った畑地にも生育する。スルホニルウレア系（ALS阻害）除草剤に抵抗性タイプあり。

ヒロハスズメノトウガラシ

雀の唐辛子 － **アゼナ科**（旧ゴマノハグサ科） **アゼナ属**

Lindernia antipoda (L.) Alston var. *verbenifolia* (Colsm.) Ohba

【在来】

分布	全国	生活史	一年生（夏生）
出芽	5～8月	繁殖器官	種子（10mg）
花期	8～10月	種子散布	重力，水
草丈	～足首		

畦畔や水田など湿った土地に生育する。従来スズメノトウガラシとされてきた種は本種とエダウチスズメノトウガラシ *L. antipoda* (L.) Alston var. *grandiflora* (Retz.) Tuyama に分類される。エダウチスズメノトウガラシは北海道～九州に分布。

左：アゼトウガラシの生育初期。第5対生葉ぐらいから鋸歯があらわれる。円内は子葉。子葉は線形で黄緑色，第1，第2対生葉とも線形で長さ2～3mm。右：ヒロハスズメノトウガラシの生育初期。子葉は卵状楕円形で淡黄緑色，第1対生葉は楕円形，第2対生葉は披針状倒卵形，縁に粗毛と2，3対の鋸歯がある。

左：アゼトウガラシ。根元から分枝し，直立する。茎は四角柱状で無毛。葉は披針形で対生し，縁にごく低い鋸歯が少数ある。右：ヒロハスズメノトウガラシ。葉は倒披針形で長さ1～5cm。先は鈍く，鋸歯はややく，尖る。エダウチスズメノトウガラシの葉身は中央脈を軸にやや2つ折り状となり，先が鋭く尖る。

アゼトウガラシ。上：開花期。葉腋からやや長い花茎を出し，淡紅紫色の唇形花を単生する。左：花。萼は5深裂し，長さ4～5mm，花冠は長さ1cm，上唇は2浅裂し，下唇は3中裂し，雄ずい4個。

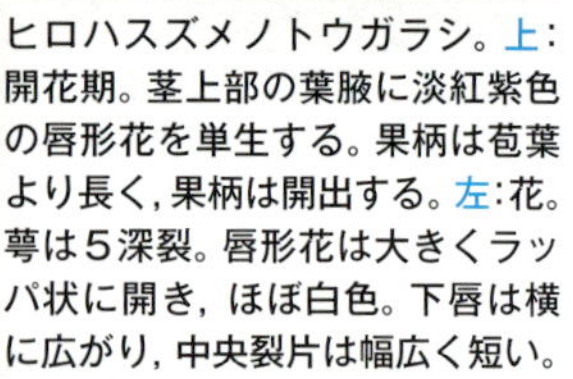

ヒロハスズメノトウガラシ。上：開花期。茎上部の葉腋に淡紅紫色の唇形花を単生する。果柄は苞葉より長く，果柄は開出する。左：花。萼は5深裂。唇形花は大きくラッパ状に開き，ほぼ白色。下唇は横に広がり，中央裂片は幅広く短い。

果実。左：アゼトウガラシ。蒴果は円柱状で唐辛子の果実に似る。長さ約10mm，萼片の3～4倍長。熟すと2裂して種子を散らす。右：ヒロハスズメノトウガラシ。蒴果は長披針形。苞葉は葉状で，花柄は苞葉よりも長い。

種子。左：アゼトウガラシ。微細で不整の短卵形～楕円形。表面にやや大きい網状斑紋があり，淡黄褐色。長さ0.4mm。右：ヒロハスズメノトウガラシ。不整な稜を持った卵形で淡褐色，表面には隆起した網状紋がある。長さ0.4mm。

アブノメ

虻の目 | dopatrium | **オオバコ科**（旧ゴマノハグサ科） | **アブノメ属**

Dopatrium junceum (Roxb.) Buch. -Ham. ex Benth.

【在来】

分布	本州以南	生活史	一年生（夏生）
出芽	5～7月	繁殖器官	種子（3.4mg）
花期	8～10月	種子散布	重力，水
草丈	足首～脛		

水田，湿地などに生育する小型の一年生草本で，湛水条件で多い。

オオアブノメ

大虻の目 | – | **オオバコ科**（旧ゴマノハグサ科） | **オオアブノメ属**

Gratiola japonica Miq.

【在来】

分布	北海道～九州	生活史	一年生
出芽	3～7月	繁殖器官	種子（26mg）
花期	5～8月	種子散布	重力，水
草丈	足首～脛		

水田，湿地，河川の水辺など浅い水中に生育する小型の一年生草本。西日本のイグサ田や北日本の水田など，低温条件で多い傾向がある。

アブノメ。左：子葉は長楕円形または広線形，先は尖らず，多肉質．淡黄色で無毛。第1対生葉は長楕円形。右：第2対生葉は狭卵形，やや先が凸になり，淡緑色。葉は無柄。根生葉を叢生したのち茎を出す。

アブノメ。基部の根生葉の葉腋から分枝し，数本の茎を直立する。茎は無毛，円柱状で柔らかく中空。葉は上部ほど小さくなり，鱗片状となる。

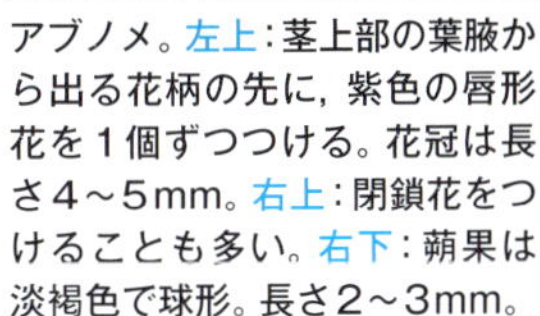

アブノメ。左上：茎上部の葉腋から出る花柄の先に，紫色の唇形花を1個ずつつける。花冠は長さ4～5mm。右上：閉鎖花をつけることも多い。右下：蒴果は淡褐色で球形。長さ2～3mm。

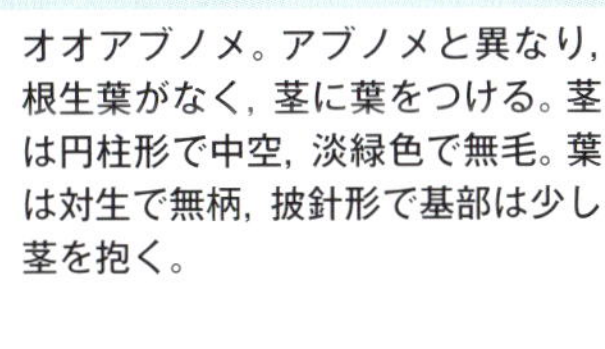

オオアブノメ。アブノメと異なり，根生葉がなく，茎に葉をつける。茎は円柱形で中空，淡緑色で無毛。葉は対生で無柄，披針形で基部は少し茎を抱く。

オオアブノメ。分枝して株になり，直立または斜上する。全体が肉質で柔らかい。葉は広卵形，全縁で先端は鈍頭。

オオアブノメ。左：葉腋に白色の唇形花を単生する。長さ約6mm。多くは閉鎖花となる。右：果実は球形で無柄，径約5mm。

種子。左：アブノメ。3，4稜の長楕円形で，やや湾曲する。半透明状の黄褐色で，表面に微凹凸と網状斑紋がある。右：オオアブノメ。淡黄褐色で長楕円形。やや湾曲し全面に小さい網目斑紋がある。長さ約0.9mm。

ウキアゼナ

浮き畦菜 waterhyssop, disc オオバコ科（旧ゴマノハグサ科） ウキアゼナ属
Bacopa rotundifolia (Michx.) Wettst.

【北アメリカ】

分布	本州以南	生活史	一年生（夏生）
出芽	5〜7月	繁殖器官	種子（13mg）
花期	8〜9月	種子散布	水
草丈	（浮葉性，水面）		

1954年に岡山県で確認された。水草として輸入したものが逸出したとされる。近年は西日本以西の河川，水路，水田などに生育する浮葉〜湿生植物。スルホニルウレア系（ALS阻害）除草剤に抵抗性タイプあり。

キクモ

菊藻 limnophila オオバコ科（旧ゴマノハグサ科） シソクサ属
Limnophila sessiliflora (Vahl) Blume

【在来】

分布	本州以南	生活史	多年生（夏生）
出芽	4〜8月	繁殖器官	種子（40mg）
花期	8〜10月		根茎
草丈	足首	種子散布	重力，水

水田，湿地，水路，湖沼など浅い水中に生育する小型の草本。収穫後の水田にしばしば目立つ。水田では通常，種子で繁殖する。スルホニルウレア系（ALS阻害）除草剤に抵抗性タイプあり。

ウキアゼナ。左：子葉は淡緑色で線形，先は尖らない。中：葉は対生，生育初期の葉は長楕円形。表面無毛で，縁にごく短い毛が並ぶ。右：茎は円柱状で白色の毛がある。生育とともに上部の葉は円形となる。葉脈は掌状。

節から発根して地際に茎を広げる。水中でははじめ直立し，横たわって伸び，水面に葉を広げる。葉は光沢のある濃緑色で円形〜倒卵形，表面に光沢がある。厚みがあり柔らかく，葉脈は掌状。

ウキアゼナ。左上：葉腋に数個の花をつける。花冠は白色で5裂，径約8mm。右上：果実は球形で長さ約5mm。萼片に包まれる。左下：種子は長楕円形，褐色で長さ約0.5mm。表面は細かい網目状。

キクモ。子葉は線状長楕円形，第1，2葉まで線形で対生。

第3葉以降は輪生し，掌状に切れ込む。両面とも緑色。

開花期のキクモ。茎には密に軟毛がある。高さ10〜20cm。水中ではしばしば閉鎖花をつける。

キカシグサ

きかし草 | toothcup, Indian | ミソハギ科 | キカシグサ属

Rotala indica (Willd.) Koehne

【在来】

分　布	全国	生活史	一年生(夏生)
出　芽	5～8月	繁殖器官	種子(13mg)
花　期	8～10月	種子散布	重力, 水
草　丈	足首		

水田や湿地などに生育する小型の柔らかい草。暖地ではしばしば多発する。スルホニルウレア系(ALS阻害)除草剤に抵抗性タイプあり。

コキクモ ***Limnophila trichophylla*** (Kom.) Kom.はキクモに似て小型，果実が有柄。シソクサ ***L. chinensis*** (Osbeck) Merr. subsp. ***aromatic*** (Lam.) T. Yamaz. はシソの香気がある。葉は狭卵形で明瞭な鋸歯がある。

泥中を地下茎が横走し，節から発根し，分枝する。水上と水中で葉形が異なり，気中葉は羽状に切れ込み，沈水葉は細い糸状に裂ける。

キクモの花は葉腋に単生し無柄，花弁は筒状で淡紫色。長さ5～10mm。

蒴果は卵円形，長さ3～5mm。5裂する萼片に包まれる。

種子は長楕円形で黒褐色，表面には小さい網目斑紋がある。長さ0.6～0.8mm。

キカシグサ。左：子葉は線形で先は尖らない。無毛で光沢がある。長さ0.8～3.5mm。第1対生葉は広線形。中：第2対生葉以降は倒卵形，中脈が明らかである。右：葉は楕円形で無柄，対生し，厚みがある。茎は円柱状で紅紫色を帯びる。茎は柔らかく，根元から多数分枝して，四方に拡がる。

群生するキカシグサ，高さ10～15cm。茎の下部は地面を這い，節から発根し，斜上する。水稲群落内では単生することもある。

左：葉腋に1つずつ4弁の淡紅色の小さな花をつける。無柄。中：蒴果は楕円形，萼と同長。右：種子は淡黄色で微小，紡錘形でやや曲がる。長さ0.6～0.8mm。

ミズマツバ ***Rotala mexicana*** Cham. et Shltdl. は水田，湿地に生育する一年生草本，本州中部以西に分布する。披針形～広線形の葉を輪生する。

ミズマツバ。左：茎は基部で分枝し，先は斜上する。中：葉腋に萼片5枚の花を単生する。右：萼片は三角形で紅色。蒴果は径約1mmの球形。

ホソバヒメミソハギ

細葉姫溝萩　redstem　ミソハギ科　ヒメミソハギ属

Ammannia coccinea Rottb.

【北アメリカ】

分布	関東以西	生活史	一年生（夏生）
出芽	5〜7月	繁殖器官	種子（18mg）
花期	6〜10月	種子散布	重力，水
草丈	膝〜腰		

水田や休耕田，川辺などの水湿地に生育する。1950年代に長崎県で確認され，近年はむしろ同属の在来種ヒメミソハギより多いと思われる。湿潤条件で発芽が多く，畦畔沿いや土面が露出した田面に多い。スルホニルウレア系（ALS阻害）除草剤に抵抗性タイプあり。

ホソバヒメミソハギ。左：子葉は地表面に接し，菱状卵形。のち本葉と同じ大きさまで成長する。裏面は白色。中：茎は直立する。葉身は全縁，無毛で光沢があり，十字対生状となる。右：生育初期。葉の基部は赤みを帯びることがある。

左：茎は四角柱状で無毛，直立した茎は稜が目立つ。ヒメミソハギに比べて節間が長い。右：各葉腋から十字対生状に分枝する。葉身は先端が尖った広線形で，主脈はくぼみが明らか。

成葉はやや革質で狭披針形，長さ3〜8cm。葉の基部がもっとも幅広く，耳状に茎を抱く。

水田に群生したホソバヒメミソハギ。草高は50cm程度。ヒメミソハギより大きい。秋期には全体が紅葉する。

上：各葉腋に3〜7の花をつける。花は径4mm，花弁は4枚，紅紫色でほぼ円形。花柄は短く，ほとんど目立たない。雄ずい4〜8本，雌ずい1本。右上：蒴果はほぼ球形で，径約4mm。赤褐色で光沢がある。大部分が萼に包まれる。多数の種子を含む。右下：種子。黄褐色で，表面に微少な網目模様がある。長さ0.3〜0.4mm。

ヒメミソハギ

姫溝萩 | - | ミソハギ科 | ヒメミソハギ属

Ammannia multiflora Roxb.

【在来】

分布	全国	生活史	一年生(夏生)
出芽	5～7月	繁殖器官	種子(10mg)
花期	9～10月	種子散布	重力, 水
草丈	脛～膝		

水田や湿地に生育する。'ミソハギに似た小さな草' が和名の由来。

ヒメミソハギ。左:子葉は卵形, 第1対生葉は狭卵形, 無毛で緑色. 葉脈の基部が淡紅色を帯びる。葉の先は尖らない。右:幼植物。葉は無柄で十字対生となる。茎は四角形で直立する。

生育中期。十字形に分枝する。葉身は長さ2～5cm, 広線形～披針形で先が尖り, 基部はやや耳型で茎を抱く。葉の中部がもっとも幅広い。結実期には全体が赤みを帯びる。

左:葉腋に径1.5mmの小花が密集する。花弁は淡紅色で4枚, ごく小さく, ない場合もある。雄ずい4本, 雌ずい1本。右:蒴果は無柄で球形, 径2mm, 赤紫色で光沢があり, 先に曲がった花柱が残る。ホソバヒメミソハギより小さい。成熟すると不規則に裂け, 多数の微少な種子が出る。

ヒメミソハギの種子は三角状倒卵形, 赤褐色で光沢がある。表面に微少な網目斑紋がある。長さ約0.3mm。

ナンゴクヒメミソハギ

南国姫溝萩 | redstem, eared | ミソハギ科 | ヒメミソハギ属

Ammannia auriculata Willd.

【熱帯】

分布	関東以西	生活史	一年生(夏生)
出芽	5～7月	繁殖器官	種子
花期	8～10月	種子散布	重力, 水
草丈	膝～腰		

1968年に鹿児島県で採集され, 1980年代に九州地域での水田への侵入が確認された(当時はアメリカミソハギと称された)。気づかれていないだけで, 広く分布している可能性がある。

ナンゴクヒメミソハギ。左:子葉, 第1対生葉とも狭卵形。無毛。右:幼植物。茎は直立する。葉身はヒメミソハギとホソバヒメミソハギの中間的な形態で, 葉の中央がやや膨らむ。茎には狭い翼がある。

生育中期。対生に多数分枝し, 茎は斜上する。

左:花弁は紫紅色。3～10mmの花梗と2～5mmの小花柄をもつ。1花序に3～15の花をつける。右:蒴果は径2～3mmの球形, ヒメミソハギより小さい。

ナンゴクヒメミソハギの種子は淡紅褐色で光沢がある。長さ0.4mm。

アメリカセンダングサ

亜米利加栴檀草　beggarticks, devils　キク科　センダングサ属

Bidens frondosa L.

【北アメリカ】

分布	全国	生活史	一年生（夏生）
出芽	4～7月	繁殖器官	種子（2.1g）
花期	9～10月	種子散布	水，付着
草丈	胸～2m		

大正年間に侵入した。畦畔沿いや田面の露出した部分に出芽，定着しやすい。畑条件でも出芽し，道ばたや空き地にも生育し，転換畑の夏作物では害草となる。

水稲出穂期の開花前のアメリカセンダングサ，草高は2m近くなる。成熟した茎は硬化し，水稲やダイズの収穫作業の支障となる。

アメリカセンダングサ。左：子葉は長いへら形で無毛，胚軸と葉柄の基部は紅紫色。右：葉は対生，第1対生葉は3出複葉。

生育初期。茎は直立し，ほとんど無毛。紫色を帯び角ばる。葉柄は長い。

葉腋から旺盛に分枝した生育中期の個体。

左：第2対生葉は5奇数複葉となる。右：葉は羽状に切れ込み，複葉となる。各小葉は披針形で，縁には鋭い鋸歯があり，葉脈が目立つ。裏面に毛がある。

開花期。分枝した枝の先端に頭状花をつける。

草高は1.5mに達する。葉もしばしば紫色を帯びる。

左：頭花は径5～7mm。周辺に黄色のごく短い舌状花，中央部に黄色の筒状花がある。緑色の数～10枚の総苞外片が目立つ。右：結実中の頭花。結実すると球状に開く。

そう果は扁平な倒卵形。黒褐色で長さ6～10mm。刺状の2本の芒には細かい逆刺があり，全面に上向きの剛毛があるため，衣服などに付着しやすい。

タウコギ

田五加　beggarticks, threelobe　キク科　センダングサ属

Bidens tripartita L.

［在来］

分布	全国	生活史	一年生（夏生）
出芽	4～7月	繁殖器官	種子（1.7g）
花期	8～10月	種子散布	水，付着
草丈	膝～胸		

水田の他，湿地や水路，河畔にも生育する。湛水条件では発芽せず，畦畔沿いや田面の露出部分に発芽，定着する。東北以北に多い。

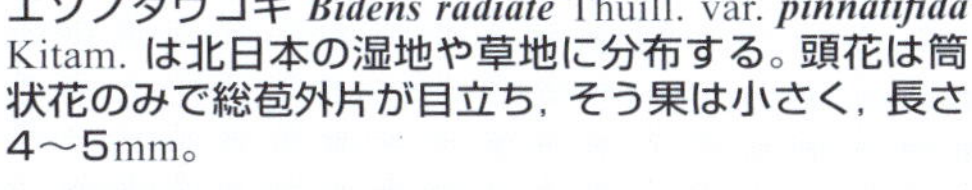

エゾノタウコギ ***Bidens radiate*** Thuill. var. ***pinnatifida*** Kitam. は北日本の湿地や草地に分布する。頭花は筒状花のみで総苞外片が目立ち，そう果は小さく，長さ4～5mm。

タウコギ。左：子葉は楕円状線形，緑色で先は円い。中：第１対生葉。鋸歯は１対，はじめ数枚の葉には鋸歯は目立たない。右：生育初期。葉は対生し，幼葉は浅～中裂，生育が進むと深裂する。

左：生育中期，茎は直立し，円柱状で無毛。数本に分枝し，大きな株となる。下：小葉は３～５深裂し，粗い鋸歯がある。葉脈はアメリカセンダングサに比べて不明瞭。葉身の基部は翼となって葉柄に流れる。

畦畔際に群生するタウコギ。

アメリカセンダングサに比べ，分枝は湾曲して斜上する。

左：枝先に黄色の径約１cmの頭花をつける。舌状花はなく，黄色の筒状花のみからなる。総苞外片は倒披針形，緑色で７～10枚ある。右：そう果は結実すると球状に開く。

そう果は褐色で扁平な長楕円形。長さ４～11mm。頭花の外側のそう果は幅が広くて短く，内側のそう果ほど長い。逆刺をもつ刺状の芒が２本あり，芒の基部は幅広い。まれに芒のないタイプがある。

タカサブロウ

高三郎　eclipta　キク科　タカサブロウ属

Eclipta thermalis Bunge

【在来】

分　布	本州以南	生活史	一年生（夏生）
出　芽	4～8月	繁殖器官	種子（420mg）
花　期	7～10月	種子散布	重力，水
草　丈	膝～腿		

水田，水辺，畦畔沿いや田面の露出した部分に出芽，定着しやすい。整備されていない古くからの湿潤な水田に多い。

アメリカタカサブロウ

亜米利加高三郎　eclipta　キク科　タカサブロウ属

Eclipta alba (L.) Hassk.

【北アメリカ】

分　布	本州以南	生活史	一年生（夏生）
出　芽	4～8月	繁殖器官	種子（280mg）
花　期	7～10月	種子散布	重力，水
草　丈	膝～腿		

戦後に日本に侵入。畦畔沿いや田面の露出部分に出芽，定着しやすい。畑条件でも出芽し，道ばたや空き地でも生育し，転換畑の夏作物でも害草。タカサブロウに比べ，土壌水分の低い立地にも生育し，近年は本種のほうが多いと思われる。

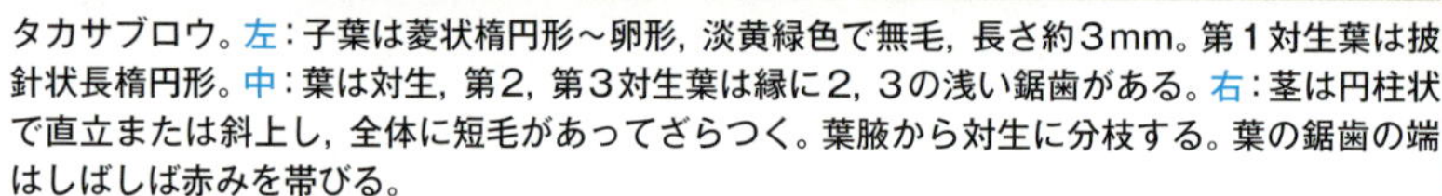

タカサブロウ。左：子葉は菱状楕円形～卵形，淡黄緑色で無毛，長さ約3mm。第1対生葉は披針状長楕円形。中：葉は対生，第2，第3対生葉は縁に2，3の浅い鋸歯がある。右：茎は円柱状で直立または斜上し，全体に短毛があってざらつく。葉腋から対生に分枝する。葉の鋸歯の端はしばしば赤みを帯びる。

アメリカタカサブロウ。左：子葉はへら型で，明るい黄緑色，やや厚みがあり無毛。第1対生葉は狭卵形～楕円形。中：第2対生葉以降も同形で，葉身基部はくさび形，主脈が明瞭。右：基部から対生で分枝する。茎葉ともざらつく。

タカサブロウ。葉は狭卵形～披針形，アメリカタカサブロウに比べ幅広で，基部に近い位置でもっとも幅広い。茎の先と葉腋から花柄を出す。

アメリカタカサブロウ。葉は披針形～狭披針形。葉の基部が狭く，鋸歯が明らか。茎，葉柄，葉の表面，縁に短毛がある。茎は赤紫色を帯びる。

ヤナギタデ

柳蓼 smartweed, marshpepper タデ科 イヌタデ属

Persicaria hydropiper (L.) Delarbre

【在来】

分布	全国	生活史	一年生(夏生)
出芽	4～8月	繁殖器官	種子(3.0g)
花期	7～10月	種子散布	重力, 水
草丈	脛～腰		

休耕田や畦など，湿った土地に多く，河川や水路の水辺にも生育する。タデ類のうちでは水田にもっとも多い。湿った畑条件でも出芽し，転換畑の夏作物でも害草となる。暖地では株で越冬することもある。

左：タカサブロウ。頭花は径約1cm，周辺は白色の舌状花，内側は淡緑色の筒状花からなる。総苞片は2列あり，各5～6枚で緑色。鋭頭。右：アメリカタカサブロウ。頭花は径約1cm，周辺は白色の舌状花，内側は淡緑色の筒状花からなる。

左：タカサブロウ。そう果ははじめ緑色で，熟すと黒色となる。成熟すると容易に脱落する。右：アメリカタカサブロウ。そう果ははじめ緑色で，熟すと黒色となる。成熟すると容易に脱落する。総苞片はタカサブロウに比べやや幅狭い。

左：タカサブロウ。そう果は明るい褐色～黒色，長さ約2.8mm。冠毛はなく，両側に翼があり，果面にはいぼ状の突起がある。水に流れて拡散する。右：アメリカタカサブロウ。そう果は茶褐色～黒褐色，長さ約2.1mm。幅が狭く，翼はない。

ヤナギタデ。左上：子葉は狭卵形～楕円形，黄緑色で胚軸は赤色を帯びる。左下：2葉期。第1葉は長楕円形でしわがよる。第2葉以降も同形で基部はくさび型，光沢がある。右上：生育初期。葉は互生で緑色，茎は無毛で赤色。

右：茎の下部で旺盛に分枝する。葉は光沢があり，披針形で先は尖り，縁は波打つ。托葉鞘は筒状で膜質。縁に1～5mmの毛がある。下：生育中期。節から根を出し，茎上部は斜上する。葉は強い辛味がある。

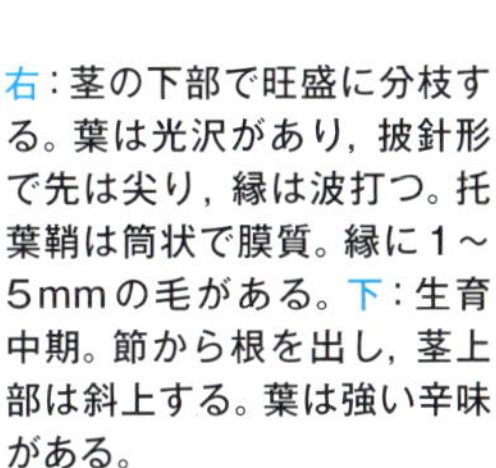

ヤナギタデ。花穂には緑色または淡紅色の花をまばらにつけ，下向きに垂れる。

左：そう果は4，5枚の花被片に包まれる。花被片には多くの腺点がある。右：そう果は濃紫褐色。レンズ形～3稜形。長さ約3mm。

チョウジタデ

丁字蓼　-　アカバナ科　チョウジタデ属

Ludwigia epilobioides Maxim.

【在来】

分布	全国	生活史	一年生（夏生）
出芽	5～6月	繁殖器官	種子（83mg）
花期	8～10月	種子散布	重力，水
草丈	膝～腰		

水田や休耕田，湿地に生育する。水田では畦畔際や落水時に田面が露出した場所に多い。和名は草姿がタデに似て，花がチョウジの花に似ることによる。

チョウジタデ。左：子葉は卵形～狭卵形。黄緑～緑色で光沢があり，主脈が明らかで縁はしばしば緑紅色を帯びる。右：第1対生葉は長楕円形，第2対生葉は楕円形。葉の裏面と表脈は淡紅色。先端は鈍頭。

左：主茎と葉柄は紅色を帯びる。第3，第4対生葉までは対生，以降，互生となる。右：葉身は披針形，全縁で柔らかく，羽状の支脈が目立つ。茎には稜があり，赤みを帯びる。

上：茎は直立または斜上し，上部で多く分枝する。成葉は長さ3～10cm，先が次第に鋭頭になる。右：水稲群落内の成熟個体。秋期には全体が紅葉し目立つ。

左：葉腋に無柄の花を単生する。柄のように見えるのは子房。上：花弁は黄色で通常4枚（ときに5弁）。萼片は緑色で4枚。雄ずい4本，雌ずい1本。

チョウジタデ。左：蒴果は細長く，長さ2cm。4稜があり赤紫色。熟すと果皮が裂開して種子が落下する。右：種子は海綿状の内果皮に包まれる。内果皮は水中に浮かび，種子の伝播を助ける。種子は長楕円形，淡紅色で長さ約1mm。

ヒレタゴボウ

鰭田牛蒡 | waterprimrose, winged | アカバナ科 | チョウジタデ属

Ludwigia decurrens Walter

チョウジタデの変種ウスゲチョウジタデ ***Ludwigia epilobioides*** Maxim. subsp. ***greatrexii*** (H. Hara) P. H. Raven は茎と葉に細毛が生え，茎はあまり紅色を帯びない。花弁は5枚，長さ約4mmでチョウジタデよりやや大きい。タゴボウモドキ ***L. hyssopifolia*** (G. Don) Exell は熱帯アメリカ原産。チョウジタデに酷似し，雄ずいは8本，蒴果は四角柱状。オオバナミズキンバイ ***L. grandiflora*** (Michx.) Greuter et Burdet subsp. ***grandiflora*** は熱帯アメリカ原産，近畿地方のため池や湖沼で繁茂し，侵略的であることから特定外来生物に指定。

【北アメリカ】

分布	関東以西	生活史	一年生（夏生）
出芽	5～7月	繁殖器官	種子（19mg）
花期	8～9月	種子散布	重力，水
草丈	膝～胸		

1950年代に侵入が報告された。水田，湿地など浅い水中に生育する。収穫後の水田にしばしば目立つ。

ヒレタゴボウ。左上：子葉と第１本葉。子葉は卵形～三角状卵形。基部は淡紅色を帯びる。左下：幼植物。第3，第4葉は対生。葉柄は短い。葉は柔らかく無毛。右：生育中期，葉は互生し，ほぼ全縁で披針形，先は尾状に尖る。基部はくさび形で翼になって茎の稜に流れる。茎は3または4稜あり，ほぼ無毛。

開花個体。茎は直立または斜上し，葉腋からさかんに分枝する。

水稲群落内の成熟個体。秋期は紅葉する。

花は葉腋にまばらに単生する。

ヒレタゴボウの花は径2.5cmで黄色，4弁。花弁は倒卵形で萼片より長い。チョウジタデより大きく目立つ。

種子は褐色で長楕円形，長さ0.3～0.4mm。表面には微小な網目状の隆起がある。

蒴果は長さ1.5～2cm。4稜のある四角柱形で先端に萼片が残る。

クサネム

草合歓 jointvetch, Indian マメ科 クサネム属

Aeschynomene indica L.

【在来】

分　布	全国	生活史	一年生（夏生）
出　芽	4～7月	繁殖器官	種子（9.0g）
花　期	7～10月	種子散布	水
草　丈	膝～胸		

水田，水路際などの湿地に生育する。水田では畦畔際に多い。湿潤な畑地にも生育し，水田輪作圃場ではダイズ作でも問題となる。

クサネム。左：発根した種子。種子は湛水条件下では発芽しない。莢果片中の種子が水面に浮上して発芽し，根を伸ばして定着する。中：子葉は楕円形でやや湾曲する。先は円く，黄緑色で無毛，長さ約1cm，幅3～5mm。右：第1，2葉は4～7対の偶数羽状複葉。各小葉は先が尖る。

茎は柔らかく中空で無毛。葉は互生し，長さ5～10mmの短柄があり，15～30対の偶数羽状複葉。

左：水稲群落内のクサネム。上：葉と反対側の葉腋に短い柄を出し，葉を1，2枚つけた先に長さ約1cmの黄色の蝶形花を2，3個まばらにつける。萼は長さ約5mm，基部近くまで2裂する。

上：莢は無毛。扁平で長さ3～4cm，幅5mm。5～8節がある。右：莢は熟すと黒褐色となり，各節で横に切れて分離する。莢果片は扁平な四角形。

クサネム。上：種子は玄米とほぼ同じ大きさ。しばしば玄米中に混入し，除去が難しい。左：種子は暗緑色，滑らかで扁平な卵形。腹面が少しくぼみ，へそがある。長さ3.2～3.7mm。

ミゾハコベ

溝繁縷　waterwort　ミゾハコベ科　ミゾハコベ属

Elatine triandra Schkuhr var. ***pedicellata*** Krylov

【在来】

分　布	全国	生活史	一年生（夏生）
出　芽	3～7月	繁殖器官	種子（6.4mg）
花　期	6～9月	種子散布	水
草　丈	（沈水性，地表面）		

水田や浅い水辺に多いが沈水状態でも生育する。小型で柔らかいが，水田でときおり多発する。スルホニルウレア系（ALS阻害）除草剤に抵抗性タイプあり。

ミゾハコベ。左：子葉は線状披針形で淡緑色。長さ2～5mm。第1対生葉は子葉と直角の方向に出て長披針状楕円形。右：第3対生葉が出るころ，子葉，第1葉の葉腋から交互の横向きに幼芽を出し分枝する。

上：地面を這いながら分枝して四方に広がり，各節から発根し，泥に密着して生育する。左の上：茎は円柱状，葉は楕円形で対生し，やや密に付く。広披針形～狭卵形で短い柄があり，鈍頭で鋸歯はない。湿生状態の葉は厚みと光沢があるのに対し，水中の葉は緑白色で質が薄い。左の下：田面に密生したミゾハコベ。水面下で生育した個体はしばしば30cmに達する。

ミゾハコベ。左：花は葉腋に1個つき，花弁は3枚で淡紅色，径約1mmで目立たない。水中では閉鎖花となる。中：果実は扁球形で径2mm。果実に柄のあるものをミゾハコベ，無柄のタイプをイヌミゾハコベ*とする見解もある。右：果実は3裂し，中に多数の種子がある。

***Elatine triandra* Schkuhr var. *triandra*

ミズハコベ

水繁縷　waterstarwort　オオバコ科（旧アワゴケ科）　アワゴケ属

Callitriche palustris L.

【在来】

分　布	全国	生活史	多年生
出　芽	3～5月	繁殖器官	種子
花　期	通年		匍匐茎
草　丈	（沈水性，水面）	種子散布	水

湖沼や河川，水路，水田などに生育する。水田では一年生だが，水中では常緑でむしろ冬期に目立つ。冬期も水のある湿田に多い。水田では早春から生育を始め，イグサ田で多発して問題となる。主に越冬茎やその断片で繁殖し，冬期間も生育する。

ミズハコベ。右：子葉は線形で鈍頭，長さ約2mm。第1，2葉も同形。下：茎は水中に細長く伸び，よく分枝する。節から細根が出る。茎は柔らかく折れやすい。手取りしても地際で切れ，根部や切断茎から再生する。葉は無毛で淡黄緑色。

左：葉は対生，水中葉は線形で長さ5～12mm，1脈。浮葉はへら状～卵状楕円形で幅広く，3脈が目立つ。上：葉腋に白色の小さな花をつける。花期はほぼ通年。雄花と雌花があり，雄花は雄ずい1個，雌花は雌ずい1個からなる。

果実は扁平で軍配形，約1mm。

種子。左：ミゾハコベ。長楕円形で少し湾曲する。長さ約0.5mm。淡黄褐色で表面には微細な網目斑紋がある。右：ミズハコベ。倒卵形，淡茶褐色で光沢があり，表面には微凹凸がある。長さ0.9mm。

ウキクサ

浮草 duckweed, giant **サトイモ科**（旧ウキクサ科） **ウキクサ属**

Spirodela polyrhiza (L.) Schleid.

【在来】

分布	全国	生活史	多年生（夏生）
出芽	4～11月	繁殖器官	種子
花期	7～8月（開花はまれ）		越冬芽
草丈	（水面）	種子散布	水

水田，水路，湖沼などの水面に浮かんで群生する。ウキクサ類が水面に密生すると水温が低下するため，ハス田などでは害草とされる。夏期は約4日で2倍に増殖する。

ウキクサ。左：平たい葉のように見える葉状体は葉と茎が融合したもの。広倒卵形で長さ3～10mm，幅2～8mm。2～4個の葉状体がつながり群体をなす。右：裏面は紫色で，糸状根は3～10本が束になって垂れ下がり，長さ4cm以上。

根の出る横のあたりから腋芽が出て，のち離れる。葉状体が娘葉状体を形成し，それが離脱して新しい群体をつくる栄養繁殖で増える。

群生するウキクサ。葉状体の上面は緑色で光沢がある。

水面に密生したウキクサ。秋期に葉状体が肥厚し径約2mmの殖芽となり，水底で越冬する。

アオウキクサ

青浮草 duckmeal **サトイモ科**（旧ウキクサ科） **コウキクサ属**

Lemna aoukikusa Beppu et Murata

【在来】

分布	北海道～九州	生活史	一年生（夏生）
出芽	3～9月	繁殖器官	種子
花期	7～9月	種子散布	水
草丈	（水面）		

水田やため池などに生育する。水田ではウキクサとともにもっとも普通の草種。コウキクサ属は形態の特徴が乏しく，識別は難しい。

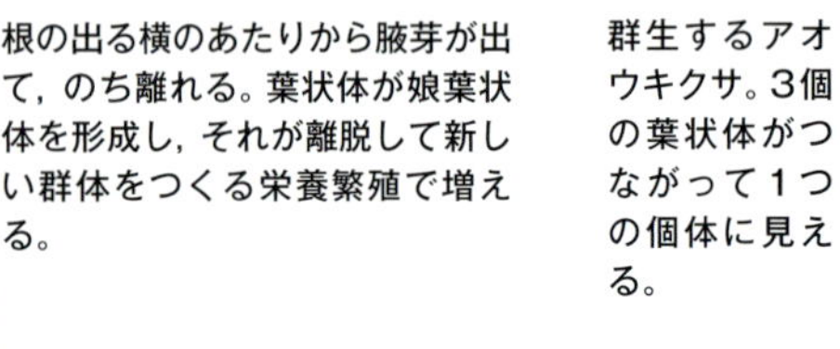

アオウキクサ。左：葉状体は倒卵状広楕円形で長さ3～5mm，幅2～4mm。黄色で質は薄く，3脈が見える。右：裏面は淡緑色で糸状根は1本，長さ5cm以下。

群生するアオウキクサ。3個の葉状体がつながって1つの個体に見える。

田面を覆ったアオウキクサ。秋期になると葉状体は枯死し，種子で越冬する。

ウキクサとアオウキクサの混生する水面。

アオウキクサの変種ホクリクアオウキクサ *L. aoukikusa* subsp. *hokurikuensis* Beppu et Murata は多雪地帯に分布する。ナンゴクアオウキクサ *L. aequinoctialis* Welw. は東海地方以西に分布し常緑。コウキクサ *L. minor* L. は常緑で根端が鈍頭。イボウキクサ *L. gibba* L. はヨーロッパ原産，葉状体裏面が海綿状に膨らむ。ヒナウキクサ *L. minuta* Kunth は南北アメリカ原産，葉状体は長楕円形で葉脈は1本。

サトイモ科の浮遊植物では，ヒメウキクサ *Landoltia punctata* (G. Mey) Les et D. J. Crawford が水田，クレソン田などに生育する。葉状体の周縁が紅紫色で，根が2本以上ある。ボタンウキクサ *Pistia stratiotes* L. は南アフリカ原産とされ，関東以西に侵入。西南日本の河川や水路に繁殖して問題となり，特定外来生物に指定。

アカウキクサ

赤浮草 Azolla サンショウモ科 アカウキクサ属

Azolla pinnata R. Br. subsp. *asiatica* R. M. K. Saunders et K. Fower

分布	関東以西	生活史	一年生
生育期間	通年	繁殖器官	胞子
草丈	(水面)	種子散布	-

【在来】

オオアカウキクサ

大赤浮草 Azolla サンショウモ科 アカウキクサ属

Azolla japonica (Franch. et Sav.) Franch. et Sav. ex Nakai

【在来】

分布	本州〜九州	生活史	多年生
生育期間	5〜10月	繁殖器官	胞子
草丈	(水面)	種子散布	-

水面に浮遊するシダ植物で水田や水路，池沼に生育する。水田で田面を覆うと水温上昇を妨げ，群生した植物体が幼苗を押し倒すこともある。*Anabaena*属のラン藻が共生し，空中窒素固定能がある。そのため，水田緑肥として使用される場合もある。乾田化や湿地の遷移の進行などによって両種ともに全国レベルで減少している。

アカウキクサ。葉は鱗片状で，全体が三角形になる。葉面の小突起はオオアカウキクサより著しく，密。(角野氏原図)

花期は緑白色，冬期は赤色を帯びる。(角野氏原図)

冬期は群落全面が深赤色を呈する。(角野氏原図)

オオアカウキクサ。左：全体がアカウキクサのように整った三角形状とはならない。群落の密度によって分枝の形態が変化する。ヒノキ状にまばらに分枝。右：葉の表面の突起は，アカウキクサと異なり顕著ではない。(角野氏原図)

オオアカウキクサ。左：密生して葉が折り重なった状態。右：根毛は早期に脱落する。アカウキクサは根に長い根毛がある。(角野氏原図)

オオアカウキクサ。湧水のある水田，水路などに生育する。(角野氏原図)

ニシノオオアカウキクサ *Azolla filiculoides* Lam. は北アメリカ原産。根毛が発達し，葉の表面の細胞突起が1細胞。アメリカオオアカウキクサ *A. cristata* Kaulf. は熱帯アメリカ原産。葉の表面の細胞突起が2細胞。アイガモ・水稲同時作での緑肥用として人為的に導入されたが，特定外来生物に指定。ニシノオオアカウキクサとの雑種アイオオアカウキクサ *A. cristata* × *A. filiculoides* が生じている。

サンショウモ

山椒藻 | watermoss, floating | サンショウモ科 | サンショウモ属

Salvinia nutans (L.) All.

分布	本州～九州	生活史	一年生（夏生）
生育期間	6～10月	繁殖器官	胞子
草丈	（水面）		

【在来】池沼や水路，水田に生育し，暖地の水田に多い。水田に密生すると水温の上昇を妨げる。秋期に栄養体は枯死し，水中葉の基部に形成した球形の胞子嚢で越冬し，胞子によって繁殖する。近年は減少し，「準絶滅危惧」とされている。

デンジソウ

田字草 | pepperwort, European | デンジソウ科 | デンジソウ属

Marsilea quadrifolia L.

分布	本州～九州	生活史	多年生（夏生）
生育期間	通年	繁殖器官	胞子，根茎
草丈	（水面）		

【在来】池沼や水田，休耕田など浅い水湿地に生育する。九州南部以南にはナンゴクデンジソウ *M. crenata* C. Presl が分布する。常緑多年生。デンジソウよりもやや大型。胞子嚢果の果柄のほとんどが基部から直接出る。

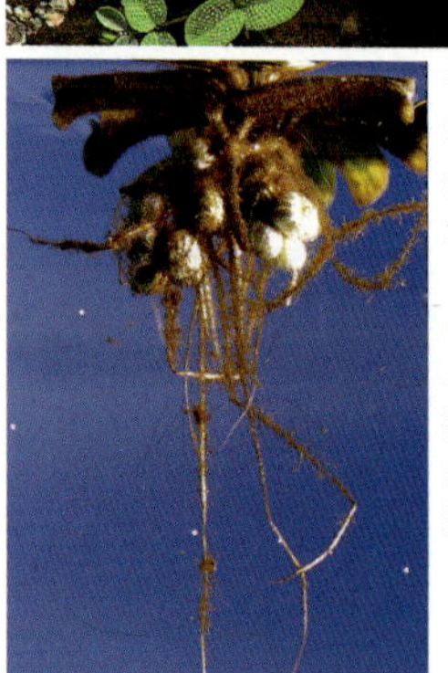

サンショウモ。上：成植物の茎は長さ3～10cm，まばらに分枝する。葉は3輪生し，2枚は対生し，水面に浮かぶ浮葉となる。浮葉は長楕円形，長さ8～15mm。表面は毛が密生する。裏面は淡緑色，軟毛が密生する。左：対生する葉の3輪生する葉のうち，1葉は細裂して沈水葉となり水中で根のように垂れる。根はない。水中葉の基部に球形の胞子嚢を形成する。

デンジソウ。葉は4枚の小葉からなる。小葉は長さ，幅とも1～2.5cm。

胞子嚢果は楕円形，長さ3～5mm。はじめ白い軟毛に包まれ，のち黒色～褐色となる。硬く，土中で長期間生存する。胞子嚢果の柄の一部は葉柄と合着する。

細い根茎が匍匐し，節から1個ずつ，長さ5～30cmの葉柄を伸ばして葉をつける。浮葉の表面は光沢がある。

オオサンショウモ *S. molesta* D. S. Mitch. は南アメリカ原産。観賞用に持ち込まれ，沖縄県など一部の地域で逸出し野生化している。葉は長さ20～30mm，サンショウモよりも大型で幅が広い。内側に2つ折りになることが多い。

ミズニラ（ミズニラ科ミズニラ属）*Isoetes japonica* A.Braun は，本州～四国に分布する多年生植物で，生育期間は5～10月，胞子で繁殖する。池沼，水田，湿地などの泥地に生育する沈水～湿生植物。ミズニラ属には本種の他，外部形態が酷似するミズニラモドキ *I. pseudojaponica* M. Takamiya, Mitsu. Watan. et K. Ono，シナミズニラ *I. sinensis* T. C. Palmer var. *sinensis* などが日本国内に分布する。いずれの種も全国的に減少傾向にある。

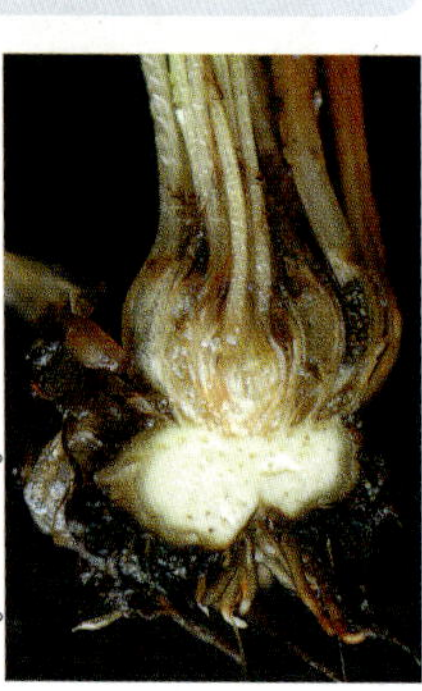

左：土中のごく短い根茎から多数の葉を叢生する。葉は長さ15～30cm。断面は4稜のある円柱形で，先はしだいに細くなる。右：葉の基部の鞘状の内側に胞子嚢を形成する。（村田氏原図）

ヒメミズワラビ（イノモトソウ科ミズワラビ属）*Ceratopteris gaudichaudii* Bronn. var. *vulgaris* Masuyama et Watano は一年生で，池沼，水田，水路などに生育する。水田では暖地の水稲収穫後の湿潤な条件で生育することが多い。胞子は土中で長期間生存する。日本のミズワラビ属は沖縄に分布するミズワラビ *C. thalictroides* (L.) Brongn. と本種とに分類された。ミズワラビの栄養葉の葉柄はときに葉身より長く，胞子葉は長く伸びると反り返り，裂片は細く長い。

上：栄養葉は柔らかい草質で2～4回羽状に別れ，しばしばさらに細裂する。葉柄は葉身の1/3～3/4。胞子葉は長さ5～40cm，細裂は1～3回。秋に裏面に胞子を形成して褐色になる。下：前葉体から形成された生育初期の胞子体。生育初期の栄養葉は切れ込まない。秋期に出芽した胞子体は小さなサイズで胞子葉を出す。

イチョウウキゴケ

銀杏浮苔　liverwort, floating　ウキゴケ科　イチョウウキゴケ属

Ricciocarpos natans (L.) Corda

【在来】

分　布	全国
生育期間	ほぼ通年

主として水田，池沼などに生育する浮遊植物。落水状態では泥上にはりついて生育する。

イチョウウキゴケ。維管束植物のように茎と葉の区別はなく，全体が扇状の葉状体で長さ約1cm。幅は約6mm。先はわずかに2叉に分枝し，中央部に浅い溝がある。

左：水に浮かぶものは鱗片が仮根状に水中に垂れ下がる。右：裏面には紫色の線状になった鱗片が多数出る。

水田に群生するイチョウウキゴケ。泥土に生育するものは鱗片が小さくなり無色の仮根が密生する。胞子嚢は葉状体の中央部に埋もれたまま熟す。雌雄同株。

イチョウウキゴケとウキクサ類との混生。

シャジクモ

車軸藻　Braun's Stonewort　シャジクモ科　シャジクモ属

Chara braunii Gmelin

【在来】

分　布	全国
生育期間	ほぼ通年

水田，池沼の水中で普通に見られる。

シャジクモ。体は細長い茎状で，長さ20～50cmとなる。

左：主軸は径約1mm，各節から8～11本の小枝を輪生する。各小枝は3～4節からなる。右：小枝の基部から単細胞の突起が下向きに出て1列に主軸を取り巻く。托葉冠は1列。

雌雄同株で，生殖器（造精器と生卵器）は小枝の節につき，基部にはつかない。生卵器が造精器より上につく。

卵胞子は卵形，黒色で螺線形に約10本の線がある。長さ約0.6mm。（西村氏原図）

アオミドロ

青味泥　Spirogyra

Spirogyra spp.

分　布	全国
生育期間	4～11月

【在来】

ホシミドロ目ホシミドロ科アオミドロ属 *Spirogyra* に属する多数の種の総称。水田，池沼，溝などにほぼ通年生育し，秋から春にかけて多い。水田に繁茂すると水温を低下させてイネの生育に害を及ぼす他，風で寄せ集められるとイネの幼苗を倒す。

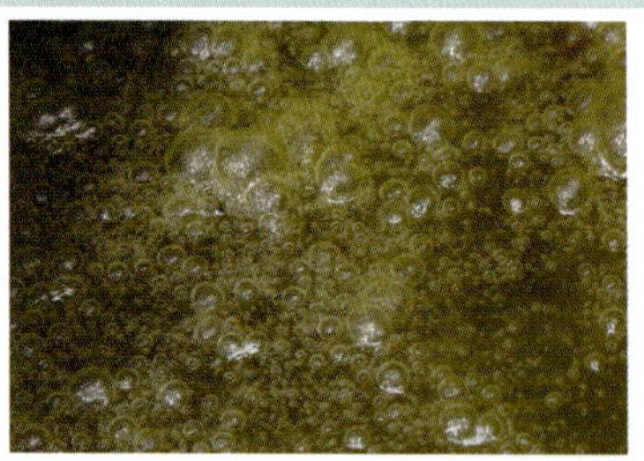

濃緑色で全体柔らかく綿状で，さわるとぬるぬるする。

全体はきわめて細い糸状体で，幅約0.1mmの円柱状の細胞が一列に連なり，分枝しない。接合により接合胞子をつくり，それが発芽して単細胞のアオミドロが形成され，分裂を繰り返して糸状体となる。

円筒形の細胞内に葉緑体が帯状に1～数筒螺旋をなす。

水田に繁茂したアオミドロ。

アミミドロ

網味泥　water net

Hydrodictyon sp.

分　布	全国
生育期間	春～夏

【在来】

ヨコワミドロ目アミミドロ科アミミドロ属の複数種の総称。水田，溝などに生育する。アオミドロよりも生育適温が高い。繁茂すると養分を吸収し，水温を低下させたり，イネ幼苗を押し倒すことがある。

水田に群生したアミミドロ。

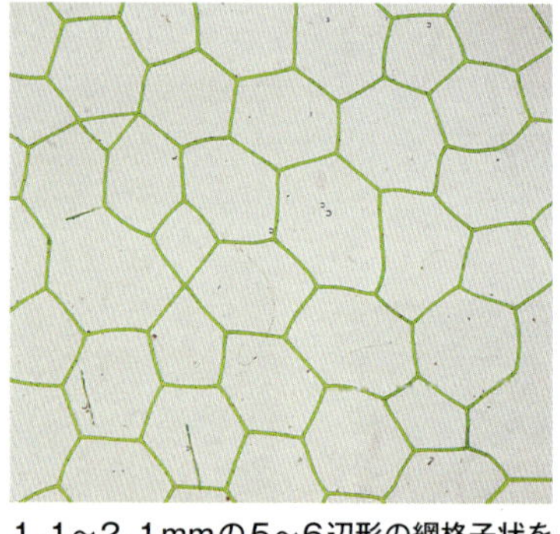

1.1～2.1mmの5～6辺形の網格子状をなす。細胞は円柱形，幅0.1～0.2mm。

多数の単細胞が結合して網状になり，全体として袋状になる。袋形が破れて水面に広がり浮遊することもある。

表層剥離

floating soil flakes

代かき後の水田の土壌表層が剥離し，水面に浮き上がったもの。昼間は水田に浮き上がり，夜間は沈む。吹き寄せや水の流れで移動し，水田の一部に集積してイネ幼苗を押し倒すことがある。低温，多肥などの条件で発生しやすい。

以下の機構で発生する。代かきで地表面に浮上した微細な土壌粒子が珪藻類の運動によって凝集し，淡い褐色を帯びた薄膜を形成する。次に，増殖した珪藻類により土壌粒子の凝集が進み，藻類の光合成によって生じた酸素が膜状で気泡となり，その浮力で膜が浮上する。膜内で糸状のラン藻類が増殖し，凝集した土壌粒子を緊縛し，剥離膜の表面は緑色の繊維状となる。

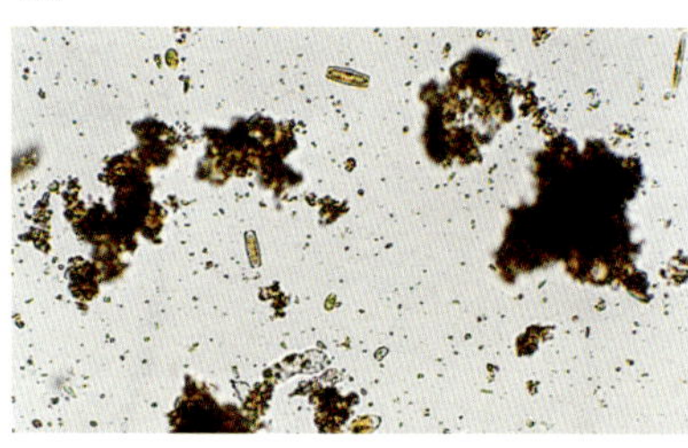

表層剥離の発生始期。代かき後3～5日。珪藻類の運動により凝集を始めた土壌粒子。

浮上を始めた剥離膜。

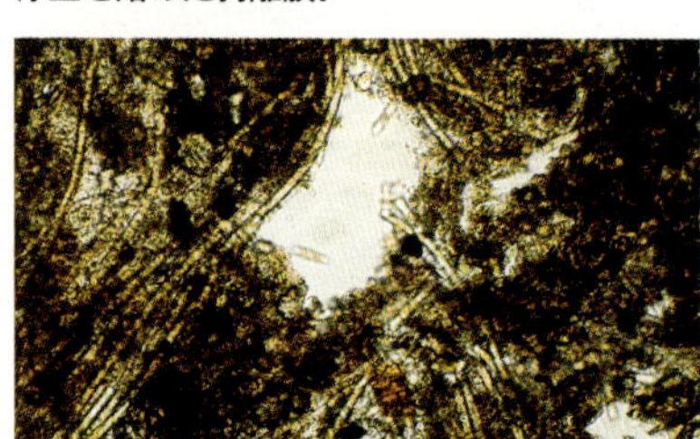

表層剥離の発生盛期。代かき後10～15日。増殖したラン藻類で緊縛された土壌粒子。

緑色化した剥離膜。

畑地編

イチビ

莔麻	velvetleaf	アオイ科	イチビ属

Abutilon theophrasti Medik.

【インド】

分布	全国	生活史	一年生（夏生）
出芽	4～7月	繁殖器官	種子（8.8g）
花期	8～10月	種子散布	重力
草丈	胸～2m		

明治期までは繊維作物として栽培されていた。戦後，北アメリカから輸入穀物にまぎれて雑草型が侵入し，飼料畑や転作ダイズ圃場などに定着・蔓延している。北アメリカでも畑作物の重要な害草。

ダイズ圃場での開花個体。

左：子葉の一方はほぼ円形，もう一方は心形。先は円く，脈が明らか。両面と縁は短毛で覆われる。中：子葉の柄は長く伸びる。第1，2葉は心形で，鋸歯があり，ビロード状に毛が密生する。右：4葉期。葉は互生する。葉柄は長く，葉身の先は尖る。

左：茎は直立し，茎にも毛が密生する。葉は大型で，長さ8～10cmとなる。植物体全体に異臭がある。右：上部の葉の葉腋に花序をつける。

左：花は黄色で，径1.5～2cm，花弁は5枚で脈が目立つ。雄ずいは多数ある。右：果実は半球形で，12～15個の袋状の分果に分かれる。はじめ緑色，のち黒色。開出する長毛がある。各分果に3～5個の種子。

左：かつて繊維作物として栽培されていた系統（ボウマ）は果実が黄白色に熟する。右：種子は黒色で腎形。長径約3.5mm，表面に細かな毛がある。

南西諸島に同属のタイワンイチビ ***Abutilon indicum*** (L.) Sweet subsp. ***guineense*** (Schumach.) Borss. Waalk およびタカサゴイチビ ***A. indicum*** (L.) Sweet subsp. ***indicum*** が分布する。両種とも多年生。タイワンイチビは葉の表面が縮緬状で，果実には綿毛が密生する。タカサゴイチビは葉が灰緑色で，花弁が鮮黄色。

アメリカキンゴジカ

亜米利加金午時花　sida, prickly　アオイ科　キンゴジカ属

Sida spinosa L.

【熱帯アメリカ】

分　布	本州～九州	生活史	一年生（夏生）（西南日本では多年生？）
出　芽	5～7月		
花　期	8～10月	繁殖器官	種子（3.2g）
草　丈	膝	種子散布	重力

1951年に侵入が確認された。関東以西の道ばたや空き地に生育する。畦畔にも定着し，畑地にも入り込んでいる。北アメリカでは畑作物の重要な害草。

左上：子葉は緑色で心形，先端にごく小さな切れ込みがある。柄は長く伸びる。右上：第1～3葉。心形～狭卵形で鋸歯が目立つ。葉は互生する。左：葉はほぼ無毛。葉柄は葉身より短く，葉身は基部がもっとも幅が広い。

左：茎は直立し，木質となる。成葉は狭卵形～長楕円形で，葉柄の基部に線形の托葉がある。右上：茎先と葉腋の短い花柄に1～6個の淡黄色の5弁花をつける。径約1.2cm。萼裂片は広卵形で毛が密生する。右下：種子は各分果に1個。黒色で径約2mm。

南西諸島や小笠原に自生するキンゴジカ*S. rhombifolia* L. subsp. *rhombifolia* は分果が10個，葉の裏面に星状毛を密生する。

エノキアオイ

榎葵　－　アオイ科　エノキアオイ属

Malvastrum coromandelianum (L.) Garcke

【熱帯アメリカ】

分　布	関東以西	生活史	一年生（夏生）（西南日本では多年生）
出　芽	5～7月		
花　期	9～11月	繁殖器官	種子（2.0g）
草　丈	膝～胸	種子散布	重力

小笠原や南西諸島には古くから定着しており，沖縄では耕地にも侵入している。本州でも散見され，路傍や空き地に生育する。

左：子葉は黄緑色で広卵形，第1葉は円形で縁に鋸歯がある。右：葉は互生し，長楕円形～卵状披針形。縁には鋭く尖った鋸歯がある。

茎は直立し，X状をなした毛が密生する。

左上：葉腋や茎頂に短い花柄を伸ばし，径1～2cmの黄色い5弁花をつける。右上：萼裂片は5裂し，先が尖る。果実は萼片に包まれ，扁平で背面に毛があり，10～14個の分果からなる。左：種子は各分果に1個。腎形で長さ約3mm。

ウサギアオイ

兎葵 | mallow, little | アオイ科 | アオイ属

Malva parviflora L.

【ヨーロッパ】

分　布	関東以西	生活史	一年生（冬生）
出　芽	9〜10月	繁殖器官	種子（1.6〜3.5g）
花　期	6〜9月	種子散布	重力
草　丈	足首〜膝		

戦後に日本に侵入。市街地の道ばた，空き地，草地などに生育し，飼料畑でしばしば問題となる。

左：子葉は心形で先は円い。第１葉は腎円形で縁に不ぞろいの鋸歯がある。右：葉は互生し，幼葉は腎円形で葉柄は長い。

茎は斜上する。成葉は浅く５〜７裂し，裂片は三角状に尖る。葉の表面や葉柄にまばらに毛がある。

左上：花は葉腋に束生し，花柄は短い。花は径約７mm，淡紅色の５弁花。萼はほぼ三角形。雄ずいは多数。右上：萼は花後に果実を包む。果実は扁平で径６〜８mm。10個ほどの分果に分かれ，分果の縁は歯車のように隣接する分果とかみ合う。左：種子。腎形で赤褐色，平滑，径約3mm。

ゼニバアオイ

銭葉葵 | mallow, common | アオイ科 | アオイ属

Malva neglecta Wallr.

【ユーラシア】

分　布	全国	生活史	一年生（冬生）
出　芽	9〜10月	繁殖器官	種子（1.5g）
花　期	6〜10月	種子散布	重力
草　丈	足首〜膝		

戦後に日本に侵入。輸入穀物混入と思われる。市街地の道ばた，空き地，草地などに生育し，飼料畑にも見られる。

左：子葉は心形で，一方の先はわずかにくぼむ。第１葉は広卵形で基部は心形，縁に不ぞろいの鋸歯がある。右：幼葉は円形〜腎形。縁には多数の鋸歯がある。葉は互生し，長い柄があり，葉柄には上向きの毛がまばらにある。

茎は叢生し，地に伏して四方に広がる。成葉は浅く５〜７裂し，多数の鋸歯がある。基部は深い心形。表面にまばらに短毛がある。

左上：花は径約15mm，白色〜淡紅紫色の５弁花。雄ずいは柱状に集まり，雌ずいをとりまく。萼は花弁の半分ほどの長さ。右上：果実は扁平で径約6mm。10数個の分果に分かれ，熟しても背面の脈は明らかでない。左：種子は径約2mm，腎形で黒褐色。

アオイ属にはこの他，ナガエアオイ *Malva pusilla* Smith，ミナミフランスアオイ *M. nicaeensis* All. などが侵入・定着している。形態がよく似ており，識別が難しい。

ニシキアオイ

錦葵　anoda, spurred　アオイ科　ニシキアオイ属

Anoda cristata (L.) Schltdl.

【熱帯アメリカ】

分布	本州〜九州	生活史	一年生（夏生）
出芽	6〜8月	繁殖器官	種子（15.3g）
花期	8〜10月	種子散布	重力
草丈	膝〜胸		

昭和初期に園芸植物として持ち込まれ，戦後，散発的に定着が確認されてきた。アメリカ大陸ではワタやダイズなど夏作物の普通雑草。近年，日本での耕地への侵入が確認されている。

左：子葉は一方は円形，もう一方は心形。縁と柄に短毛がある。第1，2葉は卵形で先が尖り，縁に不ぞろいの鋸歯がある。右：葉は互生し，長い柄があり，葉身の基部はしばしば赤みを帯びる。

茎は直立して分枝し，木質化する。葉身は浅く3裂し，中央の裂片がもっとも大きく，鋭く尖る。両面に伏した毛がある。

左上：花は葉腋に単生し径約3.5cm。青色〜紫色。右上：萼は5裂し，星形に開く。果実は径約1cm。10〜20個の分果に分かれ，密に長毛がある。左：種子は腎形，黒褐色で表面に短毛がある。

ギンセンカ

銀銭花　mallow, Venice　アオイ科　フヨウ属

Hibiscus trionum L.

【地中海沿岸】

分布	全国	生活史	一年生（夏生）
出芽	6〜8月	繁殖器官	種子（3.5g）
花期	8〜10月	種子散布	重力
草丈	膝		

江戸期に園芸植物として持ち込まれ，一部が野生化した。アメリカ大陸ではワタやダイズなど夏作物の雑草。輸入穀物にも混入して侵入していると思われる。道ばたや耕地周辺に散発的に見られる。

上：子葉は一方は円形，もう一方は腎形。柄は長く伸びる。第1葉は円形で縁は鈍い鋸歯となる。下：葉は互生。第3葉から3裂する。両面に長毛がある。

茎はまばらに分枝する。葉身は掌状に3〜5深裂〜全裂し，裂片はさらに羽状に中裂〜深裂する。両面に伏した毛がある。

左上：花は径約3cmの5弁花。花弁は淡黄色で，基部は暗紫色に染まる。通常，朝方に咲き，午前中にしぼむ。右上：萼は透明で膜質，著しい開出毛がある。花後に大きく膨らんで果実を包む。左：種子。腎形で暗褐色〜黒褐色，径2〜2.5mm。表面に星状毛がある。

ヤエムグラ

八重葎　false cleavers　アカネ科　ヤエムグラ属

Galium spurium L. var. *echinospermon* (Wallr.) Hayek.

【在来】

分布	全国	生活史	一年生（冬生および夏生）
出芽	11～4月		
花期	5～6月	繁殖器官	種子（7.6g）
草丈	膝～腰	種子散布	付着

畑地や空き地に生育し，ムギ圃場では水田作，畑作双方で代表的害草。出芽期間が長く，立地により夏生一年生のタイプもある。茎にある下向きの刺で他物によりかかる。

ハナヤエムグラ

花八重葎　field madder　アカネ科　ハナヤエムグラ属

Sherardia arvensis L.

【ヨーロッパ】

分布	北海道～九州	生活史	一年生（冬生）
出芽	9～11月	繁殖器官	種子（1.5g）
花期	4～8月	種子散布	重力
草丈	足首～膝		

1961年に千葉県で確認され，その後，北海道～九州まで全国に分布を広げつつある。芝生や道ばた，荒れ地などのやや乾いた土地に見られる。

左：ヤエムグラ。子葉は卵形～長楕円形で，先がくぼみ無毛で黄緑色。葉は対生し，同形の托葉が輪生状に出る。右：ハナヤエムグラ。子葉は楕円形～卵形。葉は対生し，輪生状。

左：ヤエムグラ。幼植物では葉と托葉の4枚が輪生状。葉齢が進むと1節の葉数が増加する。右：ハナヤエムグラ。茎は地際で分枝し，はじめ匍匐する。葉は広線形で先が鋭く尖る。

ヤエムグラ越冬後の個体。地際で分枝する。茎は方形。葉は托葉と合わせて6～8片で広線形または長倒披針形。

左上：ヤエムグラ。花序は葉腋につく。花冠は4裂し，淡黄緑色。雄ずいは4本。右上：ハナヤエムグラ。8枚の苞葉に包まれる。花冠は淡紅色で4裂する。左：ヤエムグラの果実は球形で2mm程度。2分果がくっついている。表面にかぎ状の刺がある。

左：ヤエムグラ春期。茎，葉縁，葉の裏面にある逆刺で他物によりかかって茎が立ち上がる。右：ハナヤエムグラ。茎の上部の葉腋から出る枝上に花をつける。茎は方形で下向きの刺がある。

左：ヤエムグラ。果実は熟すと黒くなる。刺で衣類などに付着する他，しばしば収穫子実に混入する。右：ハナヤエムグラ。果実は楕円形，黒褐色で白い針状の模様がある。

この他，ヤエムグラ類ではヨツバムグラ *Galium trachyspermum* A. Gray，ヒメヨツバムグラ *G. gracilens* (A. Gray) Makino が耕地周辺に生育する。ヤエムグラ類は海外でも作物圃場の雑草である。外来種のトゲナシムグラ *G. mollugo* L.，ミナトムグラ *G. tricornutum* Dandy の日本での局所的な自生が知られているが，耕地への被害は報告されていない。

ヘクソカズラ

屁糞葛　－　アカネ科　ヘクソカズラ属　　別名：ヤイトバナ

Paederia foetida L.

【在来】

分布	全国	生活史	多年生（夏生）
出芽	5～6月	繁殖器官	種子（17.5g）
花期	7～9月		匍匐茎
草丈	つる性	種子散布	被食

空き地，やぶ，土手などに生育し，しばしば樹園地に侵入する。つる性で，樹に絡みつく。生の葉や果実を揉むと悪臭がある。

この他，アカネ科ではアカネ ***Rubia argyi*** (H. Lév. et Vaniot) H. Hara ex Lauener et D. K. Ferguson がヘクソカズラ同様，やぶや土手に生育し，樹園地などにときおり侵入し，茎の刺で他物に寄りかかる。小型の雑草ではフタバムグラ ***Oldenlandia brachypoda*** DC. が道ばたや畦畔に生育する。北アメリカ原産のオオフタバムグラ ***Diodia teres*** Walter は乾燥した道ばたや芝地に生育する。南西諸島には熱帯アメリカ原産のナガバハリフタバ ***Spermacoce assurgens*** Ruiz et Pav. が定着し，やや湿った畑地に多い。

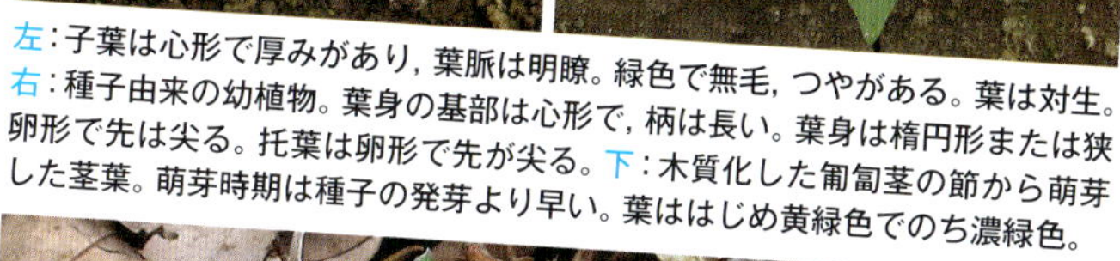

左：子葉は心形で厚みがあり，葉脈は明瞭。緑色で無毛，つやがある。葉は対生。右：種子由来の幼植物。葉身の基部は心形で，柄は長い。葉身は楕円形または狭卵形で先は尖る。托葉は卵形で先が尖る。下：木質化した匍匐茎の節から萌芽した茎葉。萌芽時期は種子の発芽より早い。葉ははじめ黄緑色でのち濃緑色。

左：オオフタバムグラ。葉は対生，無柄で長さ1～4cmの線状披針形。右：ナガバハリフタバ。葉は紫色を帯び，長楕円状披針形で長さ2～8cm。先が尖り，葉柄がない。葉脇に白色の花を多数つける。

茎はつるとなり，左巻きで他物に絡みつく。葉は長さ4～10cm，幅1～7cm。

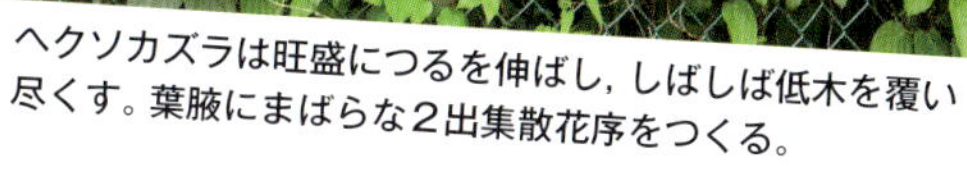

ヘクソカズラは旺盛につるを伸ばし，しばしば低木を覆い尽くす。葉腋にまばらな2出集散花序をつくる。

左：花冠は白色で，漏斗形。長さ約1cm。先は浅く5裂し，内面は紅紫色。腺毛が密に生える。右上：果実は径5mm，球形で黄色に熟す。右下：1果実内に中央のくぼんだ半球形の種子（核）が2個入る。

タネツケバナ

種漬花 | bittercress, flexuous | アブラナ科 | タネツケバナ属

Cardamine scutata Thunb.

【在来】

分布	全国	生活史	一年生（冬生）
出芽	9〜5月	繁殖器官	種子（94mg）
花期	3〜5月	種子散布	自動，付着
草丈	足首〜膝		

冬の水田や水路際など，湿った土地に生育する。田畑共通の害草。代かき前の水田にしばしば群生する。冬期に湿潤な地域でのムギ作で主要な雑草で，生育初期の雑草害を及ぼすが，出穂期以降には影響は少なく，収穫時には枯死している。

左：子葉は長さ約2mm，広卵形で先がわずかにくぼみ，無毛で柄は長い。中：第1〜3葉は腎形で，しだいに縁が波打つ。葉はほぼ無毛。右：第4葉は3出複葉，頂小葉は大きく，側2葉は小さい。以後，葉数が増すと小葉の数が増える。

左：根生葉は奇数羽状複葉で，小葉にも柄がある。葉柄基部は淡紫色を帯びる。右：ロゼット葉を広げた越冬個体。小葉はふつう3裂する。各小葉はほぼ等大。

花は白色の4弁花。花弁は長さ3〜4mm，萼片は4枚，雄ずいは6本。

茎下部から数本の茎を直立させる。茎は暗紫色を帯びることが多い。枝先に総状花序をなす。茎上部の葉は裂片が細い。

果実は線形で，斜めにつく。長さ約2cm。開花期には茎基部の葉は枯れ，茎葉のみとなることが多い。

種子は1果実中に十数個。種子は長さ1mm弱。黄褐色で扁平な卵形。光沢があり，一端にへそがある。

ミチタネツケバナ

道種漬花　bittercress, hairy　アブラナ科　タネツケバナ属

Cardamine hirsuta L.

【ヨーロッパ】

分布	北海道～九州	生活史	一年生（冬生）
出芽	10～11月	繁殖器官	種子（79mg）
花期	3～5月	種子散布	自動，付着
草丈	足首～膝		

1970年代の鳥取県の標本が日本での初記録であり，1990年代以降，急速に日本全国に分布を拡大している。道ばたや芝生など，水はけのよい立地に生育し，タネツケバナと異なり，水田土中では種子が越夏できない。

シロイヌナズナ *Arabidopsis thaliana* (L.) Heynh. はユーラシア～北アフリカ原産で，実験植物として用いられている。基本的に冬生一年草だが，暖かい土地では通年開花する。北海道～九州の道ばた，芝地，砂地などに定着している。

左：子葉は長さ約2mm，広卵形で先がわずかにくぼみ，無毛で柄は長い。タネツケバナに比べ円形に近い。中：第3葉までは腎形の単葉、第4葉以降は羽状に深裂する。葉の表面にまばらに毛がある。右：ロゼット葉を広げた越冬個体。頂小葉がもっとも大きく，小葉は切れ込みが少なく卵形。

左：越冬後，茎を直立させる。根生葉は開花時にも残る。中：果実は線形で花茎に沿うように直立する。右：花は白色の4弁花。花弁は長さ2～3mm，萼片は4枚，雄ずいは4本。

ミチタネツケバナ。種子は扁平な四角状卵形。黄褐色で長さ約1mm。

シロイヌナズナ。左上：幼植物の葉は円形～広卵形，表面に星状毛が密生する。左下：ロゼット状で越冬し，根生葉は狭披針形～長楕円形，縁は全縁または不明瞭な鋸歯がある。右：茎は単立し，茎葉は少数で無柄。花弁は白色で，長角果は線形。

ヒメタネツケバナ *Cardamine debilis* D. Donはヨーロッパ原産。短命な一年生草本で，暖地では通年開花する。

ヒメタネツケバナ。全草は無毛。基部から分枝し，直立または傾伏し，草高5～20cm。種子には翼がある。

イヌガラシ

犬芥子 – アブラナ科 イヌガラシ属

Rorippa indica (L.) Hiern

【在来】

分布	全国	生活史	一年生（冬生）または多年生
出芽	4～11月	繁殖器官	種子（70mg），根
花期	4～11月	種子散布	重力
草丈	足首～膝		

畑地，樹園地，畦畔など幅広い立地で見られ，やや湿った土地に多い。主に種子で繁殖するが，栄養成長の個体が耕起や刈り取りで切断されると，切断片から萌芽再生する。秋期に発芽が多く，基本的には冬生一年生の生活史をとるが，盛夏と積雪下以外の周年でさまざまな生育段階の個体が見られる。

左：子葉は黄緑色で無毛。広卵形で先は円く，長さ約2mm。柄は長く伸び，基部は淡紫紅色。中：第1，2葉は広卵形，縁は浅い波状。無毛で光沢がある。第3葉から鋸歯があらわれる。右：葉は互生。第6～7葉以降，葉身の基部が羽状に切れ込む。全体無毛。

根生葉は長楕円形，葉柄をもち，羽状に分裂する。頂裂片が最大で不ぞろいの歯牙状の鋸歯があり，基部の側裂片ほど小さい。冬期は全体が紫褐色を帯びる。

茎葉は上部のものほど小さくなり，長楕円形で切れ込みがない。茎は直立または斜立し，枝先に総状に花序をつける。

左：萼片は4枚，長さ約3mmで細かい毛がまばらに生える。花弁は4枚，黄色でへら状倒披針形～倒卵形，長さ約3.5mm，萼片よりわずかに長い。雄ずいは6本。中：果実は棒状で長さ約2cm，やや内側に曲がる。果柄は果実より短い。上：種子は茶褐色で長さ約0.6mm。扁平楕円形，卵形などさまざまで全面に明らかな網目状の斑紋がある。

スカシタゴボウ

透かし田牛蒡　yellowcress, marsh　アブラナ科　イヌガラシ属

Rorippa palustris (L.) Besser

【在来】

分布	全国	生活史	一年生（冬生）
出芽	4～11月	繁殖器官	種子（53mg）
花期	4～11月	種子散布	重力
草丈	足首～膝		

畑地，樹園地，畦畔など幅広い立地に生育し，やや湿った土地に多い。主に種子で繁殖し，秋期に発芽が多く，基本的には冬生一年生の生活史をとるが，東北以北では冬期以外ほぼ周年にわたり出芽し，生育段階の個体が見られる。耕起などで切断された根の断片からも地上部を再生する。

左：子葉は黄緑色で無毛。広卵形で先は円く，長さ約2mm。はじめ短柄で，のち伸びる。中：第１葉は広卵形で全縁。第３，４葉から縁の切れ込みが深くなる。葉柄や葉脈は紫褐色を帯びる。右：葉は互生。第５，６葉以降，羽状に裂ける。根生葉は長柄。

左：越冬個体は根生葉をロゼット状に広げる。葉身は深く羽状に分裂し，裂片の先は円みがあり，頂裂片の先は波打つ。冬期は全体が灰紫～灰緑色を帯びる。右：茎は無毛で，上部で分枝する。茎葉は切れ込みが浅く，基部は耳状に茎を抱く。茎先に総状に花序をつける。

左：果実は長さ5～7mmの長楕円形で少し湾曲する。果柄は果実より長い。上の左：萼片は４枚。花弁は４枚，黄色でへら形，長さ約3mm，萼片よりわずかに長い。雄ずいは６本。上の右：種子は黄褐色で長さ約0.6mm。扁平な多角形，菱形，円形など。光沢があり，全面にいぼがある。右：根は直根で太い。切断されても不定芽から地上部を萌芽して再生する。

キレハイヌガラシ 別名：ヤチイヌガラシ

切葉犬芥子 | fieldcress, yellow | アブラナ科 | イヌガラシ属

Rorippa sylvestris (L.) Besser

【ヨーロッパ】

分布	本州中部以北	生活史	多年生
出芽	4～9月	繁殖器官	(種子)，根
花期	6～8月	種子散布	?
草丈	足首～膝		

1960年代には北海道で害草と見なされていた。畑地，路傍，牧草地などに生育する。主に地中を横走する根の不定芽から地上茎を萌芽する。結実はまれで，日本では種子繁殖はほとんどしていないとされている。

上：根断片からの萌芽。萌芽した1葉目から葉身は羽状に深裂する。右：根生葉は細かく切れ込み，裂片は基部から頂部までほぼ同じサイズ。

葉は互生。茎は直立あるいは基部が倒伏して広がる。多くの枝を分け，全体ほぼ無毛。茎上部の茎葉は少数の裂片をつけるか，ときに単葉。

左：花冠は他のイヌガラシ類に比べて大きく，花期にはよく目立つ。右：花は径4～5mm。花弁は4枚，黄色で倒卵形。萼片は4枚，長楕円形で花弁より短い。果実は細長い円筒形で長さ1～1.5mm。

左：横走根は地表近くの深さ数cmに多い。右：横走根の不定芽からの萌芽。切断された横走根はさかんに萌芽し，耕起作業で圃場内に拡散する。

コイヌガラシ

小犬芥子 | － | アブラナ科 | イヌガラシ属

Rorippa cantoniensis (Lour.) Ohwi

【在来】

分布	関東～九州	生活史	一年生(冬生)
出芽	9～11月，3～4月	繁殖器官	種子(120mg)
花期	3～5月	種子散布	重力
草丈	足首～膝		

畑地，樹園地，畦畔などに生育し，湿った土地に多く，代かき前の水田や道ばたにも生育する。小型の雑草だが，冬作物や秋冬作野菜の圃場で群生して雑草害を及ぼすことがある。

左：子葉は卵状楕円形で黄緑色，長さ約2mm。第1葉は卵形で全縁，第2葉は菱状卵形で縁に1対の浅い鋸歯がある。第3葉は浅い切れ込みがある。右：第4葉以降に深い羽状葉となり，以降，裂片の数が増える。葉柄や葉身の基部は紫色を帯びる。

根生葉は長さ5～10cm，羽状に深裂し，基部の裂片ほど小さく，各裂片に鋸歯がある。

左：茎は直立し，無毛。葉は互生し，茎葉の基部は耳状に茎を抱く。右：茎上部の葉腋に径2～3mmの黄色の4弁花を単生する。萼片は4枚，長さ1.5mmの長楕円形，花弁は倒卵形で長さ2～2.5mm。雄ずいは6本。

左：果実はすべて葉腋につき，無柄。直立し，円柱形で長さ6～10mm。右：種子は長さ約0.5mm，黄褐色で卵形，楕円形など。滑らかで周囲は縁状となるものが多い。

カキネガラシ

垣根芥子 mustard, hedge アブラナ科 カキネガラシ属

Sisymbrium officinale (L.) Scop.

【ヨーロッパ】

分布	北海道～九州	生活史	一年生（冬生）
出芽	9～11月	繁殖器官	種子（230mg）
花期	4～6月	種子散布	重力
草丈	腰～胸		

明治後期に侵入が確認された。荒れ地や路傍に生育する。

左：子葉は楕円形で先は円い。長さ3～6mmで柄は長い。第1葉は広卵形，縁は波状で，表面とともに毛がある。右：第3葉は1対，第4～6葉は2対の深裂がある。頂裂片がもっとも大きい。

根生葉は羽状に深裂～全裂し，側裂片は数対ある。葉柄は紫色を帯びる。

左：越冬個体は大型のロゼットを形成し，根生葉は長さ20cmに達する。生育中期の葉の側裂片は長楕円形で先端は下方を向く。右：茎は直立し，下向きの粗毛と細かい毛が散生する。ほぼ水平に分枝する。茎上部の葉はほぼ無柄。茎頂に総状の花序を出す。

左：花は黄色で径約4mm，萼片は4枚，長楕円形で毛がある。右：カキネガラシの果実は茎と圧着して直立につき，長さ1～2cm の硬い針状。無毛または短毛を密生する。

種子は長さ約1.3mm，淡茶褐色で，菱形，三角状卵形などさまざまな不整形。背面の中央は縦にくぼんで溝となる。

イヌカキネガラシ

犬垣根芥子 mustard, oriental アブラナ科 カキネガラシ属

Sisymbrium orientale L.

【地中海沿岸】

分布	全国	生活史	一年生（冬生）
出芽	9～11月	繁殖器官	種子（230mg）
花期	4～6月	種子散布	重力
草丈	膝～腰		

日本での記録は1912年がもっとも古い。本州以南の路傍や荒れ地で普通に見られる。道路脇や造成地，河原など乾燥する土地に多い。

左：子葉は黄緑色，倒卵形から楕円形で先はわずかにくぼむ。長さ約5mmで柄は紫色を帯びる。第1，2葉も同形で，縁が波状の鋸歯となる。中：葉柄は長い。葉数が増えると縁は波状から羽状に切れ込む。葉の表面と縁に白毛が散生。右：根生葉は羽状に深裂。頂裂片が大きく，側裂片は3～5対。頂裂片基部の左右は大きく張り出し矛形となる。

茎は直立し，茎上部の葉の裂片は細くなる。茎の先端に長い花序を出し，まばらに花をつける。

左：果実は幅2mm，長さ10cmほどの硬い棒状で無毛またはごくまばらに毛がある。斜開するか横に伸び，熟すと紫褐色となり，特異な草姿となる。右上：花は黄色で径約1cm，萼片は4枚，披針形で毛が多い。右下：種子は狭卵形～長方形で角ばる。表面は平滑で無毛，褐色。縦に溝があり，長さ約1mm。

エゾスズシロ

別名：キタミハタザオ

蝦夷清白　mustard, allflower　アブラナ科　エゾスズシロ属

Erysimum cheiranthoides L.

【北半球温帯】

分布	北海道～四国	生活史	一年生（冬生または夏生）
出芽	4～9月		
花期	6～8月	繁殖器官	種子（260mg）
草丈	膝～腰	種子散布	重力

北海道に多く，本州以南では少ない。北海道北部の集団は在来の可能性がある。道ばたや荒れ地に多く，北海道ではしばしば畑地に侵入する。冷涼な地域で冬生または夏生の生活史をとる。

左：子葉は広楕円形～倒心形。第1，2葉は対生状で楕円形，縁は波打つ。右：葉の両面に星状毛がある。幼葉は楕円形で基部はくさび形，葉の縁は目立たない波形の葉がある。

葉は互生する。茎下部～上部の葉はほぼ同形で狭長楕円形～線状倒披針形。

左：茎は直立し，上部は分枝する。茎は伏した毛で覆われ，明らかな稜がある。右上：花は黄色で径約5mm，萼片は4枚，長楕円形で長さ約3mm。果実は四角い棒状で長さ3cmほど。果柄は果実より短い。右下：種子は長さ約1.3mm，黄褐色。

ヒメアマナズナ

姫亜麻薺　falseflax, smallseed　アブラナ科　アマナズナ属

Camelina microcarpa Ardrz. ex DC.

【ヨーロッパ】

分布	北海道～九州	生活史	一年生（冬生）
出芽	10～11月，3～4月	繁殖器官	種子（280mg）
花期	4～6月	種子散布	重力
草丈	膝～頭		

日本では1900年に初記録だが，戦後に侵入が増加したと思われる。北アメリカでは主要なムギ作雑草の1種。畑連作のムギ圃場で蔓延し，多発するとムギ類の減収および収穫作業の支障となる。

左：子葉は卵形～楕円形で淡緑色。第1，2葉はほぼ同時に出る。右：葉は互生，幼葉は狭倒卵形で白緑色，全体が白毛で覆われる。

ロゼット状で越冬する。根生葉は長柄で，縁が波打ち，長楕円形。冬期はしばしば全体が赤みを帯びる。

茎は直立し，茎葉は披針形～倒披針形で先が尖り，茎上部の葉の基部は茎を抱く。

上：茎の先に淡黄色の4弁花を多数つける。右：果実は径約5mmの硬い球形で頂部は突出する。茎上部ではしばしば無毛。根生葉は花期には枯失する。

種子は楕円形，長さ約1mmで赤褐色。表面に網目模様がある。

ツノミナズナ

角実薺　mustard, blue　アブラナ科　ツノミナズナ属

Chorispora tenella (Pall.) DC.

【西アジア】

分布	北海道〜四国	生活史	一年生（冬生）
出芽	10〜11月	繁殖器官	種子（950mg）
花期	4〜6月	種子散布	重力
草丈	膝〜腰		

1953年に侵入が確認された。関東地域の一部ムギ圃場で侵入，蔓延している。多発すると収穫作業の支障となり，減収を招く。全体に短い腺毛を散生し，悪臭がある。

左：子葉は楕円形で，縁と表面に毛がある。第1，2葉はほぼ同時に出る。右：葉は互生，幼葉は狭倒卵形で縁は波打つ。葉齢が進むと縁は波状から羽状に浅裂する。

ロゼット状で越冬する。根生葉は倒披針形で羽状に中裂し，頂裂片が大きい。裂片の先は尖らない。

左：茎葉は狭長楕円形〜披針形で先が尖り，基部はくさび形。茎上部の葉はしばしば全縁。茎は基部で分枝して直立する。右：花は淡紫紅色〜淡紫色で径約1cm。萼片は4枚で直立する。花弁は4枚，狭長楕円形で横に開く。

果実は長さ3〜5cm，茎と直角につき，しばしば湾曲する。成熟しても裂開せず，節ごとに分かれる。

種子は果皮と合着した状態で散布される。種子は楕円形でやや扁平。

クジラグサ

鯨草　flixweed　アブラナ科　クジラグサ属

Descurainia sophia (L.) Webb ex Prantl

【ユーラシア】

分布	北海道〜九州	生活史	一年生（冬生）
出芽	10〜11月，3〜4月	繁殖器官	種子（120mg）
花期	4〜6月	種子散布	重力
草丈	膝〜頭		

明治期に侵入した。原産地や北アメリカのムギ作でも主要な雑草の1種。関東地域の畑条件でムギ類を連作する圃場で定着し，被害をもたらしている。多発圃場ではムギ類を覆い，倒伏し，収穫の支障となる。

左：子葉は狭卵形で淡緑色，毛に覆われる。第1，2葉は羽状に3裂する。右：葉は互生し，幼葉は羽状に全裂し，長い柄がある。全体に毛が密生し，灰緑色を呈する。

ロゼット状で越冬する。根生葉は2〜4回羽状に細かく全裂〜深裂し，最終裂片の幅は1〜2mm，先は尖る。やや悪臭がある。

左：茎は直立し，上部で少数の短い分枝を出す。上：茎の先に淡黄色の微小な花を密集する。萼片は4枚，披針形。

左：果実は長さ1〜3cm，幅約1mmの細長い棒状。成熟すると全体が赤褐色を呈し，上部は湾曲する。上：種子は長さ約1mm，楕円形で赤褐色。

グンバイナズナ

軍配薺　pennycress, field　アブラナ科　グンバイナズナ属

Thlaspi arvense L.

【ヨーロッパ】

分布	全国	生活史	一年生（冬生）
出芽	10～11月, 3～4月	繁殖器官	種子（800mg）
花期	3～5月	種子散布	重力
草丈	膝～腰		

江戸時代にはすでに侵入，定着。ヨーロッパや北アメリカでも代表的な耕地雑草。日本でもムギ類など，冬作物の畑で雑草となるほか，畦畔や道ばたなどにも生育する。

ハルザキヤマガラシ

春咲山芥子　rocket, yellow　アブラナ科　ヤマガラシ属

Barbarea vulgaris R. Br.

【ヨーロッパ】

分布	北海道～本州	生活史	多年生
出芽	10～11月, 3～4月	繁殖器官	種子（610mg）
花期	4～7月		根
草丈	膝～腰	種子散布	重力

戦後に侵入，定着した。北日本に多く，河川敷や畦畔など，湿った土地に群生するほか，畑地にも生育する。畦畔や牧草地など，耕起されない土地では株で越夏する多年生となり，ムギや野菜作圃場などの耕地では一年生の生活史をとる。

グンバイナズナ。左：子葉は卵形～楕円形，明緑色で先は円い。はじめ短柄，のち長柄となる。長さ3～4.5mm。無毛。中：第1，2葉は広卵形，全縁で柄が長い。葉には光沢がある。右：葉は互生，ロゼット状で越冬する。根生葉は中央脈が明瞭で，長柄があり，縁は波打つ。

ハルザキヤマガラシ。左：子葉は卵形～楕円形で無毛，先がわずかにくぼみ，柄は長く伸びる。第1，2葉は心形で先は円く，縁は波打つ。柄は長い。中：第5葉以降は羽状に切れ込み，頂小葉が大きく，円形に近い。側裂片は小さい。右：葉は互生，ロゼット状で越冬する。葉は濃緑色でやや厚く，光沢がある。全体無毛。

グンバイナズナ。茎は直立し，茎葉はやや厚く，長楕円形～倒披針形。茎中部以上の葉は無柄で，基部は耳状に広がって茎を抱く。縁にはまばらに低い歯がある。

グンバイナズナ。左：全体無毛。根生葉は花期には枯れる。中：茎先に花を密集する。花は径約5mm，白色の4弁花。萼片は4枚で，花弁より短い。右：果実は長さ約1.5cmの扁平な軍配状で先がくぼむ。

種子。左：グンバイナズナ。卵形で長さ1.2～1.5mm，褐色で同心円状に溝がある。右：ハルザキヤマガラシ。長さ1～1.5mm，褐色で楕円形～四角状楕円形。

イヌナズナ

犬薺	whitlowgrass, wood	アブラナ科	イヌナズナ属

Draba nemorosa L.

【在来】

分布	北海道〜九州	生活史	一年生(冬生)
出芽	9〜10月, 3〜4月	繁殖器官	種子(190mg)
花期	3〜4月	種子散布	重力
草丈	〜膝		

草地や道ばた，畦畔などに生育する。秋に発芽し，越冬後，早春に開花，結実する。小型の雑草で，耕地周辺で見かけるが，耕地内で繁茂して害を及ぼすことは少ない。

ハルザキヤマガラシ。上：茎は地際から直立し，茎上部の葉は無柄で，基部は耳状となって茎を抱く。葉身は羽状に深裂〜浅裂。直立した茎の先に鮮黄色の花を密集してつける。下：花は径約7mm，花弁は4枚で倒卵形，長さは萼片の2倍長。

ハルザキヤマガラシ。左：果実は斜上し，長さ2〜3cmの線形，先端に嘴状の残存花柱がある。右：前年株の地際からの萌芽。

イヌナズナ。左：子葉は楕円形。長さ2mm以下。第1，2葉は対生し，楕円形で全縁。中：幼葉は楕円形〜狭卵形，縁に1対の鋸歯がある。全体に単毛と星状毛が混生する。右：ロゼット状で越冬する。根生葉はへら状長楕円形。

イヌナズナ。左：根生葉は無柄で縁に粗い鋸歯がある。茎は下部から枝を分ける。茎葉は狭卵形〜長楕円形。上：花弁は4枚，黄色で倒卵形，先はややくぼみ，長さ2〜3mm。萼片は4枚，長楕円形〜楕円形。

イヌナズナ。上：花後に花序が伸び，花柄も伸びる。右：果実は平たい長楕円形で長さ5〜8mm。ふつう短毛がある。

イヌナズナ。種子。長さ約0.4mmとごく小さく，広楕円形。

マメグンバイナズナ

豆軍配薺　pepperweed, Virginia　アブラナ科　マメグンバイナズナ属

Lepidium virginicum L.

【北アメリカ】

分　布	全国	生活史	二年生（冬生）
出　芽	9〜11月，3〜5月	繁殖器官	種子（160mg）
花　期	5〜7月	種子散布	重力
草　丈	足首〜膝		

明治期に侵入した。空き地や道ばた，河原に多いが，樹園地にしばしば群生し，畑地にも入り込む。

カラクサナズナ

唐草薺　swinecress, lesser　アブラナ科　マメグンバイナズナ属

Lepidium didymum L.

【ヨーロッパ（南アメリカ説もあり）】

分　布	全国	生活史	一年生（冬生または夏生）
出　芽	9〜5月		
花　期	3〜8月	繁殖器官	種子（440mg）
草　丈	〜足首	種子散布	重力

明治30年代に小笠原で発見，その後本土にも侵入，定着。道ばたや空き地に多い。西日本〜南西諸島では冬作物や秋冬作野菜で問題となり，未熟堆肥を入れた畑地に多い。関東以北では少なく，北日本では夏生一年草となる。全体に悪臭がある。

マメグンバイナズナ。左：子葉は楕円形で無毛。淡緑色で柄は長く伸びる。第1，2葉は対生状。中：葉は互生，幼葉は卵形で数対の鋸歯があり，表面にまばらに毛がある。右：ロゼット状で越冬する。根生葉は葉柄があり，羽状に浅裂〜深裂し，頂裂片は広卵形で大きい。濃緑色で光沢。

カラクサナズナ。左：子葉はへら形で無毛，黄緑色。第1，2葉は対生状。全縁で無毛，柄は長い。中：第3葉から互生，羽状に3裂する。葉数が増えると裂片の数が増す。右：葉は羽状に全裂しロゼット状となる。側裂片は3〜7対で歯牙がある。

マメグンバイナズナ。茎は直立，茎下部の葉は根生葉と同形。茎上部の葉は無柄または短い柄があり，線形〜線状披針形で不ぞろいの鋸歯があり，先は尖る。

マメグンバイナズナ。左：果実は扁平な円形で長さ約3mm。先が小さくくぼんだ軍配状。花期に根生葉は枯失。右：茎先の総状花序に径約3mmの小さな緑白色の花を多数つける。花弁は4枚で白色。萼片は4枚，雄ずいは2本。

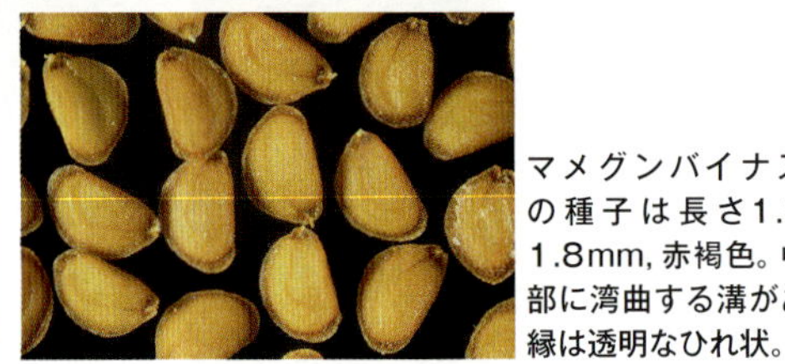

マメグンバイナズナの種子は長さ1.3〜1.8mm，赤褐色。中央部に湾曲する溝があり，縁は透明なひれ状。

この他アブラナ科では，野菜として栽培されるヨーロッパ原産のオランダガラシ（クレソン）*Nastrutium officinale* R. Br. は逸出，野生化し，水辺にしばしば群生する。紫色の花が目を引くショカツサイ（ハナダイコン，ムラサキハナナ）*Orychophragmus violaceus* (L.) O. E. Schulz. は江戸期に導入され，現在では全国的に野生化している。

カラクサナズナ。ロゼット葉の中心の茎に小さな花序をつけた後，匍匐または斜上する分枝を出す。

カラクサナズナ。上：葉にはやや光沢がある。茎は基部から多く分枝して広がり，斜上する。全体無毛または白色の軟毛を散生する。作物群落内では茎は立ち上がる。下：葉腋に花序を出す。花は白色で径約１mm。萼片は卵形～三角形で緑色。花弁は４枚，微小でしばしば欠除する。

カラクサナズナ。上：果実は２個の球を横に並べた形で，高さ１.５mm。果面には網目状の浅いくぼみがある。果実は裂開しない。下：種子は褐色，卵形で長さ約０.７mm。

ウリクサ

瓜草　－　アゼナ科　アゼナ属

Lindernia crustacea (L.) F. Muell.

【在来】

分　布	全国	生活史	一年生（夏生）
出　芽	5～7月	繁殖器官	種子（19mg）
花　期	7～10月	種子散布	重力，雨滴
草　丈	～足首		

畦畔や湿った畑，庭などに生育し，暖かい地方に多い。小型の植物で，雑草として害を及ぼすことは少ないが，出芽から短期間で開花，結実に至るため，除草も根絶も難しい。

左：子葉は三角状卵形～広卵形で基部はやや心形。柄は後に伸びる。右：葉は対生し，短い葉柄があり卵形で粗い鋸歯がある。

左：茎の断面は四角形で，多く分枝して地を這って四方に広がる。茎や葉脈は赤紫色を帯びることが多い。全体無毛。茎上部の葉腋から花柄を出す。秋にはしばしば茎葉が紅葉し，赤紫色になる。右：花は淡紫色の唇形花で長さ１cm以下。上唇は短く先が２裂し，下唇は広く３裂する。萼は筒形。

左：蒴果は長楕円形で同長の萼に包まれる。長さ約５mm。右：種子は淡黄褐色，やや不整の楕円形で，表面に多数の半透明な小突起がある。長さ約０.４mm。

南西諸島に分布し，畦畔などの湿った土地に見られるシマウリクサ *Lindernia anagallis* (Burm. f.) Pennell は多年生。

シマウリクサ。ウリクサより大型で，茎基部は匍匐し，上部は斜上して立ち上がる。萼は基部まで裂ける。

ノチドメ

野血止 | – | ウコギ科 | チドメグサ属

Hydrocotyle maritima Honda

【在来】

分布	本州以南	生活史	多年生
出芽	3〜5月	繁殖器官	種子(230mg)
花期	6〜9月		匍匐茎
草丈	〜足首	種子散布	重力

チドメグサ類は湿った畦畔や芝地など，草刈りされる土地に匍匐茎を伸ばして生育する。ノチドメは道ばた，畦畔，芝地，樹園地などに生育し，茎の上部は斜上する。

オオチドメ

大血止 | – | ウコギ科 | チドメグサ属

Hydrocotyle ramiflora Maxim.

【在来】

分布	北海道〜九州	生活史	多年生
出芽	9〜11月	繁殖器官	種子(130mg)
花期	5〜8月		匍匐茎
草丈	〜足首	種子散布	重力

畦畔や芝地など，草刈りされる湿った土地や林縁に生育する。葉はやや大きく，花序が葉の上に突き出る。

ノチドメ。左:子葉は狭卵形，緑色，多肉質で無毛。葉柄は淡茶褐色。第１葉は緑色，５掌状に浅裂し，葉柄は赤紫〜赤褐色。中:第２葉は５〜７浅裂，第３葉以降，縁の切れ込みが深くなる。葉柄は長く，葉の基部は深く切れ込む。葉腋から匍匐茎を伸ばす。右:茎は緑褐色でまばらに分枝して地を這い，各節で発根する。茎の先端はやや立つ。葉に光沢はなく，両面脈上にまばらに毛がある。葉柄の基部が大きく開くタイプもある。葉は径2〜3cm。

オオチドメ。左:子葉は卵形，円頭で無毛，緑色。第１葉は腎円形で切れ込みは浅く，数個の鋸歯がある。中:葉は互生し，厚みがあり，無毛で光沢がある。葉は浅く7〜9裂し，基部の両縁は重なるほど接近する。茎は黄褐色。匍匐茎を伸ばし，各節から発根する。葉は径1.5〜3cm。右:茎は細く，地を這い，花期に先端は斜上する。花序の柄は葉柄より長く伸びて目立つ。

チドメグサ。左:子葉は楕円形で円頭。無毛で緑色。第１葉は浅く5〜7裂する掌状腎形。第2，3葉も同形。中:葉は互生し長柄がある。葉柄は淡緑色，葉縁は無毛，各葉の表面に光沢がある。葉はふつう無毛。右:茎は細く無毛，匍匐茎が地面を這って広がり，各節から発根する。葉は円形で掌状に浅裂。葉は径1〜1.5cm。

チドメグサ

血止草　pennywort, lawn　ウコギ科　チドメグサ属

Hydrocotyle sibthorpioides Lam.

【在来】

分布	本州以南	生活史	多年生
出芽	3~5月，10~11月	繁殖器官	種子（260mg）
花期	6~9月		匍匐茎
草丈	~足首	種子散布	重力

暖かい地方では常緑。道ばたや畦畔，樹園地の他，路面の隙間などにも生育する。茎全体が地を這う。

ブラジルチドメグサ *Hydrocotyle ranunculoides* L. f. は南アメリカ原産の大型の水草。西日本の水湿地に定着し，治水上の問題を引き起こし，特定外来生物に指定されている。他にも観賞用の水草としていくつかのチドメグサ類が日本に持ち込まれている。

花。上の左：ノチドメ，葉に対生して長柄を出し，その先に花が10数個集まった花序をつける。花柄は葉柄より短い。花弁は白色で5枚。上の右：オオチドメ，葉に対生する花柄の先に10数個の花が球形に集まってつく。花は白色の5弁花，径約1.5mm。下：チドメグサ。葉に対生する花柄の先に7~11個の花が球形に集まってつく。花柄は葉柄とほぼ同長。花は白色の5弁花。

水路を被覆したブラジルチドメグサ。

果実。左：ノチドメ。扁平球形で径1.5mmの果が10数個集まる。果実は2分果で淡茶色。2本の花柱が細く開いて出る。中：オオチドメ。腎形で径約1mm。花後も柄が伸び，葉の位置よりも高くなる。右：チドメグサ。茶褐色~褐色の径1mmの2分果からなる。細く短い2つの花柱がつの状に立つ。

分果。左：ノチドメ，やや広い半円形，下端は切形，縁と中央に縦の稜がある。長さ約1.2mm。中：オオチドメ，扁平な半球形。右：チドメグサ。扁平で半球形，両端がやや尖る。長さ約1.2mm。

オオバコ

大葉子 | - | オオバコ科 | オオバコ属

Plantago asiatica L.

【在来】

分　布	全国	生活史	多年生
出　芽	3～10月	繁殖器官	種子（300mg）
花　期	5～10月		短縮根茎
草　丈	～膝	種子散布	重力，付着

畦畔や道ばたなど，刈取りや踏圧のある硬い，やや湿った陽地に生育する。耕起される土地には少ない。地下の短縮した茎から根生葉をロゼット状に出す。

セイヨウオオバコ（西洋大葉子，broadleaf plantain，*Plantago major* L.）はヨーロッパ原産。北日本の裸地に多い。オオバコと形態が酷似しており，気づかれていない場合も多いと思われる。

オオバコ。左：子葉はへら形で少し厚みがあり，無毛でなめらか。第1葉は狭卵形。中：葉は互生し，緑色で3脈が明瞭。葉柄は長く，葉身は広卵形で先は円い。無毛またはやや毛がある。右：葉はすべて根生葉で，放射状に地面に広がる。新葉は巻いて筒状に抽出する。数本の脈が目立ち，縁は波打つ。

オオバコ。根生葉の間から高さ10～30cmの花茎を伸ばす。

オオバコ。左：花序は穂状で多数の花が密集する。花は緑色，1枚の苞と4枚の萼片がある。雌性先熟で，花穂が伸長しながら雌ずいが突出し，雌ずいに遅れて花穂の下から順に雄ずいを出す。中：蒴果は卵状長楕円形。中央から横に上の部分がはずれ，中に4～6個の種子がある。右：種子は長楕円形で長さ1.5～2.0mm。茶褐色～黒褐色。

セイヨウオオバコ。上：子葉はへら形，第2葉は狭卵形。出穂前にオオバコと識別することは困難。右：オオバコに比べやや大型で，花茎は高さ30～60cm。

セイヨウオオバコの種子。1果実中の種子は8～16個。楕円形～菱形で長さ1.0～1.5mm，表面の縞状の凹凸は明らか。

ヘラオオバコ

篦大葉子 plantain, buckhorn オオバコ科 オオバコ属

Plantago lanceolata L.

【ヨーロッパ】

分　布	全国	生活史	多年生
出　芽	4～10月	繁殖器官	種子(1.6g)
花　期	4～8月		短縮根茎
草　丈	膝～腰	種子散布	重力，付着

草地や道ばた，空き地などの陽地に生育する。江戸末期に日本に侵入したとされる。

ヘラオオバコ。左：子葉は斜上し，線形で無毛。濃緑色で断面は半円柱形。第１葉は長楕円形，葉面と縁にまばらに毛があり，基部は赤褐色。右：幼葉は線形～線状披針形で，平行脈がありくぼむ。基部に長い軟毛がある。葉の先端は尖り，上を向く。

ヘラオオバコ。葉はすべて根生葉。全緑で広線形～線状披針形で先端が鋭く尖り，３～５脈。基部はしだいに葉柄に移行し，葉柄に開出した褐色の毛がある。

ヘラオオバコ。左：根生葉の間から葉よりも長い高さ40～70cmの花茎を出す。花穂は長さ３～８cm。右：花は花序の下から咲き，雌性先熟。白色～淡黄色の雄ずいが目立つ。

１果実に種子は２個。種子は長楕円形で長さ約２mm。黒茶褐色で背面は光沢があり，腹面に溝とへそがある。

ツボミオオバコ

蕾大葉子 plantain, paleseed オオバコ科 オオバコ属

Plantago virginica L.

【北アメリカ】

分　布	本州以南	生活史	一年生(冬生)
出　芽	9～11月	繁殖器官	種子(570mg)
花　期	4～6月	種子散布	重力，付着？
草　丈	～膝		

道ばたや芝地などに生育する。1913年に愛知県，1934年に大阪府で侵入が確認され，昭和以降，西日本から各地に分布を広げている。

ツボミオオバコ。左：子葉は楕円形，先が円い。緑色に紅色を帯び，表面に少数の短毛がある。第１葉は楕円形，先がわずかに尖り，表面と縁に長毛がある。右：幼葉は束生する。

ツボミオオバコ。葉はすべて根生葉で，放射状に地面に広がる。広倒披針形で３～５脈が目立ち，全体に白軟毛があり長楕円形，小さい鋸歯がまばらにある。

ツボミオオバコ。左：根生葉の間から葉よりも長い高さ10～40cmの花茎を出し，花茎の先に多数の花をつける。右：花は花序の下から咲き，雌性先熟。葯は細長い花糸につき，淡紫褐色で目立つ。

１果実に種子は２個。種子は長楕円形で長さ約1.5mm。赤茶褐色で網目斑紋があり，腹面に溝とへそがある。

タチイヌノフグリ

立犬の陰嚢 speedwell, corn オオバコ科 クワガタソウ属

Veronica arvensis L.

【ヨーロッパ】

分布	全国	生活史	一年生（冬生）
出芽	10～3月	繁殖器官	種子（150mg）
花期	4～6月	種子散布	重力，雨滴
草丈	～膝		

明治初年に侵入し，その後全国に拡散し，畑地や道ばたや畦畔などの陽地に普通に見られる。

オオイヌノフグリ

大犬の陰嚢 speedwell, Persian オオバコ科 クワガタソウ属

Veronica persica Poir.

【西アジア】

分布	全国	生活史	一年生（冬生）
出芽	9～6月	繁殖器官	種子（460mg）
花期	2～6月	種子散布	重力，付着
草丈	～膝		

明治初期に侵入したとされるが，畑地，道ばた，芝地などの陽地や樹園地に普通。早春もっとも早くから開花する。在来のイヌノフグリに替わってその立地を占め，全国に分布する。

左：タチイヌノフグリ。子葉は広卵形～三角状広卵形，表面に軟毛が散生する。第１対生葉は三角状広卵形，縁は波状で，両面，縁とも軟毛がある。中：オオイヌノフグリ。子葉は黄緑色で広卵形，無毛で葉柄は茶色みがかる。葉ははじめ対生，第１対生葉は三角状広卵形で，両面，縁，葉柄ともに白毛がある。右：イヌノフグリ。子葉は広卵形で無毛。柄は紫紅色。第１対生葉は三角状卵形，３脈が明瞭で２対の鋸歯があり，縁に細かい毛がある。

左：タチイヌノフグリ。根元から分枝する。幼葉は卵円形で２，３対の鋸歯がある。中：オオイヌノフグリ。根元から分枝する。鋸歯は，はじめ２～３対，葉数が増えるとともに鋸歯は目立つ。茎は毛がある。右：イヌノフグリ。茎下部の葉は対生。葉は黄緑色で，３～数対の鋸歯がある。茎は紅紫色。葉柄に白毛が散生する。

左：タチイヌノフグリ。葉は５主脈が明らかで，茎下部では柄があり対生し，上部では互生する。中：オオイヌノフグリ。茎は地を這い，葉は茎下部では対生し，上部では互生する。右：イヌノフグリ。茎は地を這う。茎上部の葉は互生し，卵円形。

イヌノフグリ

犬の陰嚢　speedwell, wayside　オオバコ科　クワガタソウ属

Veronica polita Fr. var. *lilacina* (T. Yamaz.) T. Yamaz.

[在来]

分　布	本州以南	生活史	一年生(冬生)
出　芽	10~3月	繁殖器官	種子 (400mg)
花　期	3~5月	種子散布	重力, アリ
草　丈	~膝		

オオイヌノフグリの侵入・定着した後に激減した。かつては普通の耕地雑草。離島や石垣のすき間など，オオイヌノフグリの生育しない土地に限られた分布をする。

タチイヌノフグリ。花期に茎上部は直立する。上部の葉は長楕円形で無柄。

オオイヌノフグリ。茎上部の葉腋に1個ずつ花をつける。

左：タチイヌノフグリ。葉腋に1個ずつ花をつける。花柄はごく短い。花冠は淡紫色，紫色の条がある。皿形で深く4裂し，径約2mm。雄ずいは2本。中：オオイヌノフグリ。花冠は青紫色，紫色の条がある。皿形で深く4裂し，径約8mm。雄ずいは2本。右：イヌノフグリ。葉腋に淡紅色で紅紫色の条のある4弁花を単生する。花は径3~4mm。花柄は長さ0.5~1cm。

左：タチイヌノフグリ。裂開した蒴果。萼は基部まで4裂し，裂片は線形で先は鈍く，軟毛がある。蒴果は倒心形。中：オオイヌノフグリ。萼は基部まで4裂し，裂片は卵形で先は短く尖る。縁に白毛がある。蒴果は扁平な倒心形。右：イヌノフグリ。蒴果は扁平な腎形で2個の球をつなげた形。全体に軟毛がある。萼は4裂し，裂片は広卵形で先は尖る。中に種子は10数個。

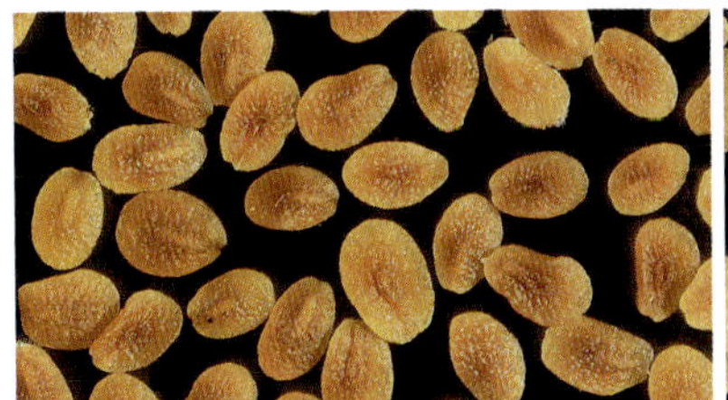

左：タチイヌノフグリ。種子は黄褐色，扁平な楕円形。長さ1mm弱。背面はざらつき，腹面は中央にへそがある。中：オオイヌノフグリ。種子は淡茶褐色で光沢があり卵形。長さ2mm弱。背面に不規則なしわがあり，腹面はくぼんで舟形となる。右：イヌノフグリ。種子は白褐色で卵形。長さ1mm弱。浅い舟形で背面には縦の筋がある。

フラサバソウ

ふらさば草 speedwell, ivyleaf オオバコ科 クワガタソウ属
Veronica hederifolia L.

【ヨーロッパ】

分布	北海道〜九州	生活史	一年生（冬生）
出芽	10〜3月	繁殖器官	種子（5.5g）
花期	3〜5月	種子散布	重力
草丈	〜膝		

明治初年に長崎で採集されている。戦後，再確認され，その後西日本中心に分布している。畑や道ばたなどに生育し，暖かい地域では畑の害草となる。二毛作水田でも生育する。

ムシクサ

虫草 speedwell, purslane オオバコ科 クワガタソウ属
Veronica peregrina L.

【在来】

分布	本州以南	生活史	一年生（冬生）
出芽	10〜3月	繁殖器官	種子（23mg）
花期	4〜5月	種子散布	重力
草丈	〜膝		

畦畔や休閑期の水田に多く，湿った畑地や芝地，道ばたなどに生育する。

フラサバソウ。左：子葉は卵形〜楕円形。厚みがあり無毛，主脈がくぼむ。第１対生葉は広卵形で１，２対の鋸歯がある。中：根元から分枝する。葉は茎下部では対生する。右：全体に長毛が散生する。葉身は掌状に切れ込み，３脈が目立つ。子葉は花期まで残る。

ムシクサ。左：子葉は多肉質で披針形，黄緑色で無毛。第１対生葉は多肉質，披針状楕円形〜長楕円形，無毛。幼葉には両面に点々とくぼみがある。中：第２対生葉は１対，第３対生葉には２〜３対の鋸歯があり，柄は長い。根元で分枝する。茎の下部では葉は対生。右：全体無毛。基部から分枝する。葉は狭披針形で中央脈が明らか。茎上部では葉は互生する。

フラサバソウ。左：茎上部では葉が互生する。花期に茎上部は斜上する。下の左：葉腋に１個ずつ花をつける。花柄は長さ６〜８mm。花冠は淡青紫色，皿形で深く４裂し，径約４mm。雄ずいは２本。下の中：蒴果。萼は基部まで４裂し，裂片は卵形で先は尖り，縁に長毛がある。蒴果は幅広い扁平な球形で先がくぼむ。１果実に種子は４個。下の右：種子は半球形で黒褐色。長さ３mm弱。背面にはしわがある。腹面は中央にへそがある。

ムシクサ。左：茎は花期に斜上する。葉腋に紅色を帯びた白色の小さな４弁花を単生する。花柄はごく短い。右上：蒴果は扁平な倒心形。萼は基部まで４裂し，裂片は広線形で先は尖る。１果実に種子は４個。右下：種子は光沢のある淡褐色で楕円形。長さ１mm弱。浅い舟形で背面には縦の筋がある。

マツバウンラン

松葉海蘭　toadflax, oldfield　オオバコ科　マツバウンラン属

Nuttallanthus canadensis (L.) D. A. Sutton

【北アメリカ】

分布	本州〜九州	生活史	一年生（冬生）
出芽	9〜11月，3〜4月	繁殖器官	種子（11mg）
花期	4〜5月	種子散布	重力，風
草丈	〜膝		

1941年に侵入が確認され，年々，分布を拡大している。道ばたや芝地に生育し，西日本では野菜類の畑地にもしばしば入り込む。

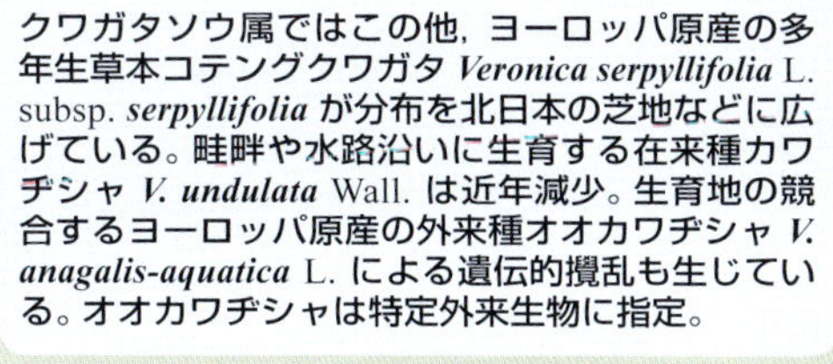
クワガタソウ属ではこの他，ヨーロッパ原産の多年生草本コテングクワガタ *Veronica serpyllifolia* L. subsp. *serpyllifolia* が分布を北日本の芝地などに広げている。畦畔や水路沿いに生育する在来種カワヂシャ *V. undulata* Wall. は近年減少。生育地の競合するヨーロッパ原産の外来種オオカワヂシャ *V. anagalis-aquatica* L. による遺伝的攪乱も生じている。オオカワヂシャは特定外来生物に指定。

コテングクワガタ。茎は分枝して地を這い，花茎は高さ10〜20cm。花冠は4裂し，白色〜淡青紫色。

上：カワヂシャ。花期の草高は30〜50cm，全体無毛。総状花序に白色に淡青紫色の条がある花を多数つける。下：オオカワヂシャ。根茎で繁殖する多年草で，草高約1mになる。花冠は径約5mm，カワヂシャの約2倍の大きさ。

マツバウンラン。左：子葉は三角状卵形〜菱形で先は円い。右：基部から走出枝を出して分枝する。幼葉は対生または3〜4輪生し広卵形。全体無毛。茎は赤紫色を帯びる。

マツバウンラン。上：茎は地を這い，先端は斜上する。葉は線形で先が尖る。下：越冬後に花茎を直立させる。茎上部の葉は互生する。

上：花茎にまばらに多数の花をつける。左：花柄は長さ2〜4mm，花冠は唇形で紫色。下唇の下部は隆起して白色。基部に距がある。

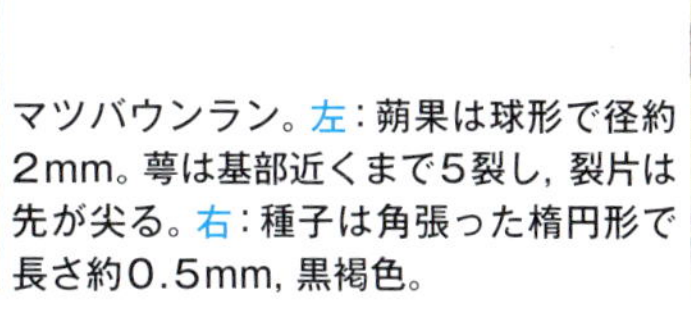
マツバウンラン。左：蒴果は球形で径約2mm。萼は基部近くまで5裂し，裂片は先が尖る。右：種子は角張った楕円形で長さ約0.5mm，黒褐色。

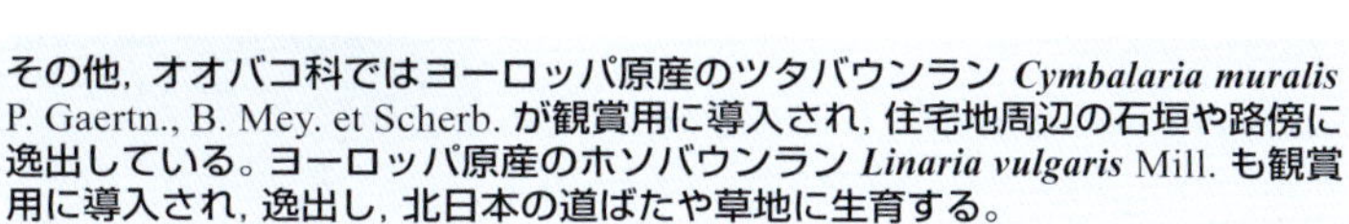
その他，オオバコ科ではヨーロッパ原産のツタバウンラン *Cymbalaria muralis* P. Gaertn., B. Mey. et Scherb. が観賞用に導入され，住宅地周辺の石垣や路傍に逸出している。ヨーロッパ原産のホソバウンラン *Linaria vulgaris* Mill. も観賞用に導入され，逸出し，北日本の道ばたや草地に生育する。

カタバミ

傍食 | woodsorrel, creeping | カタバミ科 | カタバミ属

Oxalis corniculata L.

【在来】

分布	全国	生活史	多年生
出芽	3~7月，9~11月	繁殖器官	種子(180mg)
花期	4~10月		匍匐茎
草丈	～足首	種子散布	自動，付着

庭や道ばたなどの裸地や芝地に多い。細い茎が地面を這って広がり，根は深く，乾燥した地でも生育する。茎葉にシュウ酸を含む。

オッタチカタバミ

おっ立ち傍食 | woodsorrel, yellow | カタバミ科 | カタバミ属

Oxalis dillenii Jacq.

【北アメリカ】

分布	本州～九州	生活史	多年生
出芽	3~7月，9~11月	繁殖器官	種子(250mg)
花期	4~10月		根茎
草丈	～膝	種子散布	自動，付着

1965年に京都で侵入が確認された。その後各地に広がり，庭や道ばたなどの裸地や芝地など，カタバミと同じような土地に生育する。

カタバミ。左：子葉は卵形～楕円形。先は円い。葉柄は淡紅色。中：葉は3小葉で第1葉から成葉と同形。小葉は倒心形で先がくぼむ。葉縁と葉柄にわずかに長軟毛がある。茎葉が赤紫色のタイプはアカカタバミと呼ばれる。右：茎は地を這い，節から根と枝を出す。茎の先端は斜上する。葉は互生する。葉柄は長い。

オッタチカタバミ。左：子葉は卵形～楕円形。先は円い。葉は3小葉で第1葉から成葉と同形。中：小葉は倒心形で先がくぼむ。カタバミと異なり，茎葉が赤紫色のタイプは見られない。右：カタバミに比べ，全体に明るい明緑色で全体に白い毛が多い。葉は茎に互生する。

左：カタバミ。葉の基部に小さい耳形の托葉がある。茎葉とも少し毛がある。右：オッタチカタバミ。葉の基部の托葉は目立たない。

オッタチカタバミ。匍匐茎はなく，地表直下を横に這った根茎から地上茎を立てる。葉腋から直立する長い花茎の先に黄色の5弁花を数個つける。

上：カタバミ。葉腋から直立する長い花茎の先に黄色の5弁花を数個つける。花は径約8mm。雄ずい10本，雌ずいは1本で花柱は5本。下：オッタチカタバミ。花は径約7～11mm。雄ずい10本，雌ずいは1本で花柱は5本。萼片は5枚。

ムラサキカタバミ

紫傍食　woodsorrel, pink　カタバミ科　カタバミ属

Oxalis debilis Kunth subsp. *corymbosa* (DC.) Lourteig

【南アメリカ】

分布	全国	生活史	多年生
出芽	3～7月（関東），10～4月（南西諸島）		
花期	5～10月（関東），12～4月（南西諸島）		
草丈	～膝	繁殖器官	鱗茎

江戸末期に観賞用に導入された。関東以西に広がり，庭，樹園地，空き地などに生育する。種子は不稔であるが，多数の小鱗茎で増殖する。南西諸島では畑地の強害草である。

イモカタバミ

芋傍食　－　カタバミ科　カタバミ属

Oxalis articulata Savigny

【南アメリカ】

分布	本州～九州	生活史	多年生
出芽	9～6月	繁殖器官	塊茎
花期	4～10月		
草丈	～膝		

1967年に侵入が確認された。空き地や道ばたなどに生育し，観賞用に栽培もされる。ムラサキカタバミ同様，種子は不稔。

ムラサキカタバミ。左上：鱗茎から萌芽した新葉。葉は3小葉で，小葉は倒心形。淡緑色で両面とも毛がある。葉柄は淡紅色。右上：葉はすべて鱗茎より生じる根生葉。葉柄は長さ8～25cm。左：葉柄より長い，直立した花茎の先端に花を数～10個つける。

イモカタバミ。左上：塊茎から萌芽した新葉。葉は3小葉で，小葉は倒心形。淡緑色で両面とも毛がある。葉柄は淡紅色。右上：葉はすべて塊茎より根生葉を叢生し，大きな株となる。葉柄は長さ8～30cm。右：葉柄より長い，直立した花茎の先端に花を多数つける。

左：カタバミ。蒴果は円柱形で上部が尖り，長さ15～20mm。熟すと果皮が裂け，多数の種子をはじき飛ばす。萼は5枚。右：オッタチカタバミ。花後に果柄は下向する。蒴果は直立し，円柱形で上部が尖り，長さ15～22mm。熟すと果皮が裂け，多数の種子をはじき飛ばす。萼は狭披針形。

花。左：ムラサキカタバミ。淡紫紅色，径約2cmの5弁花。萼は5枚。雄ずいは10本で葯は白色。花粉を形成せず，種子は実らない。右：イモカタバミ。花は淡紅色で濃紅黄色の筋がある，径約1.5cmの5弁花。萼は5枚。雄ずいは10本で葯は黄色。種子は実らない。

種子。上：カタバミ。長さ約1.3mm。扁平な卵形で茶褐色。両面に6～8条の隆起線がある。下：オッタチカタバミ。長さ約1mm。扁平な卵形で赤褐色。両面に6～8条の隆起線があり，隆起線の稜は白い。

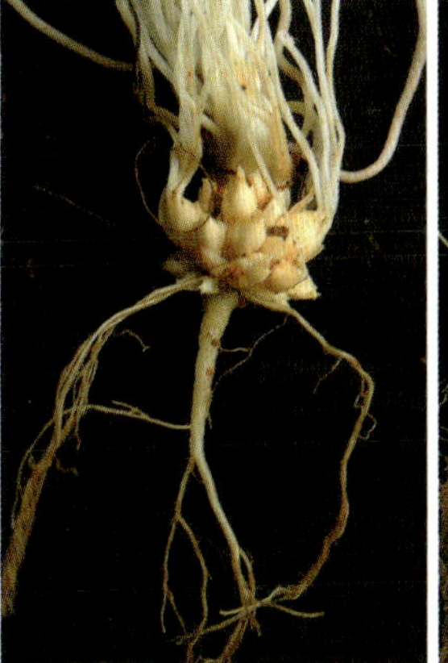

左：ムラサキカタバミ。鱗茎の葉腋に形成された新たな小鱗茎。成熟すると鱗片は褐色となり，親個体から分離し，耕起されると圃場内に分散する。右：イモカタバミ。塊茎は球形で径3cm。根の上部に無柄または小柄のある小塊茎を生じ，耕起などで分散する。

キキョウソウ

別名：ダンダンギキョウ

桔梗草　venuslookingglass, common　キキョウ科　キキョウソウ属

Triodanis perfoliata (L.) Nieuwl.

【北アメリカ】

分布	本州以南	生活史	一年生（冬生）
出芽	10～4月	繁殖器官	種子（35mg）
花期	5～7月	種子散布	重力，風
草丈	～膝		

観賞用に導入され，戦後に各地に広がった。道ばた，芝地など乾いた陽地に生育し，畑地にもときおり侵入する。

ヒナキキョウソウ

雛桔梗草　venuslookingglass, small　キキョウ科　キキョウソウ属

Triodanis biflora (Ruiz et Pav.) Greene

【北アメリカ】

分布	本州～九州	生活史	一年生（冬生）
出芽	10～4月	繁殖器官	種子（21mg）
花期	5～7月	種子散布	重力，風
草丈	～膝		

1931年に横浜市で侵入が確認されている。キキョウソウよりまれであったが，道ばた，芝地など乾いた陽地で普通に見られるようになっている。

キキョウソウ。左：子葉は広卵形，明緑色で先がわずかにくぼみ，短柄。第1葉も同形で縁に2対のくぼみがあり，表面に白い短毛が散生する。右：葉は互生，第2，3葉は縁に紫色の微突起があり，縁と葉柄，葉脈は紫色を帯びる。

キキョウソウ。左：根生葉で越冬する。根生葉は柄が長く，縁には白毛がある。右：越冬後，茎が基部で分枝し，直立して伸長する。

キキョウソウ。左：茎上部ではほとんど分枝しない。茎には稜があり，稜上に先の尖った白毛が生える。茎葉は無柄で円形～広卵形。基部は心形で茎を抱く。茎の下部には閉鎖花をつける。右上：花は葉腋に1，2個つき，無柄または短柄。茎上部に開放花をつける。開放花の花冠は径1.5～1.8cmで鮮紫色，5深裂する。内側に白毛がある。右下：蒴果は円筒形で長さ5～6mm。熟すと中央部の側面に楕円形の孔が開き，種子を落とす。

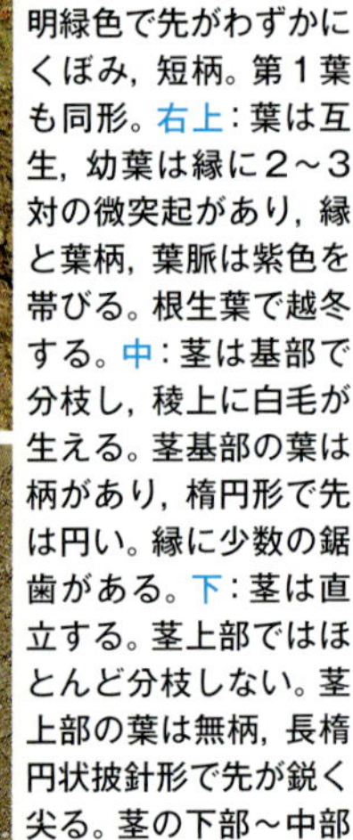

ヒナキキョウソウ。左上：子葉は広卵形，明緑色で先がわずかにくぼみ，短柄。第1葉も同形。右上：葉は互生，幼葉は縁に2～3対の微突起があり，縁と葉柄，葉脈は紫色を帯びる。根生葉で越冬する。中：茎は基部で分枝し，稜上に白毛が生える。茎基部の葉は柄があり，楕円形で先は円い。縁に少数の鋸歯がある。下：茎は直立する。茎上部ではほとんど分枝しない。茎上部の葉は無柄，長楕円状披針形で先が鋭く尖る。茎の下部～中部には閉鎖花をつける。

ヒナキキョウソウ。左：花は多くが閉鎖花で，開放花は茎の上部に少数つく。開放花の花冠は径約1～1.3cmで紫色，5深裂する。萼裂片は鋭く尖る。右：蒴果は円筒形で長さ4～6mm。熟すと上部の側面に楕円形の孔が開き，種子を落とす。

ヒナギキョウ

雛桔梗　bellflower, Asiatic　キキョウ科　ヒナギキョウ属

Wahlenbergia marginata (Thunb.) A. DC.

【在来】

分　布	関東以西	生活史	多年生
出　芽	9～11月, 3～5月	繁殖器官	種子(11mg)
花　期	5～10月	種子散布	重力
草　丈	～膝		

芝地や道ばた, 土手など, 刈り取りのある陽地に生育する。

ミゾカクシ

別名：アゼムシロ

溝隠　－　キキョウ科　ミゾカクシ属　畦筵

Lobelia chinensis Lour.

【在来】

分　布	全国	生活史	多年生
出　芽	9～10月, 3～5月	繁殖器官	種子(29mg)
花　期	6～10月		匍匐茎
草　丈	～足首	種子散布	重力

畦畔や湿地, 湿った芝地などに生育する。茎が地表を這って広がることが和名, 別名の由来。

ヒナギキョウ。上：子葉は広卵形で明緑色。第1葉も同形で縁がやや波打つ。下：葉は互生, へら形または倒披針形で波状に鋸歯がある。葉の両面と縁にはまばらに毛がある。ロゼット状で越冬する。茎上部の葉は少数。

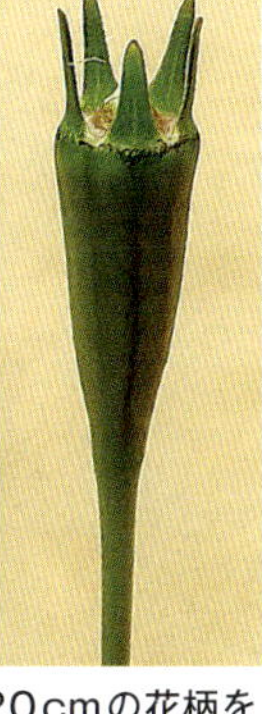

ヒナギキョウ。左：長さ10～20cmの花柄を伸ばす。花は枝先に1個ずつつき, 花冠は漏斗状鐘形で長さ5～6mm, 先は5裂する。萼も5裂する。右：蒴果は直立し, 倒円錐形で長さ6～8mm。

ミゾカクシ。左：子葉は楕円形で明緑色。先は円い。葉は互生, 第1, 2葉も同形。右：葉は互生, 長楕円形または披針形で両面とも無毛。

ミゾカクシ。左：越冬茎からの萌芽。葉縁に低い鋸歯がある。右：茎は細く地表を這い, 節から白色の根を出す。茎の先は斜上する。葉には光沢がある。

ミゾカクシ。左：群生し, 一面に開花したミゾカクシ。茎上方の葉腋から長さ約2cmの花柄を出す。右上：花冠は白色で淡紫紅色を帯び, 長さ約1cm。唇形で, 上唇は2深裂して開出し, 下唇は3深裂する。裂片はほぼ同大。雄ずいは合着して花柱を取り囲む。右下：蒴果は倒円錐状のこん棒形, 長さ5～7mm。

種子。左：キキョウソウ。扁平な楕円形で長さ約0.5mm, 褐色。中左：ヒナキキョウソウ。扁平な楕円形で長さ約0.5mm, 光沢のある褐色。中右：ヒナギキョウ。楕円状卵形で褐色。長さ0.3～0.5mm。右：ミゾカクシ。種子は広卵形, 赤褐色。表面は滑らかだが細点がある。長さ0.6mm。

ブタクサ

豚草 ragweed, common キク科 ブタクサ属

Ambrosia artemisiifolia L.

【北アメリカ】

分布	全国	生活史	一年生(夏生)
出芽	4〜7月	繁殖器官	種子(5.1g)
花期	7〜9月	種子散布	重力
草丈	腰〜胸		

明治中期に関東地方で気づかれ，戦後に各地に広がった。空き地，道ばたなどのやや乾いた土地に生育し，畑地にも入り込む。風媒花で，大量の花粉を出し，花粉症の原因植物である。

左：子葉はへら状で厚みがあり無毛，濃緑色で光沢がある。第１対生葉は２対の羽状深裂。中：葉ははじめ対生，表面と葉柄に毛があり，柄は長い。葉の質は薄く，２〜３回羽状中裂し，表面はまばらに毛があり緑色，裏面は灰緑色で軟毛がある。右：茎は直立し，白毛が密生する。茎上部で分枝する。茎上部の葉は互生し，ほぼ無柄。

左：開花期。枝先に雌雄別の頭花をつける。雄性の花序は茎の先に細長く総状につく。

右：雄頭花は径約3mm，下垂して短柄がある。総苞片は合生して皿状となり，毛と腺毛をつける。中に黄色い筒状花が12〜15個ある。下：雌性の頭花は雄性花序の下の葉腋につき，目立たない。花冠のない１個の雌花が合生した総苞に包まれる。

左：そう果は総苞に包まれたまま成長して硬くなる。果実(偽果)は長さ3〜5mm，長卵形で先は尖り，歯状の突起が数個ある。右：種子(そう果)は三角状倒卵形，灰色で大きい網目の斑紋がある。長さ2.5〜2.9mm。

オオブタクサ

大豚草 ragweed, giant **キク科** **ブタクサ属**

Ambrosia trifida L.

【北アメリカ】

分布	全国	生活史	一年生（夏生）
出芽	3～7月	繁殖器官	種子（45.4g）
花期	8～9月	種子散布	重力
草丈	腰～3m		

1952年に侵入が確認された。空き地や河川敷に生育する大型の一年草。北アメリカで畑作の重要雑草であり，日本でも飼料畑などで大きな被害を及ぼしている。風媒花。

左：子葉はへら状で厚みがあり無毛。第１対生葉は狭卵形で縁に細かい鋸歯がある。中：第２対生葉以降は，葉身は掌状に３裂する。葉柄は長い。右：幼植物では葉身が全縁のタイプもある。

左：開花期。枝先に雌雄別の頭花をつける。雄性の花序は茎の先に細長く総状につき，長さ5～20cm。多数の雄頭花をつける。

そう果は総苞に包まれたまま成長して硬くなる。果実（偽果）は長さ7～10mm，倒卵形で先は尖り，歯状の突起が数個ある。種子（そう果）は三角状倒卵形。長さ約7mm。

上：茎は太く直立し，茎上部で分枝する。全体に開出した粗い毛があってざらつく。下：葉は対生し，葉身は長さ20～35cmと大型で，掌状に3～5裂する。裂片の先は尖り，縁には細かい鋸歯がある。

左：雄頭花は径約3mm，下垂して短柄がある。総苞片は合生して皿状となり，毛と腺毛をつける。中に黄色い筒状花が3～25個ある。上：雌性の頭花は雄性花序の下の葉腋に2，3個つく。そう果は壺形の総苞に包まれる。

コバノセンダングサ

小葉の栴檀草　spanishneedles　キク科　センダングサ属

Bidens bipinnata L.

【熱帯アメリカ】

分　布	本州〜九州	生活史	一年生(夏生)
出　芽	5〜7月	繁殖器官	種子(2.6g)
花　期	8〜10月	種子散布	重力, 付着
草　丈	膝〜腰		

熱帯地域に多い畑地雑草で，日本への侵入は古い時代とされる。道ばたや空き地，畑地などに生育する。やや湿った地に多い。

コバノセンダングサ。左：子葉は長楕円形で先は尖る。第１対生葉は３出複葉で各小葉はさらに３深裂し，１対の鋸歯がある。右：下部の葉は対生し，２〜３回羽状に中裂〜深裂し，柄は長い。両面にやや毛がある。

コバノセンダングサ。茎は直立し，よく分枝する。四角形で４稜があり，緑色を帯びほとんど無毛。

コバノセンダングサ。左：頭花は径６〜10mm，舌状花は黄色で０〜３個，筒状花も黄色。総苞片は５〜７枚。中：総苞片は広線形で長さ2.5〜5mm。そう果は長さ約15mm。右：そう果は黒色〜暗褐色の４稜形で，先に逆刺のある刺が３〜４本ある。

コセンダングサ

小栴檀草　beggarticks, hairy　キク科　センダングサ属

Bidens pilosa L. var. *pilosa*

【熱帯アメリカ】

分　布	本州以南	生活史	一年生(夏生)
出　芽	5〜7月	繁殖器官	種子(1.4g)
花　期	8〜10月	種子散布	重力, 付着
草　丈	腰〜胸		

世界の熱帯に広く分布し，日本には明治期に侵入したとされる。道ばたや荒れ地，畑地に生育する。近年は水田以外の立地ではアメリカセンダングサよりも多くなっている。

コセンダングサ。左：子葉は長楕円形で無毛，葉柄は赤紫色を帯びる。第１対生葉は３深裂し，頂小葉は３中裂。葉柄は長い。右：第２対生葉以降は３出複葉。小葉の縁は細かい鋸歯となる。両面と葉柄にまばらに毛がある。

コセンダングサ。葉は下部では対生，上部では互生し，３〜５奇数羽状複葉で，小葉は卵状披針形。

コバノセンダングサ（左）の葉は２〜３回羽状に中〜深裂，コセンダングサ（右）の葉は３〜５奇数羽状複葉。

オオバナノセンダングサ

別名：アワユキセンダングサ

大花梅檀草　beggarticks, hairy　キク科　センダングサ属　淡雪梅檀草

Bidens pilosa L. var. ***radiata*** Sch. Bip.

広義のコセンダングサ *Bidens pilosa* にはさまざまな種内変異があり，日本国内での分類や生態は未整理。ここでは，舌状花がなく，冬期に地上部が枯死するものを狭義のコセンダングサ，大きな（10mm以上）の舌状花があり，西日本以西に分布し，周年的に生育するものをオオバナノセンダングサとした。

【熱帯アメリカ】

分布	近畿地方以南	生活史	一年生（夏生）または多年生
出芽	5〜7月（南西諸島では周年）	繁殖器官	種子，匍匐茎
花期	8〜11月（南西諸島では周年）	種子散布	重力，付着
草丈	腰〜胸		

コセンダングサの変種とされる。江戸末期に観賞用に導入された。沖縄県には戦後侵入し，道ばたや荒れ地，畑地に生育し，サトウキビ圃場での強害草となっている。九州，四国など本土でも定着しつつある。草型でタチアワユキセンダングサ，ハイアワユキセンダングサと分けることがある。

コセンダングサ。茎は直立し，よく分枝する。4（または6）稜があり淡緑色または赤褐色で短毛がある。茎上部の枝先に頭花をつける。

変種コシロノセンダングサ var. ***minor*** (Blume) Sherff は白色の舌状花を5〜7個つける。

コセンダングサ。左：頭花は黄色，ふつう舌状花はなく筒状花のみ。総苞片は線形で長さ6〜7mm。中：そう果は長さ約10mm，細いこん棒状の4稜形で黒色。右：そう果の先には逆刺のある黄色い刺が2〜4本ある。そう果には上向きの短い剛毛がある。

オオバナノセンダングサ。左：子葉は長楕円形で無毛，葉柄は赤紫色を帯びる。第1対生葉は3深裂する。葉柄は長い。右：葉は下部では対生する。3〜5奇数羽状複葉。茎は毛があり，はじめ直立する。

南西諸島では多年生。茎は伸長すると倒伏し，分枝とともに匍匐茎となって横に広がる。葉は茎上部では互生。

オオバナノセンダングサ。茎の先端，数本の花柄の先に径約3cmの頭花をつける。花期には白い舌状花が目立つ。サトウキビ圃場内では半つる性となって作物と競合する。

上：頭花は中央の黄色い筒状花と周辺の白い舌状花がある。右：そう果は長さ7〜13mm，中央部のそう果は長く，周辺部のそう果は短い。細いこん棒状の4稜形で黒色。そう果の先には逆刺のある黄色い刺が2〜3本ある。そう果には上向きの短い剛毛がある。

ヨモギ

蓬　－　キク科　ヨモギ属

Artemisia indica Willd. var. ***maximowiczii*** (Nakai) H. Hara

【在来】

分布	北海道～九州	生活史	多年生（夏生）
出芽	3～5月	繁殖器官	種子（120mg）
花期	8～10月		根茎
草丈	膝～胸	種子散布	重力

畦畔や道ばた，空き地や土手などに生育する。樹園地や管理の粗放な畑地で害草となる。主に横走する根茎で繁殖するため，しばしば群生する。

関東以西～南西諸島に分布するニシヨモギ *Artemisia indica* Willd. var. ***indica*** は頭花の幅が約2.5～3mmで大きい。ヨモギに比べ苦みが弱く，食用としても利用される。ヨモギ属の植物は多数あり，しばしば北日本の草地に侵入する。また，近年は緑化植物として東アジア産のヨモギ類が導入されており，在来種との識別が難しい種もある。

ヨモギ。左：子葉は楕円形で緑色，無柄で光沢がない。第1，2葉は対生状。中左：第1，2葉は狭倒卵形で1～2対の鋸歯がある。第3葉から互生となる。中右：葉柄，葉の両面とも綿毛があり，とくに裏面は密生する。葉数が増すとともに葉の深裂が増して特有の形となる。右：根茎から萌芽した新苗。暖かい地方では根生葉を地際に広げたロゼット状で越冬し，寒冷な地方では早春に萌芽する。

左：茎は直立～叢生し，分枝が多い。茎は紫色を帯びることが多く，稜があり，白い綿毛が密生する。葉の裏面も灰白色の綿毛が密生する。右：茎葉は楕円形で長さ6～12cm，幅4～8cmで羽状に中～深裂し，裂片は2～4対ある。葉は茎下部と上部で形が異なり，根生葉は早く枯れる。

葉柄の基部に仮托葉と呼ばれる，托葉のような裂片がある。

茎上部の葉はしだいに小型となり，羽状中裂または3裂して，裂片は披針形で全縁が多い。

左：茎上部の円錐花序に多数の楕円状鐘形の頭花を下向きに多数つける。右上：頭花は径1.5mm，長さ3mm。筒状花のみからなり，中心部に両性花，周囲に雌花がある。風媒花である。右下：そう果は冠毛がなく，銀白色。縦筋としわがある。長さ1.5～1.8mm。

オオヨモギ

別名：ヤマヨモギ

大蓬 － キク科 ヨモギ属　山蓬

Artemisia montana (Nakai) Pamp.

分布	北海道～本州中部	生活史	多年生（夏生）
出芽	4～6月	繁殖器官	種子（約100mg）
花期	8～9月		根茎
草丈	胸～2m	種子散布	重力

【在来】ヨモギによく似るが，大型で高さ1.5～2mになる。本州では山地で見られるが，北海道では平地に生育し，耕地にも侵入する。

オトコヨモギ

男蓬 － キク科 ヨモギ属

Artemisia japonica Thunb.

分布	北海道～本州中部	生活史	多年生（夏生）
出芽	4～6月	繁殖器官	種子（110mg）
花期	8～11月		根茎
草丈	膝～胸	種子散布	重力

【在来】日当りのよい山野に多く，空き地や乾燥した砂礫地にも生育する。北海道ではしばしば耕地に侵入する。

オオヨモギ。子葉は楕円形で無柄，第1，2葉は対生し狭倒卵形，第3葉から互生し，縁が切れ込む。裏面は綿毛が密生し灰白色。

右：葉は大きく，茎中部のもので長さ15～19cm，幅6～12cmになり，羽状に中～深裂する。茎は太く，直立する。

オオヨモギ。左：ヨモギと異なり，葉柄の基部には仮托葉は少なく，ない場合もある。中：頭花は幅2.5～3mm，長さ3mm。右：そう果は長さ1.5～2mm。

ヨモギ。左：夏期に伸長した根茎。多くは土中10cm以内に多く分布する。上：前年伸長した根茎の先が上向して地上茎を形成する。

オトコヨモギ。右：根生葉は質が厚く，倒卵形で下部はくさび形。葉身上部に数対の粗い鋸歯がある。下の左：地下茎は伸ばさず，茎は叢生する。葉身は羽状中裂または深裂。全体ほぼ無毛。葉は質が厚い。下の右：茎上部の葉は幅が狭い。

オトコヨモギ。左：頭花は円錐状に多数つく。頭花は非常に小さく，径約1.5mmの卵形。上：そう果は無毛，長楕円形で長さ0.8mm，暗褐色。

オトコヨモギ（左）とヨモギ（右）。オトコヨモギの根生葉は花期には枯れる。

ヨメナ

嫁菜 - キク科 シオン属

Aster yomena (Kitam.) Honda

【在来】

分布	本州～九州	生活史	多年生（夏生）
出芽	3～6月	繁殖器官	種子（490mg）
花期	8～11月		根茎
草丈	膝～腰	種子散布	重力

やや湿った畦畔や道ばたなどに生育し，樹園地の害草ともなる。本州～九州に分布する。日本の野菊の中ではもっとも身近な種といえる。

ノコンギク

野紺菊 - キク科 シオン属

Aster microcephalus (Miq.) Franch. et Sav. var. *ovatus* (Franch. et Sav.) Soejima et Mot. Ito

【在来】

分布	北海道～九州	生活史	多年生（夏生）
出芽	3～6月	繁殖器官	種子（300mg）
花期	8～12月		根茎
草丈	膝～腰	種子散布	風

ほぼ全国に分布し，日本の野菊の代表格。畦畔や林縁，河原，土手などに生育する。

ヨメナ。左：子葉は淡緑色で広卵形，先は円い。第１葉は卵形，先はわずかに尖り，やや長柄．第２葉は卵形，縁に多くの短毛と１，２の鋸歯がある。中：葉数が増すと葉縁に２～３対の鋸歯が生じ，葉身は３脈が明らか。右：越冬後，萌芽して伸長を始めるカントウヨメナのロゼット。晩秋から冬にかけて根茎の頂芽が萌芽してロゼットとなる。

左：萌芽して伸長したカントウヨメナの地上茎。葉は互生し，葉身は長楕円形～披針形。右：ヨメナ。茎は直立か斜上し，上方で分枝しする。茎はやや紫色を帯びる。茎上部の葉は小さく，全縁。茎先の花柄に径約3cmの頭花を１個ずつつける。

カントウヨメナ。根茎は白っぽく，節間の各所から発根する。茎ははじめ赤みを帯びる。根茎は横走し土中10cm以内に多く分布する。耕起などで切断されても萌芽する。

ヨメナ。左上：周辺部の舌状花は約20個でふつう淡紫色，ときに白色。中央部の舌状花は黄色。右上：総苞は３列に並び，外片はやや短く披針形，内片は長楕円形。そう果の冠毛は短い。左下：そう果は扁平な倒卵形。２または３稜あり，茶褐色で長さ2.6～3.6mm。冠毛は0.5mm。

ヒロハホウキギク

広葉箒菊　aster, eastern annual saltmarsh　キク科　ホウキギク属

Symphyotrichum subulatum (Michx.) G. L. Nesom var. ***squamatum*** (Spreng.) S. D. Sundberg

【北アメリカ】

分布	本州以南	生活史	一年生（夏生）
出芽	4〜7月	繁殖器官	種子（110mg）
花期	7〜10月	種子散布	風
草丈	膝〜胸		

1960年代に北九州に侵入し，80年代以降，全国に増加している。道ばたや休耕田，水路際など日当りのよい湿った土地に多い。

ヨメナ類の分類はそう果の冠毛の形態により，茎葉による識別は難しい。変種カントウヨメナ ***Aster yomena*** (Kitam.) Honda var. ***dentatus*** (Kitam.) H. Hara は東北地方南部〜関東地方に分布し，冠毛は約0.25mmでそう果に腺毛が生える。ユウガギク ***A. iinumae*** Kitam. は舌状花が通常白色で，冠毛は約0.25mm，ヨメナに比べ葉の切れ込みが深い。コヨメナ（インドヨメナ）***A. indicus*** L. は九州南部以南に分布し，全体が小型である。冠毛は約0.25mm。

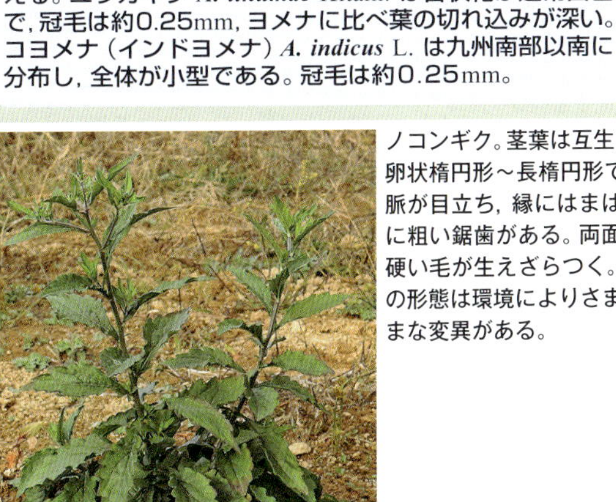

ノコンギク。茎葉は互生し，卵状楕円形〜長楕円形で3脈が目立ち，縁にはまばらに粗い鋸歯がある。両面に硬い毛が生えざらつく。葉の形態は環境によりさまざまな変異がある。

ノコンギク。左：茎上部は多数分枝し，枝先に頭花を1つつける。右上：頭花は径約25mm。舌状花は淡紫色〜白色。右下：冠毛は長さ4〜6mmでそう果より長く目立つ。

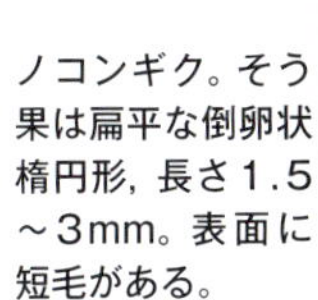

ノコンギク。そう果は扁平な倒卵状楕円形，長さ1.5〜3mm。表面に短毛がある。

基本変種のホウキギク ***Symphyotrichum subulatum*** (Michx.) G. L. Nesom var. ***subulatum*** は葉の基部がやや心形で茎を抱き，花序の枝は30〜50°で斜上する。海岸や埋め立て地などに生育し，ヒロハホウキギクよりも少ない。

ヒロハホウキギク。左：子葉は卵形〜楕円形，厚みがあり緑色で無毛。葉柄基部は赤紫色を帯びることがある。第1〜3葉も同形，先が少し尖る。縁は赤紫色を帯び，短毛がある。右：幼植物の葉は楕円形〜披針形で柄は長い。

ヒロハホウキギク。左：茎下部の葉は長楕円形で光沢がある。縁は波打ち，主脈が目立つ。右：地際で分枝し，茎は直立し，無毛。茎葉は狭長楕円形〜線状長楕円形。葉の基部は葉柄となり茎を抱かない。

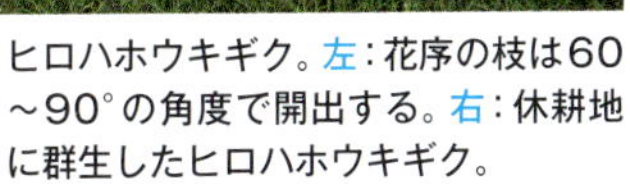

ヒロハホウキギク。左：花序の枝は60〜90°の角度で開出する。右：休耕地に群生したヒロハホウキギク。

ヒロハホウキギク。左上：頭花は径7〜9mm。舌状花は淡紅紫色で，花後は外に巻き込む。筒状花は黄色。総苞片は披針形〜線状披針形。右上：冠毛は花後に伸長する。右下：そう果は稜のある円柱形，淡褐色。長さ約2mm。冠毛は長さ約3mm。

ヒメジョオン

姫女苑　fleabane, annual　キク科　ムカシヨモギ属

Erigeron annuus (L.) Pers.

【北アメリカ】

分布	全国	生活史	一年生(冬生)
出芽	9~11月, 3~5月	繁殖器官	種子(21mg)
花期	5~10月	種子散布	風
草丈	膝~胸		

江戸時代末に観賞用に導入されたものが逸出した。道ばたや畦畔, 空き地, 畑地など生育地は幅広い。花期が長く, 風散布種子は着地後, すみやかに発芽するため, 通年, さまざまな生育段階の個体が存在する。

ヒメジョオン。左:子葉は楕円形で黄緑色, 無毛。第1葉は卵形, 先は少し尖る。中左:第2~4葉。表面, 葉柄に白毛が密生する。中右:葉は互生し, 第4葉以降, 鋸歯縁となる。右:幼植物の葉は卵形で, 基部は急に狭まり, 柄となる。

ヒメジョオン。左:根生葉は卵形で長柄, さじ形となり粗い鋸歯がある。右:越冬後, 地際で分枝して茎を立てる。茎葉は長楕円形で先が尖り, 鋸歯は大きく先は鋭い。

左:ヒメジョオンの茎は中実。右:ハルジオンの茎は中空。

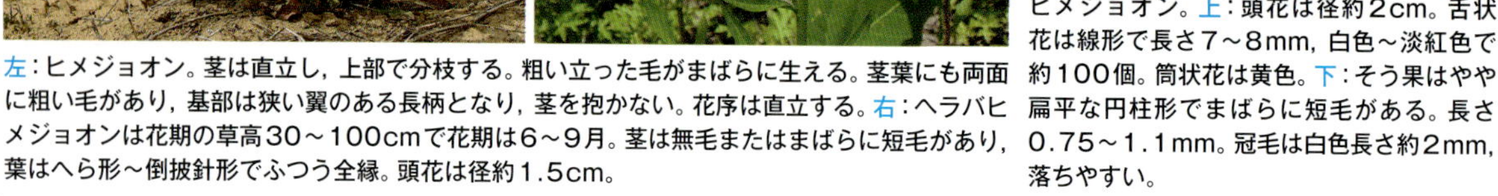

左:ヒメジョオン。茎は直立し, 上部で分枝する。粗い立った毛がまばらに生える。茎葉にも両面に粗い毛があり, 基部は狭い翼のある長柄となり, 茎を抱かない。花序は直立する。右:ヘラバヒメジョオンは花期の草高30~100cmで花期は6~9月。茎は無毛またはまばらに短毛があり, 葉はへら形~倒披針形でふつう全縁。頭花は径約1.5cm。

ヒメジョオン。上:頭花は径約2cm。舌状花は線形で長さ7~8mm, 白色~淡紅色で約100個。筒状花は黄色。下:そう果はやや扁平な円柱形でまばらに短毛がある。長さ0.75~1.1mm。冠毛は白色長さ約2mm, 落ちやすい。

ハルジオン

春紫苑 fleabane, Philadelphia **キク科** **ムカシヨモギ属**

Erigeron philadelphicus L.

【北アメリカ】

分布	全国	生活史	多年生(冬生)
出芽	9〜11月	繁殖器官	種子(43mg)
花期	4〜7月		根
草丈	膝〜腰	種子散布	風

大正中期に侵入し，1940年代に関東を中心に広がり，戦後，全国に広がった。道ばた，空き地，畑地，畦畔などに生育する。横走根の不定芽により旺盛に栄養繁殖も行う。パラコートに抵抗性タイプあり。

この他，花卉として栽培され，河川や石垣などに自生する多年草ペラペラヨメナ *Erigeron karvinskianus* DC.，比較的乾いた土地に生える一年草ヘラバヒメジョオン *E. strigosus* Muhl.Ex Willd. がありいずれも外来種。

ハルジオン。左：子葉は楕円形〜広卵形で先が円い。第1葉は広卵形，両面と縁に白毛がある。中左：第3葉からわずかに鋸歯が見られる。葉は主脈が目立ち，表面には白い長毛があり，鋸歯の先は尖らない。中右：葉数が増えると葉は卵形〜長楕円形となる。右：根生葉は長楕円形〜へら形，縁は波状となる。ロゼット状で越冬する。

ハルジオン。上：根生葉は卵形で長柄，さじ形となり粗い鋸歯がある。右：葉身の基部はひれ状となる。茎葉は互生し，基部は茎を抱く。根生葉は花期にも残る。

ハルジオン。左：頭花は径2〜2.5cm。舌状花は線形で長さ5〜7mm，淡紅色〜白色で約150〜400個。筒状花は黄色。

ハルジオン。右：茎は直立し，柔らかく，長い軟毛がある。花期のはじめの花序は下向きにうなだれる。

ハルジオン。そう果はやや扁平な円柱形でまばらに短毛がある。長さ0.8mm。冠毛は白色，長さ約2.5mm，約0.2mmの短い冠毛が混じる。無配生殖で種子をつくる。

ハルジオン。地表面近くを横走する根の不定芽から新たなロゼットを形成し，群生しやすい。

ヒメムカシヨモギ

姫昔蓬　horseweed　キク科　イズハハコ属

Conyza canadensis (L.) Cronquist

【北アメリカ】

分布	全国	生活史	一年生（冬生または夏生）
出芽	10〜5月		
花期	7〜10月	繁殖器官	種子（29mg）
草丈	胸〜2m	種子散布	風

明治初期に侵入し，短期間で拡散した。畑地，空き地，道ばた，休耕地などの裸地や樹園地に生育する。秋に発芽したものは越冬して翌夏に開花・結実し，春期に発芽した個体も秋期に開花する。パラコートに抵抗性タイプあり。

オオアレチノギク

大荒地野菊　tall fleabane　キク科　イズハハコ属

Conyza sumatrensis (Retz.) E.Walker

【南アメリカ】

分布	本州以南	生活史	一年生（冬生），二年生
出芽	9〜11月		
花期	7〜10月	繁殖器官	種子（34mg）
草丈	胸〜2m	種子散布	風

大正年間に侵入したとされる。冠毛を持った種子を大量に散布し，道ばたや空き地，休耕地など，裸地に多い。発芽から開花まで約１年かかり，北日本には少ない。パラコートに抵抗性タイプあり。

ヒメムカシヨモギ。左：子葉は広卵形，先がわずかに尖り淡緑色。第１葉は広卵形，表面と縁に白毛がまばら。中左：葉は互生，幼植物の葉は広卵形で柄が長く，葉柄と葉脈は赤紫色を帯びる。中右：根生葉は柄が長く，幼植物では卵形，葉の支脈が血管状に目立つ。縁には低い鋸歯があり，表面に毛が散生する。右：秋に発芽した個体はロゼット状で越冬する。越冬期の葉は楕円形〜倒卵形で粗い鋸歯がある。

オオアレチノギク。左：子葉は卵形で淡緑色，先は円い。第１葉は円形〜広卵形で両面，縁とも白毛が多い。中左：葉は互生，第３，４葉から縁に１対の浅い鋸歯が出る。葉柄は白毛が密生する。中右：根生葉はロゼット状となり，鋸歯が明らか。葉脈は淡黄緑色。右：秋に発芽した個体はロゼット状で越冬する。根生葉は倒披針形〜長楕円形で長い柄がある。まばらに鋸歯があり，基部は細まって柄に続く。

ヒメムカシヨモギ。上：越冬後に茎を直立させる。下部の茎葉は細長く，披針形で黄緑色。右：全体が黄緑色。茎葉の全体にオオアレチノギクより長い粗毛がある。茎上部の葉は線形で鋸歯がない。根生葉は開花期には枯死する。

上：茎上部が分枝し，大型の円錐状の花序に多数の頭花をつける。右上：頭花は長さ約4mm，径約3mm。舌状花は白色，筒状花は淡黄色。総苞片は披針形〜線状倒披針形。右下：そう果はやや扁平な円柱形，軟毛がある。淡褐色で長さ約1.5mm。冠毛は白色〜淡褐色。

アレチノギク

荒地野菊 fleabane, hairy キク科 イズハハコ属

Conyza bonariensis (L.) Cronquist

【南アメリカ】

分布	全国	生活史	一年生（冬生）
出芽	9～10月	繁殖器官	種子（28mg）
花期	5～8月	種子散布	風
草丈	膝～腰		

明治期に侵入し，全国に広がったが，最盛期に比べて少なくなっている。道ばたや荒れ地に生育する。パラコートに抵抗性タイプあり。

オオアレチノギク。上：全体灰緑色で白い短毛が密生する。茎下部の葉は楕円形～長楕円形でやや厚みがある。右：越冬後，春～夏に茎を直立させる。根生葉は開花期には枯死する。

アレチノギク。左上：子葉は楕円形～狭卵形で先が円い。黄緑色で無毛. 第1，2葉は楕円形～広卵形，葉柄は紅紫色を帯び，表面と縁に硬い毛がある。右上：幼植物の葉は長楕円形で縁に1，2対の鋸歯がある。全体に灰白色の毛が密生する。右下：根生葉は倒披針形～長楕円形，深くて粗い鋸歯がある。根生葉は花期には枯れる。

オオアレチノギク。上：茎上部の葉は線形で鋸歯がない。茎上部が分枝し，大型の円錐状の花序に多数の頭花をつける。左下：頭花は長さ約5～6mm，径約3～4mm。舌状花は多数あるが目立たない，筒状花は淡黄色。総苞片は線形～線状倒披針形，軟毛がある。右下：そう果はやや扁平な円柱形でやや曲がる，全面に白毛がある。淡褐色で長さ1.0～1.3mm。冠毛は淡灰褐色。

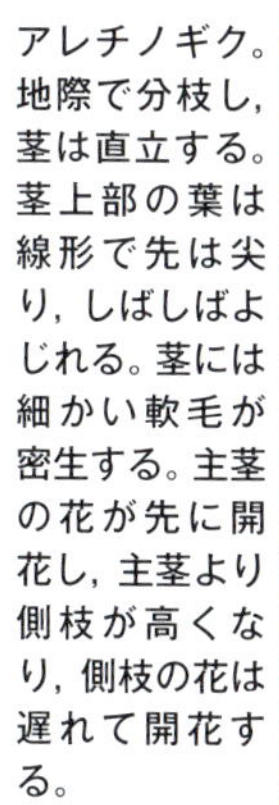

アレチノギク。地際で分枝し，茎は直立する。茎上部の葉は線形で先は尖り，しばしばよじれる。茎には細かい軟毛が密生する。主茎の花が先に開花し，主茎より側枝が高くなり，側枝の花は遅れて開花する。

アレチノギク。頭花は径約5mm。総苞片は長さ約5mm，線形～披針形，長軟毛がある。舌状花は多数あるが目立たない。

アレチノギク。そう果はやや扁平な円柱形、軟毛がある。淡褐色で長さ約1.5mm。冠毛は茶褐色。

ベニバナボロギク

紅花襤褸菊 | - | キク科 | ベニバナボロギク属

Crassocephalum crepidioides (Benth.) S. Moore

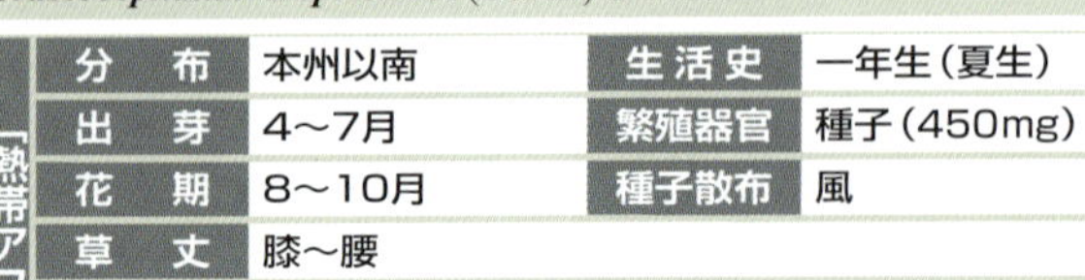

【熱帯アフリカ】

分布	本州以南	生活史	一年生（夏生）
出芽	4〜7月	繁殖器官	種子（450mg）
花期	8〜10月	種子散布	風
草丈	膝〜腰		

1946年に九州北部で侵入が確認された。林縁や道ばた，畑地などに生育する。熱帯地域では食用に利用する。

ダンドボロギク

段戸襤褸菊 | burnweed, American | キク科 | タケダグサ属

Erechtites hieraciifolius (L.) Raf. ex DC.

【北アメリカ】

分布	本州以南	生活史	一年生（夏生）
出芽	5〜7月	繁殖器官	種子（310mg）
花期	8〜10月	種子散布	風
草丈	膝〜胸		

1933年に愛知県で発見された。山林や空き地，畑地に生育する。

ベニバナボロギク。左：子葉は楕円形で厚みとつやがある。第1葉は卵形で先端が尖り，縁は鋸歯がある。基部や葉脈は赤みを帯びる。中：葉は互生，狭卵形〜長楕円形で先は尖り，不規則な鋸歯がある。主脈は赤紫色を帯びる。右：生育初期は茎下部に葉が集まる。基部はくさび形。葉の質は薄く，やや光沢がある。

ダンドボロギク。左：子葉は円形〜広卵形，緑色だが葉柄，葉脈は淡紫色を帯びる。第1，2葉は広卵形で鋸歯があり，葉脈は紫色，表面，縁にビロード状の毛がある。中：葉は互生，第3葉以降は倒卵形〜卵形で基部はくさび形。裏面は白紫色を帯びる。右：葉の質は薄く，無毛。茎下部の葉は長楕円形で低い鋸歯がある。

ベニバナボロギク。頭花は開花後，上を向く。冠毛は白色で，長さ約1.3cm。

ベニバナボロギク。左：茎は直立し，毛を散生する。葉は楕円形〜倒披針形。茎下部の葉身は不規則に羽状に裂ける。上：花序は先が垂れ，下向きに頭花をつける。頭花は円筒形で長さ1〜1.3cm。舌状花はなく，筒状花のみ。花冠は朱赤色。総苞片は線形，副片は長さ3mm以下。

そう果。左：ベニバナボロギク。暗褐色で10稜がある。長さ約2mm。右：ダンドボロギク。黒褐色で淡色の10稜があり長さ2〜2.5mm。冠毛は落ちやすい。

ウシノタケダグサ

牛の武田草　－　キク科　タケダグサ属

Erechtites hieraciifolius (L.) Raf. ex DC. var. *cacalioides* (Fisch. ex Spreng.) Griseb.

【西インド諸島】

分布	南西諸島	生活史	一年生（夏生）
出芽	通年？	繁殖器官	種子（340mg）
花期	通年？	種子散布	風
草丈	膝～腰		

ダンドボロギクの変種。南西諸島や小笠原諸島の道ばた，空き地，畑地などに生育する。

ダンドボロギク。茎は直立し，分枝しない。茎は無毛で縦に条があり，柔らかく切り口より液汁が出る。茎葉は無柄で基部は茎を抱く。

ウシノタケダグサ。左：子葉は卵形～狭卵形，葉柄，葉脈は淡紫色を帯びる。裏面は赤紫色。第1，2葉は長楕円形で鋸歯があり，縁と葉脈は赤紫色を帯びる。右：葉は互生，倒披針形～長楕円形。葉の表面と茎に粗い毛が散生する。

ダンドボロギク。左：茎上部の葉は大小不ぞろいの鋸歯がまばらにある。茎の先が多く分枝して上向きに頭花をつける。右上：茎上部のまばらな円錐花序に多数の頭花をつける。頭花は垂れ下がらない。総苞は長さ約15mm。右下：頭花は円筒形で長さ1.1～1.5cm。舌状花はなく，筒状花は淡黄色。冠毛は白色。総苞片は1列に並び線形。

ウシノタケダグサ。左：茎は直立し，紫色を帯び，上部で分枝する。茎葉には粗毛が多い。茎下部～中部の葉は無柄で基部は茎を抱き，縁には粗い不規則な鋸歯がある。右上：茎の先に上向きに頭花をつける。頭花は円筒形で，長さ1cm以下。舌状花はなく，筒状花は淡黄色。右下：総苞片は紫色で線形。小苞葉は総苞片の1/2～1/3長。総苞片と小苞葉に白毛が密生する。冠毛は白色で長さ約13mm。

ウシノタケダグサ（左）は葉身が幅狭く，厚みがある。ベニバナボロギク（右）は幅広く，質は薄い。

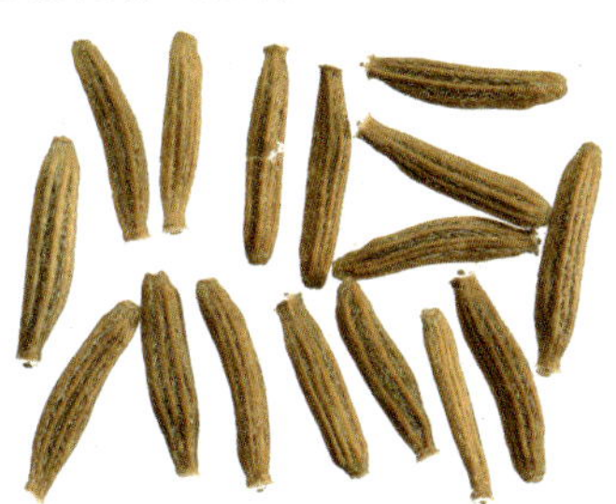

ウシノタケダグサ。そう果。円筒形～長方形で褐色，淡色の8～12稜があり，長さ2～2.5mm。冠毛は落ちやすい。

チチコグサモドキ

父子草擬 cudweed, wandering キク科 チチコグサモドキ属

Gamochaeta pensylvanica (Willd.) A. L. Cabrera

【北アメリカ】

分　布	全国	生活史	一年生(冬生)
出　芽	10～5月	繁殖器官	種子(9.2mg)
花　期	4～10月	種子散布	風
草　丈	足首～膝		

大正末期に日本に侵入し，空き地や道ばた，畑地，芝地などに生育する。パラコートに抵抗性タイプあり。

チチコグサモドキ。左：子葉は円形～広楕円形，黄緑色で無毛。第1，2葉は楕円形で対生状。両面ともに白色綿毛がある。右：葉は互生し，幼植物の葉ははじめ無柄の倒卵形で，のちへら形。先端は微突起がある。葉の基部は赤紫色を帯びることがある。

根生葉はロゼット状となり，へら形。縁は波状となる。

茎は基部で分枝するほか，ほとんど分枝しない。

下の左：頭花は茎上部の葉腋に短くかたまってつく。頭花は長さ4～5.5mm。総苞は白い綿毛に覆われ，上半部が急に細くなる。茶褐色で筒状花のみ。冠毛は長さ約2mm，糸状で白色。下の右：そう果は扁平な楕円形で，淡褐色。長さ約0.5mm。

ホソバノチチコグサモドキ

細葉の父子草擬 cudweed, narrowleaf キク科 チチコグサモドキ属

Gamochaeta calviceps (Fernald) A. L. Cabrera

【北アメリカ】

分　布	北海道～九州	生活史	一年生(冬生)
出　芽	10～5月	繁殖器官	種子(9.2mg)
花　期	4～10月	種子散布	風
草　丈	足首～膝		

大正年間に日本に侵入したと思われる。空き地や道ばた，芝地などに生育する。

ホソバノチチコグサモドキ。左：子葉は楕円形，黄緑色で無毛。第1，2葉は楕円形～倒卵形で対生状。両面ともに白色綿毛がある。右：葉は互生し，幼植物の葉は倒披針形～へら形。先端は微突起がある。根生葉はロゼット状となり，へら形。

茎は基部で分枝して直立または斜上する。茎葉は線状披針形で斜上する。葉は両面とも白い綿毛があり，灰緑色。茎には上向きの白毛が圧着する。

左：頭花は茎上部の葉腋に密集し，長さ3～4mm。総苞は白い綿毛に覆われ，先はしだいに細くなる。淡褐色で筒状花のみ。右：そう果は扁平な楕円形で，淡褐色。長さ約0.5mm。微細な突起がある。

ウスベニチチコグサ

薄紅父子草 cudweed, purple キク科 チチコグサモドキ属

Gamochaeta purpurea (L.) A. L. Cabrera

【北アメリカ】

分布	本州〜九州	生活史	一年生(冬生)
出芽	9〜11月	繁殖器官	種子(13mg)
花期	4〜8月	種子散布	風
草丈	足首〜膝		

1930年代には日本に侵入していた。空き地や道ばた，芝地など，乾いた土地に生育する。

ウラジロチチコグサ

裏白父子草 everlasting, gray キク科 チチコグサモドキ属

Gamochaeta coarctata (Willd.) Kerguélen

【南アメリカ】

分布	本州〜九州	生活史	一年生(冬生)，多年生
出芽	10〜5月	繁殖器官	種子(9.0mg)
花期	5〜8月		匍匐茎
草丈	足首〜膝	種子散布	風

1980年頃，侵入が確認され，その後，都市部の公園などで急速に広がった。乾いた道ばたや，芝地，空き地など，踏みつけのある土地に生育する。

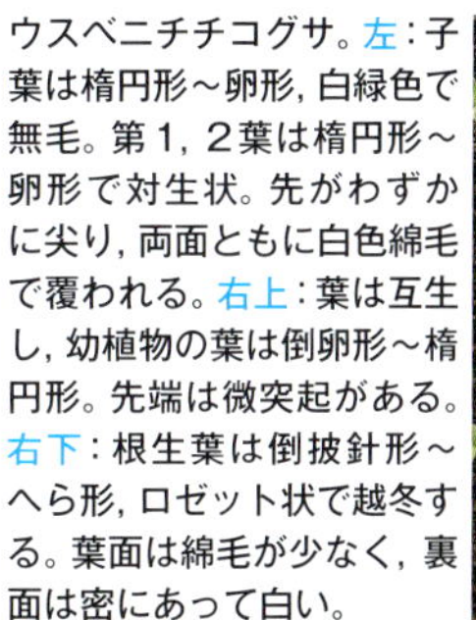

ウスベニチチコグサ。左：子葉は楕円形〜卵形，白緑色で無毛。第1，2葉は楕円形〜卵形で対生状。先がわずかに尖り，両面ともに白色綿毛で覆われる。右上：葉は互生し，幼植物の葉は倒卵形〜楕円形。先端は微突起がある。右下：根生葉は倒披針形〜へら形，ロゼット状で越冬する。葉面は綿毛が少なく，裏面は密にあって白い。

ウスベニチチコグサ。左：茎は基部で分枝し，直立する。全体白い綿毛で覆われる。茎葉はへら形で斜上し，先は尖る。頭花は茎先端に集まってつく。上：頭花は長さ約5mm，上部の長い葉に隠れるように咲く。総苞片は鮮やかなバラ色で先端は鋭く尖る。

そう果。左：ウスベニチチコグサ。長楕円形で，淡黄褐色。微細な突起がある。長さ約0.3mm。右：ウラジロチチコグサ。長楕円形で，淡赤褐色。長さ約0.4mm。微細な突起がある。

ウラジロチチコグサ。左：子葉は広卵形，黄緑色で無毛。第1，2葉は楕円形で先が尖り対生状。両面ともに白色綿毛がある。右：葉は互生，幼植物の葉は広楕円形〜広倒卵形。先端は微突起がある。根生葉はロゼット状となり，へら形。

右：ロゼット状で越冬する。根生葉は幅広く楕円形，緑色，裏面は白い綿毛が密生する。葉脈は白くくぼみ，縁はやや波打つ。短い匍匐茎で分株を生じる。右下：茎は基部で分枝し，はじめ平伏して四方に伸びるが，しだいに立ち上がる。茎葉は幅狭く，縁は波打つ。花序は高く穂状に伸びる。

ウラジロチチコグサ。左下：茎上部の葉腋に多数の頭花がかたまってつく。右下：頭花は長さ3〜3.5mmでやや壷形。総苞は紅紫色から黄褐色，褐色となる。筒状花のみ。

チチコグサ

父子草 | － | キク科 | チチコグサ属

Euchiton japonicus (Thunb.) Anderb.

【在来】

分　布	北海道～九州	生活史	多年生
出　芽	9～11月	繁殖器官	種子（22mg） 匍匐茎
花　期	5～9月		
草　丈	足首～膝	種子散布	風

畦畔や芝地，道ばた，土手などの刈り取りされる草地に生育する。

チチコグサ。左上：子葉は長楕円形で先が尖り，淡緑色で無毛。右上：第１，２葉は楕円形で対生状。幼葉は長楕円形～倒披針形で両面ともクモの巣状の毛がある。左：葉は互生，根生葉は長倒披針形で表面緑色，裏面は白毛で白く見える。ロゼット状で越冬する。

チチコグサ。左：茎基部から匍匐枝を出し，その先端にしばしば新苗をつくる。根生葉は開花時にも生存する。下：茎は直立し，その先に頭花をつける。花茎は分枝しない。茎葉は線形で小さく，少数がつく。

ハハコグサ

母子草 | － | キク科 | ハハコグサ属

Pseudognaphalium affine D. Don

【在来】

分　布	全国	生活史	一年生（冬生）
出　芽	9～4月	繁殖器官	種子（4.1mg）
花　期	3～6月	種子散布	風
草　丈	足首～膝		

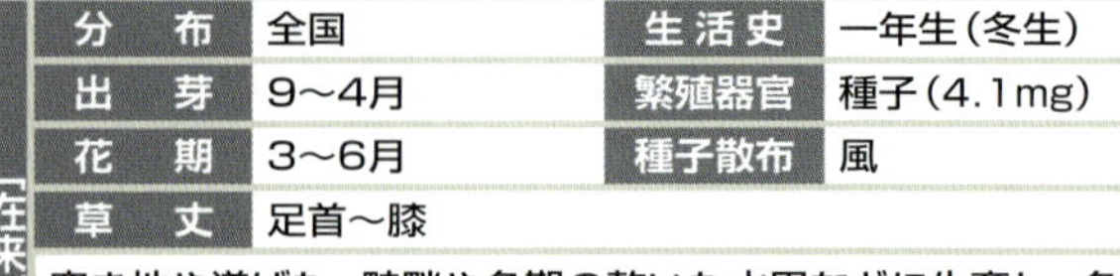

空き地や道ばた，畦畔や冬期の乾いた水田などに生育し，冬作物の畑地には普通。春の七草のゴギョウは本種。

ハハコグサ。左上：子葉は楕円形，淡緑色。第１，２葉は黄緑色，楕円形で先が尖り対生状。右上：第５葉以降は互生，幼植物の葉はへら状で両面に綿毛が密生し，白緑色に見える。左：ロゼット状で越冬する。根生葉は柔らかく無柄，葉の先端はわずかに尖る。

ハハコグサ。左：茎は基部で分枝する。全体が白い軟毛に覆われる。下：茎葉はへら形または倒披針形で縁はやや波状。根生葉は開花時には枯れる。茎の先に淡黄色の頭花が密につく。

ニガナ

苦菜 | - | キク科 | ニガナ属

Ixeridium dentatum (Thunb.) Tzvelev subsp. ***dentatum***

【在来】

分布	全国	生活史	多年生
出芽	3～11月	繁殖器官	種子(250mg)
花期	4～6月		根茎
草丈	足首～膝	種子散布	風

畦畔など耕地周辺や樹園地，空き地などの草地に生育する。地表面近くに伸ばした短い根茎の先に形成した分株からも繁殖する。

チチコグサ。上：頭花は褐色，10数個が密集する。花序の基部に苞葉が放射状につく。総苞は長さ約5mmで鐘形。
左：そう果は扁平な紡錘形，茶褐色。長さ約0.8～1.0mm。全面にまばらに白い鱗毛がある。

ハハコグサ。上：頭花は多数の両性の筒状花の周囲に雌花がある。総苞は長さ約3mm。
下：そう果は狭卵形で，茶褐色。長さ約0.5～0.7mm。全面に白い鱗毛がある。

セイタカハハコグサ ***Pseudognaphalium luteoalbum*** (L.) Hilliard et B. L. Burtt はヨーロッパ原産で，戦後に侵入した。道ばたなどに生育する。

セイタカハハコグサ。ハハコグサに似るが，花期は初夏で花柄が長く，総苞が褐色を帯びる。

ニガナ。左：子葉は卵形，淡緑色で先は円い。第1葉は卵形，先が尖り，縁に2～3対の歯牙がある。右：根生葉は長い柄があり広披針形～倒披針形。鋸歯のあるものと全縁のものとがある。

ニガナ。茎葉は互生し，無柄で，基部は耳状に茎を抱く。茎や葉の切り口からは苦い乳汁を出す。

ニガナ。左：茎は直立し，細い枝先に頭花を密集させる。右上：頭花は径約1.5cm，5～10個の黄色い舌状花からなる。総苞は長さ7～9mm。右下：そう果は細長い紡錘形～線形，長さ約4mm。茶褐色で果面には約10条の溝がある。冠毛は黄白色。

ノニガナ

野苦菜　－　キク科　ノニガナ属

Ixeris polycephala Cass.

【在来】

分布	本州〜九州	生活史	一年生（冬生）
出芽	9〜11月	繁殖器官	種子（270mg）
花期	4〜5月	種子散布	風
草丈	足首〜膝		

畦畔，道ばた，芝地などにやや湿った草地に生育する。やや希少な草種となっている。

ノニガナ。左上：子葉は狭卵形で長柄があり淡緑色で無毛。第1葉も長柄がある。
右上：幼葉ははじめ卵形〜狭卵形で縁に2〜4対の歯牙がある。無毛で柄は長い。
左下：根生葉は線状披針形，先が尖り，基部は狭い。縁には粗い鋸歯がある。裏面は白色を帯びる。

ノニガナ。左：茎は直立し，茎葉は互生する。茎葉は広線形で先が尖り，葉柄はなく，基部は矢じり形で茎を抱く。茎や葉の切り口からは苦い乳汁を出す。茎上部に頭花を密集させる。頭花は淡黄色の舌状花からなり，径約8mm。総苞は長さ5〜6mm。右：総苞は果時には基部が膨れて円錐形になる。冠毛は白色。

そう果。左：ノニガナ。紡錘形，長さ約3mm。茶褐色で果面には約10条の溝がある。右：イワニガナ。紡錘形，長さ 2〜2.5mm。赤褐色で果面には約10条の溝がある。

イワニガナ

岩苦菜　別名：ジシバリ　－　キク科　ノニガナ属

Ixeris stolonifera A.Gray

【在来】

分布	全国	生活史	多年生
出芽	9〜11月	繁殖器官	種子（170mg）
花期	4〜6月		匍匐茎
草丈	〜足首	種子散布	風

陽当りのよい，やや乾いた裸地や道ばたや畦畔に生育する。匍匐茎で地面を這って繁殖する。

イワニガナ。左：子葉は広卵形で淡緑色，無毛。第1葉も広卵形で基部はくさび形，長柄がある。白みがかった青緑色。右：匍匐茎から出た新芽。葉は長柄で広卵形，葉の両面とも滑らかで光沢があり，葉柄は紅色を帯びる。しばしば紫褐色の斑点を生じる。

イワニガナ。細長い茎を伸ばして地面を這い，節から根を出す。切り口から白い乳汁を出す。葉には長い葉柄がある。

イワニガナ。葉は広楕円形〜広卵形で質が薄く，粉白色を帯び全縁またはまばらに歯牙がある。

イワニガナ。左：長さ約10cmの細い花茎の先に，頭花を1〜3個つける。花茎には葉をつけない。頭花は淡黄色の舌状花からなり，径約2cm。右：総苞は長さ約10mm，外片の長さは内片の1/3以下。冠毛は白色。

オオジシバリ

大地縛り　－　キク科　ノニガナ属

Ixeris japonica (Burm. f.) Nakai

【在来】

分布	全国	生活史	多年生(冬生)
出芽	9〜11月	繁殖器官	種子(272mg) 匍匐茎
花期	4〜6月		
草丈	足首〜膝	種子散布	風

畦畔や芝地など，やや湿った草地に生育する。樹園地では害草となる。

オオジシバリ。左：子葉は卵形〜広卵形，先が円く無毛で両面とも乳緑色。第１葉は卵形で長柄がある。中：葉は互生，第２葉以降，波状縁〜鋸歯縁となる。葉柄は淡紅色を帯びる。右：ロゼット状で越冬する。根生葉は倒披針形〜へら形で，下半部に鋸歯または羽状に裂ける。

左：越冬したロゼット葉。茎は細く地を這って新苗を形成する。右：匍匐茎にはへら形の互生葉をつける。切り口から白い乳汁を出す。

オオジシバリ。地際から高さ20cmほどの花茎を数本出し，花茎頂部に2〜3の頭花をつける。

オオジシバリ。左：頭花は径約3cm，黄色の舌状花のみからなる。右：総苞は長さ約12mm，外片の長さは内片の1/2以下。冠毛は白色。

オオジシバリ。そう果は披針形で濃茶色。上部は嘴状に伸びる。果面は光沢がなく，縦に約10条の溝がある。長さ3.5〜4.7mm。

セイタカアワダチソウ

背高泡立草 goldenrod, tall **キク科** **アキノキリンソウ属**

Solidago altissima L.

【北アメリカ】

分布	全国	生活史	多年生
出芽	3〜5月	繁殖器官	種子（74mg）
花期	9〜11月		根茎
草丈	腰〜2.5m	種子散布	風

明治時代に観賞用で移入され，その後逸出，戦後に急速に分布を拡大した。蜜源として増殖されたこともある。土手や河川敷，休耕地，空き地などに多い。

セイタカアワダチソウ。左：子葉は楕円形で厚みがあり無毛，黄緑色。第１，２葉はへら形で全縁。中：第３葉以降に鋸歯が生じ，縁に短毛が並ぶ。右：葉は互生，葉縁，葉鞘は赤紫色を帯びる。新葉は内側に巻いて出る。

左：根茎由来の新苗はロゼット状で越冬する。根生葉ははじめ楕円形，のち長楕円形〜広線形，低い鋸歯があるか全縁。中：越冬後に茎を伸長させる。葉は線状長楕円形でほぼ無柄。両面とも短毛がありざらつく。右：茎は直立し，紫褐色で短毛が密生する。分枝しない。

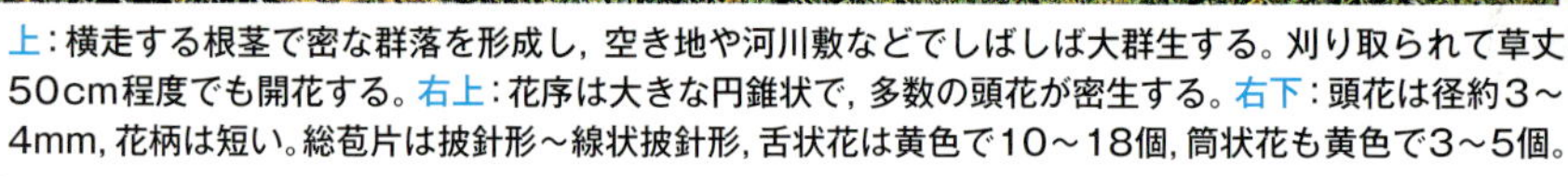

上：横走する根茎で密な群落を形成し，空き地や河川敷などでしばしば大群生する。刈り取られて草丈50cm程度でも開花する。右上：花序は大きな円錐状で，多数の頭花が密生する。右下：頭花は径約3〜4mm，花柄は短い。総苞片は披針形〜線状披針形，舌状花は黄色で10〜18個，筒状花も黄色で3〜5個。

オオアワダチソウ

大泡立草　goldenrod, tall　キク科　アキノキリンソウ属

Solidago gigantea Aiton subsp. ***serotina*** (Kuntze) McNeill

【北アメリカ】

分　布	北海道〜九州	生活史	多年生（夏生）
出　芽	4〜5月	繁殖器官	種子（70mg）
花　期	7〜9月		根茎
草　丈	腰〜頭	種子散布	風

明治中期に観賞用に導入され，各地で野生化した。空き地や道ばたに生育し，北日本ではセイタカアワダチソウより多い。

セイタカアワダチソウ。上：冠毛は汚白色で長さ3〜3.5mm。下：そう果は円柱形で稜があり，長さ約1mm。

オオアワダチソウ。左：子葉は楕円形で無毛，緑色。第1，2葉は倒卵形で全縁。中：葉は長楕円形〜倒披針形。両面とも無毛でざらつかない。右：根茎由来の新苗はロゼット状で越冬する。葉身は先が尖り，上半部の縁に不ぞろいの鋸歯がある。

オオアワダチソウ。越冬後に茎を直立して伸ばす。茎は無毛で光沢があり，基部は赤褐色。

セイタカアワダチソウ。上：伸長した根茎の先に，晩秋に地上茎が萌芽し，ロゼット状で越冬する。下：夏期に旺盛に根茎を水平方向に伸長させる。多くは地表から深さ10cmまでに分布し，放射状に広がる。断片からも容易に萌芽する。

オオアワダチソウ。上：花期はセイタカアワダチソウより早い。花序は円錐形で枝はややまばら。右上：頭花は径約6〜7mm。総苞片は披針形〜線状披針形，舌状花は黄色で9〜14個，筒状花も黄色で6〜9個。右下：冠毛は汚白色で長さ約3.5mm。そう果は円柱形で稜があり，長さ約1mm。

セイヨウタンポポ

西洋蒲公英 dandelion キク科 タンポポ属

Taraxacum officinale Weber ex F. H. Wigg.

〔ヨーロッパ〕

分布	全国	生活史	多年生
出芽	9～11月	繁殖器官	種子(360mg)
花期	3～11月		根
草丈	～膝	種子散布	風

明治初期に北海道に入ったとされる。道ばたや空き地，畦畔，芝地など，撹乱の多い草地に多い。受粉せずに単為生殖を行って種子を結実させる。

アカミタンポポ

赤実蒲公英 dandelion, smooth キク科 タンポポ属

Taraxacum laevigatum (Willd.) DC.

〔ヨーロッパ〕

分布	全国	生活史	多年生
出芽	9～11月	繁殖器官	種子(390mg)
花期	3～11月		根
草丈	～膝	種子散布	風

1918年に北海道で確認されている。セイヨウタンポポとほぼ同じ範囲で見られ，セイヨウタンポポに似るが，そう果が赤みを帯びる。

セイヨウタンポポ。左：子葉はへら状の楕円形～広楕円形で無毛。両面とも緑色，縁はしばしば紅色を帯びる。第1葉は広楕円形で表面に短毛がある。縁に数個の鋸歯がある。中：第2, 3葉は広楕円形で基部はくさび形，第4葉以降に羽状に裂ける。葉柄は赤紫色を帯びる。葉は柔らかい。右：葉は根生葉のみで，下向きに深裂するが，裂片の形には変異が多い。基部は毛がある。

セイヨウタンポポ。左：葉腋から伸ばした花茎の先に大型の頭花を単生する。花茎は中空。中：頭花は黄色の舌状花のみで，径3.5～4.5cm。右：総苞は長さ1.5～2cm，外片には角状の突起はなく，開花時には反転する。

セイヨウタンポポ。左：冠毛は白色で長さ4.5～5.2mm。中左：そう果は茶褐色で扁平な倒卵状長楕円形。中右：そう果は長さ3～3.5mm。上半部に上向きの突起がある。右：根は太く，根上部の短縮した根茎から多数の根生葉を出す。

タンポポ在来種にはエゾタンポポ ***Taraxacum venustum*** H.Koidz.，シナノタンポポ ***T. platycarpum*** Dahlst. subsp. ***hondoense*** (Nakai ex Koidz.) Morita，トウカイタンポポ ***T. platycarpum*** Dahlst. var. ***longeappendiculatum*** (Nakai) Morita，カンサイタンポポ ***T. japonicum*** Koidz. などが各地の低地の人里的な環境に普通に生育する。外来タンポポの花粉が在来タンポポに受粉することで形成されるさまざまなタイプの雑種タンポポが都市域に繁殖している。雑種タンポポは総苞片の反り返りが中間的である。

カントウタンポポ

関東蒲公英　－　キク科　タンポポ属

Taraxacum platycarpum Dahlst.

【在来】

分布	関東地方周辺	生活史	多年生（冬生）
出芽	9～11月	繁殖器官	種子（630mg）
花期	3～5月		根
草丈	～膝	種子散布	風

日本に約20種生育するとされる在来タンポポの１種。関東地方に分布し，撹乱の少ない里山的な環境に生育し，他家受粉により種子を形成する。

シロバナタンポポ

白花蒲公英　－　キク科　タンポポ属

Taraxacum albidum Dahlst.

【在来】

分布	関東地方～九州	生活史	多年生（冬生）
出芽	9～11月	繁殖器官	種子（1.8g）
花期	4～5月		根
草丈	～膝	種子散布	風

西日本に多く，セイヨウタンポポと同様，単為生殖を行う。

左：アカミタンポポ。幼植物。同葉齢のセイヨウタンポポに比べて葉の切れ込みが深い傾向がある。成植物ではセイヨウタンポポに比べて葉の縁は羽状に不規則に深裂する。中：カントウタンポポ。子葉はへら状の楕円形～広楕円形で無毛。第１葉は広楕円形，縁に数個の鋸歯がある。葉はすべて根生する。右：シロバナタンポポ。幼植物。子葉はへら状の楕円形～広楕円形で無毛。第１～３葉は広楕円形～広倒卵形で淡緑色。

カントウタンポポ。上：頭花は黄色の舌状花のみで径約4cm。右：総苞片は狭卵形～広披針形で直立し，外片は反り返らない。

アカミタンポポ。冠毛は白色。総苞外片は開花時には反転する。セイヨウタンポポに比べ，頭花，そう果とも小さい傾向がある。

シロバナタンポポ。左：葉はすべて根生し，淡緑色で羽状に中～深裂する。他のタンポポ類に比べ，やや斜上し，葉脈は白い。中：頭花。径約4cmで，舌状花は白色。右：総苞外片の上部には小突起があり目立つ。

そう果。左：アカミタンポポ。赤～赤褐色を帯び，長さ3～4mm。上半部に上向きの突起がある。中：カントウタンポポ。茶色で長さ3～3.5mm。上半部に上向きの突起がある。右：シロバナタンポポ。灰褐色，セイヨウタンポポよりやや大きく，幅が広い。

オオオナモミ

大葹, 大巻耳　cocklebur, common　キク科　オナモミ属

Xanthium occidentale Bertol. subsp. ***orientale***

【メキシコ】

分　布	全国	生活史	一年生（夏生）
出　芽	5～7月	繁殖器官	種子（果苞, 200g）
花　期	8～10月	種子散布	水, 付着
草　丈	膝～頭		

1929年に岡山県で侵入が確認された。以降，全国的に分布を広げ，各地の畑地，畦畔，空き地，河川敷などに生育している。ダイズ，トウモロコシ等の強害草。

イガオナモミ

毬葹, 毬巻耳　cocklebur, Canada　キク科　オナモミ属

Xanthium occidentale L. subsp. ***italicum*** (Moretti) Greuter

【ヨーロッパ】

分　布	全国	生活史	一年生（夏生）
出　芽	5～7月	繁殖器官	種子（果苞, 360g）
花　期	8～10月	種子散布	水, 付着
草　丈	膝～頭		

1950年代に東京都で侵入が確認された。オオオナモミに比べて少なく，水辺や海岸近くの塩湿地に多い。

オオオナモミ。左：子葉は狭披針形で多肉質。長さ3～4cmと大型。主脈の基部は淡紫色。第1，2葉は対生状，三角状狭卵形でざらつく。葉柄は淡紫色。中：第3葉以降は互生。広卵形で先が尖る。縁に不ぞろいの鋸歯があり，両面に白毛がありざらつく。葉柄は長い。右：茎は短毛がありざらつき，紫褐色を帯びて稜がある。葉身は3～5浅～中裂し，基部は心形。

オオオナモミ。左：水路沿いの群落。果実は水流でも分散し，しばしば水際で群生する。中：茎の先に球形の雄花序，その基部の葉腋に雌頭花がつく。右：球形の雄花序に多数の雄頭花をつける。雄花は黄白色で，総苞片は褐色を帯びる。花弁はない。

オオオナモミ。成熟した雌の総苞はいがとなる。成熟すると褐色となる。いがの頂端に長さ約5mmの角があり，表面に先が曲がった長さ3～6mmの刺が密生する。

オナモミ（左）のいがは長さ9～18mm。オオオナモミ（中）のいがは長さ15～25mm。イガオナモミ（右）はいがの表面に多くの鱗状毛がある。

オオオナモミ。いがの内部は2室あり，各1個のそう果がある。そう果は扁平な紡錘形で黒色の果皮に包まれる。果皮は離れやすい。種子は黄褐色で，不明瞭な脈と縦しわがある。

オナモミ

葈，巻耳　－　キク科　オナモミ属

Xanthium strumarium L. subsp. *sibiricum* (Patrin ex Widder) Greuter

［在来？］

分布	北日本にまれ	生活史	一年生（夏生）
出芽	5～7月	繁殖器官	種子（果苞，190g）
花期	8～10月	種子散布	水，付着
草丈	膝～腰		

かつては日本全土に分布し，畑地の周囲，道ばた，水辺に生育していた。オオオナモミの侵入後，急激に減少し，現在では北日本でまれに見られる程度である。

オナモミ。上：子葉は狭披針形で多肉質，先は尖らない。表面は濃緑色，3脈があり，縁と裏面の基部は淡紫色。第1，2葉は対生状。右：第3葉以降は互生する。葉身は濃緑色で葉脈は紫色。全体に白い短毛が密生する。縁には不ぞろいの鋸歯がある。茎は淡紫色を帯びる。

オナモミ。右：葉柄は長い。成葉はやや厚く，広三角で基部は心形。先が尖る。下の左：雄花序は球形，雄頭花は緑白色に紫色を帯びる。下の右：いがは長さ9～18mmで数が少ない。黄緑色～灰緑色に熟す。

イガオナモミ。上：子葉は狭披針形で多肉質。長さ3～4cmと大型。主脈の基部は淡紫色。第1，2葉は対生状，三角状倒卵形でざらつく。葉柄は淡紫色。第3葉以降は互生。中：葉は広卵形で3裂し，基部は浅い心形。先は三角状に尖り，縁の鋸歯は細かい。茎にはしばしば黒褐色の斑点がある。下：オオオナモミと同様，雄花序の基部に雌頭花をつける。いがの頂端に2個の角があり，表面および刺上に多くの鱗状毛がある。熟すと黒くなる。

左：イガオナモミ。いが内は2室に分かれ，各1個のそう果がある。右：オナモミ種子は扁平な紡錘形。

ノアザミ

野薊	-	キク科	アザミ属

Cirsium japonicum Fisch. ex DC.

【在来】

分布	本州～九州	生活史	多年生(冬生)
出芽	9～10月	繁殖器官	種子(2.0g)
花期	5～7月	種子散布	風
草丈	腰～胸		

畦畔，土手，草地などに生育し，樹園地にもしばしば入り込む。日本のアザミ類ではもっとも普通。

アメリカオニアザミ

亜米利加鬼薊	thistle, bull	キク科	アザミ属

Cirsium vulgare (Savi) Ten.

【ヨーロッパ】

分布	全国	生活史	一年生～二年生
出芽	9～11月	繁殖器官	種子(3.3g)
花期	7～9月	種子散布	風
草丈	腰～胸		

1960年代に北海道で侵入が確認された。空き地，道ばた，河川敷などに生育し，摂食の障害になるため草地でも問題となる。

ノアザミ。左：子葉は楕円形で先は円い。淡緑色で無毛。第1，2葉は卵形～楕円形，緑色で縁には刺状の鋸歯が多い。表面に多数の単列毛がある。右：葉は互生，根生葉は倒卵状長楕円形で，羽状中裂し，各裂片に数対の歯牙状の裂片がある。根生葉は開花時にも残る。

ノアザミ。上：茎は直立し，茎中部の葉は羽状深裂し，刺針は鋭く尖る。葉の基部は広く茎を抱く。茎上部の分枝の先に上向きに頭花を単生する。左：頭花は径3～4cm，すべて筒状花からなり，紅紫色または淡紅色で先は5裂する。

そう果。左：ノアザミ。倒卵形で淡褐色，平滑で無毛。長さ3～3.5mm。右：アメリカオニアザミ。灰白色。長さ約4mm。

アメリカオニアザミ。左上：子葉は楕円形～卵形で先は円い。淡緑色で無毛。左下：第1，2葉はほぼ同時に出る。第3葉以降は互生，幼葉は倒卵形で縁に長さ約1mmの刺が密生する。右下：葉数が増えると長楕円形となる。縁の他，表面にも刺が密生する。裏面には多くの綿毛がある。

根生葉は長楕円形で，羽状浅裂する。根生葉はふつう花時には生存しない。灰緑色で質は硬く，触ると痛い。

左：茎は直立し，上部で分枝し，刺のある著しい翼がある。茎葉は楕円形で，羽状に中裂し，裂片は3～6対。右上：茎上部に数個の頭花が総状につく。頭花は径3～4cm。総苞は卵状球形，総苞片は線形で先は鋭い刺になる。筒状花は淡紅紫色。右下：冠毛は白色で長さ約20mm，羽状に分枝する。

セイヨウトゲアザミ

西洋刺薊　thistle, Canada　キク科　アザミ属

Cirsium arvense (L.) Scop.

[ヨーロッパ]

分布	北海道〜四国	生活史	多年生
出芽	8〜10月	繁殖器官	種子(2.9g)
花期	7〜9月		根
草丈	膝〜胸	種子散布	風

1970年代に北海道などで侵入が確認された。北海道に多く，主に牧草地で問題となる他，畑地，樹園地，道ばたなどに生育する。雌雄異株。地下を横走するクリーピングルートで増殖する。

エゾノキツネアザミ

蝦夷の狐薊　－　キク科　アザミ属

Cirsium setosum (Willd.) M.Bieb.

[在来]

分布	北海道〜東北	生活史	多年生
出芽	9〜10月，4〜5月？	繁殖器官	種子(1.2g)
花期	8〜10月		根
草丈	膝〜頭	種子散布	風

北日本の畑地，草地，空き地などに生育する。雌雄異株。地下を横走するクリーピングルートで増殖する。セイヨウトゲアザミと混同されやすい。

セイヨウトゲアザミ。左：子葉は楕円形で先は円い。淡緑色で無毛。第1，2葉はほぼ同時に出る。長楕円形で鋸歯の先端が刺となる。右：生育初期は根生葉でロゼットを形成する。幼葉は長楕円形〜長倒披針形。主脈が白く目立つ。全体無毛。葉は明緑色でやや光沢がある。

茎葉は楕円形，羽状に浅裂〜中裂し，裂片は3〜5対。基部は茎を抱かない。葉の形や刺の密度には変異が多い。茎の稜上にも鋭い刺がある。

セイヨウトゲアザミ。左：茎は直立して上部でよく分枝し，枝は斜上する。頭花は数個がやや散房状につく。右：頭花は径1〜2cm，筒状花は淡紅紫色。総苞は筒形，総苞片は圧着する。

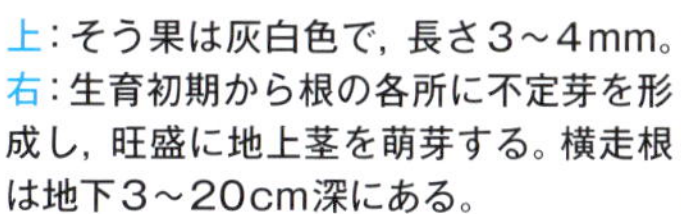

上：そう果は灰白色で，長さ3〜4mm。右：生育初期から根の各所に不定芽を形成し，旺盛に地上茎を萌芽する。横走根は地下3〜20cm深にある。

エゾノキツネアザミ。左：子葉は楕円形〜長楕円形で先は円い。両面とも鮮緑色で無毛。第1，2葉は緑色，披針状楕円形，縁には多数の鋸歯がある。右：第3葉は長楕円形で縁は刺状，表面にまばらに短剛毛があり，裏面は脈上にのみ刺状毛がある。無柄。

根生葉は花時には枯れる。茎葉は互生し，縁には小刺針があり，基部はくさび形。両面に白いくもの巣状の毛が密生する。セイヨウトゲアザミと異なり，葉は羽状には切れ込まず，茎には刺はない。

エゾノキツネアザミ。左：茎は直立して上部でよく分枝し，多数の頭花をつける。右上：頭花は径約1cm，筒状花は紅紫色。雄株の総苞は長さ13mm，雌株の総苞は長さ15〜20mm。右下：そう果はやや扁平な狭倒卵形，灰白色で無毛。長さ2.5〜3.3mm。冠毛は灰白色。

カッコウアザミ

霍香 ageratum, tropic キク科 カッコウアザミ属

Ageratum conyzoides L.

【熱帯アメリカ】

分布	本州以南	生活史	一年生（夏生）
出芽	4～8月	繁殖器官	種子（130mg）
花期	5～10月	種子散布	風
	沖縄ではほぼ通年	草丈	足首～膝

明治初期に観賞用，薬草として導入された。道ばたや空き地に生育する。南西諸島では通年生育する，主要な畑地雑草である。世界の熱帯～温帯南部に分布している代表的な畑地雑草。

カッコウアザミ。左：子葉は円形，黄緑色で無毛。葉は対生，第１対生葉は卵形で，縁は低い鋸歯があり，両面に白毛がある。右：葉身は卵形～長楕円形，先は鈍頭で浅い鋸歯がある。両面に毛が多い。

左：茎は直立し，上部に縮れた毛が多い。葉柄も毛が密生する。中：茎上部の葉の基部はくさび形となる。茎の先に頭花を多数つける。左下：頭花は径４～６mm。すべて筒状花，白色または淡青紫色。総苞はほぼ球形，総苞片は披針形。右下：５個ののぎ状の冠毛はそう果とほぼ同長。

カッコウアザミ。そう果。長さ約2mm，光沢のある黒色に熟し，四角柱状で稜がある。

ウスベニニガナ

薄紅苦菜 tasselflower, red キク科 ウスベニニガナ属

Emilia sonchifolia (L.) DC. var. *javanica* (Burm. f.) Mattf.

【在来】

分布	本州南部以南	生活史	一年生（夏生）
出芽	3～8月	繁殖器官	種子（380mg）
花期	4～11月	種子散布	風
	沖縄ではほぼ通年	草丈	足首～膝

本州～九州では道ばた，海岸付近，空き地にややまれに生育する夏生一年草。アジア，アフリカの熱帯に広く分布し，南西諸島では通年生育する，主要な畑地雑草である。

ウスベニニガナ。左：子葉は卵形で厚みがあり無毛，葉柄や縁は紫色を帯びる。裏面は赤紫色。第１葉は不ぞろいの鋸歯があり，両面に白毛をまばらにつける。右：幼葉は長い柄があり，葉身は広卵形。葉の両面，葉柄に縮れた白毛を散生。縁や裏面は赤紫色を帯びることがある。

葉は互生，茎の下部に集まり，羽状に深裂。頂裂片が大きい。葉は緑白色でやや厚い。

ウスベニニガナ。左：茎上部の葉の基部はくさび形となる。茎の先に頭花を多数つける。右上：頭花はすべて筒状花からなる。総苞は筒状ではじめ8mm，のち12mmとなる。筒状花は淡紅紫色。右下：冠毛は白色，長さ8mm。

ムラサキカッコウアザミ（オオカッコウアザミ）*Ageratum houstonianum* Mill. は熱帯アメリカ原産で，「アゲラータム」としてさまざまな園芸品種が観賞用に栽培されている。南西諸島では畑地や空き地などに生育する。カッコウアザミに比べ全体的に大型で，頭花が大きい。ベニニガナ *Emilia coccinea* (Sims) G. Don は南西諸島でしばしば見られる。ウスベニニガナに似るが，全体無毛で葉の基部は茎を抱く。頭花は緋紅色。

タイワンハチジョウナ

台湾八丈菜　－　キク科　ノゲシ属

Sonchus wightianus DC.

分　布	本州中部以南	生活史	多年生
出　芽	4～8月	繁殖器官	種子(490mg), 根茎
花　期	6～10月	種子散布	風
	沖縄ではほぼ通年	草　丈	足首～膝

【ヨーロッパ】

沖縄地方では以前から定着しており，空き地や道ばた，畑地に普通。近年，本州地域などでも生育が確認されている。

タイワンハチジョウナ。左：子葉は卵形，無毛でしばしば紅紫色を帯びる。葉は互生，第１葉は卵形で，縁は細かい刺状の鋸歯がある。右：葉身は広楕円形～倒披針形，基部は狭まりさじ形となる。幼葉の表面には白色の毛がある。

タイワンハチジョウナ。上：葉は茎の下半部に集まり，へら形で羽状に分裂するか分裂しない。主脈は白く目立つ。両面とも無毛。縁には刺状の細かい鋸歯があり，基部は耳状に張り出して茎を抱く。茎は無毛，赤紫色を帯びることが多い。茎の上方で分枝して花序をつける。
右上：花序の枝や頭花の柄および総苞外片に太い腺毛がある。総苞は鐘形。長さ約1.5cm。右中：頭花はすべて黄色の舌状花からなり，径2～2.5cm。総苞はほぼ球形，総苞片は披針形。右下：冠毛は白色。

そう果。左：ウスベニニガナ。長さ約3mm，5角の稜に微毛がある。右：タイワンハイジョウナ。褐色の楕円形，長さ約2mm，縦に12本の肋があり，肋に垂直な細かい条が目立つ。

コトブキギク *Tridax procumbens* L. は熱帯アメリカ原産で，世界の熱帯から亜熱帯に広く分布している多年生草本。日本では沖縄，小笠原に戦後侵入，定着し，乾いた道ばたや空き地に多く，ほぼ周年開花する。

コトブキギク。子葉は円形で先はややくぼみ，表面と縁に白い短毛がある。葉は対生，第１，第２対生葉は楕円形～狭卵形で先が尖り，基部はくさび形。全体に粗い毛が多い。

茎は分枝し，地を這って広がる。成葉は三角状の卵形で粗い鋸歯がある。花期の草高は約30cm。葉腋から長い花茎を出す。

左：頭花は径約1.5cm。舌状花は黄白色～白色で，筒状花は黄色。右：冠毛は羽毛状で長さ約5mm。総苞片は紫色を帯びる。

ヤエヤマコウゾリナ *Blumea lacera* (Burm. f.) DC. は南西諸島の道ばた，空き地，林縁などに普通に生育する一年生草本。花期は2～5月，花期の草高は40～80cm。

ヤエヤマコウゾリナ。左上：幼植物はロゼット状に地面に葉を広げる。子葉は円形～広卵形，第1，2葉は円形でほぼ全縁。第3葉以降は倒卵形～長楕円形で，縁は波打ち，全体に微毛がある。先は円く，基部はくさび形。右上：葉は互生し，茎上部の葉ほど小さくなる。茎は直立し，上部で分枝する。茎の先に頭花が密集する。右下：頭花は円錐状に多数つき，下垂して開花する。総苞は長さ約6mm，総苞片は線形。外片は毛が密生する。

ノゲシ

野罌粟，野芥子　sowthistle, annual　キク科　ノゲシ属

Sonchus oleraceus L.

【在来】

分　布	全国	生活史	一年生（冬生）
出　芽	9～5月	繁殖器官	種子（400mg）
花　期	4～10月	種子散布	風
草　丈	膝～腰		

道ばたや空き地など裸地にごく普通に生育し，畑地，樹園地，畦畔などにも入り込む。

オニノゲシ

鬼野罌粟，鬼野芥子　sowthistle, spiny　キク科　ノゲシ属

Sonchus asper (L.) Hill

【ヨーロッパ】

分　布	全国	生活史	一年生（冬生）
出　芽	9～5月	繁殖器官	種子（410mg）
花　期	4～10月	種子散布	風
草　丈	膝～頭		

明治時代（1888年）に東京で確認され，全国に定着している。ノゲシと同様に道ばたや空き地など裸地にごく普通で，畑地，樹園地，畦畔などにも入り込む。ノゲシに比べてより北方，高地にも生育する。

ノゲシ。左：子葉は広卵形，先は円い。無毛でやや紫色を帯びる。第１葉は広卵形～円形，縁は刺のような粗い鋸歯がある。幼葉の表面には白色の毛がある。中：葉は互生，葉数が増えると葉身はしだいに倒卵形～長倒卵形となる。縁は短い針先のある鋸歯となる。右：ロゼット状で越冬する。葉身は羽状に中～深裂し，頂裂片が大きい。縁は不規則な歯状となる。葉の形には変異が大きい。淡緑色だが，冬期は全体が赤みを帯びることが多い。

オニノゲシ。左：子葉は広卵形，先は円い。無毛でやや紫色を帯びる。第１葉は広卵形～円形，縁は刺のような粗い鋸歯がある。幼葉の表面には白色の毛がある。中：葉は互生，葉数が増えると葉身はしだいに倒卵形～長倒卵形となる。縁は短い針先のある鋸歯となり，ノゲシに比べ刺がやや鋭い。右：ロゼット状で越冬する。葉身は羽状に浅～中裂し，質は厚い。縁は不規則な歯状となり，触れると痛い。葉は濃緑色で光沢があり，冬期はしばしば全体が紅紫色を帯びる。

ハチジョウナ。左上：子葉は楕円形～広楕円形で両面とも緑白色。縁は紅色を帯び，滑らかで光沢がある。第１，２葉は広楕円形，無毛で歯牙状の浅い鋸歯がある。左下：葉は互生，葉数が増えると葉身はしだいに長楕円形～長倒卵形～へら形となる。縁と葉柄が紅色を帯びる。中：根生葉は長楕円形で縁はやや羽状に切れ込む。白い脈が目立ち，裏面は粉白色。右：地下を横走する根茎から多くの新苗を萌芽するため，群生することが多い。

ハチジョウナ

八丈菜　sowthistle, perennial　キク科　ノゲシ属

Sonchus brachyotus DC.

［在来］

分　布	北海道〜九州	生活史	多年生
出　芽	9〜5月	繁殖器官	種子（290mg）
花　期	8〜10月		根茎
草　丈	膝〜頭	種子散布	風

主に北日本の海岸に近い空き地や道ばたに生育し，北海道では内陸部にも生育し，畑地の強害草。農耕地では地表下5〜10cmを横走する根茎による増殖が問題となる。

左：ノゲシ。茎は直立し，無毛で柔らかい。中空で太く，稜が目立つ。切り口から乳汁が出る。中：オニノゲシ。茎は直立し，無毛で柔らかい。中空で太く，稜が目立つ。切り口から乳汁が出る。右：ハチジョウナ。茎は直立し，切り口から乳汁が出る。茎葉の基部は茎を抱く。茎上部の枝先に頭花を数個つける。冠毛は白色。

左：ノゲシ。茎葉は無柄で，基部は耳状で茎を抱く。縁は短い針先のある鋸歯となる。右：オニノゲシ。茎葉は無柄で，基部は巻き貝のような円形の耳状で茎を抱く。鋸歯の先は尖り，太い刺状となる。

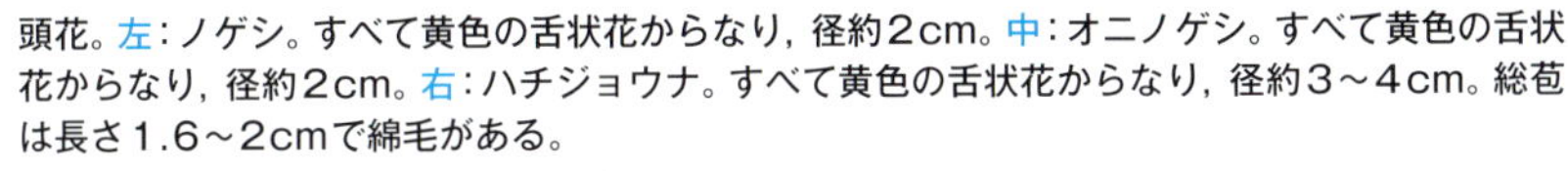

頭花。左：ノゲシ。すべて黄色の舌状花からなり，径約2cm。中：オニノゲシ。すべて黄色の舌状花からなり，径約2cm。右：ハチジョウナ。すべて黄色の舌状花からなり，径約3〜4cm。総苞は長さ1.6〜2cmで綿毛がある。

左：ノゲシ。花柄には腺毛がある。総苞には突起があり，長さ1.2〜1.5cm。右：オニノゲシ。花柄にはふつう腺毛がない。総苞は長さ約1.2cm，突起があり，花後に基部が膨らむ。

そう果。上：ノゲシ。茶褐色の扁平な倒卵状長楕円形，長さ2.5〜3mm，縦に8本の筋がある。冠毛は白色。中：オニノゲシ。茶褐色の扁平な卵状楕円形，長さ2.5〜3mm，両面に3本の筋がある。冠毛は白色。下：ハチジョウナ。やや扁平な長楕円形，淡褐色で無毛。縦に数本の隆起した筋と細かい横しわがある。

ナルトサワギク

鳴門澤菊 ragwort, Madagascar キク科 キオン属

Senecio madagascariensis Poir.

【マダガスカル】

分布	本州～九州	生活史	多年生
出芽	9～5月	繁殖器官	種子, 茎
花期	通年	種子散布	風
草丈	～膝		

1976年に徳島県で確認された。福島県以南に分布が確認されており，空き地，道路法面，河川敷など乾燥しやすい立地に定着し，農地や草地にも侵入しつつある。アルカロイドを含み，有毒である。特定外来生物に指定。

ナルトサワギク。左：子葉は線形で胚軸とも赤みを帯びる。中左：第1，2葉は対生状，線状披針形で無毛。中右：種子由来の幼植物。葉は互生し，無柄。縁に少数の不ぞろいの浅い鋸歯がある。右：栄養繁殖由来の個体。地際で分枝する。葉形は変異が多く，羽状に中～深裂するものもある。

ナルトサワギク。左：茎は直立，叢生し，多数分枝する。葉の基部は多少とも茎を抱く。右：茎頂部で花茎を出し，頭花は少数が散房状に散生する。通年さまざまなサイズの個体が存在する。

ナルトサワギク。越冬茎から萌芽した多数の新苗。刈り取り後も旺盛に再生する。

ナルトサワギク。大きな株をつくり，ほぼ周年にわたって開花する。

ノボロギク

野襤褸菊 groundsel, common キク科 キオン属

Senecio vulgaris L.

【ヨーロッパ】

分布	全国	生活史	一年生(冬生または夏生)
出芽	3~7月, 9~11月		
花期	3~12月	繁殖器官	種子(240mg)
草丈	~膝	種子散布	風

明治初期に侵入し，全国に分布を広げている。畑地や道ばたなど，裸地に多く，短期間で開花・結実する。盛夏以外のほぼ通年にわたって生育する。

ナルトサワギク。上：頭花は径約2.5cm，舌状花は通常13個で濃黄色。筒状花も舌状花と同色。中：花茎ははじめ下向する。総苞は長さ5~6mm，数個の小さな総苞副片がある。下：冠毛は白色。(馬場氏原図)

ナルトサワギク。そう果は長さ約2mmで褐色。

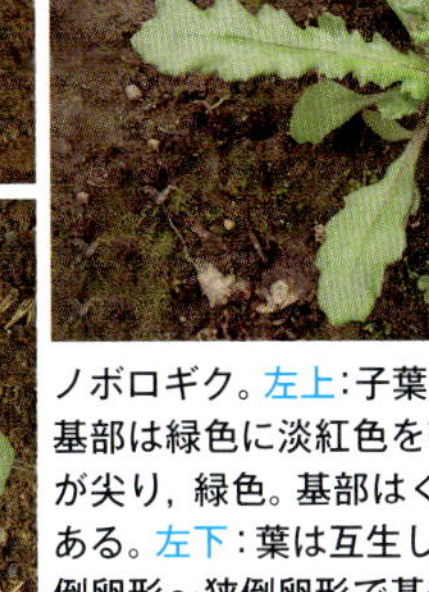

ノボロギク。左上：子葉は長楕円形で黄緑色，先は鈍頭。基部は緑色に淡紅色を帯びる。第1葉は長楕円形で先が尖り，緑色。基部はくさび形で，縁に4，5の鋸歯がある。左下：葉は互生し，表面は濃緑色。幼葉の葉身は倒卵形~狭倒卵形で基部はくさび形となる。葉柄に毛が散生する。上：着蕾した生育中期。根生葉は広線形~倒披針形で不規則に羽状に裂ける。

ノボロギク。上：茎葉ははじめ全体にくもの巣状の毛に覆われ，のちに無毛となる。茎は柔らかく，開けた土地では多数分枝する。茎下部の葉は小型で有柄，基部はやや茎を抱く。右：茎は赤紫色を帯び，上部で葉をまばらにつけて多数分枝する。根生葉は開花時には枯れる。茎先端や葉腋に数個の頭花をつける。

ノボロギク。左：総苞は円筒形，長さ7~8mm，頭花は黄色の筒状花のみからなる。総苞片は線形，長さ約2mmの副片がある。右：冠毛は白色，長さ4~5mm。

ノボロギク。そう果は長さ約2mm，円柱形でやや湾曲する。淡黄褐色で約10条の溝があり，白い短毛を密生する。

イヌカミツレ

犬加密列 | chamomile, false | キク科 | シカギク属

Tripleurospermum maritimum (L.) Sch.Bip. subsp. *inodorum* (L.) Applequist

【ヨーロッパ】

分布	全国	生活史	一年生（冬生）
出芽	9～10月，4～5月	繁殖器官	種子（260mg）
花期	5～7月	種子散布	重力
草丈	腰～胸		

明治中期に侵入したとされる。北日本ではムギ畑の害草であるほか，全国的に道ばたや道路法面にも生育する。

カミツレモドキ

加密列擬 | chamomile, mayweed | キク科 | ローマカミツレ属

Anthemis cotula L.

【ヨーロッパ～北アフリカ，中東】

分布	全国	生活史	一年生（冬生）
出芽	9～10月，4～5月	繁殖器官	種子（87mg）
花期	5～7月	種子散布	重力
草丈	膝～腰		

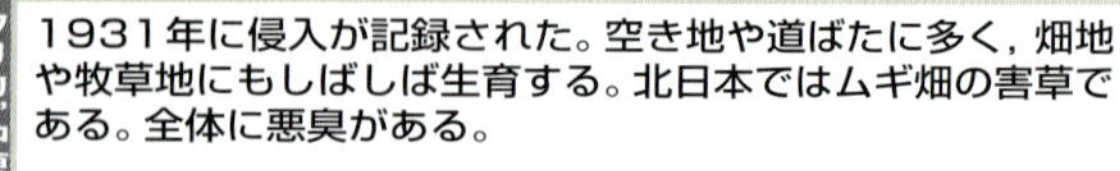

1931年に侵入が記録された。空き地や道ばたに多く，畑地や牧草地にもしばしば生育する。北日本ではムギ畑の害草である。全体に悪臭がある。

イヌカミツレ。左：子葉は長楕円形で淡緑色，先は円い。無毛。柄は太く，2枚がつながっているように見える。第1，2葉は対生状，羽状に3～5全裂し，裂片の先は尖り，先端を向く。頂裂片はやや幅広い。右：葉は互生，葉は羽状に2～3回深裂する。幼植物の葉身の裂片はやや幅広い。

イヌカミツレ。根生葉をロゼット状に広げる。葉はやや多肉質で質は薄い。糸状に細裂する。

イヌカミツレ。基部でまばらに分枝する。全体ほぼ無毛。葉の最終裂片は線形で，先は鋭く尖り，やや上向する。カミツレモドキと異なりあまり臭わない。

イヌカミツレ。茎は中部以上で多数分枝し，先端に頭花を単生する。草高は1mほどになる。

カミツレモドキ。左：子葉は楕円形～長楕円形で淡緑色，先はわずかに尖り，無毛。第1，2葉は対生状。羽状に5裂し，裂片の先は斜上し，尖る。頂裂片はやや幅広い。右：葉は互生，葉は羽状に2～3回深裂する。幼植物の葉身の裂片はイヌカミツレより幅広く，平たい。

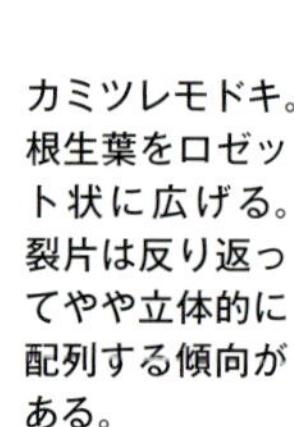

カミツレモドキ。根生葉をロゼット状に広げる。裂片は反り返ってやや立体的に配列する傾向がある。

カミツレモドキ。多数の分枝が斜上あるいは直立する。葉の最終裂片はイヌカミツレに比べ短い。全体まばらに綿毛が生えるか無毛。全体に悪臭がある。

カミツレモドキ。茎は中部以上で多数分枝し，先端に頭花を単生する。裸地での草高は50cmほど。

カミツレ

加密列 chamomile キク科 コシカギク属

Matricaria chamomilla L.

【ヨーロッパ～西アジア】

分布	北海道～九州	生活史	一年生（冬生）
出芽	9～10月，4～5月	繁殖器官	種子（37mg）
花期	4～6月	種子散布	重力
草丈	膝～腰		

薬用植物として江戸時代に移入され，ハーブとして栽培される。リンゴに似た芳香があり，乾燥した頭花を利用する。逸出し，畑地，道ばた，空き地などに野生化している。

コシカギク

別名：オロシャギク

小鹿菊 pineapple-weed キク科 コシカギク属

Matricaria matricarioides (Less.) Ced.Porter ex Britton

【アジア東北部】

分布	北海道～四国	生活史	一年生（冬生）
出芽	9～10月，4～5月	繁殖器官	種子（140mg）
花期	5～7月	種子散布	重力
草丈	～膝		

明治時代に旧樺太で確認された。北海道では海岸部の他，空き地や道ばたに多い。本州以南でも市街地などに広がりつつある。踏みつけに強く，農道などにしばしば群生する。全体に強いキクの香りがする。

カミツレ。左：子葉は楕円形。第1，2葉は対生状。羽状に深裂し，側裂片は短い。はじめの数葉は1回羽状。右：葉は互生する。葉は羽状に2～3回深裂し，裂片は糸状。

コシカギク。左：子葉はへら状楕円形。第1，2葉は対生状。羽状に深裂し，側裂片は短い。右：葉は互生，葉身は2～3回羽状に細かく深裂し，裂片の先は尖る。

カミツレ。全体ほぼ無毛。茎は基部で分枝して直立し，頭花を多数つける。

カミツレ。左：頭花は径約2cm。舌状花は白色，筒状花は黄色。中：花床に鱗片はない。右：そう果はやや歪んだ長楕円形。黄褐色～灰褐色で長さ1～1.5mm。

コシカギク。左：根生葉をロゼット状に広げる。葉身は長楕円形～長倒披針形，裂片は線形。中：茎はほぼ無毛，基部で分枝する。葉は質やや厚く，3回羽状に深裂し，最終裂片は線形で，裂片の先は尖る。右：草高は20cm程度，茎の先端に半球形の頭花を上向きに多数つける。全体に芳香がある。

コシカギク。左：頭花は黄緑色の筒状花のみ。径5～9mm。両性で先は4裂する。花床は円錐形で鱗片はない。総苞片は倒卵形～長楕円形で先は円く膜質。右：そう果は長さ約1.5mm，淡褐色，扁平な歪んだ長楕円形。

イヌカミツレ。左上：頭花は径3～4.5cm。舌状花は白色で約20個，筒状花は黄色。右上：花床は半球形で，鱗片はない。総苞片は長楕円形～挟三角形で縁は膜質。左：そう果は長さ1.5～2.3mm，扁平な壺形で，3面があり，各面に幅広い1脈がある。

カミツレモドキ。左：頭花は径1.2～3cm。舌状花は白色で約15個，筒状花は黄色。中心部ははじめ円盤状，成熟すると盛り上がり，高さが横径より大きくなる。左下：花床は円錐形となり，上半部に線状披針形の鱗片がある。総苞片は長楕円形，縁は膜質。舌状花は雄ずいも雌ずいもなく，筒状花は両性。右下：そう果は長さ1.3～1.8mm，褐色で円柱形，8～11稜があり，稜上にいぼ状の突起がある。

コオニタビラコ（タビラコ）

小鬼田平子　－　キク科　ヤブタビラコ属

Lapsanastrum apogonoides (Maxim.) J. H. Pak et K. Bremer

【在来】

分布	本州～九州	生活史	一年生（冬生）
出芽	9～11月	繁殖器官	種子（180mg）
花期	4～5月	種子散布	重力
草丈	～足首		

水田，畦畔などに生育する。春の七草のホトケノザは本種のこと。かつては冬期の水田にごく普通であったが，冬作の減少や水稲作の早期化で本種の結実前に耕起されることが多くなり，生育できる立地が少なくなった。

コオニタビラコ。左：子葉は卵形～広卵形，淡緑色で先は円く，はじめ短柄でしだいに長柄となる。第1，2葉は淡緑色，縁に2対の鋸歯がある。葉柄は淡紫色を帯びる。中：葉柄は長く，葉身にしばしば紫褐色の斑点が生じる。葉の両面，葉柄ともにかぎ状毛がある。右：葉数が増えるとしだいに葉身は羽状に裂ける。葉の質は柔らかい。

コオニタビラコ。ロゼット状に根生葉を広げて越冬する。葉身は羽状に深裂し，頂裂片が大きい。

コオニタビラコ。根元から数本の花茎を斜上または直立させる。茎葉は小さい。花茎の先にまばらに頭花をつける。

コオニタビラコ。左：頭花は径約1cm，6～9個の黄色の舌状花のみからなる。右：総苞は楕円形，長さ4～5mm。内片は5枚，長楕円状披針形。

コオニタビラコ。左：花後に花柄が伸びて下垂する。そう果に冠毛はない。右：そう果は黄褐色，扁平な線形。縦に10～15条の溝がある。先に2個のかぎがあり，全面に短毛を密生する。

ヤブタビラコ

藪田平子 | - | キク科 | ヤブタビラコ属

Lapsanastrum humile (Thunb.) J. H. Pak et K. Bremer

【在来】

分　布	北海道～九州	生活史	一年生（冬生）
出　芽	9～11月	繁殖器官	種子（160mg）
花　期	5～7月	種子散布	重力
草　丈	～膝		

畦畔や人里近くの湿った林地などに生育する。

ナタネタビラコ

菜種田平子 | nipplewort | キク科 | ナタネタビラコ属

Lapsana communis L.

【ヨーロッパ】

分　布	北海道～本州	生活史	一年生（冬生）
出　芽	9～11月	繁殖器官	種子（530mg）
花　期	6～8月	種子散布	重力
草　丈	～胸		

1950年頃に日本に侵入していた。本州では道ばたや空き地でまれに見かける程度だが，北海道ではムギ作の害草である。

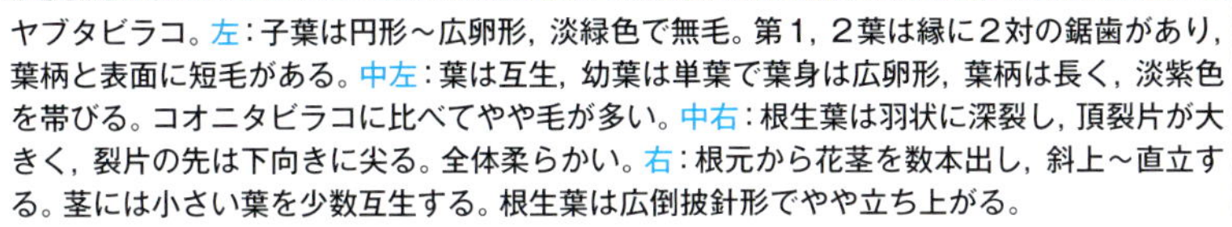

ヤブタビラコ。左：子葉は円形～広卵形，淡緑色で無毛。第1，2葉は縁に2対の鋸歯があり，葉柄と表面に短毛がある。中左：葉は互生，幼葉は単葉で葉身は広卵形，葉柄は長く，淡紫色を帯びる。コオニタビラコに比べてやや毛が多い。中右：根生葉は羽状に深裂し，頂裂片が大きく，裂片の先は下向きに尖る。全体柔らかい。右：根元から花茎を数本出し，斜上～直立する。茎には小さい葉を少数互生する。根生葉は広倒披針形でやや立ち上がる。

ヤブタビラコ。左：茎先が分枝し，数個の頭花をまばらにつける。頭花は径1cm弱。18～20個の黄色の舌状花のみ。中：総苞は卵形または球状，長さ3.5～4mm。内片は8枚。花後，果柄が曲がって下を向く。そう果に冠毛はない。右：そう果は茶褐色，扁平で長楕円形。全面に短毛を密生し，先はかぎがなくくぼむ。

ナタネタビラコ。左：子葉は広卵形，先はわずかにくぼみ，葉柄と縁に短毛が並ぶ。第1葉は五角状。中左：葉は互生。幼葉は単葉で長い柄があり，縁は不規則な波状の鋸歯となり，短毛を列生する。中右：茎下部の葉は柄があり，粗い鋸歯がある。葉身は頭大羽状に深裂～全裂し，頂裂片は卵形。両面に伏した短毛が散生してざらつく。右：茎は直立する。茎中部の葉は羽裂せず，柄はしだいに短く葉身は狭くなる。

ナタネタビラコ。左：茎上部で分枝し，複散房状の花序をなす。茎上部の葉は無柄で狭卵形～披針形。中左：頭花は径約1cm，8～15個の舌状花からなり，淡黄色。中右：総苞は無毛で粉白色，鱗片状の外片と披針形の内片からなる。右：そう果には冠毛はない。そう果はわら色，光沢があり，長さ3～3.5mm。やや扁平で湾曲し，両面に5～7脈がある。

オオハンゴンソウ

大反魂草 coneflower, cutleaf **キク科** **オオハンゴンソウ属**

Rudbeckia laciniata L.

【北アメリカ】

分布	全国	生活史	多年生(夏生)
出芽	3〜5月	繁殖器官	種子, 根茎
花期	7〜10月	種子散布	重力
草丈	腰〜3m		

明治中期に園芸植物として移入され, 逸出して湿った空き地や草地, 林道, 河川敷などに定着, 群生している。特定外来生物に指定。

オオハンゴンソウ。上:根茎からの萌芽。根生葉は長柄があり, 5〜7深裂し, 裂片には粗い鋸歯がある。若い葉には毛が多い。右上:茎は高さ1〜3m, 分枝しまばらに短毛があるか, またはない。茎葉は互生し, 長柄がある。地下茎から多数の茎を出し群生する。右下:舌状花は黄色で6〜10個, 筒状花は緑黄色で多数。花床は高い円錐形で, 中央部に筒状花が盛り上がるように集まる。総苞片は花期には反り返る。

枝の先端に長い花茎ができ, 径約6cmの大型の頭花を上向きにつける。茎上部の葉は切れ込みが少ない。

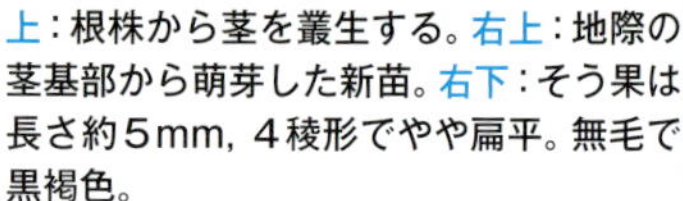

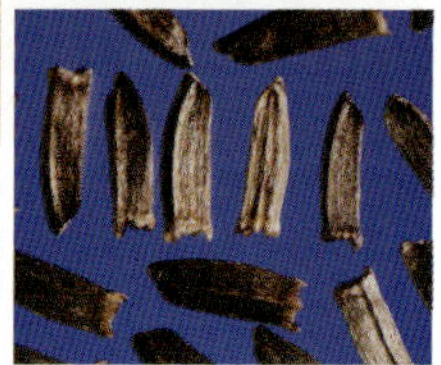

上:根株から茎を叢生する。右上:地際の茎基部から萌芽した新苗。右下:そう果は長さ約5mm, 4稜形でやや扁平。無毛で黒褐色。

オオキンケイギク

大金鶏菊 coreopsis, garden **キク科** **ハルシャギク属**

Coreopsis lanceolata L.

【北アメリカ】

分布	全国	生活史	多年生
出芽	9〜11月	繁殖器官	種子 (3.5g) 根茎
花期	5〜6月		
草丈	膝〜腰	種子散布	重力

明治中期に観賞用で移入され, ワイルドフラワー緑化などに使用されていた。全国で逸出・定着し, 道路沿い, 河川敷などに群生している。特定外来生物に指定。

オオキンケイギク。上:子葉は楕円形。葉は対生し, 幼葉は楕円形〜卵形で, 紫色を帯びた灰緑色。表面には毛がある。右上:生育初期の葉はさじ形で, 両面とも粗い毛がある。右下:根生葉は長い柄があり, はじめ単葉で狭卵形〜長倒卵形, のちに3〜5小葉に分裂する。

上:茎葉は狭倒披針形。根生葉は花時にも残る。花茎の先に頭花を単生する。左下:頭花は径5〜7cm, 舌状花, 筒状花とも橙黄色。花冠の先は4〜5裂する。右下:そう果は扁平, 暗褐色で半透明の薄い翼がある。長さは約5mm。

同じく北アメリカ原産のハルシャギク *Coreopsis tinctoria* Nutt. も観賞用で導入され, 全国的に逸出, 野生化している。一年生。葉は線形に羽状深裂し, 舌状花の花冠先端部が橙黄色, 基部が紫褐色。

ブタナ

豚菜　catsear, common　キク科　エゾコウゾリナ属

Hypochaeris radicata L.

【ヨーロッパ】

分　布	全国	生活史	多年生
出　芽	9～5月	繁殖器官	種子(600～800mg)
花　期	5～10月		根茎
草　丈	～膝	種子散布	風

1933年に北海道に侵入が確認された。各地に分布を広げ，草地，芝地，畑地などに生育し，北日本に多い。

ブタナ。左：子葉はへら状楕円形，厚みがあり無毛。第1葉は光沢があり，基部がくさび形で，表面と縁に刺状毛がある。
右：葉は互生，生育初期の葉はへら形～倒披針形。縁は浅い歯牙状の鋸歯があり，白色の長毛が列生する。歯の表面にも白色の長毛が散生する。

右上：葉はすべて根生，濃緑色。倒披針形で先は円く，羽状に浅裂～中裂する。右：花茎は鱗片葉をまばらに互生し，1～3本の枝を出す。花茎は基部近く以外は無毛。

左上：頭花は黄色で径3～4cm，すべて舌状花からなる。総苞片は長さ1.5～2cm。
上：冠毛は羽毛状。花床の鱗片は先が細く糸状に伸び，冠毛より長い。左下：そう果は長さ約4mm，刺状の突起が密生し，先は長く嘴状に伸びる。

コウゾリナ

髪剃菜、剃刀菜　oxtongue, hawkweed　キク科　コウゾリナ属

Picris hieracioides L. subsp. *japonica* (Thunb.) Krylov

【在来】

分　布	全国	生活史	一年生(冬生または夏生)
出　芽	10～11月		
花　期	5～10月	繁殖器官	種子(610mg)
草　丈	～腰	種子散布	風

道ばたや空き地，土手や畑地の周辺などやや湿り気のある土地に生育する。全体に赤褐色の剛毛が生えることが特徴。

コウゾリナ。左：子葉はへら状楕円形，厚みがあり無毛。第1葉は基部がくさび形で，縁に刺状毛がある。右：生育初期の葉はへら形～長楕円形で両面とも濃緑色。縁に浅い歯牙状の鋸歯がある。縁，両面，葉柄とも刺状毛がある。

上：葉は互生。根生葉は大型で主脈は赤紫色。全体に赤褐色の剛毛があり，ざらつく。右：茎は直立し，切り口から乳汁を出す。茎上部の葉は小型で葉柄がない。枝先の葉腋から分枝して先に頭花をつける。根生葉は開花期には枯れる。

左：全体に赤褐色の刺状の剛毛が密生する。茎葉基部は茎をなかば抱く。右：頭花は黄色で径2cm，すべて舌状花からなる。総苞は長さ10～12mm。総苞片は濃く緑色で外面に剛毛が多い。

左：冠毛は汚白色の羽毛状。長さ6～7mm。右：そう果は長さ約4mm，細長い紡錘形，やや湾曲する。無毛。赤褐色で光沢があり，細かい横しわがある。

ヒレアザミ

鰭薊 | thistle, welted | キク科 | ヒレアザミ属

Carduus crispus L. subsp. ***agrestis*** (Kerner) Vollm.

【在来】

分布	本州～九州	生活史	一年生（冬生）
出芽	9～11月	繁殖器官	種子（12.7g）
花期	5～7月	種子散布	風
草丈	腰～胸		

土手，畦畔，樹園地など人里の草地に生育する。やや湿った立地に多い。

ヒレアザミ。左：子葉は楕円形～広倒卵形，淡緑色で厚みがあり無毛。第1，2葉は対生状，楕円形で黄緑色。縁は鋸歯があり，葉面に毛がある。右：生育初期の葉は長楕円形～狭卵形。主脈が白く目立つ。

左：葉は互生。根生葉は大型で長倒卵形，羽状に中～深裂する。鋸歯の先は鋭く細い刺となる。裏面にくもの巣状の毛がある。上：茎には縦に2列にならぶ淡緑色の翼がある。翼の縁は歯牙があり，先端は刺となる。

ヒレアザミ。左：茎は直立して上部で分枝する。茎葉は基部で茎を抱く。右上：頭花は径1～2cm，紅紫色の筒状花のみからなる。総苞は長さ約2cmで鐘形。総苞片の先は細い刺となって反り返る。右下：冠毛は銀白色，長さ1.5cm。そう果の嘴状突起のまわりに環状につく。

そう果は長さ約3mm，淡茶褐色。扁平な狭卵形で少し曲がる。頂部は切形で中央の嘴状突起があり，果面には10数条の縦線と小斑紋がある。

キツネアザミ

狐薊 | - | キク科 | キツネアザミ属

Hemistepta lyrata Bunge

【在来】

分布	本州以南	生活史	一年生（冬生）
出芽	10～11月	繁殖器官	種子（630mg）
花期	5～6月	種子散布	風
草丈	腰～胸		

人里の道ばた，畦畔，土手や空き地など耕地の周辺に生育する。

キツネアザミ。左：子葉は楕円形～卵形，緑色で無毛。第1葉は楕円形～広卵形，先が尖り，表面には毛，縁には鋸歯がある。右：生育初期。葉縁は歯牙縁で白毛がある。葉数が増えるとともに鋸歯はしだいに粗くなる。

葉は互生。ロゼット状で越冬し，根生葉は羽状に深裂する。葉は柔らかい。

キツネアザミ。茎は直立し，上部で分枝する。縦に著しい線があり，中空。少数の綿毛がある。葉の裏面は白い綿毛が密生する。

ヤグルマギク

矢車菊　cornflower　キク科　ヤグルマギク属

Centaurea cyanus L.

【ヨーロッパ】

分布	本州〜四国	生活史	一年生（冬生）
出芽	10〜4月	繁殖器官	種子（2.2g）
花期	4〜6月	種子散布	重力
草丈	腰〜胸		

明治時代に観賞用で移入され，現在も栽培されている。庭先から道ばた，空き地に逸出，野生化している。ムギ圃場に侵入すると強害草となる。

キツネアザミ。分枝した茎先に多数の頭花を単生する。

キツネアザミ。上：頭花は径1.5〜2cm，紅紫色の筒状花のみからなる。総苞は球形，総苞片は瓦状にならび，外片の背部に紅紫色の突起がある。中：冠毛は白色で羽毛状。2列で，内側のものはそう果の4倍長。外側のものは少数の短い鱗片状。下：そう果は長さ2.6〜3.1mm，やや扁平な倒卵形で茶褐色。縦に10数条の筋があり，全面に細かい斑紋がある。

ヤグルマギク。上の左：子葉はへら状の楕円形〜広楕円形，明るい黄緑色で厚みがあり柔らかい。第1，2葉は対生状，長楕円形〜広線形。上の中：生育初期。葉数が増えると鋸歯が生じる。葉身は線形〜披針形，全体に白色の綿毛に覆われ，白みを帯びる。上の右：葉は互生。ロゼット状で越冬し，根生葉は羽状に深裂し，不規則なかぎ状の鋸歯がある。

ヤグルマギク。上：茎は直立し，密に分枝。茎葉はほぼ線形で無柄。分枝した茎の先端に頭花をつける。下：筒状花は濃青紫色のほか，白桃色，赤紫色などさまざま。

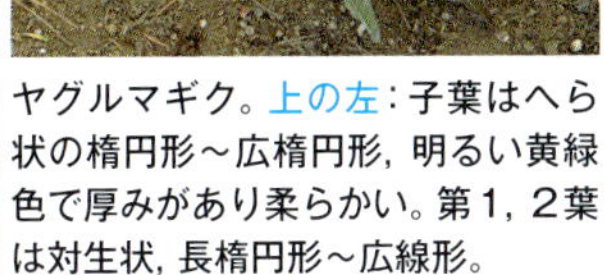

上：頭花は径約5cm，筒状花のみからなる。外側の花冠の大きな花は不稔。中央部の花は花冠が小さく，雌・雄ずいが花冠より長い。総苞片の縁は乾質の鋭鋸歯となる。下：そう果は淡褐色，長さ2.5〜3.5mm。冠毛は剛毛状で淡褐色〜褐色，長さ0.5〜2.5mm。

トキンソウ

吐金草 | - | キク科 | トキンソウ属

Centipeda minima (L.) A. Braun et Asch.

【在来】

分布	全国	生活史	一年生(夏生)
出芽	4～7月	繁殖器官	種子
花期	7～10月	種子散布	重力
草丈	～足首		

畑地や水田，庭，道ばたなど，湿った場所に多い小型の草本。地面に張りつくように生育する。

メリケントキンソウ

米利堅吐金草 | burweed, lawn | キク科 | イガトキンソウ属

Soliva sessilis Ruiz et Pav.

【南アメリカ】

分布	関東～九州	生活史	一年生(冬生)
出芽	9～3月	繁殖器官	種子(640mg)
花期	4～6月	種子散布	付着
草丈	～足首		

1930年に和歌山県で侵入が確認された。以後，関東以西に分布を広げている。芝地や市街地の道ばた，畦畔に定着している。そう果には硬い刺があり，刺さると痛い。厄介な都市害草である。

トキンソウ。左：子葉は楕円形で先は円く無毛。第1，2葉は対生状，狭卵形で全縁，先はわずかに尖る。中左：第3葉から互生し，へら状くさび形で縁に1対の鋸歯が生じる。中右：生育初期。茎は無毛で地を這って分枝し，地面に接した茎の節から発根する。葉は無柄。葉の先の方には3～5の鋸歯がある。右：茎，葉とも無毛。全体が濃緑色で，質はやや柔らかく厚みがある。茎の先端は立ち上がる。

トキンソウ。左：茎上部の葉腋に径3～4mmの黄緑色の球状の頭花をつける。総苞片は長楕円形で2列に並ぶ。中：頭花は筒状花のみからなる。中央の両性花はつぼみのときは暗赤色。そう果には冠毛がない。右：そう果は茶褐色，長さ0.8～1.2mm。細長い四～五角形でやや湾曲する。稜上に短毛がある。

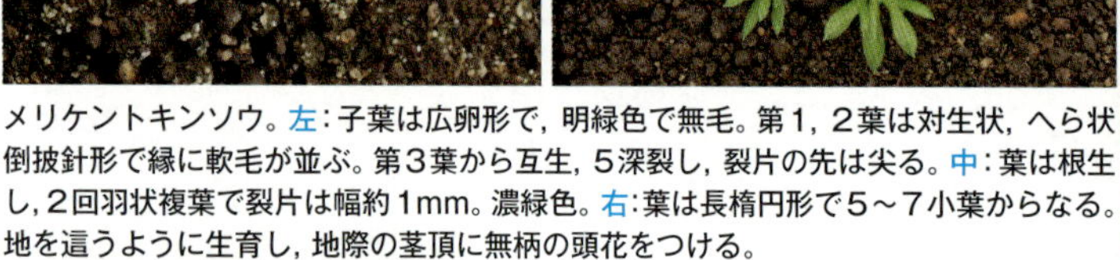

メリケントキンソウ。左：子葉は広卵形で，明緑色で無毛。第1，2葉は対生状，へら状倒披針形で縁に軟毛が並ぶ。第3葉から互生，5深裂し，裂片の先は尖る。中：葉は根生し，2回羽状複葉で裂片は幅約1mm。濃緑色。右：葉は長楕円形で5～7小葉からなる。地を這うように生育し，地際の茎頂に無柄の頭花をつける。

メリケントキンソウ。左：頭花は径7～10mm，黄色の筒状花からなる。総苞片は2列に並ぶ。右：結実した頭花。そう果の刺が並ぶ。

メリケントキンソウ。そう果は茶褐色，刺を含めて長さ約4mm。カブトガニに似た形で，上端に鋭い刺がある。

イガトキンソウ

別名：シマトキンソウ，タカサゴトキンソウ

毬吐金草　burweed, button　キク科　イガトキンソウ属

Soliva anthemifolia (Juss.) R. Br.

【南アメリカ】

分　布	本州西部以南	生活史	一年生（冬生）
出　芽	9〜3月	繁殖器官	種子（150mg）
花　期	4〜6月	種子散布	重力
草　丈	〜足首		

1910年に侵入が記録された。暖かい地方に分布し，畑地や道ばた，畦畔に生育している。

イガトキンソウ。左：子葉は楕円形，明緑色で無毛。第1，2葉は対生状，広線形の全縁で軟毛がまばらに生える。中：第3葉から互生し，羽状に5〜7深裂する。右：葉数が増えると2回羽状複葉となり，ふつう7〜11小葉からなる。裂片は幅約1mm。

イガトキンソウ。枝は地表を這い，しばしば基部から発根する。葉の両面にまばらに軟毛が生える。

イガトキンソウ。左上：頭花は無柄で地表につき，しばしば基部から根を出す。頭花は径6〜12mm，黄緑色の筒状花からなる。総苞は球形，外側は幅の広い葉柄の基部に囲まれる。総苞片は披針形で1列，先は尖る。右上：茎葉が枯死し，地際に密集した頭花に結実したそう果。左：そう果は長さ約2mm。全周に軟弱質の翼があり，上端は長い嘴状。

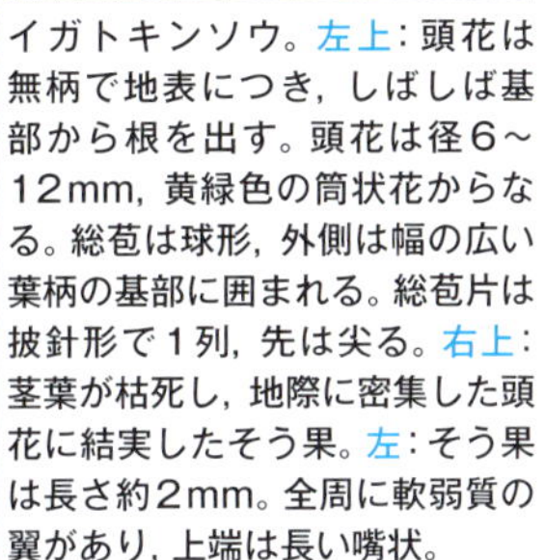

マメカミツレ

豆加密列　brassbuttons, southern　キク科　タカサゴトキンソウ属

Cotula australis (Sieber ex Spreng.) Hook. f.

【オーストラリア】

分　布	北海道〜九州	生活史	一年生（冬生）
出　芽	9〜3月	繁殖器官	種子（80mg）
花　期	4〜6月	種子散布	重力
草　丈	〜足首		

1939年に神戸市で確認された。市街地の道ばたや空き地に生育する小型の一年草。

マメカミツレ。左：子葉は楕円形〜卵形，淡緑色で無毛。第1，2葉は対生状，長倒披針形の全縁で軟毛がまばらに生える。右：第3葉から互生し，羽状に3深裂する。第4葉は5深裂する。

左上：葉数が増えると2回羽状複葉となり，9〜13小葉からなる。裂片は幅約1mm，先は尖る。右上：枝は基部は斜上し，上部は直立する。茎，葉ともに長い軟毛が散生する。右：長い花茎の先に頭花を単生し，上向きに咲く。

マメカミツレ。左上：頭花は径3〜6mmで緑色。総苞片は長さ約1.5mm。緑色で辺縁は白色の膜質。頭花は筒状花のみ。中央部は両性花が，周囲は花冠のない雌性花がつく。冠毛はない。右上：そう果は2型ある。周囲の雌性花由来のそう果は大きく，中央部の両性花由来のそう果は翼がなく小さい。左：雌性花由来のそう果。長さ1〜1.2mmで扁平，翼がある。

アオオニタビラコ

青鬼田平子 | hawksbeard, Asiatic | キク科 | オニタビラコ属

Youngia japonica (L.) DC.

【在来】

分布	全国	生活史	一年生（冬生） 多年生
出芽	9～11月		
花期	4～9月	繁殖器官	種子（100mg），根茎？
草丈	～膝	種子散布	風

林縁や道ばたなどに多い。

アカオニタビラコ

赤鬼田平子 | － | キク科 | オニタビラコ属

Youngia akaoni Seriz.

【在来】

分布	全国	生活史	一年生（冬生）
出芽	9～11月	繁殖器官	種子（100mg）
花期	4～6月	種子散布	風
草丈	膝～腰		

道ばたや空き地，畑地の周辺など，乾いた陽地に多い。埼玉県で確認されたパラコート抵抗性タイプはアカオニタビラコと思われる。

アオオニタビラコ。左：子葉は広卵形，先は円い。黄緑色で無毛。第１葉は広卵形，第２葉は楕円形，２～４対の刺状鋸歯がある，長柄。両面，縁，葉柄とも軟毛がある。中：生育初期。葉身は楕円状円形，葉柄は長い。右：根生葉で越冬する。葉身は倒披針形で羽裂し，頂裂片が大きい。

アカオニタビラコ。左：子葉は円形～広卵形，先は円い。黄緑色～暗い黄緑，無毛で短柄がある。第１葉は楕円状円形。中：第２, ３葉は楕円状円形～卵形，縁に刺状の鋸歯が２～４対ある。葉，葉柄，縁とも淡緑色にやや紫色を帯び，白色の軟毛がある。右：根生葉はロゼット状で赤紫色を帯びる。倒披針形で羽状に裂け，頂裂片が大きい。

アカオニタビラコ。左：茎葉は小型で１～４枚。茎は紫色を帯び，軟毛がある。右：枝先に黄色い舌状花だけの頭花が円錐状に密集する。頭花は径７～８mm。総苞は褐紫色。

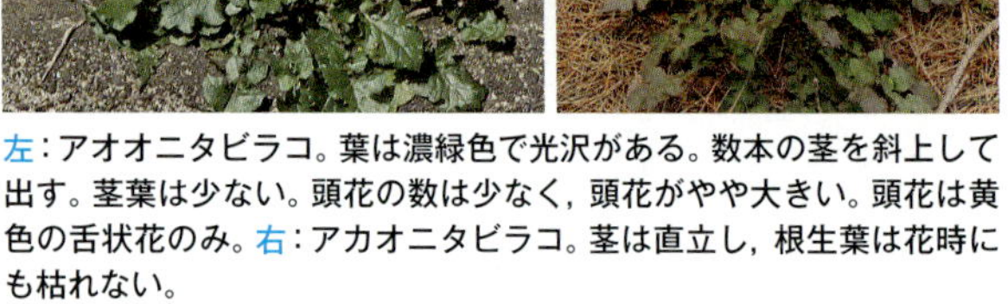

左：アオオニタビラコ。葉は濃緑色で光沢がある。数本の茎を斜上して出す。茎葉は少ない。頭花の数は少なく，頭花がやや大きい。頭花は黄色の舌状花のみ。右：アカオニタビラコ。茎は直立し，根生葉は花時にも枯れない。

そう果。左：アオオニタビラコ。濃茶褐色で光沢がない。扁平な紡錘形で長さ約２mm。右：アカオニタビラコ。濃茶褐色で光沢がない。扁平な紡錘形で長さ約２mm。

ハキダメギク

掃溜菊 galinsoga, hairy キク科 コゴメギク属

Galinsoga quadriradiata Ruiz et Pav.

【熱帯アメリカ】

分布	全国	生活史	一年生（夏生）
出芽	4～9月	繁殖器官	種子（120mg）
花期	6～11月	種子散布	風
草丈	足首～膝		

1932年に侵入が確認，以後，全国に拡散。畑地，道ばた，空き地などに生育する。短期間で開花・結実し，暖かい地方では年に3世代生育できる。

コゴメギク

小米菊 galinsoga, smallflower キク科 コゴメギク属

Galinsoga parviflora Cav.

【熱帯アメリカ】

分布	本州～九州	生活史	一年生（夏生）
出芽	4～7月	繁殖器官	種子（180mg）
花期	6～11月	種子散布	風
草丈	足首～膝		

ハキダメギクより少なく，分布は局所的。熱帯地域ではハキダメギクより多い。

ハキダメギク。左：子葉は扁円形で無毛，先はわずかにくぼみ微突起がある。淡緑色～黄緑色。第1対生葉は三角状広卵形で，表面と縁に毛がある。中：第2，第3対生葉は広卵形で先がやや狭まり，両面とも短毛がある。右：葉は対生し，短い柄がある。縁は浅い鋸歯で，両面ともまばらに粗毛が生える。質は柔らかい。

ハキダメギク。上：茎は直立し，葉腋から二叉に分枝し，開出毛がある。葉身は3脈が太く見える。右：茎上部が多数分枝し，その先に頭花をつける。茎上部の葉は細い。

ハキダメギク。左：頭花は径4～5mm。舌状花は通常5個。白く先は3裂する。筒状花は黄色。総苞は半球形。右：そう果は黒色で淡褐色の粗毛を密生する。長さ1.1～1.4mm。冠毛は白色の羽状で先は尖る。

コゴメギク。上：生育初期。葉は対生し狭卵形，縁に低い鋸歯があり黄緑色。ハキダメギクに比べて幅が狭く，表面の毛は少ない。3脈が目立つ。右：茎は直立し，ハキダメギクに比べて節間が長く，分枝が少なく，毛はまばら。

コゴメギクの舌状花は白色，筒状花は黄色。舌状花の花弁は小さく，花弁は先が裂けないものもある。

そう果は黒色で長さ約1.5mm。筒状花由来のそう果の冠毛は先が尖らず，房状に裂ける。舌状花由来のそう果には冠毛はない。

メナモミ

豨薟　－　キク科　メナモミ属

Sigesbeckia pubescens (Makino) Makino

【在来】

分　布	全国	生活史	一年生(夏生)
出　芽	5〜7月	繁殖器官	種子(1.3g)
花　期	9〜10月	種子散布	付着，重力
草　丈	膝〜胸		

林縁，空き地，道ばたなどに生育し，しばしば畑地にも入り込む。そう果は他物に付着しやすい。

コメナモミ

小豨薟　－　キク科　メナモミ属

Sigesbeckia glabrescens (Makino) Makino

【在来】

分　布	全国	生活史	一年生(夏生)
出　芽	5〜7月	繁殖器官	種子(970mg)
花　期	9〜10月	種子散布	付着，重力
草　丈	膝〜腰		

林縁や耕地の周辺に生育する。メナモミに似るが，全体が小型で茎や葉の毛は少ない。

メナモミ。左：子葉は黄緑色，厚みがあり，楕円状円形。無毛。第１対生葉は狭卵形で先が尖り，数対の鋸歯がある。中：生育初期。葉は対生し，濃緑色で３脈が明瞭。葉の縁，両面，葉柄にまばらな白毛がある。右：茎は直立，白毛が密生し，対生に分枝する。茎中部の葉は三角状卵形で先が尖る。基部は切形またはくさび状で翼がある。

コメナモミ。左：子葉は黄緑色，厚みがあり，円形で無毛。中央は中肋にそってくぼむ。第１対生葉は卵状楕円形で先が尖り，数対の鋸歯があり，縁，表面とも微毛がある。中：生育初期。葉は対生し，広卵形。濃緑色で３脈が目立つ。葉の縁，両面，葉柄に短毛がある。右：茎は直立，対生に分枝する。褐紫色を帯び，短毛があるが，メナモミのような開出毛はない。茎中部の葉は卵状三角形で先が尖る。縁には不ぞろいの鋸歯がある。

メナモミ。左：茎先および葉腋から多数の枝を上方に伸ばし，散房状の花序をなす。中：頭花には長い５枚の総苞片があり，径約5mm。舌状花，筒状花とも黄色。舌状花の花冠は３裂する。右：総苞片は水平につき長さ6〜10mm，鱗片は長さ約3mm。花柄と総苞片，鱗片には腺毛があって粘る。粘着性の腺毛がある鱗片がそう果を包み，散布を助ける。

メナモミ。そう果は黒色の４〜５角の不整の倒卵形。果面には微細な斑紋がありざらつく。長さ約3mm。

ツクシメナモミ

筑紫豨薟 St. Paul's wort, common キク科 メナモミ属

Sigesbeckia orientalis L.

【在来】

分布	関東南部以南	生活史	一年生（夏生）
出芽	3〜7月	繁殖器官	種子（2.0g）
花期	4〜10月	種子散布	付着，重力
草丈	膝〜腰		

熱帯と亜熱帯に分布し，沖縄地方では通年開花し，畑地や林縁に生育する。メナモミ，コメナモミに似るが，上部は二叉に分枝する。

コメナモミ。茎上部の葉は卵状三角形。茎先および葉腋から上方に多数の枝を伸ばし，その先に頭花を単生する。

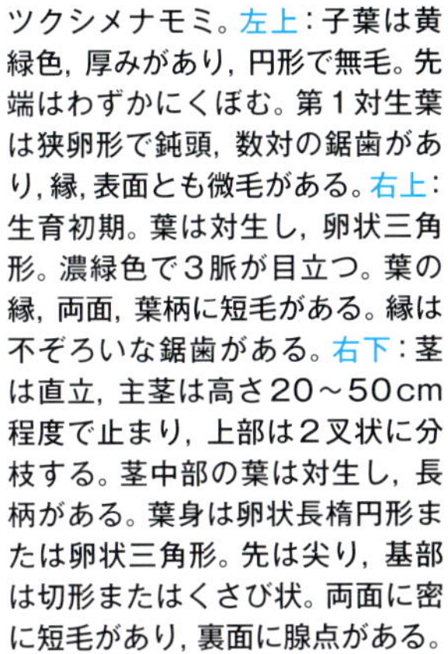

ツクシメナモミ。左上：子葉は黄緑色，厚みがあり，円形で無毛。先端はわずかにくぼむ。第１対生葉は狭卵形で鈍頭，数対の鋸歯があり，縁，表面とも微毛がある。右上：生育初期。葉は対生し，卵状三角形。濃緑色で３脈が目立つ。葉の縁，両面，葉柄に短毛がある。縁は不ぞろいな鋸歯がある。右下：茎は直立，主茎は高さ20〜50cm程度で止まり，上部は２叉状に分枝する。茎中部の葉は対生し，長柄がある。葉身は卵状長楕円形または卵状三角形。先は尖り，基部は切形またはくさび状。両面に密に短毛があり，裏面に腺点がある。

コメナモミ。上：頭花には長い５枚の総苞片があり，径約5mm。舌状花，筒状花とも黄色。舌状花の花冠は３裂する。下：総苞片は水平につき長さ6〜10mm，鱗片は長さ約3mm。総苞片，鱗片には腺毛があって粘る。粘着性の腺毛がある鱗片が外側のそう果を包む。

ツクシメナモミ。左：総苞片は水平につき，鱗片が外側のそう果を包む。総苞片，鱗片には腺毛があって粘る。花柄は密に短毛がある。上：頭花には長い５枚の総苞片があり，径1.5〜2cm。舌状花，筒状花とも黄色。舌状花の花冠は３裂する。

コメナモミ。そう果は黒色の菱状倒卵形。頂部がややくぼみ，くぼんだ中央に短い突起がある。長さは2.4〜3mm。

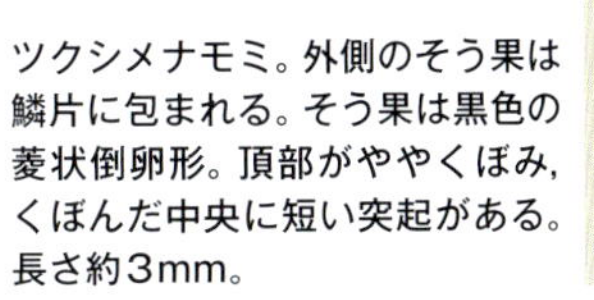

ツクシメナモミ。外側のそう果は鱗片に包まれる。そう果は黒色の菱状倒卵形。頂部がややくぼみ，くぼんだ中央に短い突起がある。長さ約3mm。

トゲミノキツネノボタン

刺実の狐の牡丹　buttercup, roughseed　キンポウゲ科　キンポウゲ属

Ranunculus muricatus L.

【ヨーロッパ〜西アジア】

分布	本州〜九州	生活史	一年生(冬生)
出芽	9〜3月	繁殖器官	種子(3.8g)
花期	4〜6月	種子散布	重力
草丈	足首〜膝		

1915年に仙台市で確認された。以後，西日本に多く定着し，畦畔や道ばた，畑地に生育し，ムギ圃場では害草となる。

イボミキンポウゲ

疣実金鳳花　buttercup, hairy　キンポウゲ科　キンポウゲ属

Ranunculus sardous Crantz

【ヨーロッパ】

分布	本州〜九州	生活史	一年生(冬生)
出芽	9〜3月	繁殖器官	種子(1.2g)
花期	4〜6月	種子散布	重力
草丈	膝〜腰		

1980年に松江市で確認された。以後，主に西日本に定着し，畑地や道ばた，畦畔など湿った土地に生育し，ムギ圃場では害草となる。トゲミノキツネノボタンに比べまだ分布範囲は狭い。

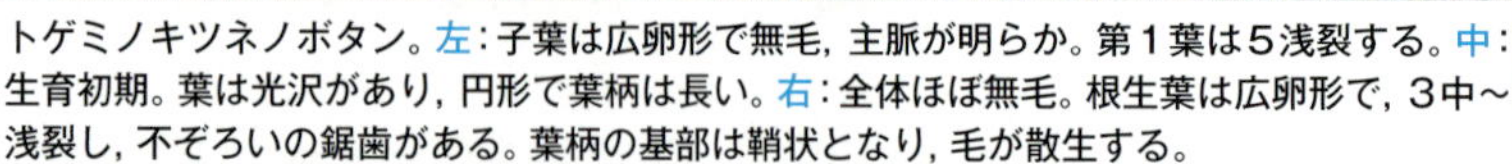

トゲミノキツネノボタン。左：子葉は広卵形で無毛，主脈が明らか。第1葉は5浅裂する。中：生育初期。葉は光沢があり，円形で葉柄は長い。右：全体ほぼ無毛。根生葉は広卵形で，3中〜浅裂し，不ぞろいの鋸歯がある。葉柄の基部は鞘状となり，毛が散生する。

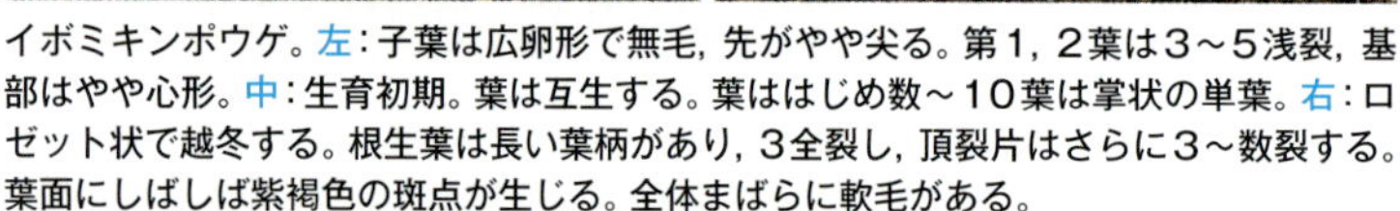

イボミキンポウゲ。左：子葉は広卵形で無毛，先がやや尖る。第1，2葉は3〜5浅裂，基部はやや心形。中：生育初期。葉は互生する。葉ははじめ数〜10葉は掌状の単葉。右：ロゼット状で越冬する。根生葉は長い葉柄があり，3全裂し，頂裂片はさらに3〜数裂する。葉面にしばしば紫褐色の斑点が生じる。全体まばらに軟毛がある。

トゲミノキツネノボタン。左：茎は株で分枝し，少し匍匐する。茎上部の葉は柄が短く，上部の葉ほど小型となる。葉腋から花茎が斜上し，花を単生する。中：花は径約1.5cm，鮮黄色の5弁花。萼片は長さ約5mmで反曲する。右：果実は約20個，側面には刺状の突起が多数ある。

トゲミノキツネノボタン。そう果は長さ約5mm，扁平な広卵形，先端は嘴状にやや湾曲し，縁は肥厚する。

タガラシ

田芥子 buttercup, crowfoot **キンポウゲ科** **キンポウゲ属**

Ranunculus sceleratus L.

【在来】

分　布	本州～九州	生活史	一年生（冬生）
出　芽	10～3月	繁殖器官	種子（160mg）
花　期	4～5月	種子散布	重力，水
草　丈	～膝		

温暖な地域の冬期間の水田やその周辺の畦畔，湿地，水路際に生育する。有毒植物。

イボミキンポウゲ。茎は直立してまばらに分枝し，まばらに長い開出毛がある。茎中部以上の葉は深裂し，短柄がある。まばらな総状花序に2～5花がつく。

タガラシ。上：子葉は卵形～楕円形で無毛。淡緑色で光沢があり，短柄だがのち長柄となる。第1葉は掌状で3浅裂，第2葉も同形。右：生育初期。葉は互生し，根生葉は長い葉柄がある。葉数が増えるとともに，3深裂し，裂片の先端が尖る。葉身はやや肉厚で，表面に光沢がある。根出葉を地面に広げた状態で越冬する。

イボミキンポウゲ。上：花は径1～1.5cm，淡黄色の5弁花。萼片は著しく反曲する。中：果実は約30個。側面にいぼ状の突起が多数ある。下：そう果は長さ約2mm，広倒卵形で扁平，先端は短い嘴があり，縁は肥厚する。

タガラシ。左：春期に出芽して夏期に開花に至った個体。茎は柔らかく，中空で太い。基部で分枝して直立する。茎上部の葉は3深裂し，柄は短く，裂片の幅は狭い。右：越冬個体は大型となる。葉腋から1～3cmの花柄を多数出し，花を1個ずつつける。

タガラシ。上：花は径約1cm，光沢のある黄色の5弁花。萼片は反り返り，外側に白色の軟毛がある。右：花後に花床が伸長し，長楕円形の集合果となり，多数のそう果をつける。

タガラシ。そう果は淡黄褐色～帯緑褐色の扁平な倒卵形。長さ約1.2mm。

サギゴケ

別名：ムラサキサギゴケ

鷺苔 | − | サギゴケ科 | サギゴケ属

Mazus miquelii Makino

【在来】

分布	北海道〜九州	生活史	多年生（冬生）
出芽	9〜10月	繁殖器官	種子（18mg）
花期	4〜5月		匍匐茎
草丈	〜足首	種子散布	重力

畦畔や芝地など，湿った草地に多い。匍匐茎を伸ばして地表を這い，伝統的畦畔では晩春〜初夏に一面に群生して開花する。

トキワハゼ

常磐爆 | mazus, Asian | サギゴケ科 | サギゴケ属

Mazus pumilus (Burm. f.) Steenis

【在来】

分布	全国	生活史	一年生
出芽	3〜7月，9〜11月		（冬生，夏生）
花期	4〜10月	繁殖器官	種子（10mg）
草丈	〜足首	種子散布	重力

湿った道ばたや畦畔，畑地，庭などに普通な小型の一年草。温暖な地では冬期以外はほぼ通年開花する。パラコートに抵抗性タイプあり。

サギゴケ。左：子葉は三角状広卵形，長さ約1mm。第1対生葉は卵形〜楕円形で無毛。中：葉は対生。幼植物の葉の縁は波打ち，先端はわずかに尖る。右：根生葉はさじ形〜狭卵形で，縁には波状の鋸歯がある。

早春に地際から花茎を出す。茎葉は数枚が互生し，狭卵形で葉柄は短く，翼がある。

トキワハゼ。左：子葉は三角状広卵形，はじめ短柄でのち長柄となる。第1対生葉は三角状広卵形，葉柄は淡紫色。中：葉は対生。第2対生葉の縁はわずかに波状鋸歯，葉柄基部には短毛がある。右：根生葉は葉柄に翼があり，へら状または長楕円形。葉柄基部，幼茎にも短毛がある。春期に出芽した個体は短期間で花茎を出す。

トキワハゼの越冬個体。葉に不ぞろいの鋸歯がある。匍匐茎は出さない。茎葉は対生し，上部のものは小さい。茎の上部に数個の花をまばらにつける。

サギゴケ。上：茎はほとんど無毛で地を這い，上部に数個の濃紅紫色の唇形花をやや密につける。左：花冠は長さ1.5〜2cm，上唇は2裂，下唇は3裂する。下唇基部は白く，黄褐色の斑点のある2条の隆起があり，白い長毛がある。雄ずいは上唇に2本，下唇に2本つく。萼は5中裂する。蒴果はほぼ球形。

サギゴケ。花冠が白色のタイプもまれにある。花後，地際から長い匍匐茎を伸ばして繁殖する。

ビロードモウズイカ

天鵞絨毛蕊花　mullein, common　ゴマノハグサ科　モウズイカ属

Verbascum thapsus L.

【ヨーロッパ】

分　布	全国	生活史	二年生
出　芽	9～11月	繁殖器官	種子（110mg）
花　期	6～10月	種子散布	重力
草　丈	腰～2m		

明治初年に観賞用で輸入され，その後，全国に野生化した。道ばた，空き地，牧草地など，日当りのよい砂質条件に多い。

ビロードモウズイカ。左：子葉は狭卵形～三角状広卵形，全体に灰白色の腺毛がある。第1，2葉は対生状で，卵形。中左：第3，4葉もほぼ同時に出る。幼植物は放射状に葉を広げる。中右：ロゼット状で越冬する。根生葉は長楕円形，浅く鈍い鋸歯がある。主脈は白く目立つ。右：根生葉は大型で長さ30cm以上となる。全体に白色の綿毛がある。

トキワハゼ。上：花冠は長さ1～1.3cm。上唇は紫色で下唇の1/2の長さ。下唇は広く，白色で黄色と赤紫色の斑紋がある。雄ずいは上唇に2本，下唇に2本つく。萼は5中裂する。下：蒴果は球形で萼に包まれ，長さ3～4mm，熟すと裂ける。

ビロードモウズイカ。茎葉は無柄で互生し，先は尖り，基部は翼となる。直立した茎の上部に花を密に穂状につける。

ビロードモウズイカ。左：苞葉は披針形で長さ7～20mm。花冠は径1.5～2cm，黄色で深く5裂し，外面に星状毛が密生する。雄ずいは5本，うち3本の花糸は白色の長毛が密生し，2本は無毛。下：蒴果は球形で径約8mm。柔毛が密生する。

種子。左：サギゴケ。不整楕円形～くさび形などさまざまで，やや湾曲して先は尖る。茶褐～褐色で全面に微細な網状斑紋がある。長さ約0.5mm。右：トキワハゼ。楕円形～披針形などさまざまで，先は尖って曲がる。淡茶褐色で全面に縦の条と横しわがある。長さ約0.5mm。

ビロードモウズイカの種子は角ばった楕円形，長さ0.7～0.9mm。縦に並ぶしわがある。

ホトケノザ

仏の座　henbit　シソ科　オドリコソウ属

Lamium amplexicaule L.

【在来】

分布	全国	生活史	一年生(冬生)
出芽	9～5月	繁殖器官	種子(490mg)
花期	3～6月	種子散布	重力, アリ
草丈	～脛		

日当りのよい畑地や道ばた，石垣の隙間などに生育する。アリによって種子が散布される。

ホトケノザ。左：子葉は腎状楕円形，厚みがあり無毛，先端に微突起がある。第１対生葉は３～４対の鋸歯があり，脈がくぼみ，両面と縁に毛がある。中：秋冬期に出芽した幼植物は子葉柄，葉柄とも伸び，紅紫色を帯びる。右：子葉節から分枝した幼植物。葉は対生し，茎は四角形で赤紫色を帯びる。茎下部の葉は円心形。

根元で多数分枝し，地表を這った状態で越冬する。茎上方は斜上する。茎上部の葉は無柄で半円形。

ムギ圃場での開花個体。

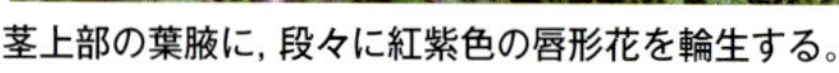

茎上部の葉腋に，段々に紅紫色の唇形花を輪生する。

左：開放花は筒部が細長く，長さ17～20mm。上唇の背に粗毛がある。萼には毛が密に生える。右：冬期はつぼみのまま結実する閉鎖花をつけることが多い。

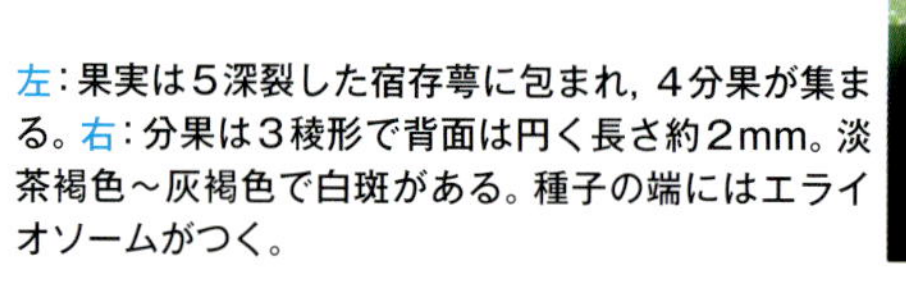

左：果実は５深裂した宿存萼に包まれ，４分果が集まる。右：分果は３稜形で背面は円く長さ約2mm。淡茶褐色～灰褐色で白斑がある。種子の端にはエライオソームがつく。

ヒメオドリコソウ

姫踊り子草　deadnettle, purple　シソ科　オドリコソウ属

Lamium purpureum L.

【ヨーロッパ】

分布	北海道〜九州	生活史	一年生（冬生）
出芽	9〜5月	繁殖器官	種子（780mg）
花期	3〜6月	種子散布	重力，アリ
草丈	〜脛		

明治中期に侵入し，全国に分布を広げている。土手や道ばたなどに生育し，畑地や牧草地では密生すると害草となる。ホトケノザと比べて群生する傾向がある。

モミジバヒメオドリコソウ *Lamium dissectum* With. はヨーロッパ原産。ホトケノザとヒメオドリコソウの中間的な形態。北海道〜九州に散発的に生育する。チシマオドリコソウ *Galeopsis bifida* Boenn. はユーラシア原産。葉身は狭卵形で，茎に下向きの毛が生える。北日本や高地に多く，北海道の草地などでしばしば多発する。

ヒメオドリコソウ。左：子葉は楕円形〜広卵形で無毛。先端に微突起があり，基部は両辺に耳たぶ状の突起がある。第1対生葉は4〜5の浅い鋸歯があり，基部は心形。中：葉は対生し，数対の鋸歯があり，脈がくぼみちりめん状。両面と縁，葉柄に毛が密生する。右：下部の葉は葉柄が長く，卵円形。網目状の脈が目立つ。

ヒメオドリコソウ。根元で多数分枝し，茎は四角形で下向きの短毛がある。

ヒメオドリコソウ。地際で分枝し，茎上方は斜上する。茎上部の葉は密につき，柄が短く，三角状で赤紫色を帯びる。茎上部の葉腋に花を輪生する。

ヒメオドリコソウ。唇形花は長さ約1cm，花冠は紅紫色でまれに白色。

ヒメオドリコソウ。左：果実は5深裂した宿存萼に包まれ，4分果が集まる。萼には毛が密に生える。右：分果は3稜形で背面は円く長さ約2mm。ホトケノザに比べやや幅広い。淡茶褐色〜灰褐色で白斑がある。種子の端にはエライオソームがつく。

モミジバヒメオドリコソウ。ホトケノザとヒメオドリコソウの中間的な形態。

ヒメジソ

姫紫蘇 － シソ科 イヌコウジュ属

Mosla dianthera (Buch.-Ham. ex Roxb.) Maxim.

【在来】

分布	全国	生活史	一年生（夏生）
出芽	4～6月	繁殖器官	種子（900mg）
花期	8～10月		匍匐茎
草丈	脛～膝	種子散布	重力

畦畔や休耕田，水田の刈り跡，道ばたなど，湿った土地に生育する。

イヌコウジュ

犬香需 － シソ科 イヌコウジュ属

Mosla scabra (Thunb.) C. Y. Wu et H. W. Li

【在来】

分布	全国	生活史	一年生（夏生）
出芽	4～6月	繁殖器官	種子（480mg）
花期	8～10月		匍匐茎
草丈	脛～膝	種子散布	重力

畦畔や道ばた，乾いた休耕田などに生育する。

ヒメジソ。左：子葉は三角状扁円形，第１対生葉は広卵形で１～３対の鋸歯がある。右：葉は対生し，広卵形～菱状卵形，数対の粗い鋸歯がある。葉はしばしば紫色を帯び，裏面には腺点がある。節から対生に分枝する。

生育中期。茎は四角形で直立し，節には白毛がある。

左：葉腋と枝先に穂状の花序を出す。花は白～淡紅色の唇形花で長さ約4mm。上唇は3裂し短く，下唇は大型で2裂する。右：萼は5深裂。宿存萼は鐘形で茶褐色。全面に短毛がある。中に4分果がある。

イヌコウジュ。左：子葉は腎形～扁円形，先端がわずかにくぼみ，はじめ短柄でのち伸びる。右：葉は対生し，卵形～狭卵形で先が尖る。鋸歯はヒメジソより細かい。

左：葉の基部はくさび形。茎は四角形で直立する。茎や葉に腺点があり，特有の香気がある。右上：茎上部に穂状の花序を出す。花は淡紫色の唇形花で長さ３～4mm。右下：萼は長さ２～3mmで上唇の裂片の先は鋭く尖る。

ヒメジソに似るが，下向きの毛が密に生える。

分果。左：ヒメジソ。球形～卵円形。淡褐色で長さ約1.2mm。大きい網状斑紋がある。右：イヌコウジュ。やや扁平な球形。灰褐色で光沢があり，長さ約1mm。著しい網状斑紋がある。

ナギナタコウジュ

薙刀香薷 | - | シソ科 | ナギナタコウジュ属

Elsholtzia ciliata (Thunb.) Hyl.

【在来】

分布	北海道～九州	生活史	一年生（夏生）
出芽	6～7月	繁殖器官	種子（220～260mg）
花期	8～10月	種子散布	重力
草丈	脛～膝		

全国的には林縁や道ばたに多いが，北日本では畑地にも生育し，北海道の主要雑草の1種である。

ナギナタコウジュ。左：子葉は円形，表面は黄緑色で，裏面は赤褐色～紫褐色。第1対生葉は楕円形～狭卵形，鈍い鋸歯がある，粗い毛が密生する。右：葉は対生し，狭卵形。先が尖り，鈍い鋸歯がある。

左：葉は長い柄があり，先が尖り，基部はくさび形。茎は四角形，全体に白い軟毛がある。茎や葉に腺点があり，特有の香気がある。下：茎上部で分枝し，枝先に淡紅色の唇形花を花序の片側に密につける。花穂は長さ5～10cm。

左：苞は扁円形。萼は毛があり，5裂して先が尖る。花冠は長さ約5mm，外面に毛が多く，雄ずいはわずかに花の外に出る。

ヤブチョロギ

藪長老喜 | betony, fieldnettle | シソ科 | イヌゴマ属

Stachys arvensis (L.) L.

【ヨーロッパ】

分布	本州以南	生活史	一年生（冬生）
出芽	10～3月	繁殖器官	種子（640mg）
花期	4～8月	種子散布	重力
草丈	脛～膝		

第二次大戦後，西日本で確認され，主に西日本に分布する。空き地，畦畔などに生育し，北部九州ではムギ畑の雑草，南西諸島では畑地に普通に生育する雑草である。

ヤブチョロギ。左：子葉は扁円形，第1対生葉は卵形～狭卵形，数対の鈍い鋸歯がある。右：葉は対生し，卵状楕円形。先が円く，多数の鈍い鋸歯がある

茎は基部で分枝し，斜上する。全体に白毛を散生する。基部の葉は長柄，茎上部の葉は無柄。

左：茎上部の葉腋に無柄で淡紅色の唇形花を数個つける。萼はしばしば葉とともに紫色を帯びる。上：萼は5裂し，先は針状に尖る。花冠は淡紅色。上唇は先が円く，下唇は3裂し，中裂片が大きい。

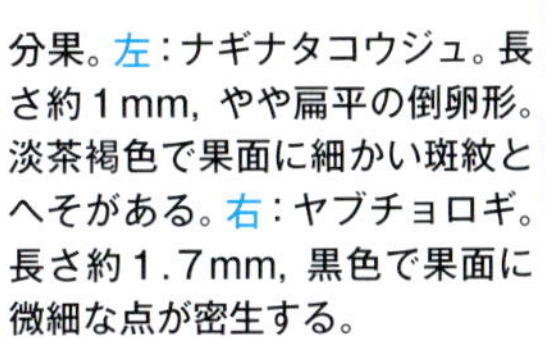

分果。左：ナギナタコウジュ。長さ約1mm，やや扁平の倒卵形。淡茶褐色で果面に細かい斑紋とへそがある。右：ヤブチョロギ。長さ約1.7mm，黒色で果面に微細な点が密生する。

カキドオシ

垣通し | ivy, ground | シソ科 | カキドオシ属

Glechoma hederacea L. subsp. *grandis* (A. Gray) H. Hara

【在来】

分布	全国	生活史	多年生
出芽	9~10月?	繁殖器官	種子(1.7g)
花期	4~5月		匍匐茎
草丈	~脛	種子散布	重力

道ばた，樹園地，畦畔，林縁などに生育する。つる状に茎が地面を這って繁殖する。

キランソウ

金瘡小草 | - | シソ科 | キランソウ属

Ajuga decumbens Thunb.

【在来】

分布	本州以南	生活史	多年生
出芽	9~11月，3~5月	繁殖器官	種子(1.0g)
花期	4~6月		匍匐茎
草丈	~足首	種子散布	重力

草刈りされる畦畔や道ばた，芝地の他，林縁や石垣の隙間など，地際にへばりつくように生育する。

カキドオシ。左：葉は対生し，腎円形で長さ約2cm。数対の鈍い鋸歯があり，両面にまばらに毛がある。葉柄は長く，白毛が密生する。中：茎は四角形で，開出毛がある。はじめ直立して高さ10~25cm。花後，夏から秋にかけてつるを地表に伸ばす。右：匍匐茎の発根した各節から分枝を出し，越冬する。

キランソウ。左：子葉は卵形，つやがあり無毛。先端はやや切形。第1対生葉ははじめ卵形で縁は波状。中：第1対生葉は柄が伸び，葉身は菱状となる。表面に白い短毛がある。右：第2対生葉は粗い鋸歯があり，倒卵形で基部はくさび形。

地面に張り付くように根生葉を放射状に広げ，全体に縮れた毛がある。葉は長楕円形~倒披針形。越冬期はしばしば全体が赤紫色を帯びる。

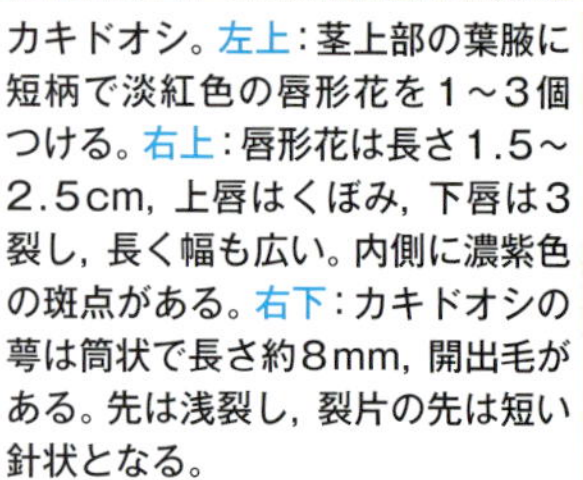

カキドオシ。左上：茎上部の葉腋に短柄で淡紅色の唇形花を1~3個つける。右上：唇形花は長さ1.5~2.5cm，上唇はくぼみ，下唇は3裂し，長く幅も広い。内側に濃紫色の斑点がある。右下：カキドオシの萼は筒状で長さ約8mm，開出毛がある。先は浅裂し，裂片の先は短い針状となる。

キランソウ。左：開花期。葉腋に濃紫色の唇形花を数個，密生してつける。右：花冠は長さ約1cm，唇形で上唇は短く2裂，下唇は大きく，3裂する。萼は5裂し，毛がある。

分果。左：カキドオシ。長さ約2.0mm，扁平な楕円形。表面には濃茶褐色のしわと微凹凸があり滑らか。右：キランソウ。長さ約1.8mm，卵球形で茶褐色。果面には隆起する不整形の網状斑紋。

トウバナ

塔花 － シソ科 トウバナ属

Clinopodium gracile (Benth.) Kuntze

【在来】

分　布	本州以南	生活史	多年生
出　芽	9月～？	繁殖器官	種子（52mg）
花　期	5～8月		匍匐茎
草　丈	～脛	種子散布	重力

畦畔，道ばた，樹園地，林縁などの湿った草刈地に生育する。

クルマバナ *Clinopodium chinense* (Benth.) Kuntze subsp. *grandiflorum* (Maxim.) H. Hara は北海道～九州の畦畔，土手などの草地に生育する多年生草本。イヌゴマ *Stachys aspera* Michx. var. *hispidula* (Regel) Vorosch. は北海道～九州の畦畔や水路際などの湿った草地に生育し，地下茎で繁殖する多年生草本。ウツボグサ *Prunella vulgaris* L. subsp. *asiatica* (Nakai) H. Hara は日本全国の畦畔，林縁，道ばたなど，日当りのよい草地に生育し，匍匐茎で繁殖する多年生草本。セイヨウウツボグサ *P. vulgaris* L. subsp. *vulgaris* はウツボグサの基本亜種でユーラシア原産。園芸逸出や芝生種子などに混入して移入し，各地に広がっていると思われる。

トウバナ。左：子葉は淡緑色で扁円形，短柄から長柄となる。第１対生葉は広卵形，縁に２，３の鋸歯があり，表面に短毛がある。右：葉は対生し，広卵形～卵形。基部は円く，先は鈍く，少数の低い鋸歯がある。表面にまばらに毛がある。

生育中期。茎は四角形。基部で分枝し，地を這い，のち直立する。暖かい地域では常緑で越冬する。

茎上部に数段の輪状に淡紅色の唇形花が集まる。萼は赤紫色を帯びることが多い。

トウバナ。左：萼は５裂し，縁や脈上に短毛がある。花冠は長さ５～６mm，上唇は２裂，下唇は３裂。筒状の宿存萼内に４分果を入れる。右：分果は長さ約0.5mm，扁平な球形で茶褐色。

左：クルマバナ。草高15～40cm，8～9月に淡紫色の長さ8～10mmの唇形花を数段輪生する。全体に白毛があり，茎葉は卵形で粗い鋸歯がある。

右：イヌゴマ。草高40～80cm，7～8月に淡紅色の長さ約1.5cmの唇形花を数段輪生する。萼は緑色～赤褐色で先が５裂，先端は尖る。

ウツボグサ。上：匍匐茎を伸ばす。葉は対生で，卵形～卵状惰円形。長さ１～２cmの葉柄があり，両面に毛が密生する。右：草高20～60cm，茎は四角形。6～8月に紫色の長さ約2cmの唇形花を長さ3～8cmの穂状花序に密生する。下唇の中央弁には歯牙がある。苞葉は扁平な心形で長毛がある。

セイヨウウツボグサ。左：全体小型で草高30cm以下。茎は横に這う。葉は対生し狭卵形。縁は全縁か浅い鋸歯がある。右：花穂。長さ2～4cmで短く，唇形花も小さく長さ約13mm。

スベリヒユ

滑り莧 purslane, common **スベリヒユ科** **スベリヒユ属**

Portulaca oleracea L.

【在来】

分布	全国	生活史	一年生（夏生）
出芽	4～7月	繁殖器官	種子（74mg）
花期	7～9月	種子散布	重力
草丈	～脛		

夏の畑地の代表的な強害草で，養分の高い畑地では旺盛に生育する。日当りのよい空き地，道ばたなど裸地に多い。

スベリヒユ。左上：子葉は多肉質で長楕円形。赤身を帯びた緑色。本葉の展開後も成長する。第1，2葉はへら形で多肉質。鈍い光沢がある。右上：第3，4葉期。幼植物期の葉は十字対生状。葉柄は短い。左下：子葉の葉腋から対生に分枝する。葉は倒卵形～楕円形。

茎は赤みを帯び，地面を這う。全体無毛。

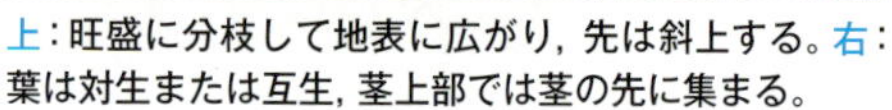

上：旺盛に分枝して地表に広がり，先は斜上する。右：葉は対生または互生，茎上部では茎の先に集まる。

スベリヒユ。左：茎の先に葉が集まり，その中に3～5の花が集まってつく。中：晴天時の午前中のみ開花するが，開花せずに種子を作る閉鎖花も多い。雄ずいは7～12個。柱頭は5裂する。右：萼片は2枚。花は5弁。径約8mm。花被は倒卵形，黄色で先がくぼむ。

ノヂシャ

野萵苣 cornsalad, common スイカズラ科 ノヂシャ属

Valerianella locusta (L.) Laterr.

【ヨーロッパ】

分 布	本州〜九州	生活史	一年生(冬生)
出 芽	10〜3月	繁殖器官	種子(380mg)
花 期	4〜5月	種子散布	重力
草 丈	〜脛		

道ばたや土手などの草地に多く，畑地にも入り込む。原産地では食用として栽培もされる。

ノヂシャ。左：子葉は円形で無毛，淡緑色でつやがあり，中央脈が目立つ。第１対生葉も同形。中：第２〜３対生葉は楕円形〜倒卵形で，縁はわずかに波打ち，黄緑色。縁には下向きの微毛がある。右：葉は対生，茎基部の葉は長楕円形〜長倒卵形。柄が伸び，へら形で柔らかい。

ノヂシャ。左：茎は二叉状に分枝し，４稜形で白毛がある。茎上部の葉は無柄で基部が幅広く，縁には粗い鋸歯がある。枝先の球形の花序に淡青色の花を密につける。上：花冠は漏斗状で先は５裂する。

ノヂシャ。上：果実は長さ２〜３mm弱。３室のうち１室が結実する。下：種子は扁平な狭卵形。長さ約２mm，黄褐色。

スベリヒユ。がい果は長楕円形で，長さ5mm。熟すと上半部が離れ，中の種子が落ちる。

スベリヒユの種子は扁円形で黒色。光沢があり，全面に細かい突起がある。長さ0.6〜0.8mm。

スイカズラ *Lonicera japonica* Thunb. var. *japonica* は根茎で増殖するつる性の低木。葉は卵状楕円形で対生し，茎，葉とも毛がある。道ばたや林縁に生育し，しばしば樹園地に侵入する。東アジア原産。北アメリカなどで侵略的外来種として繁茂している。

スイカズラ。花冠は白色または淡紅色で芳香がある。花冠は長さ３〜４mm。上下２唇に２裂する。

スミレ

菫 － スミレ科 スミレ属

Viola mandshurica W. Becker

【在来】

分布	本州～九州	生活史	多年生
出芽	9～3月	繁殖器官	種子（980mg）
花期	3～6月		根茎
草丈	～脛	種子散布	自動，アリ

林縁，道ばた，畦畔などに生育し，樹園地や畑地にもしばしば入り込む。

スミレ。左：子葉は円形～卵形で無毛，先端はわずかにくぼむ。葉柄の基部はわずかに紫色を帯びる。第1葉は卵形～腎形，縁に数対の鋸歯がある。中：葉は互生，葉柄は長く，上半部に翼があり，葉身基部は切形。右：葉はすべて根生し，葉身はへら形～三角状楕円形。地上茎はない。

スミレ。株元から数本の花茎を出し，濃紫色で左右相称の5弁花を単生する。しばしばつぼみのまま結実する閉鎖花もつける。

蒴果は無毛で長卵形。萼は5枚で先が尖る。

蒴果は成熟すると上を向き，果皮が3裂して種子を少しずつ弾き出す。

左：スミレの種子は倒卵形，茶褐色～黒褐色。長さ約1.5～1.8mm。端にエライオソームがある。右：タチツボスミレの種子は倒卵形，淡黒褐色～黒褐色。長さ約1.5mm。端にエライオソームがある。

タチツボスミレ

立坪菫 － スミレ科 スミレ属

Viola grypoceras A. Gray var. *grypoceras*

【在来】

分布	全国	生活史	多年生
出芽	9〜3月	繁殖器官	種子(620mg)
花期	2〜5月		根茎
草丈	〜脛	種子散布	自動，アリ

林縁，道ばた，畦畔などの草地や林床など，幅広い立地に生育し，日本のスミレ類ではもっとも普通に見られる。

南西諸島ではリュウキュウコスミレ ***Viola yedoensis*** Makino var. ***pseudojaponica*** (Nakai) T. Hashim. が人家や耕地周辺にもっとも普通で，しばしば畑地にも生育する。スミレ科スミレ属ではこの他，コスミレ ***V. japonica*** Langsd. ex DC.，ナガバノタチツボスミレ ***V. ovato-oblonga*** (Miq.) Makino，ツボスミレ ***V. verecunda*** A.Gray，ノジスミレ ***V. yedoensis*** Makino，ヒメスミレ ***V. inconspicua*** Blume subsp. ***nagasakiensis*** (W. Becker) J. C. Wang et T. C. Huang などが耕地周辺に生育する。

タチツボスミレ。左：子葉は楕円形で無毛，先端はわずかにくぼむ。第1葉は心形〜腎形，縁に数対の鋸歯がある。中：葉は互生。根生葉の葉柄は長く，葉身基部は心形。多数の低い鋸歯がある。右：茎は根元で分枝し，斜立する。全体ほとんど無毛。茎葉は短柄。

タチツボスミレ。根生の花茎または葉腋から出た花柄に，淡紫色で左右相称の5弁花を単生する。夏期にはつぼみのまま結実する閉鎖花もつける。

タチツボスミレ。左：托葉は披針形で，櫛の歯状に切れ込む。右：蒴果は無毛で卵形。萼は5枚で，基部が突出する。果皮は3裂して種子を弾き出す。

サンシキスミレ ***Viola tricolor*** L. はヨーロッパ原産の園芸植物として導入され，北海道〜四国各地で花壇などから逸出し，人家周辺などに生育している。マキバスミレ ***V. arvensis*** Murray はヨーロッパ原産，世界の温帯域で耕地雑草として知られている。2002年に栃木県で定着が確認された。アメリカスミレサイシン ***V. sororia*** Willd. は北アメリカ原産，明治以降に園芸植物として導入された。市街地の道ばたなどに生育し，分布を広げつつある。

サンシキスミレ。花は径1.5〜2cm。上弁2個は濃紫色，側弁は淡紫色〜白色，唇弁は黄色の3色。

マキバスミレ。葉腋から出た花茎に径約1cmの淡黄色の5弁花を単生する。

アメリカスミレサイシン。地上茎はなく，根茎がワサビ状に肥厚する。葉は光沢のある濃緑色。花弁は青紫色。(植村氏原図)

ノハラジャク

野原杓　chervil, bur　セリ科　シャク属

Anthriscus scandicina (F. Weber) Mansf.

【ヨーロッパ】

分布	関東以西～四国？	生活史	一年生（冬生）
出芽	9～3月	繁殖器官	種子（840mg）
花期	5～7月	種子散布	重力，付着
草丈	膝～腰		

1969年に香川県坂出市で侵入が確認された。関東地方以西に生育が確認されており，ムギ畑の雑草となっている。

マツバゼリ

松葉芹　celery, wild　セリ科　マツバゼリ属

Cyclospermum leptophyllum (Pers.) Sprague ex Britton et P. Wilson

【熱帯アメリカ】

分布	関東以西	生活史	一年生（冬生）
出芽	9～3月	繁殖器官	種子（230mg）
花期	3～11月	種子散布	重力
草丈	足首～膝		

1890年代には侵入していたようである。関東以西の暖かい地方で，道ばた，畦畔，畑地に生育する。セロリに似た香りがあり，家畜に有毒とされる。

ノハラジャク。左：子葉は披針形～長楕円形で無毛。先は鈍い。第１葉は１回３出複葉。第２葉は２回羽状に切れ込む。中：葉は互生，裂片の先は鈍い。葉柄は長く，縁や葉柄にまばらに短毛がある。右：根生葉はロゼット状で越冬する。葉身は３回羽状に細裂する。

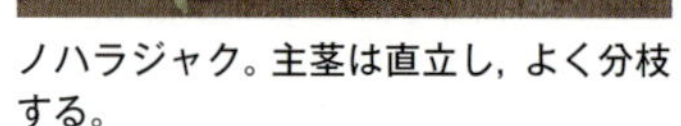

ノハラジャク。主茎は直立し，よく分枝する。

ノハラジャク。左：葉の裂片はやや重なりあい，全体に厚ぼったく見える。葉と対生する葉腋から花序を出す。上：まばらな傘形の花序に径約2mmの白色の５弁花をつける。

ノハラジャク。左：果実は長さ約4mm。小花序の基部に小さい苞葉がある。右：分果は狭卵形，先端が嘴状に伸び，背面には先の曲がった短毛がある。

マツバゼリ。左：子葉は広線形で無毛。先は鈍い。第１葉は３深裂する。中：葉は互生，葉数が増すとともに裂片の数が増える。裂片の先は鈍い。右：根生葉は柄があり，３深裂する。終裂片の幅は約１mm。全体無毛。

ノラニンジン

野良人参　carrot, wild　セリ科　ニンジン属

Daucus carota L. subsp. ***carota***

【ヨーロッパ】

分布	全国	生活史	多年生（1回繁殖型）
出芽	9～4月		
花期	7～9月	繁殖器官	種子（530mg）
草丈	膝～胸	種子散布	重力，付着

日本への侵入年代は不明。栽培ニンジンの野生種，原種とされるが，根は肥大しない。道ばたや空き地に生育し，北海道ではごく普通。

マツバゼリ。茎下部の葉は2～4回羽状に細裂し，基部は茎を抱く。葉と対生する葉腋から花序を出す。

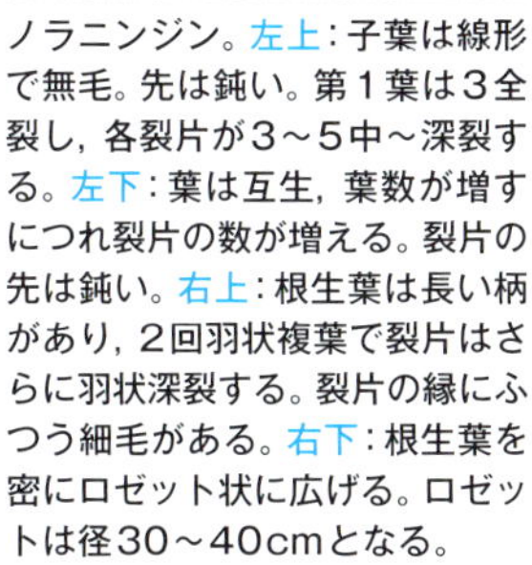

複散形花序に，微小な花弁5枚の花を多数つける。

ノラニンジン。左上：子葉は線形で無毛。先は鈍い。第1葉は3全裂し，各裂片が3～5中～深裂する。左下：葉は互生，葉数が増すにつれ裂片の数が増える。裂片の先は鈍い。右上：根生葉は長い柄があり，2回羽状複葉で裂片はさらに羽状深裂する。裂片の縁にふつう細毛がある。右下：根生葉を密にロゼット状に広げる。ロゼットは径30～40cmとなる。

マツバゼリ。茎上部の葉は無柄で，糸状に細裂する。

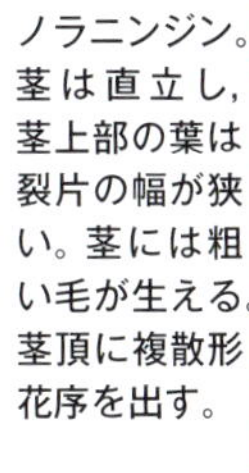

ノラニンジン。茎は直立し，茎上部の葉は裂片の幅が狭い。茎には粗い毛が生える。茎頂に複散形花序を出す。

左：マツバゼリの果実は長さ約2mm。熟すと褐変し，5脈がある。右：ノラニンジンの果実は長楕円形。木質の刺が並ぶ。長さ約3mm。

左：白色の5弁花を密生する。しばしば淡紅色を帯びる。花序周辺部の花，花弁ほど大きく目立つ。右：花序の基部にある糸状の苞が花後に花序を包む。

ヤブジラミ

薮虱 | hedgeparsley, Japanese | セリ科 | ヤブジラミ属

Torilis japonica (Houtt.) DC.

【在来】

分布	全国	生活史	一年生（冬生）
出芽	9～11月	繁殖器官	種子（2.6g）
花期	6～8月	種子散布	付着
草丈	膝～腰		

道ばたや林縁，畦畔，畑地の周辺，樹園地などに生育し，やや日陰に多い。

オヤブジラミ

雄薮虱 | － | セリ科 | ヤブジラミ属

Torilis scabra (Thunb.) DC.

【在来】

分布	本州以南	生活史	一年生（冬生）
出芽	9～11月	繁殖器官	種子（7.0g）
花期	4～5月	種子散布	付着
草丈	膝～腰		

林縁，道ばたなどに生育する。ヤブジラミに比べて花期が早い。

ヤブジラミ。左：子葉は線形，緑色で主脈が明瞭。第１葉は３出掌状複葉。第２葉は第１葉と同形。中：葉身の全形は五角形，裂片は３深裂し，各裂片はさらに２～４裂する。右：根生葉をロゼット状に広げて越冬する。葉の両面，葉柄にまばらに短毛がある。

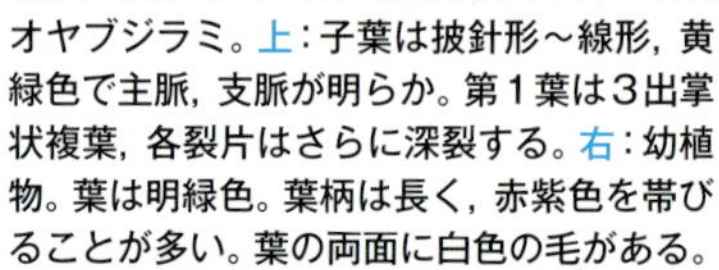

オヤブジラミ。上：子葉は披針形～線形，黄緑色で主脈，支脈が明らか。第１葉は３出掌状複葉，各裂片はさらに深裂する。右：幼植物。葉は明緑色。葉柄は長く，赤紫色を帯びることが多い。葉の両面に白色の毛がある。

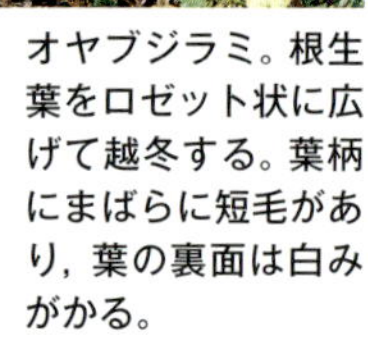

オヤブジラミ。根生葉をロゼット状に広げて越冬する。葉柄にまばらに短毛があり，葉の裏面は白みがかる。

左：ヤブジラミ。茎は直立し，下向きの毛がありざらつく。淡緑色の場合が多い。オヤブジラミと比べて，茎葉は小葉の先端が長く伸び，側小葉の柄がやや短い。茎上部の葉は短柄。右：オヤブジラミ。茎は直立し，紫色を帯びることが多く、下向きの短毛がありざらつく。３回羽状複葉で，ヤブジラミと比べて葉がきめ細かな印象を受ける。

ツボクサ

壺草 | pennywort, Asiatic | セリ科 | ツボクサ属

Centella asiatica (L.) Urb.

【在来】

分布	関東以西	生活史	多年生
出芽	9～11月	繁殖器官	種子(1.5g)
花期	6～8月		匍匐茎
草丈	～足首	種子散布	重力

暖かい地域の畦畔や道ばた，樹園地などに生育する。茎はつるのように地表を這う。

上：ヤブジラミ。枝先の複散形花序に白色の径約2mmの5弁花をつける。花弁は中央で中裂し，うねる。花序の枝は5～9本。
下：オヤブジラミ。花序の枝は2～5本。枝先に白色の小さな5弁花をつける。花弁は先がくぼみ，縁は紫色を帯びる。

ツボクサ。左：子葉は楕円形，黄緑色で厚みがあり無毛。第1葉は腎円形，光沢があり，縁に浅い鋸歯がある。右：葉は径2～5cmの腎円形。長い葉柄があり，葉の縁は波状の浅い鋸歯がある。茎は緑色で紫色を帯び，地表を這う。

ツボクサ。茎の各節から発根し，各節から2～4枚の葉を叢生する。茎は1m以上になる。シソ科のカキドオシとしばしば誤認されるが，ツボクサの茎は円柱形。

果実。上：ヤブジラミ。卵形で長さ2.5～4mm。先の尖った毛が密生し，他物に付着しやすい。
下：オヤブジラミ。熟すと赤紫色を帯びる。先の尖った毛が密生し，他物に付着しやすい。

ツボクサ。短い花茎の先に数個の5弁花をつける。花弁は基部が白色，先端が淡紫紅色。2枚の卵形の総苞片が花序を包む。

ツボクサ。果実は長さ2～3mm，やや扁平な広円形で緑色～暗紫色。はじめまばらに軟毛がある。

分果。左：ヤブジラミ。淡褐色，楕円形で先は鋭く尖る。長さ約4mm。中：オヤブジラミ。黒色に熟し，長楕円形で先は鋭く尖る。長さ5～6mm。右：ツボクサ。灰褐色，網目状の条がある。

オオイヌタデ

大犬蓼 smartweed, pale タデ科 イヌタデ属

Persicaria lapathifolia (L.) Delarbre var. *lapathifolia*

【在来】

分布	全国	生活史	一年生(夏生)
出芽	4～7月	繁殖器官	種子(1.7g)
花期	7～10月	種子散布	重力
草丈	腰～頭		

畑地や空き地，道ばた，湿地にも生育し，タデ類の中では大型となる。水田転作畑では代表的な害草。

茎は直立し，多数分枝し，開けた土地では大型の株になる。

オオイヌタデ。左上：子葉は長楕円形。先は鈍い。第1葉は楕円状披針形。両面とも白色の綿毛が密生する。右上：葉は互生，葉の縁に白い短毛が並ぶ。他のタデ類と比べて葉身が細長く，幼茎は紅紫色。左下：茎は直立する。葉身の中央部に黒い斑紋が生じる場合が多い。

茎基部から多く分枝する。葉の裏面に白毛を密生するタイプもある。

左：葉身は披針形～長楕円形，先が尖り，葉脈は支脈まで目立つ。茎の節は膨れて赤みを帯び，暗紫色の細点がある。右：托葉鞘は膜質で太い脈があり，無毛またはごく短い縁毛がある。

左：花穂は円柱形で長さ4～10cm，開花期は先が垂れ下がる。中：花被片は白～淡紅色で4裂し，長さ約2.5mm。外側2片の側脈が明らかで，先は2分岐して反り返る。上：そう果は花被に包まれる。扁円形で中央部が少しくぼみ，先が尖る。濃茶褐色で光沢があり，長さ約2mm。

サナエタデ

早苗蓼 - タデ科 イヌタデ属

Persicaria lapathifolia (L.) Delarbre var. *incana* (Roth) H. Hara

【在来】

分布	北海道～九州	生活史	一年生（夏生）
出芽	3～6月	繁殖器官	種子（2.3g）
花期	5～10月	種子散布	重力
草丈	膝～腰		

タデ類のうちでは生育期間が早く，早春に出芽し，初夏に開花する。畑地，水田，湿った道ばたなどに生育する。出芽～花期の遅い場合は，オオイヌタデとの識別が難しい。

サナエタデ。左：子葉はやや不整の狭卵形で緑色。葉柄は淡紅色。第1葉は長楕円形で先は尖らない。赤紫を帯びた緑色。葉の裏面は白色の綿毛が多い。右：葉は互生し，長楕円形～狭卵形。表面は淡緑色，裏面には白毛が多い。

茎は直立し，まばらに分枝して無毛。葉の中央部に黒い斑紋を生じる。葉の裏面の白毛には変異が大きい。

左：托葉鞘はほぼ無毛。節はあまり膨らまない。中：花は白～淡紅色で，花被片は4～5裂。花穂は長さ2～5cmで花を密につけ，直立する。上：そう果は光沢のある濃茶褐色，扁円形で中央が少しくぼみ先端が尖る。長さ約2mm。

サナエタデ。関東以西の湿ったムギ圃場では，ムギ類の生育の悪い場所や明渠部分にしばしば群生し，害草となる。

ハルタデ

春蓼 ladysthumb タデ科 イヌタデ属

Persicaria maculosa Gray subsp. *hirticaulis* (Danser) S. Ekman et T. Knutsson var. *pubescens* (Makino) Yonek.

【在来】

分布	全国	生活史	一年生（夏生）
出芽	3～6月	繁殖器官	種子（2.2g）
花期	5～8月	種子散布	重力
	（晩生は8～10月）	草丈	膝～腰

道ばた，畑地などに普通に生育する。畑地，樹園地の代表的な害草。ハルタデをはじめ，タデ類は一般に強い種子休眠性があり，湛水土中でも生存率が高いため，水田輪作圃場の主要な雑草となる。

ハルタデ。上：子葉は卵形～楕円形。先は円い。第1葉は長楕円形。右：葉は互生し，長楕円形～披針形で先は尖る。縁に短い毛が並ぶ。

ハルタデ。茎は直立し，まばらに分枝する。葉の中央部に黒い斑紋があるが，オオイヌタデ，サナエタデほどは目立たない。

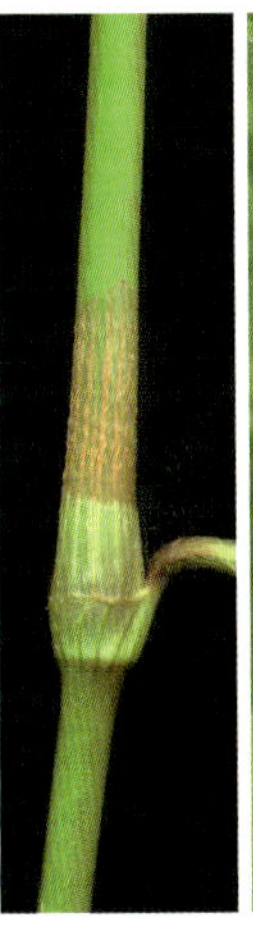

ハルタデ。左：枝の先や葉腋に直立した花穂を出す。茎は円柱形で紅紫色を帯びる。8月以降に開花する晩生型（オオハルタデ）は大型で，草高1.5mに達し，花穂も長く，見かけはオオイヌタデとよく似る。中：托葉鞘は筒状の膜質で，外面と縁に短い毛がある。右：花穂は長さ約5cm。花被は5または4裂し，はじめ白色のちに紅色。長さ約3mm。

ハルタデ。そう果はレンズ形と3稜形の2種がある。黒褐色で光沢があり，表面は滑らか。長さ約2mm。

ニオイタデ

匂蓼　－　タデ科　イヌタデ属

Persicaria viscosa (Buch. -Ham. ex D. Don) H. Gross ex T. Mori

【在来】

分布	本州～九州	生活史	一年生（夏生）
出芽	3～7月	繁殖器官	種子（2.9g）
花期	5～10月	種子散布	重力
草丈	膝～腰		

水辺や湿地，水田などに生育し，ときおりムギ圃場で害草となる。酢酸アミルに似た匂いがある。外来種との見解もある。

ニオイタデ。左：子葉はやや不整な楕円形。先は円く，長柄，縁に短毛がある。第1，2葉は狭卵形で基部はくさび形。右：葉身は披針形で，先は尖り，縁は波打つ。基部はくさび形で，葉柄の翼に流れ，翼は波打つ。

ニオイタデ。茎は直立してよく分枝する。葉身はしばしば暗紫色の斑を生じる。

ニオイタデ。左：托葉鞘は筒状で膜質，毛が多い。茎には長毛と腺毛が密生する。右：茎頂に長さ約5cmの花穂を出し，淡～濃赤色の花を密生する。花被は長さ2.3～3mmで5裂する。

ニオイタデのそう果は鈍い3稜形で黒褐色。長さ2.3～3mm。花被に包まれる。

アオヒメタデ ***Persicaria erectominor*** (Makino) Nakai f. ***viridiflora*** (Nakai) I. Ito は湿地や休耕田，西日本のムギ圃場などに生育。ヒメタデの変種とされる。母種ヒメタデは花被が紅色を帯び，本種は白色。

アオヒメタデ。上：茎の下部は這い，やや軟弱で直立または斜上し無毛。葉は広線形～狭披針形，質は薄く，鮮緑色～淡緑色。表面は無毛。下の左：托葉鞘は筒状で，長さ5～12mm。短い伏毛と腺毛があり，口部に縁毛がある。葉の基部はくさび形。下の右：花穂は直立し円柱形。密に花をつけ長さ1～2cm。花被は白色～淡緑白色で5深裂し，長さ約2mm。

ヒメツルソバ ***Persicaria capitata*** (Bunch.-Ham. ex D. Don) H. Gross はヒマラヤ地方原産，観賞用に明治中期に移入された。多年生。都市部の道ばたなどに逸出し，野生化している。

ヒメツルソバ。左上：葉は互生，先端の尖った卵形で全縁，基部はくさび形。表面に暗紫色のV字形の斑がある。右上：花序は茎頂につき，球形で径1cm弱。花柄は腺毛を散生する。花被は淡紅色～白色，長さ約2mmで5浅裂する。暖かい地域では周年開花する。下：茎は基部から分枝して匍匐し赤褐色の毛を密生する。

ミチヤナギ

道柳 | knotweed, prostrate | タデ科 | ミチヤナギ属

Polygonum aviculare L. subsp. ***aviculare***

［在来］

分布	全国	生活史	一年生（夏生）
出芽	3〜6月	繁殖器官	種子（1.8g）
花期	5〜10月	種子散布	重力
草丈	足首〜膝		

空き地や道ばた，畑地など乾燥する立地に多いが，二毛作ムギの圃場にも生育する。

ハイミチヤナギ

這道柳 | − | タデ科 | ミチヤナギ属

Polygonum aviculare L. subsp. ***depressum*** (Miesn.) Arcang.

［ユーラシア］

分布	北海道〜本州	生活史	一年生（夏生）
出芽	4〜7月	繁殖器官	種子（1.2g）
花期	6〜10月	種子散布	重力
草丈	〜脛		

ミチヤナギの亜種で1950年代後半に北海道に侵入し，60年代後半から本州にも広がった。空き地や道ばたに生育し，匍匐性。

ミチヤナギ。左：子葉は広線形，淡緑色で無毛。横に開かず斜めに立つ。胚軸は赤紫色。第1葉も垂直に立ち，長楕円形で鈍頭。右：幼植物の葉は長倒楕円形〜楕円形，緑色で縁がやや白く，やや厚みがある。葉柄はごく短い。

ミチヤナギ。葉は互生し，基部はくさび形で柄は短い。托葉鞘は無毛で膜質。

ミチヤナギ。上：茎は無毛で下部から分枝する。開けた土地では地を這い，先は斜上する。茎の質は硬い。茎上部の葉は小さい。右：葉腋に小さな花を数個つける。花被は5裂し，縁は蕾のときは赤色，開花すると白くなる。長さ2.5〜3mm。雄ずい6〜8本，花柱3本。

ハイミチヤナギ。左：子葉は広線形，淡緑色で無毛。横に開く。胚軸は赤紫色。第1葉ははじめ垂直に立ち，長楕円形で鈍頭。右：葉は互生し，長楕円形〜楕円形，緑色。茎は地際で分枝する。托葉鞘は膜質で脈がある。

ハイミチヤナギ。上：茎はふつう匍匐して地表を広がり，節間が短く2cm以下。葉は長楕円形〜長楕円状披針形で長さ1cm以下。右：葉腋に1〜数個の花をつける。花被は緑色で5裂し，縁は紅色を帯びた白色。

そう果。左：ミチヤナギ。花被に包まれる。三角状卵形で先が尖る。茶褐色で光沢があり，長さ約3mm。右：ハイミチヤナギ。花被に包まれる。扁3稜形で黒色。2面は幅広く卵形，1面が狭く披針形でくぼむ。

スイバ

酸い葉 sorrel, green **タデ科** **ギシギシ属**

Rumex acetosa L.

【在来】

分布	北海道〜九州	生活史	多年生(冬生)
出芽	9〜11月	繁殖器官	種子(720mg)
花期	4〜6月		根
草丈	膝〜胸	種子散布	重力

畦畔，土手，道ばたなどの草地に生育する。雌雄異株。

スイバ。左：子葉は無毛で楕円形〜狭卵形，多肉質。緑色〜淡紅色。第1，2葉は卵状三角形で無毛。表面は凹凸状。淡緑色に少し紅色を帯びる。右：幼植物の葉は卵形〜狭卵形で，先は円く，基部は切形または心形。縁は波状となる。

根生葉は長い柄があり，葉柄は赤褐色を帯びる。葉身は長楕円形で円頭，基部は矢じり形。

左：根生葉をロゼット状に広げて越冬する。冬期はしばしば植物体が紅葉する。右：越冬後，花茎を伸ばす。全体無毛で，茎葉とも酸味がある。托葉鞘は膜質。

左：茎は円柱形で縦に筋がある。茎葉は短柄で，基部は矢じり形となって茎を抱く。円錐花序は長さ10〜30cm。

右上：雄花。花被片は楕円形で6枚。雄ずいは6本，下向きに開花する。右下：雌花。花柱は3本で柱頭は細裂し，鮮やかな赤色。外花被片は長さ約1mmで反り返る。

スイバ。左：果期の雌花穂。発達した内花被片が朱赤色を帯び目立つ。右：花後に内花被片3枚が発達し，長さ約5mmの円心形の薄い翼状となってそう果を包む。

スイバのそう果は濃茶褐色〜黒褐色で三角状紡錘形，先が尖る。果面は滑らかで光沢がある。長さ1.5〜2.0mm。

ヒメスイバ

姫酸い葉　sorrel, red　タデ科　ギシギシ属

Rumex acetosella L. subsp. ***pyrenaicus*** (Pourret ex Lapeyr.) Akeroyd

［ユーラシア］

分　布	全国	生活史	多年生（冬生）
出　芽	9～11月	繁殖器官	種子（660mg）
花　期	5～7月		横走根
草　丈	脛～膝	種子散布	重力

明治初期に侵入したとされる。道ばたや空き地，芝地，樹園地に生育し，北日本では牧草地の害草。雌雄異株。土中を横走するクリーピングルートで増殖する。

ヒメスイバ。左：子葉は無毛で線状長楕円形～菱状披針形，先は円い。両面とも緑色～淡紅色。第１葉は広卵形で葉柄は赤褐色。表面にややしわがある。中：葉は互生。無毛で長い柄があり，第２葉は広卵形，第３葉から基部は切形，以降は矛形となる。右：根生葉は長柄があり赤褐色。葉身は矛形で先は尖り，基部は耳状に突起が張り出す。

左：根生葉をロゼット状に広げて越冬し，多数の地上茎を叢生する。また，土中の横走する根からも地上茎を萌芽し，群生する。右：茎葉は数枚が互生し，小型で上部ほど小さい。托葉鞘は透明な膜質。花序は円錐状で，多数の微小な花をつける。

左：雄花は径約3mm。花被片は６枚。雄ずいは6本で葯は黄色，下向きに開花する。
右：雌花は径約2mm。花柱は3本で柱頭は細裂し，桃色。

内花被片は長さ1.5～2mm，花後も発達せずそう果を包む。

そう果は完全に花被片に包まれる。3稜形で長さ1.1～1.5mm。褐色で少し光沢がある。

ヒメスイバ。左：横走根は地下約5cmまでの浅い位置に分布する。どの部分からも不定芽を形成し，密な間隔で地上茎を萌芽し，発根する。右：横走根は地下で分枝を出しながら広がり，地上茎を群生させる。

ギシギシ

羊蹄	－	タデ科	ギシギシ属

Rumex japonicus Houtt.

[在来]

分布	全国	生活史	多年生(冬生)
出芽	3～6月, 9～11月	繁殖器官	種子(2.0g)
花期	5～8月		根
草丈	腰～胸	種子散布	重力

畦畔, 道ばた, 河原, 畑地, 牧草地など, 湿った土地に生育する。太い直根の断片からも萌芽し, しばしば畑地の内部にも侵入する。

ナガバギシギシ

長葉羊蹄	dock, curly	タデ科	ギシギシ属

Rumex crispus L.

[ユーラシア]

分布	全国	生活史	多年生(冬生)
出芽	3～6月, 9～11月	繁殖器官	種子(1.5g)
花期	4～7月		根
草丈	腰～頭	種子散布	重力

1891年ごろに侵入が確認されている。空き地や道ばた, 河原, 土手や草地, 樹園地に生育する。在来のギシギシに酷似し, 混生地では中間型がしばしば見られる。また, ノダイオウやマダイオウとの交雑も生じている。

ギシギシ。左:子葉は披針形, 多肉質で無毛。基部は淡紅色。第1葉は淡緑色で広卵形～広楕円形で先は鈍い。第2葉も同形。中左:葉は互生, 第3葉以降, 縁がやや波打ち, 長柄となる。無毛で赤みを帯びる。中右:葉身はしだいに楕円形から長楕円形となり, 縁は波打ち, 柄は長い。右:越冬個体。根生葉は長楕円形で, 基部は円形または心形。葉の縁は波打つ。根は黄色で太い。

ナガバギシギシ。左:子葉は披針形, 多肉質で無毛。基部は淡紅色。第1葉は淡緑色で狭卵形, 先は鈍く, 無毛。中左:葉は互生。幼植物の葉は狭卵形～長楕円形で, 長柄がある。無毛で縁はやや波打つ。中右:根生葉は長楕円形で, 長さ10～30cm。基部は広く, くさび形～切形で, 縁は著しく波状となる。右:茎葉は短柄があり, 茎上部の葉は小型となり, 苞葉に移行する。直立した茎の上部に円錐状の花序をつくり, 多数の淡緑色の花を輪生する。

ギシギシ。茎上部の葉は短柄で小型。直立した茎に, 多数の淡緑色の花を輪生して穂状につける。花被片6枚で雄ずい6本, 花柱3本。果実ははじめ緑色で, のち白っぽくなる。

内花被片3枚は花後発達して円心形となり, 長さ4～5mm。縁に細かい波状の歯があり, 3枚の花被片とも, 中肋の基部が肥大して瘤状となる。

ナガバギシギシ。左:花被片6枚で雄ずい6本, 花柱3本。内花被片3枚は花後発達して円心形となり, 長さ4～5mm。縁はほぼ全縁。果実はのちに赤く染まることが多い。右:3枚の花被片のうち, 1枚でとくに瘤が発達する。

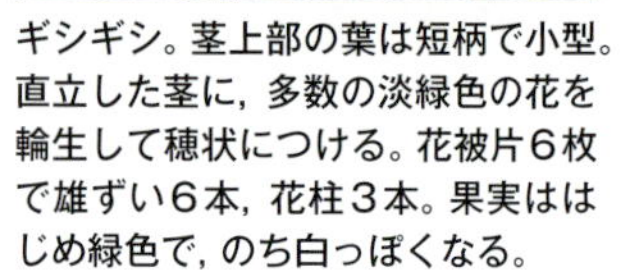

そう果。左:ギシギシ。3稜形で先が尖る。茶褐色で光沢があり, 長さ2.2～2.7mm。右:ナガバギシギシ。3稜形で先が尖る。褐色で光沢がある。

エゾノギシギシ

蝦夷の羊蹄　dock, broadleaf　タデ科　ギシギシ属

Rumex obtusifolius L.

【ヨーロッパ】

分布	北海道～九州	生活史	多年生（冬生）
出芽	3～6月，9～11月	繁殖器官	種子（950mg）
花期	5～9月		根
草丈	腰～胸	種子散布	重力

明治中期に侵入した。湿った空き地，道ばた，河原などに生育し，太い直根から萌芽，再生するため，畑地，牧草地では強害草。在来のギシギシ属との交雑が生じている。

アレチギシギシ

荒地羊蹄　dock, cluster　タデ科　ギシギシ属

Rumex conglomeratus Murray

【ヨーロッパ】

分布	全国	生活史	多年生（冬生）
出芽	3～6月，9～11月	繁殖器官	種子（1.1g）
花期	5～7月		根
草丈	膝～胸	種子散布	重力

1905年に横浜市で侵入が確認された。ほぼ全国の道ばた，空き地などに生育し，都市域に多い。

エゾノギシギシ。左：子葉は披針形，多肉質で無毛。第１～３葉は広卵形で先は円い。中左：葉は互生，第２～４葉の葉身は広卵形～卵形で，基部は切形～心形。葉脈は赤みを帯び，支脈はくぼむ。縁は細かく波打つ。中右：越冬個体。根生葉は大型で卵状楕円形。茎や葉柄，葉の中脈が赤身を帯びることが多い。他のギシギシ類に比べて葉身の幅が広い。右：茎は直立。茎葉は柄が短く，先が尖る。

アレチギシギシ。左：子葉は披針形，多肉質で無毛。第１葉は円形～広卵形で，基部は切形，先は円い。中左：幼植物は全体紫紅色を帯び，赤紫色の斑点が生じる。葉柄は長く，葉身は無毛。中右：葉は互生し，しだいに狭卵形～長楕円形となり，基部は切形～心形，縁はやや波打ち，紫紅色を帯びる。右：越冬個体。根生葉はやや薄く，長い柄があり，長楕円形で基部は浅い心形，先は鈍い。葉脈は紫紅色を帯びる。

エゾノギシギシ。上：茎の先に長い円錐状の花穂を出し，細い花柄をもつ花が多数輪生する。右上：内花被片は卵形で長さ約4mm，縁は刺状。内花被片１枚の中肋が瘤状に膨れ，赤褐色を帯びる。右下：直根は肥大し，地際から多数の地上茎を萌芽する。断片からも萌芽する。

アレチギシギシ。左：茎は直立し，枝は開出する。花時には根生葉はない。茎葉は短柄。茎上部の穂状の花序に，まばらに花を輪生する。上：果時の内花被片は狭卵形で全縁，長さ2.5～3mm。中肋の基部は３枚とも瘤状に膨れ，赤褐色で目立つ。

そう果。左：エゾノギシギシ。３稜形で先が尖る。褐色で光沢がある。長さ約2.5mm。右：アレチギシギシ。３稜形で先が尖り黒褐色で長さ約1.5mm。

ツルムラサキ

蔓紫 | spinach, Ceylon | ツルムラサキ科 | ツルムラサキ属

Basella alba L.

【熱帯アジア】

分布	関東以西	生活史	多年生(夏生)
出芽	3~11月	繁殖器官	種子(19.9g)
花期	7~10月		根
草丈	膝~胸	種子散布	被食

明治時代に食用作物として導入された。観賞用や蔬菜として栽培，販売されている一方，暖かい地方で人家近くの空き地などに逸出，野生化しており，南西諸島では多年生で畑地の害草となっている。

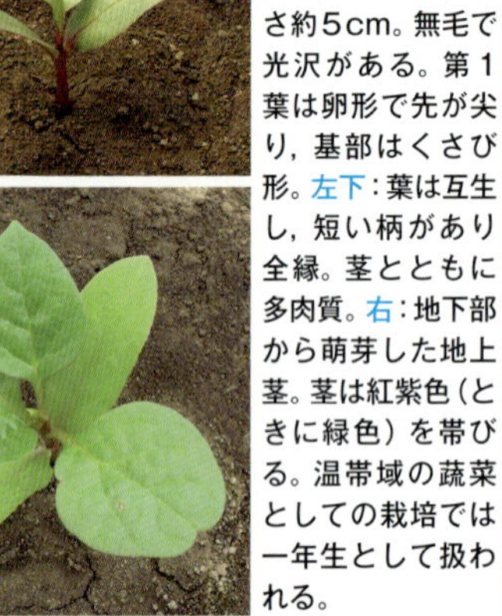

ツルムラサキ。左上：子葉は披針形で，先が尖り，長さ約5cm。無毛で光沢がある。第1葉は卵形で先が尖り，基部はくさび形。左下：葉は互生し，短い柄があり全縁。茎とともに多肉質。右：地下部から萌芽した地上茎。茎は紅紫色(ときに緑色)を帯びる。温帯域の蔬菜としての栽培では一年生として扱われる。

ツルムラサキ。左：茎は太い円柱形で無毛。地際で分枝し，多数のつるを旺盛に伸ばす。上：つるは作物などに巻き付き，2m以上に伸びる。成植物の葉は長さ5~8cm。

ツルムラサキ。上：葉腋から長さ数~10cmの穂状花序を出す。右上：花は白色で先端部が淡紅色を帯びる。花弁はなく，5枚の萼はほとんど開かない。右下：萼は花後，肉質となり，球形で黒紫色に熟し，1個の種子を含む。

ヨウシュヤマゴボウ。茎の先に，葉に対生して花柄を出す。

ヨウシュヤマゴボウ。左：花序は長さ10~15cm，軸は赤紫色。果実は扁球形ではじめ緑色。右：果実は熟すと黒色となり，径0.7~1cm。つぶすと紅紫色の汁が出る。中には8個の種子。

種子。左：ツルムラサキ。球形，暗褐色~黒色で径約3mm。右：ヨウシュヤマゴボウ。腎形~扁円形，黒紫色で光沢があり，長さ約3mm。

ヨウシュヤマゴボウ

洋種山牛蒡 pokeweed, common ヤマゴボウ科 ヤマゴボウ属

Phytolacca americana L.

[北アメリカ]

分布	全国	生活史	多年生(夏生)
出芽	4~7月	繁殖器官	種子(7.5g)
花期	6~9月		根
草丈	腰~2m	種子散布	被食

明治初期に侵入し，空き地や道ばた，畑地に生育し，越冬根からも旺盛に萌芽する。全草，特に根に有毒物質を含むため，誤食による中毒例がある。

ヨウシュヤマゴボウ。左：子葉は黄緑色で披針形，先が尖る。柄は淡紫色を帯びる。第1葉は卵形～広卵形で先が尖る。第2葉は楕円形。中：3葉期，葉は互生し，全体無毛。縁がわずかに波打つ。右：6葉期。茎は赤褐色で直立。葉の基部はくさび形。

ヨウシュヤマゴボウ。上：根から萌芽した地上茎。茎は中空で太く，葉は大きく，葉柄は1～4cm。下：越冬根から萌芽する場合，地際から複数の地上茎を萌芽することが多い。

ヨウシュヤマゴボウ。茎上部は旺盛に分枝し，四方に広がり，高さ2mに達する。右上：総状花序に径約7mmの，白色に淡紅色を帯びた花を30～50個つける。花弁はなく，萼片は5枚。雄ずい8本。

ヨウシュヤマゴボウ。左：根はゴボウのように肥大する。フィトラカトキシンという有毒物質を多く含む。右：根の地際部からの萌芽。はじめ白色。

エノキグサ

榎草　cupperleaf, Asian　トウダイグサ科　エノキグサ属

Acalypha australis L.

【在来】

分布	全国	生活史	一年生（夏生）
出芽	4〜9月	繁殖器官	種子（480mg）
花期	7〜10月	種子散布	重力
草丈	脛〜膝		

道ばた，畑地，空き地など，明るい攪乱地に生育する。夏の畑地の代表的な害草の１種。

トウダイグサ

灯台草　spurge, sun　トウダイグサ科　トウダイグサ属

Euphorbia helioscopia L.

【在来】

分布	本州以南	生活史	一年生（冬生）
出芽	10〜3月	繁殖器官	種子（1.0g）
花期	4〜5月	種子散布	重力
草丈	脛〜膝		

道ばた，空き地など，暖かい地方の乾いた陽地に多い。畑地にもしばしば生育する。

エノキグサ。左：子葉はほぼ円形で先がわずかにくぼむ。縁に細毛があり，葉柄は淡紅色を帯びる。第１，２葉は広卵形で同時に出る。中：第３葉以降は互生する。長楕円形〜広披針形で先はやや尖る。表面は白毛が散生し，縁に浅い鋸歯がある。裏面と葉脈は紅色を帯びる。右：茎や新葉は赤みを帯び，幼茎には白色のビロード状の毛がある。葉身は３〜５脈がある。

トウダイグサ。左：子葉は長楕円形，先は円い。表面は白緑色で，淡紅色の斑点がある。胚軸は赤紅色。葉ははじめ対生。第１対生葉は卵形で先がやや尖り，子葉に直角に出る。中：葉は倒卵形で，基部はくさび形。縁に細かい鋸歯があり，先は円いかややくぼむ。茎下部では葉は互生する。右：茎は円柱状で，根元から分枝し，株となり，上部は直立する。切り口から乳汁が出る。茎上部では５枚の葉が輪生する。

エノキグサ。茎は直立して硬く，分枝が多い。上部の葉の柄は長い。全体にまばらな毛に覆われる。

エノキグサ。上：花序は葉腋につき，総苞は編笠状で先が尖る。雌花は苞葉に包まれるように咲き，花被片３枚，花柱は細裂する。長さ約２cmの花軸に淡褐色の小さな雄花が穂状につく。下：蒴果は無柄，黄色，径約３mmの球形。３室あり，熟すと３つの殻に裂ける。１室１個の種子が入る。

トウダイグサ。２個の苞葉の間に，雌花１個と雄花４個からなる杯状花序をつける。花弁も萼もない。蒴果はほぼ球形，滑らかで径約３cm。３種子を入れる。

種子。左：エノキグサ。卵形で暗褐色。平滑で下端は尖り，長さ1.5〜1.7mm。右：トウダイグサ。広倒卵形で淡茶褐〜濃茶褐色。無毛で光沢がなく，全面に隆起した不規則な網目がある。長さ２mm弱。

コニシキソウ

小錦草　spurge, spotted　トウダイグサ科　ニシキソウ属

Euphorbia maculata L.

【北アメリカ】

分布	全国	生活史	一年生（夏生）
出芽	4～8月	繁殖器官	種子（110mg）
花期	6～10月	種子散布	重力，アリ
草丈	～足首		

明治20年頃に日本に侵入した。道ばた，空き地，畑地，庭など，裸地に張り付くようにして生育する。

コニシキソウ。左：子葉は長楕円形，緑色に紅色を帯び無毛。第１対生葉は倒卵形，上半部に鋸歯がある。右：子葉柄の両側に水平に幼茎を出す。葉身は左右が不整の楕円形。葉の中央に紫褐色の斑点がある。茎は暗赤色で上向きの白毛がある。

コニシキソウ。葉は対生し，根元から多数分枝して地を這う。切り口から白い乳汁が出る。

コニシキソウ。花は杯状，薄紅色で枝先や葉腋につく。蒴果は短柄があり，卵球形で，表面に白い短毛がある。

コニシキソウの種子は紫色～灰白色。３稜のある楕円形で，横しわがある。長さ約0.7mm。

ニシキソウ

錦草　－　トウダイグサ科　ニシキソウ属

Euphorbia humifusa Willd. ex Schltdl.

【在来】

分布	全国	生活史	一年生（夏生）
出芽	4～6月	繁殖器官	種子（14mg）
花期	7～10月	種子散布	重力，アリ
草丈	～足首		

道ばた，空き地，庭などに生育する。コニシキソウに比べて少ない。

ニシキソウ。左：子葉は肉質で長楕円形，無毛。濃緑色で縁に赤みがある。第１対生葉は広倒卵形で，先はくぼむか切形。右：子葉基部から水平に幼茎を両側に伸ばし，第２対生葉をつける。

ニシキソウ。茎は濃赤色。全体ほぼ無毛で，分枝して地を這う。葉は緑色で，黒斑はなく，基部が左右不ぞろいの楕円形。上方に細かい鋸歯がある。

ニシキソウ。葉腋に淡赤紫色の杯状花序をまばらにつける。蒴果は長柄があり，扇状卵形で無毛。

ニシキソウの種子は卵状楕円形で鈍い３稜がある。灰褐色～灰白色で，光沢はない。長さ約1mm。

オオニシキソウ

大錦草 spurge, nodding トウダイグサ科 ニシキソウ属

Euphorbia nutans Lag.

【北アメリカ】

分布	本州以南	生活史	一年生(夏生)
出芽	4～7月	繁殖器官	種子(330mg)
花期	7～10月	種子散布	重力，アリ
草丈	脛～膝		

1904年に侵入が確認された。やや乾いた砂利地などの道ばた，空き地に多く，畑地や樹園地などにも生育する。

オオニシキソウ。左：子葉は長楕円形。緑色で縁が赤色を帯びる。第1対生葉は倒卵形で上半部の縁に鋸歯があり，赤みを帯びた緑色で汚れて見える。第2対生葉は左右の基部が不ぞろいの卵形～長楕円形。右：第1枝の反対側の葉腋から第2枝を出す。茎は赤く白毛がある。葉縁に低い鋸歯があり，表面にまばらに毛がある。

オオニシキソウ。茎は直立または斜上し，上部で分枝する。葉の斑紋はない場合も多い。

オオニシキソウ。枝先や葉腋にまばらに杯状の花序をつける。総苞の腺体の付属体は白く，花弁のように見える。蒴果は無毛。

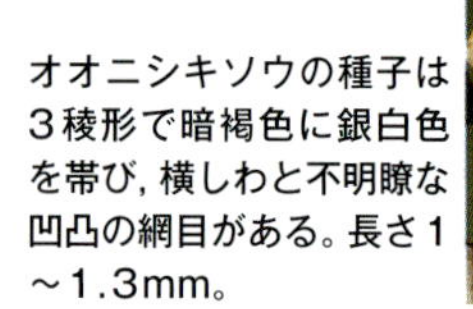
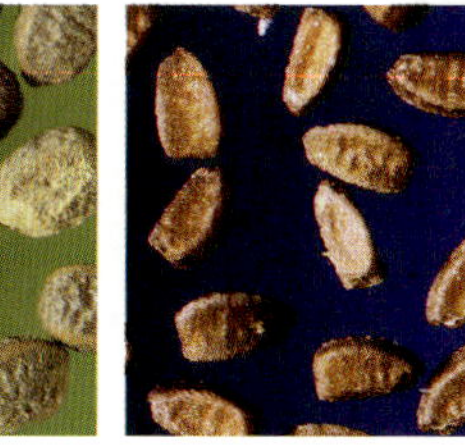

オオニシキソウの種子は3稜形で暗褐色に銀白色を帯び，横しわと不明瞭な凹凸の網目がある。長さ1～1.3mm。

シマニシキソウ

島錦草 spurge, garden トウダイグサ科 ニシキソウ属

Euphorbia hirta L. var. *hirta*

【熱帯アメリカ】

分布	関東以西	生活史	一年生(夏生)
出芽	4～9月	繁殖器官	種子(65mg)
花期	5～10月	種子散布	重力，アリ
草丈	～脛		

熱帯～亜熱帯に広く分布し，沖縄では古くから普通にある。暖かい地域の畑地，芝地，道ばた，空き地などに生育する。

シマニシキソウ。左：子葉は楕円形で緑色。第1対生葉は楕円形で，縁と表面に白毛がある。右：第2対生葉は菱状卵形。縁に低い鋸歯があり，縁と表面にまばらに毛がある。第1枝の反対側の葉腋から第2枝を出す。

シマニシキソウ。茎はよく分枝して地表を這うか斜上し，赤褐色の毛に覆われる。葉は左右不ぞろいの菱形で，3～5本の脈があり，しばしば濃紫色の斑紋を生じる。

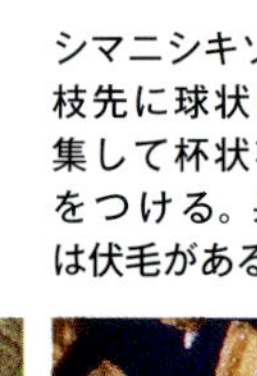

シマニシキソウ。枝先に球状に密集して杯状花序をつける。果実は伏毛がある。

シマニシキソウの種子は稜のある楕円形～倒卵形で赤褐色。長さ約0.8mm。

ハイニシキソウ

這い錦草 spurge, ground **トウダイグサ科** **ニシキソウ属**

Euphorbia prostrata Aiton

【熱帯アメリカ】

分　布	関東以西	**生活史**	一年生(夏生)
出　芽	3〜9月	**繁殖器官**	種子(180mg)
花　期	5〜10月	**種子散布**	重力, アリ
草　丈	〜脛		

1952年に侵入が確認された。暖かい地域に多く，道ばた，芝地，畑地などに生育する。

ハイニシキソウ。左：子葉は楕円形で暗赤色〜濃緑色。第１対生葉は倒卵形で，縁に白毛がある。第２対生葉は倒卵形。縁に低い鋸歯があり，縁と表面にまばらに毛がある。右：茎は上半部に軟短毛があり，赤みを帯び，ときに緑色。葉は長さ4〜8mm。先は円く，基部が歪んだ倒卵形〜楕円形。

ハイニシキソウ。全体的に分枝が多く地を這い，先端は斜上する。

ハイニシキソウ。左：葉節に１つずつ杯状花序をつける。蒴果は広卵形で，稜の付近にのみ白毛がある。上：種子は４稜形で長さ約0.9mm，不規則な横しわがある。

アレチニシキソウ *Euphorbia* sp. aff. *prostrata* Aiton は熱帯アメリカ原産。ハイニシキソウに似るが，茎と葉の裏面に毛が密生する。

アレチニシキソウ。果実は3稜形で，稜付近に曲がった毛が生える。

カワリバトウダイ *Euphorbia graminea* Jacq. は熱帯アメリカ原産で，2004年に沖縄に侵入が確認された。沖縄本島地方で急速に分布を拡大している。

コバノニシキソウ *Euphorbia makinoi* Hayata は東南アジア原産の一年生草本。本州には1951年に侵入を確認，沖縄にはそれ以前から定着していたと考えられる。道ばたや空き地に生育する。

コバノニシキソウ。左上：子葉は楕円形，淡緑色〜紫紅色。第１対生葉は楕円形〜倒卵形，第２対生葉は歪んだ楕円形。右上：葉節に1つずつ杯状花序をつける。総苞腺体の付属体は白い。蒴果は広卵形で無毛。下：茎は無毛で地表を匍匐し，節から発根する。葉は長さ4〜6mm，先は円く，楕円形〜卵状楕円形。全縁で，両面とも無毛。

セイタカオオニシキソウ *Euphorbia hyssopifolia* L. は熱帯アメリカ原産で，戦後に沖縄に侵入した。沖縄や小笠原では，道ばた，畑地，空き地などに普通に生育する。

セイタカオオニシキソウ。子葉は楕円形，第１対生葉は狭倒卵形，第２対生葉は長楕円形。無毛で赤みを帯びた緑色。胚軸が地表に伸び，幼茎は直立〜斜上する。

左：オオニシキソウに比べて大型で，草高40〜70cm。全体無毛で，茎は赤く，基部は木質となる。葉は対生し，長楕円形〜長楕円状披針形でやや左右非相称。右：葉腋から杯状花序を出す。茎上部の多数密集した花序となる。総苞腺体の付属体は淡紅色〜白色で目立つ。蒴果は広卵形で無毛。

イ
犬酸
Solan
[在来]

ワルナスビ

悪茄子 | horsenettle | ナス科 | ナス属

Solanum carolinense L.

[北アメリカ]

分布	全国	生活史	多年生(夏生)
出芽	5~8月	繁殖器官	種子(1.5g)
花期	6~9月		根
草丈	脛~腰	種子散布	重力,被食

明治末期に侵入が確認された。空き地,道ばた,畦畔,土手,畑地,草地などに生育する。刺が鋭く,地下のクリーピングルートでも増殖するため,牧草地の強害草である。

ハリナスビ

針茄子 | horsenettle | ナス科 | ナス属

Solanum sisymbriifolium Lam.

[熱帯アメリカ]

分布	関東以西	生活史	一年生(夏生)
出芽	5~8月	繁殖器官	種子(2.1g)
花期	6~9月	種子散布	重力,被食
草丈	膝~腰		

江戸末期に観賞用で移入され,その逸出と思われる集団が散見される。本州ではまだ定着はまれだが,南西諸島の牧草地などで被害を及ぼしている。

ワルナスビ。左:子葉は披針形で先が尖る。ナス属の他種に比べ細長く,毛は少ない。第1葉は卵形~狭卵形で先は鈍く,縁は波打つ。右:根から萌芽した地上茎。葉は互生し,卵形~卵状長楕円形。大型の鋸歯があり,両面に灰褐色の星状毛が密生する。

茎は分枝して斜上する。葉は長さ6~15cm,幅4~8cmになり,裏面脈上と葉柄に鋭い刺がある。

ワルナスビ。左:茎は直立し,節ごとに「く」の字に曲がりながら分枝する。花序は枝先につけるが,腋生に見える。

上:花序に5~15の花を散房状につける。花序軸に長毛と星状毛が散生し,まばらに刺が生える。花冠は淡紫色~白色で5裂し,径約2cm。葯は黄色。短花柱花と長花柱花が混在する。下:液果は幅の広い球形で径約1cm。はじめ淡緑色~緑色で濃緑色の筋があり,橙黄色に熟す。アルカロイドであるソラニンを含み,有毒。

ワルナスビ。上:横走根からの萌芽。地下10cm程度を横方向に伸びる横走根と,垂直に伸びる垂直根があり,いずれも不定芽から萌芽する。右:地際部の根からの萌芽。耕起で断片化された根からも旺盛に萌芽する。

種子。左:ワルナスビ。長さ約2.5mm,黄色で扁円形。右:ハリナスビ。長さ2.0~2.5mm。淡黄色~黄橙色で腎形。

ハイニシキソウ

這い錦草　spurge, ground　トウダイグサ科　ニシキソウ属

Euphorbia prostrata Aiton

【熱帯アメリカ】

分布	関東以西	生活史	一年生(夏生)
出芽	3〜9月	繁殖器官	種子(180mg)
花期	5〜10月	種子散布	重力, アリ
草丈	〜脛		

1952年に侵入が確認された。暖かい地域に多く，道ばた，芝地，畑地などに生育する。

ハイニシキソウ。左：子葉は楕円形で暗赤色〜濃緑色。第1対生葉は倒卵形で，縁に白毛がある。第2対生葉は倒卵形。縁に低い鋸歯があり，縁と表面にまばらに毛がある。右：茎は上半部に軟短毛があり，赤みを帯び，ときに緑色。葉は長さ4〜8mm。先は円く，基部が歪んだ倒卵形〜楕円形。

ハイニシキソウ。全体的に分枝が多く地を這い，先端は斜上する。

ハイニシキソウ。左：葉節に1つずつ杯状花序をつける。蒴果は広卵形で，稜の付近にのみ白毛がある。上：種子は4稜形で長さ約0.9mm，不規則な横しわがある。

アレチニシキソウ *Euphorbia* sp. aff. *prostrata* Aiton は熱帯アメリカ原産。ハイニシキソウに似るが，茎と葉の裏面に毛が密生する。

アレチニシキソウ。果実は3稜形で，稜付近に曲がった毛が生える。

カワリバトウダイ *Euphorbia graminea* Jacq. は熱帯アメリカ原産で，2004年に沖縄に侵入が確認された。沖縄本島地方で急速に分布を拡大している。

コバノニシキソウ *Euphorbia makinoi* Hayata は東南アジア原産の一年生草本。本州には1951年に侵入を確認，沖縄にはそれ以前から定着していたと考えられる。道ばたや空き地に生育する。

コバノニシキソウ。左上：子葉は楕円形，淡緑色〜紫紅色。第1対生葉は楕円形〜倒卵形，第2対生葉は歪んだ楕円形。右上：葉節に1つずつ杯状花序をつける。総苞腺体の付属体は白い。蒴果は広卵形で無毛。下：茎は無毛で地表を匍匐し，節から発根する。葉は長さ4〜6mm，先は円く，楕円形〜卵状楕円形。全縁で，両面とも無毛。

セイタカオオニシキソウ *Euphorbia hyssopifolia* L. は熱帯アメリカ原産で，戦後に沖縄に侵入した。沖縄や小笠原では，道ばた，畑地，空き地などに普通に生育する。

セイタカオオニシキソウ。子葉は楕円形，第1対生葉は狭倒卵形，第2対生葉は長楕円形。無毛で赤みを帯びた緑色。胚軸が地表に伸び，幼茎は直立〜斜上する。

左：オオニシキソウに比べて大型で，草高40〜70cm。全体無毛で，茎は赤く，基部は木質となる。葉は対生し，長楕円形〜長楕円状披針形でやや左右非相称。右：葉腋から杯状花序を出す。茎上部の多数密集した花序となる。総苞腺体の付属体は淡紅色〜白色で目立つ。蒴果は広卵形で無毛。

ヒロハフウリンホオズキ

広葉風鈴酸漿　groundcherry, cutleaf　ナス科　ホオズキ属

Physalis angulata L. var. *angulata*

【熱帯アメリカ】

分布	本州以南	生活史	一年生（夏生）
出芽	5〜8月	繁殖器官	種子（470mg）
花期	7〜10月	種子散布	重力，被食
草丈	脛〜腰		

江戸末期に侵入。畑地や畦畔，道ばた，空き地に生育する。中部地方以西では，夏畑作物の強害草となっている。

ホソバフウリンホオズキ

細葉風鈴酸漿　groundcherry, cutleaf　ナス科　ホオズキ属

Physalis angulata L. var. *lanceifolia* (Nees) Waterf.

【北アメリカ】

分布	関東〜九州	生活史	一年生（夏生）
出芽	5〜8月	繁殖器官	種子（470mg）
花期	7〜10月	種子散布	重力，被食
草丈	脛〜腰		

ヒロハフウリンホオズキの変種。ヒロハフウリンホオズキに比べてややまれだが，しばしば同所的に生育する。

ヒロハフウリンホオズキ。左：子葉は卵形〜狭卵形で先が尖り，柄は長い。黄緑色で縁にまばらに毛がある。第１葉は卵形で全縁。右：葉は互生。第2，3葉と，しだいに縁が波打ち，不ぞろいの鋭い鋸歯となる。先端が尖り，表面は無毛。

ホソバフウリンホオズキ。左：子葉は卵形〜広卵形，黄緑色で縁にまばらに毛がある。第１，２葉は卵形〜菱状卵形，全縁で縁はやや波打つ。右：葉は互生。ヒロハフウリンホオズキに比べ葉身の幅が狭く，狭卵形〜楕円形。先は尖る。

ヒロハフウリンホオズキ。左：葉は薄くて柔らかい。茎や葉はほぼ無毛で，水気が多い。下：茎は稜があり，さかんに分枝して枝を横に広る。茎上部の葉は幅が狭い。

ホソバフウリンホオズキ。左：開花期。葉は披針形で基部はくさび形，縁は粗い鋸歯となる。葉は薄くて柔らかで，茎とともにほぼ無毛。右：花は葉腋に１個ずつつく。花柄はヒロハフウリンホオズキより長い。花冠は五角形で黄白色，ヒロハフウリンホオズキに比べやや小さい。

ヒロハフウリンホオズキ。左：花は葉腋に１個ずつつく。花冠は五角形で淡黄色，内面中央は褐色を帯びることがある。右：萼は花後に成長して果実を包む。緑色でしばしば脈が褐色を帯び，長さ2.5〜3cm。中の液果は直径8〜14mmの球形。

種子。左：ヒロハフウリンホオズキ。淡黄色，長さ１〜1.5mmで扁平な卵形。右：ホソバフウリンホオズキ。淡黄色，長さ１〜1.5mmで扁平な卵形。

センナリホオズキ 別名：ヒメセンナリホオズキ

千成酸漿 groundcherry, downy ナス科 ホオズキ属

Physalis pubescens L.

【北アメリカ】

分布	本州以南？	生活史	一年生（夏生）
出芽	5〜7月	繁殖器官	種子（450mg）
花期	7〜9月	種子散布	重力，被食
草丈	脛〜膝		

長らくヒロハフウリンホオズキと混同されてきたため，両種ともに侵入年代は明らかでない。道ばたや畑地に生育し，観賞用に鉢植え販売もされている。

オオセンナリ

大千成 apple-of-Peru ナス科 オオセンナリ属

Nicandra physalodes (L.) Gaertn.

【南アメリカ】

分布	全国	生活史	一年生（夏生）
出芽	5〜7月	繁殖器官	種子（2.7g）
花期	7〜10月	種子散布	重力，被食
草丈	脛〜胸		

江戸時代末期に観賞用で栽培の記録があるが，1964年に栽培と別系統の野生化が確認された。全国的に散在し，畑地や空き地に生育し，しばしば畑地の害草となっている。

センナリホオズキ。左：子葉は卵形〜狭卵形，縁にまばらに毛がある。第１葉は五角状広卵形。両面に毛が散生する。第２葉も同形。右：葉は互生し卵形，基部は円形でやや左右不相称。縁は不ぞろいの粗い鋸歯があるかまたは全縁。葉柄に毛が密生する。

センナリホオズキ。枝を横に広げる。茎は角張り，全体に短い毛が密生し，腺毛が混じる。

センナリホオズキ。左：葉腋に花を下向きに単生する。花冠は黄白色で長さ6〜7mm，径約10mm。内面中央に紫色の斑がある。萼は先が５裂し，長さ約5mm。右：萼は花後に発達し，液果を包む。五角形に角張り，熟しても緑色で，長さ約2.5cm。稜に短い軟毛がある。中の液果は径約1cm。

オオセンナリ。左：子葉は濃緑色で披針形。右：葉は互生し，卵形で縁は波状。先が尖り，粗い不規則な鋸歯があり，短毛が散生する。両面ともほぼ無毛。下：茎は直立して，上部で分枝する。稜があり無毛。

オオセンナリ。左：茎上部の葉腋に花を単生する。花冠は径約3cm，淡紅紫色で先は浅く５裂し，中心が白い。右：萼は花後に発達して下向きとなり，膜質で果実を包み，基部に５個の突起がある。液果は球形で径約1.5cm。

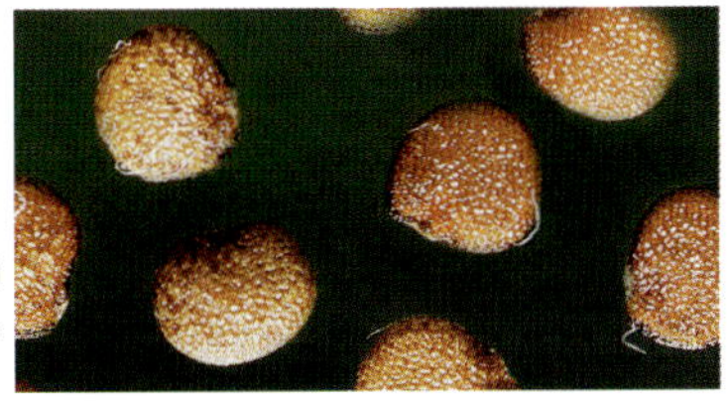

種子。左：センナリホオズキ。淡黄色，長さ約1.6mmで扁平な広楕円形。表面に微凹凸の網状斑紋がある。右：オオセンナリ。赤褐色で扁円形，長さ約2mm。

イヌホオズキ

犬酸漿 | nightshade, black | ナス科 | ナス属

Solanum nigrum L.

【在来】

分布	全国	生活史	一年生（夏生）
出芽	4〜7月	繁殖器官	種子（1.0g）
花期	8〜10月	種子散布	重力，被食
草丈	脛〜腰		

道ばた，空き地，畑地や畦畔に生育し，鳥類の被食散布による分散で都市部の街路樹下にもしばしば生育する。北アメリカからの侵入系統も存在すると思われる。

オオイヌホオズキ

大犬酸漿 | nightshade, divine | ナス科 | ナス属

Solanum nigrescens Martens et Gal.

【南アメリカ】

分布	本州以南？	生活史	一年生（夏生） 短命な多年生
出芽	4〜7月		
花期	7〜10月	繁殖器官	種子（410mg）
草丈	脛〜腰	種子散布	重力，被食

イヌホオズキと同様，畑地や道ばた，市街地などに生育し，ときにイヌホオズキと混生する。暖かい地方では越冬する。2001年に報告されたが，かなり以前から定着していたと思われる。

イヌホオズキ。左上：子葉は柔らかく，披針形で緑色。胚軸と葉縁，表面に透明な毛がある。第1葉は広卵形で腺毛がある。右上：葉は互生し，幼葉は広卵形で全縁またはやや波打つ。表面と縁，葉柄にまばらに毛がある。左下：葉縁や葉柄，茎が紫色を帯びることがある。葉の基部は円く，ひれのある長柄となる。

イヌホオズキ。茎は斜めに分枝して横に広がる。成葉はほぼ無毛，縁が波打つものもある。

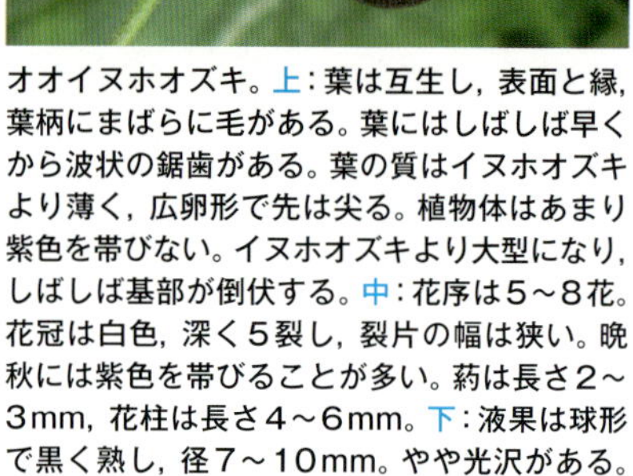

オオイヌホオズキ。上：葉は互生し，表面と縁，葉柄にまばらに毛がある。葉にはしばしば早くから波状の鋸歯がある。葉の質はイヌホオズキより薄く，広卵形で先は尖る。植物体はあまり紫色を帯びない。イヌホオズキより大型になり，しばしば基部が倒伏する。中：花序は5〜8花。花冠は白色，深く5裂し，裂片の幅は狭い。晩秋には紫色を帯びることが多い。葯は長さ2〜3mm，花柱は長さ4〜6mm。下：液果は球形で黒く熟し，径7〜10mm。やや光沢がある。果実中に球状顆粒を4〜10個含む。

イヌホオズキ。左：1花序に白い花を数個つける。花冠は白色で5裂し，径約1cm。裂片の幅は広い。葯は長さ2〜3mm，集まって花柱を囲み，黄色。右上：よく発達した花序は総状をなし，中軸が明らか。5〜12花をつける。右下：果実はやや縦長の球形で径7〜10mm。黒く熟し，光沢はない。果実中に球状顆粒は含まない。

テリミノイヌホオズキ

照実の犬酸漿　nightshade, American black　ナス科　ナス属

Solanum americanum Mill.

【熱帯アメリカ】

分布	本州以南？	生活史	一年生（夏生）短命な多年生
出芽	4～7月		
花期	7～10月	繁殖器官	種子（300mg）
草丈	膝～腰	種子散布	重力，被食

畑地や道ばた，空き地などに生育し，イヌホオズキ類のうち，南日本～南西諸島ではこの種が多い。茎が木質化し，果実が上または横を向いて垂れ下がらないタイプがあり，カンザシイヌホオズキと呼ばれる。

ケイヌホオズキ

毛犬酸漿　nightshade, hairy　ナス科　ナス属

Solanum sarrachoides Sendtn.

【南アメリカ】

分布	北海道～九州	生活史	一年生（夏生）
出芽	4～7月	繁殖器官	種子（280mg）
花期	6～10月	種子散布	重力，被食
草丈	脛～膝		

北アメリカ大西洋岸のバレイショ，テンサイ等では重要害草であるが，日本ではまだまれで，飼料畑などで見つかる程度。全草に著しい腺毛があり，強い臭いがある。

テリミノイヌホオズキ。上：葉は互生し，卵形～三角状卵形で，基部よりに波状の浅い切れ込みが出ることが多い。全体に毛が少ない。茎は軟質で，分枝が多く，伸びると倒伏しやすい。下：花序は5～12花。花冠は径4～6mmと小さく，白色。葯は長さ1～1.5mm，花柱は長さ2～3mm。液果は径4～7mmの球形で黒紫色に熟し，強い光沢がある。果肉は濃紫色。果実中に粒状顆粒を0～4個含む。

ケイヌホオズキ。左：子葉は卵形～狭卵形で先は鈍く，第1葉は不整な広卵形。上面，縁，葉柄に腺毛を密生する。右：葉は互生し，幼葉は広卵形で縁は不規則に波打つ。

ケイヌホオズキ。茎は斜上し，茎にも腺毛が密生する。葉身は卵形で，先は短く尖る。基部は広いくさび形～切形で，縁に鈍い鋸歯がある。

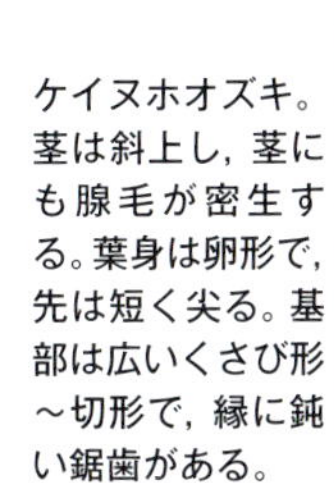

ケイヌホオズキ。左：花序は1～5花。花冠は白色で径8～10mm。裂片の切れ込みはイヌホオズキ類でもっとも浅い。葯は長さ1～1.5mm，花柱は長さ2～3mm。右：萼は花後に成長し，液果より長くなる。液果は球形で緑～黒緑色に熟し，光沢はない。1果実中に粒状顆粒を4～6個含む。

種子。左上：イヌホオズキ。淡黄褐色で長さ約2mm。扁平な倒卵形で，全面に網状の隆起線がある。右上：オオイヌホオズキ。淡黄褐色で長さ約1.2mm。扁平な倒卵形。左下：テリミノイヌホオズキ。淡黄褐色で長さ約1.5mm。扁平な倒卵形。右下：ケイヌホオズキ。淡黄色で長さ約1.4mm。扁平な倒卵形。

1950年に侵入が報告された近縁のヒメケイヌホオズキ *Solanum physalifolium* Rusby var. *nitidibaccatum* (Bitter) Edmonds の方が多い。

イヌホオズキ類はきわめて多型で多くの分類群を含み，その分類法はまだ確立されておらず，花冠，果実，種子がそろわないと識別が難しい。この他の近縁種として，北アメリカ原産のアメリカイヌホオズキ *Solanum ptychanthum* Dunal はオオイヌホオズキによく似るが，花序は散形状で1～4花，花冠は径約5mm，葯は長さ1～1.5mm，花柱は長さ2～3mm。

ワルナスビ

悪茄子 horsenettle ナス科 ナス属

Solanum carolinense L.

【北アメリカ】

分布	全国	生活史	多年生(夏生)
出芽	5~8月	繁殖器官	種子(1.5g)
花期	6~9月		根
草丈	脛~腰	種子散布	重力, 被食

明治末期に侵入が確認された。空き地, 道ばた, 畦畔, 土手, 畑地, 草地などに生育する。刺が鋭く, 地下のクリーピングルートでも増殖するため, 牧草地の強害草である。

ハリナスビ

針茄子 horsenettle ナス科 ナス属

Solanum sisymbriifolium Lam.

【熱帯アメリカ】

分布	関東以西	生活史	一年生(夏生)
出芽	5~8月	繁殖器官	種子(2.1g)
花期	6~9月	種子散布	重力, 被食
草丈	膝~腰		

江戸末期に観賞用で移入され, その逸出と思われる集団が散見される。本州ではまだ定着はまれだが, 南西諸島の牧草地などで被害を及ぼしている。

ワルナスビ。左:子葉は披針形で先が尖る。ナス属の他種に比べ細長く, 毛は少ない。第1葉は卵形~狭卵形で先は鈍く, 縁は波打つ。右:根から萌芽した地上茎。葉は互生し, 卵形~卵状長楕円形。大型の鋸歯があり, 両面に灰褐色の星状毛が密生する。

茎は分枝して斜上する。葉は長さ6~15cm, 幅4~8cmになり, 裏面脈上と葉柄に鋭い刺がある。

ワルナスビ。左:茎は直立し, 節ごとに「く」の字に曲がりながら分枝する。花序は枝先につけるが, 腋生に見える。

上:花序に5~15の花を散房状につける。花序軸に長毛と星状毛が散生し, まばらに刺が生える。花冠は淡紫色~白色で5裂し, 径約2cm。葯は黄色。短花柱花と長花柱花が混在する。下:液果は幅の広い球形で径約1cm。はじめ淡緑色~緑色で濃緑色の筋があり, 燈黄色に熟す。アルカロイドであるソラニンを含み, 有毒。

ワルナスビ。上:横走根からの萌芽。地下10cm程度を横方向に伸びる横走根と, 垂直に伸びる垂直根があり, いずれも不定芽から萌芽する。右:地際部の根からの萌芽。耕起で断片化された根からも旺盛に萌芽する。

種子。左:ワルナスビ。長さ約2.5mm, 黄色で扁円形。右:ハリナスビ。長さ2.0~2.5mm。淡黄色~黄橙色で腎形。

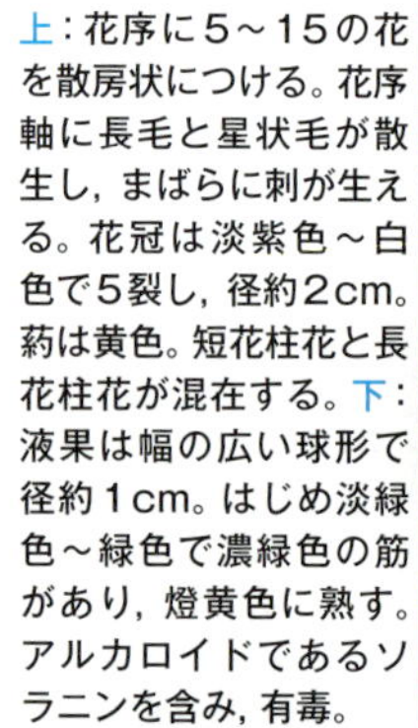

ヨウシュチョウセンアサガオ

洋種朝鮮朝顔　jimsonweed　ナス科　チョウセンアサガオ属

Datura stramonium L.

【熱帯アメリカ】

分　布	全国	生活史	一年生（夏生）
出　芽	5〜8月	繁殖器官	種子（7.7g）
花　期	6〜10月	種子散布	重力
草　丈	膝〜頭		

明治初期に薬用，観賞用として移入され，戦後，輸入穀物に混入して侵入し，全国的に増加した。道ばた，空き地，畑地などに生育し，畑作物では強害草。全草にヒヨスチアミンやスコポラミンなどの神経毒のアルカロイドを含む有毒植物。

同属のツノミチョウセンアサガオ *Datura ferox* L. は熱帯アメリカ原産，1977年に侵入が確認された。西日本の畑地にしばしば侵入・定着している。ヨウシュチョウセンアサガオに比べ果実の刺が粗大で，葉には光沢があり厚みがある。

ハリナスビ。子葉は狭卵形〜披針形で先は尖る。葉柄と縁に短い腺毛が密生する。第１葉は狭卵形で粗い鋸歯がある。

ヨウシュチョウセンアサガオ。左：子葉は線状披針形で濃緑色，厚みがあり無毛。主脈が明瞭。第１葉は先の尖る狭卵形。右：葉は互生，無毛。第３葉までほぼ全縁。第４葉以降に鋸歯が明らかとなる。

葉は互生し，葉身は長楕円形〜楕円形，先は尖り，羽状に深裂し，裂片は長楕円形。両面に星状毛が生え，葉柄から葉身脈上に鋭い刺がある。茎は斜上し，黄色の鋭い刺が密生する。

ヨウシュチョウセンアサガオ。葉は薄く，先が尖り，鋸歯は不ぞろいで大きい。茎は無毛，赤紫色を帯び，直立して分枝が多い。

ハリナスビ。茎上部の節間から出た総状花序に，径約2.5cmの白色の花を３〜10個つける。花柄にも鋭い刺が生える。

ヨウシュチョウセンアサガオ。左：花冠は長さ７〜9cm，５本の尖った突起がある。あまり開かない。右：花は漏斗形で上向きに咲き，白色または淡紫色。萼は筒形で長さ３〜4cm。無毛。

左：萼は刺があり，宿存性。右：液果は球状で径15〜20mm，鮮赤色。

ヨウシュチョウセンアサガオ。左：蒴果は径３〜4cmの卵形で上を向き，全面に大小の刺が密生する。中：果実は熟すと褐色になり，上から４片に裂けて種子を散らす。右：種子は径約4mm，扁平な腎形で黒色〜黒褐色。表面に多数のくぼみがある。

コハコベ

小繁縷 | chickweed, common | ナデシコ科 | ハコベ属

Stellaria media (L.) Vill.

【ユーラシア】

分布	全国	生活史	一年生（冬生）
出芽	9～5月	繁殖器官	種子（320mg）
花期	3～11月	種子散布	重力
草丈	～脛		

ユーラシア原産で，1922年に東京で確認された。畑地，道ばた，空き地など，日当りのよい攪乱地に多く，真夏以外はほぼ一年中生育する。全国に普通で，在来のミドリハコベより圧倒的に多い。

コハコベ。左：子葉は長楕円形で先が尖る。葉柄の基部は紅紫色を帯びる。第1対生葉は卵形で先が尖る。右：葉は対生で全縁，先の尖った卵形。茎は赤紫色を帯び，葉の先端は暗い紫色。

コハコベ。第3節以降の茎から片側に1列の毛をもつ。茎は根元から分枝し，下部は地を這い，上部は斜上する。

コハコベ。植物体は全体に柔らかい。葉は濃緑色で，茎下部の葉は有柄，茎上部の葉は無柄。

コハコベ。茎上部の葉腋から二叉状に分岐する集散花序を出し，多数の花をつける。

ミドリハコベ

緑繁縷 | - | ナデシコ科 | ハコベ属

Stellaria neglecta Weihe

【在来】

分布	全国	生活史	一年生（冬生）
出芽	9～11月	繁殖器官	種子（340mg）
花期	3～5月	種子散布	重力
草丈	～脛		

古来，春の七草のひとつとされてきたのはこちらの種であろう。畑地，道ばた，林縁などに生育し，コハコベと比べてやや湿った日陰地に多い。コハコベとの識別は難しい場合も多い。

ミドリハコベ。左：子葉は長楕円形で先が尖る。葉は対生で全縁，先の尖った卵形。葉柄に白毛がある。右：通常，植物体全体が淡緑色。第3節以降の茎から片側に1列の毛をもつ。

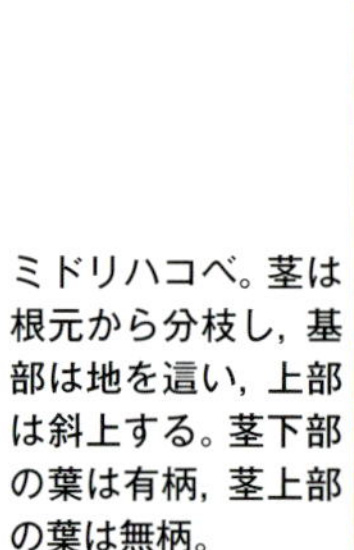

ミドリハコベ。茎は根元から分枝し，基部は地を這い，上部は斜上する。茎下部の葉は有柄，茎上部の葉は無柄。

左：コハコベ。花弁は白色で5枚，基部近くまで2裂し，10枚のように見える。萼は5枚で卵形，軟毛がある。花柱は3本，雄ずいは通常3～5個。花後，花柄が伸びて下向する。卵形の果実が熟すと再び上向し，裂けて種子を散らす。右：ミドリハコベ。花弁は白色で5枚，基部近くまで2裂し，10枚のように見える。萼は5枚で卵形，軟毛がある。花柱は3本，雄ずいは通常5～10個。

種子。左：コハコベ。径約1mm，厚い円盤形で，周囲に鈍い突起が並ぶ。茶褐色。右：ミドリハコベ。径約1.1mm，厚い円盤形で，周囲に鋭い突起が並ぶ。茶褐色。

イヌコハコベ

犬小繁縷　starwort, pale　ナデシコ科　ハコベ属

Stellaria pallida (Dumort.) Crép.

【ヨーロッパ】

分　布	北海道～九州	生活史	一年生(冬生)
出　芽	9～4月	繁殖器官	種子(63mg)
花　期	3～9月	種子散布	重力
草　丈	～脛		

1978年に千葉県で侵入が確認された。市街地の道ばたや空き地など，乾きやすい土地に多く生育する他，畑地にも生育する。

ウシハコベ

牛繁縷　starwort, water　ナデシコ科　ハコベ属

Stellaria aquatica (L.) Scop.

【在来】

分　布	全国	生活史	一年生(冬生)
出　芽	10～11月，3～5月	繁殖器官	種子(250mg)
花　期	4～8月	種子散布	重力
草　丈	足首～膝		

道ばた，畦畔，畑地，林縁などに生育し，やや日陰の湿った土地に多い。葉の縁が波打ち，ハコベ類では大型になる。

イヌコハコベ。左：子葉は長楕円形で先が尖り，明緑色。長さ5mm以下で，コハコベより小さい。右：葉は対生，葉身は狭卵形～楕円形，先は尖る。葉柄と基部付近の縁には長毛が散生する。

ウシハコベ。左：子葉は披針形で先が尖る。第1対生葉は広卵形で，葉柄にまばらに長毛がある。右：幼葉の表面に紫色の斑点が生じることが多い。茎は淡紅色で，片側に1列の毛がある。

イヌコハコベ。茎は根元から分枝し，基部は地を這い，上部は斜上。しばしば濃紫色を帯びる。茎下部の葉は有柄，茎上部の葉は無柄。コハコベに比べ小さいサイズで着花する。

ウシハコベ。葉身は無毛で先が尖り，卵形～心形。成葉の縁はわずかに波打つ。茎基部の葉は長い葉柄がある。茎は緑色に淡紫色を帯び軟弱。

イヌコハコベ。左：萼片は卵形で5枚，陽地では基部または先端が濃紫色を帯びる。右：花弁はない。花柱は3本，雄ずいは通常1～3個。

ウシハコベ。上：茎は分枝して他物に寄りかかりながら広がる。茎上部の葉は葉柄がなく大型で，基部は茎を抱く。主脈，側脈とも目立つ。右：枝先に二出集散花序を出し，白い5弁花をつける。花弁は白色で2深裂し，10弁のように見える。花柱は5個。雄ずいは10本。

左：イヌコハコベ。蒴果は長さ約3mm，熟すと先が6裂する。右：ウシハコベ。萼は狭卵形で先は尖る。花柄と萼に短い腺毛を密生する。

種子。左：イヌコハコベ。径0.7～0.8mm，角ばった円盤形で黄褐色。周囲にいぼ状突起がある。右：ウシハコベ。扁平な腎形，全面にいぼ状突起がある。茶褐色～黄褐色，やや光沢があり，長さ1.0～1.2mm。

ノミノフスマ

蚤の衾　－　ナデシコ科　ハコベ属

Stellaria uliginosa Murray var. *undulata* (Thunb.) Fenzl

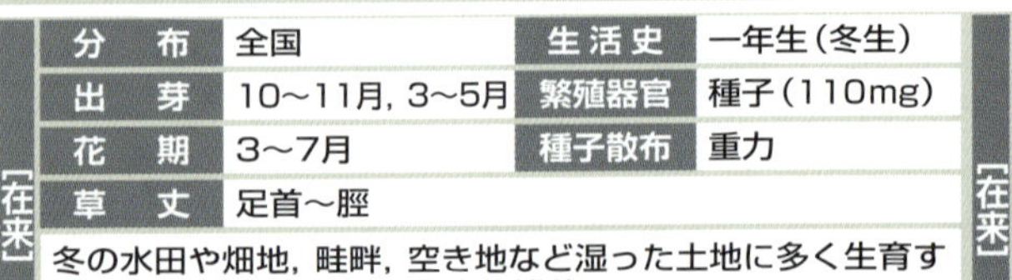

【在来】

分布	全国	生活史	一年生（冬生）
出芽	10〜11月，3〜5月	繁殖器官	種子（110mg）
花期	3〜7月	種子散布	重力
草丈	足首〜脛		

冬の水田や畑地，畦畔，空き地など湿った土地に多く生育する。二毛作水田の冬期の代表的雑草。

ノミノツヅリ

蚤の綴り　sandwort, thymeleaf　ナデシコ科　ノミノツヅリ属

Arenaria serpyllifolia L.

【在来】

分布	全国	生活史	一年生（冬生）
出芽	10〜11月，3〜5月	繁殖器官	種子（61mg）
花期	3〜7月	種子散布	重力
草丈	膝〜頭		

道ばた，空き地，畦畔，土手などに生育する。畑地や芝地などにも生育し，小型であるが多発すると害草となる。

ノミノフスマ。上の左：子葉は披針状楕円形で先が尖る。第１対生葉は披針状卵形。上の右：第１，第２対生葉。子葉と同形で葉の先端が突出する。葉柄はない。中：地際から分枝する。葉は黄緑色で薄く柔らかい。茎は紅紫色を帯びる。右：地際から分枝した細い糸状の茎が地面を這い先は斜上する。葉は長楕円形〜広披針形。１脈があり，両面とも無毛。

ノミノツヅリ。左：子葉は披針形で先が尖り，無毛。淡緑色で長い柄がある。第１対生葉は披針状長楕円形で先が尖る。中左：葉は対生し，広楕円形で葉柄は長い。全縁で両面に毛がある。葉柄に数本の長い毛がまばらに生える。中右：茎は紫色を帯び，下向きの白色の毛がある。根元からよく分枝し，円い株となる。右：茎は地面を這い，先は斜上する。葉は卵形で，茎上部の葉は無柄。全体に短毛がある。枝先または葉柄から約１cmの花柄を出す。

ノミノフスマ。葉柄はなく，全体無毛。節間が長く，葉の幅が狭いため，植物体全体がまばらな印象を受ける。

ノミノフスマ。左：花弁は２深裂して10弁のように見える。径約7mmで，萼より長い。花柱は３本，短く目立たない。雄ずいは5〜7本。中：萼は広披針形で先が尖り無毛。蒴果は楕円形。右：種子は扁平な円形で赤みがかった濃茶褐色。全面に低い突起が並ぶ。長さ約0.8mm。

ノミノフスマ。茎上部がまばらに分枝し，細い花柄を出し，先がさらに分岐して白色の５弁花をつける。

ノミノツヅリ。左：花弁は白色で５枚，先は円く，萼片より短く，裂けない。萼は５枚で先が尖り，細毛がある。雄ずい5〜10本，花柱３本。上：種子は腎形〜扁球形，紫黒色〜黒色で光沢があり，表面に微細な溝がある。長さ約0.5mm。

ツメクサ

爪草 | - | ナデシコ科 | ツメクサ属

Sagina japonica (Sw.) Ohwi

【在来】

分布	全国	生活史	一年生(冬生)
出芽	9〜6月	繁殖器官	種子(15mg)
花期	4〜7月	種子散布	重力
草丈	〜足首		

道ばた，庭，空き地，畑地などに生育し，踏圧のある湿気の多い場所にも生育する。

オオツメクサ

大爪草 | spurry, corn | ナデシコ科 | オオツメクサ属

Spergula arvensis L. var. ***sativa*** (Boenn.) Mert. et W. D. J. Koch

【ヨーロッパ】

分布	全国	生活史	一年生(冬生)
出芽	9〜6月	繁殖器官	種子(390mg)
花期	3〜10月	種子散布	重力
草丈	脛〜膝		

明治初期に侵入したと考えられている。畑地，草地，道ばた，空き地などに生育し，北日本や暖地の冬作物では害草である。

ツメクサ。左：子葉は線状披針形，多肉質で淡緑色，無毛で長さ約1mmとごく小さい。中左：第1，第2対生葉は子葉と同形で線状披針形〜線形。中右：根元から多数分枝する。葉は線形で厚く，緑色。先が尖り無毛。右：茎は地際で分枝して叢生し，地面に這うように広がって先は斜上する。

オオツメクサ。左：子葉は線形，先が尖り，多肉質で緑色。胚軸は赤みがかる。第1，第2対生葉は子葉と同形。右：短い節から線状葉が輪生状に出る。各節に輪生状に10数本の糸状の葉がつく。

オオツメクサ。茎は地際で分枝して匍匐し，つる状に伸びる。全体に腺毛があり，茎上部ほど多く，やや粘る。

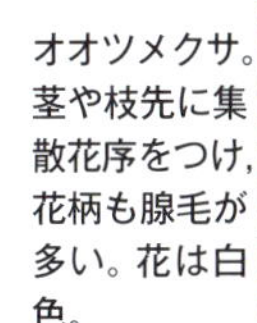

オオツメクサ。茎や枝先に集散花序をつけ，花柄も腺毛が多い。花は白色。

ツメクサ。上：葉腋から長さ1〜2cmの花柄を出し，白色の花をつける。茎上部には短い腺毛がある。左：花は径約4mm，花弁は白色で5枚。萼は5枚で腺毛がある。雄ずい5〜10本，花柱は通常5本。

オオツメクサ。左：花は径約8mm，花弁は卵形で5枚，萼と同長。雄ずい10本，花柱は5本。右：蒴果は広卵形で5裂する。中に多数の種子を入れる。

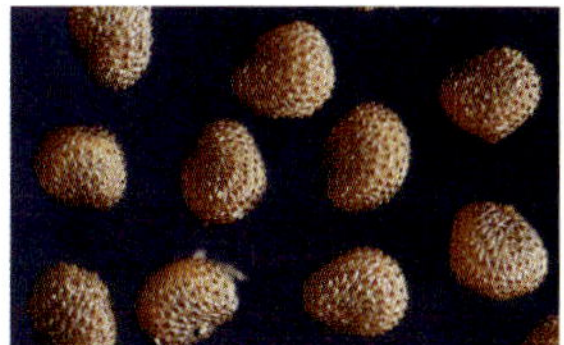

種子。左：ツメクサ。扁平な腎形，濃茶褐色で，いぼ状の突起がある。長さ約0.4mm。右：オオツメクサ。扁球形。黒褐色で，周囲に縁がある。長さ約1.1mm。

ノハラツメクサ *Spergula arvensis* L. var. ***arvensis*** は種子の表面に白色の突起がある。北海道ではほとんどがノハラツメクサとされる。

オランダミミナグサ

和蘭耳菜草 | chickweed, sticky | ナデシコ科 | ミミナグサ属

Cerastium glomeratum Thuill.

【ヨーロッパ】

分布	全国	生活史	一年生（冬生）
出芽	9〜4月	繁殖器官	種子（110mg）
花期	3〜5月	種子散布	重力
草丈	足首〜脛		

明治末期に侵入が確認された。全国に広がり，道ばた，畦畔，畑地，芝地，空き地など，日当りのよい土地にごく普通。本州以南では在来種のミミナグサより多い。

ミミナグサ

耳菜草 | chickweed, mouseear | ナデシコ科 | ミミナグサ属

Cerastium fontanum Baumg. subsp. *vulgare* (Hartm.) Greuter et Burdet var. *angustifolium* (Franch.) H. Hara

【在来】

分布	全国	生活史	一年生（冬生）
出芽	10〜11月	繁殖器官	種子（130mg）
花期	4〜6月	種子散布	重力
草丈	足首〜脛		

畑地や道ばた，草地など，やや湿った土地に生育する。本州以南ではオランダミミナグサに比べ少ない。

オランダミミナグサ。左：子葉は黄緑色，卵状披針形で，先はやや尖る。基部に2，3本の毛がある。中左：第1対生葉は倒卵状楕円形，表面と縁に白い長毛が密生する。第2葉以降は同形で，卵形〜長楕円形。先端は突出し，葉柄はない。中右：根元から分枝した茎が地を這った状態で越冬する。根生葉はへら形〜広披針形。茎，葉とも毛が密生する。右：茎は斜上し，開出軟毛が密生する，茎上部は腺毛が混じり，触ると粘つく。

ミミナグサ。左：子葉は緑色，披針状長楕円形で凸頭。第1対生葉は倒卵状楕円形，表面は無毛，縁はまばらに毛がある。中左：葉は対生し，葉の表面は暗紫緑色で縁に長毛がある。茎は紅紫色を帯び，腺毛が密生。中右：根元から多く分枝し，地表を這って越冬する。葉柄はなく，葉は狭卵形で先は鈍い。右：オランダミミナグサに比べて節間が長く，茎は暗紫色を帯びることが多い。茎の先に集散花序をつける。

オランダミミナグサ。左：茎葉は長楕円形〜卵形で葉柄はない。茎上部に多数の花が集まった集散花序をつくる。中：花は密集し，花柄は萼より短い。萼片にも軟毛と腺毛が密生する。右：萼は長さ約5mm。花弁は白色で，先が2裂し，萼よりやや短い。

オランダミミナグサ。左：蒴果は円柱状で萼片の2倍長。先は10歯に割れる。右：種子は三角状卵円形で褐色。いぼ状の突起がある。長さ0.4mm。

ミミナグサ。左：花柄は萼よりやや長く，花序はオランダミミナグサに比べてまばら。花弁は5枚，白色で先は2裂する。萼は5枚，毛と腺毛がある。中：蒴果は円筒状で横向き。先は歯状に10裂する。右：種子は扁平な三角状卵形，淡茶褐色〜黄褐色。いぼ状の突起があり，長さ約0.6mm。

ムシトリナデシコ

虫取撫子　catchfly, garden　ナデシコ科　マンテマ属

Silene armeria L.

【ヨーロッパ】

分布	全国	生活史	一年生（冬生）
出芽	9～4月	繁殖器官	種子（86mg）
花期	5～8月	種子散布	重力
草丈	膝～腰		

江戸末期に観賞用で導入され，その後，各地に逸出，野生化している。道ばたや空き地，河原などに生育する。

マツヨイセンノウ

別名：ヒロハノマンテマ

待宵仙翁　campion, white　ナデシコ科　マンテマ属

Silene latifolia Poir. subsp. ***alba*** (Mill.) Greuter et Burdet

【ヨーロッパ】

分布	北海道～本州	生活史	一年生（冬生），多年生
出芽	9～10月		
花期	6～8月	繁殖器官	種子（410mg）
草丈	膝～腰	種子散布	重力

明治期に観賞用として導入され，戦後に逸出，野生化した。本州以南で高地の林縁などに生育するが，北海道では道ばた，空き地，耕地周辺に生育する。雌雄異株。

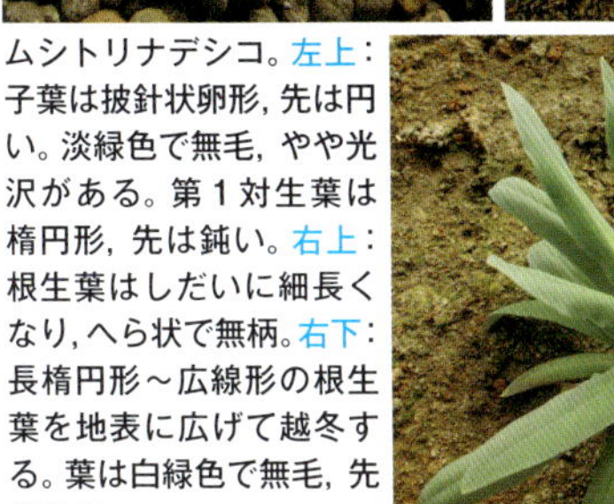

ムシトリナデシコ。左上：子葉は披針状卵形，先は円い。淡緑色で無毛，やや光沢がある。第１対生葉は楕円形，先は鈍い。右上：根生葉はしだいに細長くなり，へら状で無柄。右下：長楕円形～広線形の根生葉を地表に広げて越冬する。葉は白緑色で無毛，先は尖る。

マツヨイセンノウ。左上：子葉は卵形～狭卵形で黄緑色，無毛で先は円い。第１対生葉は楕円形，先は鈍く，縁と葉柄に短毛が密生する。右上：葉は対生，第2，第3対生葉は長楕円形，基部はくさび形で柄になる。主脈と側脈が明瞭で両面と縁に短毛を密生する。右：根生葉は長楕円形，縁は波打ち，基部はしだいに細まって柄になる。

ムシトリナデシコ。左：茎は直立し，無毛で平滑。茎葉は楕円形～狭卵形，基部は左右に張り出して茎を抱く。茎頂および枝先に花序を出す。右上：花冠は径約1cm，紫紅色で5枚あり，平開し，先は2浅裂する。基部に2個の鱗片がつく。右下：花序は集散状で倒円錐形。萼筒は長さ約1.5cm，先に向かって太くなる。茎上方に長さ約1cmの粘着部があり，粘液を分泌する。

マツヨイセンノウ。左：茎は直立，茎葉は楕円形～広披針形，全縁で無柄。全体に短毛と腺毛が密生する。花は夕方開花する。右上：花は径2～3cmで，先が2裂した白い花弁が5枚あり，基部は副花冠状となる。雄花は萼筒の膨らみが小さい。右下：雌花は円錐状に大きく膨らみ，花柱が突き出す。

種子。左：ムシトリナデシコ。半円盤状，長さ約0.8mm，側面に放射状の隆起紋があり，茶褐色。右：マツヨイセンノウ。腎円形で灰黒色。円い突起が並ぶ。長さ約1.3mm。

マンテマ *Silene gallica* L. はヨーロッパ原産の一年生草本。江戸期に導入され，逸出し野生化。道ばたや河原，砂地など，乾いた地に生育する。ツキミマンテマ *S. nocturna* L. は地中海地域原産の一年生草本，2002年に確認され，市街地の道ばたや空き地に生育し，分布を広げている。ミチバタナデシコ *Petrorhagia nanteulii* (Buurnat) P. W. Ball et Heywood もヨーロッパ原産の一年生草本。1960年に侵入が確認され，道ばたや空き地，河原などに生育し，分布を広げている。

ヘビイチゴ

蛇苺 mock-strawberry, Indian バラ科 キジムシロ属

Potentilla hebiichigo Yonek. et H. Ohashi

【在来】

分布	全国	生活史	多年生
出芽	5～6月，9～11月	繁殖器官	種子（220mg）
花期	4～5月		匍匐茎
草丈	～足首	種子散布	重力，被食

道ばた，畦畔，草地，芝地など，草刈りされる日当りのよい湿った土地に生育し，匍匐茎で伸長してしばしば耕地にも入り込む。ヤブヘビイチゴ *Potentilla indica* (Andrews) Th. Wolf は北海道～九州に分布し，林縁などの半陰地に生育する。

キジムシロ属ではヨーロッパ原産の多年生草本エゾノミツモトソウ *Potentilla norvegica* L. が北海道の道ばた，空き地に普通に見られる。キンミズヒキ *Agrimonia pilosa* Ledeb. var. *viscidula* (Bunge) Kom. は畦畔や道ばた，林縁などに生育する多年草。夏期に長い総状花序に径約8mmの黄色い5弁花を多数つける。

ヘビイチゴ。左：子葉は広卵形で先端はわずかにくぼむ。淡緑色で無毛。第1葉は5中裂。表面と葉柄に短毛がある。葉柄は淡緑色。中：第2葉は7中裂。第3葉から3出複葉となり，各小葉は5中裂する。右：葉は黄緑色。根生葉は長柄があり，細かい毛がある。葉は3小葉で，各小葉は卵形～倒卵形で先は円く，縁に粗い鋸歯がある。

左：ヘビイチゴ。花柄の先に径約1.5cmの黄色い5弁花をつける。萼片は5枚で卵形，先は尖る。萼片の外側に先が3裂する副萼がつく。右：ヤブヘビイチゴ。葉は濃緑色で，小葉は菱状楕円形。花は径約2cmで，副萼片が明らかに大きい。

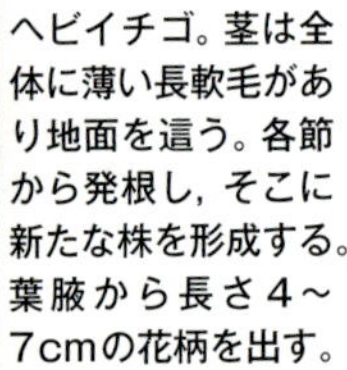

ヘビイチゴ。茎は全体に薄い長軟毛があり地面を這う。各節から発根し，そこに新たな株を形成する。葉腋から長さ4～7cmの花柄を出す。

左：ヘビイチゴ。径約1cmの花托上に多数のそう果がつく。偽果の表面は白っぽい。右：ヤブヘビイチゴ。偽果はヘビイチゴより大きく，径1.3～2.0cm。表面は濃紅色で光沢がある。

ヘビイチゴ。花後に花托がイチゴ状に肥大し偽果になる。果期には花はない。

そう果。左：ヘビイチゴ。卵形でやや曲がり，表面に瘤状の突起があり，光沢はない。長さ約1.2mm。右：ヤブヘビイチゴのそう果は平滑。

キジムシロ *Potentilla fragarioides* L. var. *major* Maxim. は北海道～九州に分布する。土手や道ばた，空き地，林縁や明るい林床など，里山的な土地に生育する多年生草本。根茎で繁殖し，根生葉を開いて越冬する。そう果にはエライオソームがあり，アリで散布される。

キジムシロ。左：子葉は楕円形，先がわずかにくぼみ，縁と表面，柄に短毛がある。葉は互生し，第1，2葉は卵形で3～4浅裂する。第4葉から数葉は3出複葉。全体に白い長い毛がある。右：花は4～5月に開花し，径15～20mm。花弁は黄色，5枚の萼と副萼は同大で卵状披針形。

キジムシロ。根生葉は束生し，奇数羽状複葉で3～6対の小葉があり，頂小葉が大きい。小葉は卵形～長楕円形で，縁に粗い鋸歯がある。根生葉の葉腋から数本の花茎を放射状に出し，花茎の先が分枝して集散花序をつける。

オヘビイチゴ *Potentilla anemonifolia* Lehm. は本州～九州に分布する。湿った土手や畦畔，道ばたなどの草地に生育する多年生草本。匍匐茎でしばしば耕地にも入り込む。

オヘビイチゴ。左上：子葉は楕円形で無毛。葉は互生し，第1葉は円形で通常3浅裂，第2葉は5～7浅裂する。第5，6葉から3出複葉となる。葉の表面，葉柄とも無毛。小葉の基部はくさび形。右上：4～6月に開花する。茎や枝の先に数個の花柄を出し，径10～17mmの黄色の5弁花をつける。花弁は倒心形で先がくぼむ。萼は卵形で5枚。副萼は細い。下：茎は地表を斜めに伸びて四方に広がる。茎は薄毛がある。根生葉は長柄があり，5小葉の掌状複葉。茎先は斜上し，茎葉は短柄となる。

ミツバツチグリ *Potentilla freyniana* Born. は本州～九州に分布する。日当りのよい土手や林縁，林床の草地に生育する多年生草本。匍匐茎の他，地中を横走する長い根茎でも増殖する。そう果にはエライオソームがあり，アリで散布される。

ミツバツチグリ。左上：子葉は楕円形，先がわずかにくぼみ，縁に短毛が並ぶ。葉は互生。第1葉は通常7裂，第2葉は11裂する。第4葉から3出複葉となり，小葉は長楕円形～卵形で先は鈍い。縁と表面に白毛があり，鋸歯はやや粗い。葉柄は淡紅色を帯び，長毛がある。右上：花期は4～6月。花は径10～15mm，花弁は黄色で倒卵形。萼は披針形で先が尖り，副萼片は萼片より短く狭披針形。下：開花個体。根生葉は長柄がある。枝先に集散花序をつける。花後に地表に匍匐茎を伸ばす。株元の根茎は，塊状に肥大する。

コバナキジムシロ *Potentilla heynii* Roth は中国，朝鮮半島原産で，昭和中期に侵入が確認された。一年生（冬生）で，畦畔や河原，湿った道ばたなどに生育し，関東地方に多いとされる。

コバナキジムシロ。子葉は楕円形，縁と葉柄は紅紫色を帯びる。葉は互生，第1葉は3浅裂する。第4葉から3出複葉となる。葉は黄緑色で両面ほぼ無毛。深い鋸歯がある。葉柄はねじれた軟毛が密生する。

左：茎は旺盛に分枝して四方に広がる。根生葉は長い柄があり，頂小葉は深裂し，5小葉に見える。茎は斜上または直立する。上：花期は5～6月。花は葉腋に1つつく。花弁は5枚，倒卵形で黄色。長さ約1mmで，萼，副萼に比べごく小さい。萼は卵形，副萼は広披針形いずれも先が尖る。

ヒナタイノコヅチ

日向猪子槌，日向牛膝　－　ヒユ科　イノコヅチ属

Achyranthes bidentata Blume var. *fauriei* (H. Lév. et Vaniot)

【在来】

分　布	全国	生活史	多年生（夏生）
出　芽	5～8月	繁殖器官	種子（2.2g）
花　期	8～10月		根茎
草　丈	膝～胸	種子散布	付着

ヒナタイノコヅチは日当りのよい空き地，道ばた，畦畔などに生育する。

イノコヅチ

別名：ヒカゲイノコヅチ

猪子槌，牛膝　－　ヒユ科　イノコヅチ属

Achyranthes bidentata Blume var. *japonica* Miq.

【在来】

分　布	全国	生活史	多年生（夏生）
出　芽	5～8月	繁殖器官	種子（3.2g）
花　期	8～9月		根茎
草　丈	腰～胸	種子散布	付着

イノコヅチは林縁など，半陰地に多い。

ヒナタイノコヅチ。左：子葉は披針形で先は尖る。緑色で基部～柄は淡紅色。第１対生葉は広披針形で先は尖り，縁と両面に硬い毛がある。右：葉は対生。葉の縁は波打ち，ねじれることが多い。葉の両面に毛が多い。

イノコヅチは葉の毛がまばらで，葉はねじれない。葉の質はやや薄い。

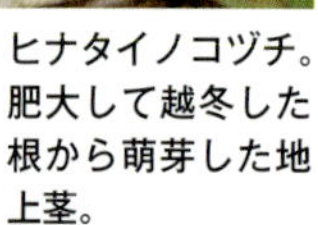

ヒナタイノコヅチ。肥大して越冬した根から萌芽した地上茎。

ヒナタイノコヅチ。茎は紫色を帯びて直立し，上向きの白い短毛がある。4稜があり節は膨れ，節から分枝する。葉の裏面は白っぽい。

ヒナタイノコヅチの花序。茎先，茎上部の葉腋に穂状花序をつける。イノコヅチの花序より短く，花がほぼ接して密につく。イノコヅチの花序は長く，花はややまばら。

ヒナタイノコヅチの花。革質で線状披針形の花被が5枚あり，長さ約5mm。雄ずい5本，雌穂1本。横向きに咲く。

イノコヅチ（左），ヒナタイノコヅチ（右）の果実。花後，下を向いて結実する。胞果は長楕円形。イノコヅチは小苞の基部にある付属体が大きく，花軸の毛は少ない。

ノゲイトウ

野鶏頭 celosia ヒユ科 ケイトウ属

Celosia argentea L.

【熱帯アメリカ】

分　布	関東以西	生活史	一年生（夏生）
出　芽	5〜8月	繁殖器官	種子（480mg）
花　期	7〜9月	種子散布	重力
草　丈	膝〜胸		

江戸末期に移入したとされ，世界の熱帯〜亜熱帯に多い。西日本で空き地，河原，道ばたなどに生育し，夏作物の害草となっている。

上：ヒナタイノコヅチの胞果は花被に包まれたまま熟し，2片の小苞の上部は刺状となって他物につきやすい。下：胞果は長楕円形，長さ約2.3mm，種子は胞果内に1個ある。

上：イノコヅチもヒナタイノコヅチと同様，花被に包まれた胞果が散布体となる。下：胞果。長楕円形で長さ2.5mm，中に種子が1個ある。

ノゲイトウ。左：子葉は披針形で先は鈍い。裏面と胚軸は紅紫色。第1，2葉は長楕円形〜広披針形で先が尖り，無毛。右：葉は互生し，披針形〜卵形。全縁で先は尖り，基部はくさび形。

ノゲイトウ。左：茎は直立し，円柱形で無毛。基部から分枝する。葉の質は薄い。右：開花個体。全体が赤みを帯びることも多い。

ノゲイトウ。左：茎頂に多数の花を密な穂状につける。花穂は長さ5〜10cm。右：花は淡紅色〜白色。花被片は5枚，卵形で鋭頭。雄ずいは5本，花柱は1本。下：種子は扁円形で黒色，光沢があり，径1.1〜1.5mm。

ホソバツルノゲイトウ

細葉蔓野鶏頭　－　ヒユ科　ツルノゲイトウ属

Alternanthera denticulata R. Br.

【オーストラリア】

分布	関東以西	生活史	多年生（夏生）
出芽	5～8月	繁殖器官	種子（180mg）
花期	6～11月		匍匐茎
草丈	足首～膝	種子散布	重力

明治中期には日本に侵入していたとされる。畦畔，湿った道ばたや湿地などに生育し，周辺から耕地にも入り込む。

ツルノゲイトウ

蔓野鶏頭　joyweed, sessile　ヒユ科　ツルノゲイトウ属

Alternanthera sessilis (L.) DC.

【南アメリカ】

分布	関東以西	生活史	多年生（夏生）
出芽	5～7月	繁殖器官	種子（340mg）
花期	7～10月		匍匐茎
草丈	足首～膝	種子散布	重力

世界の熱帯～亜熱帯地域に多く，明治中期には沖縄に侵入していた。畦畔など湿った陽地や林縁に生育し，水田や畑地にも入り込む。

ホソバツルノゲイトウ。上：子葉は長楕円形～長披針形で柄は長く伸びる。無毛で基部は淡紅色を帯びる。第１対生葉は長楕円形。右：葉は対生し，ほぼ無毛。線形～線状披針形で先は鈍い。

ホソバツルノゲイトウ。葉は全縁または縁に微細な鋸歯がある。茎は地際から分枝し，横に広がる。

上：茎は匍匐して節から発根する。葉腋に球状に無柄の花序を数個ずつ密集してつける。左下：花は無柄。花被片は5枚，白～淡桃色で先が尖り，長さ2～3mm。雄ずいは3本。右下：果実は扁平で倒心形，灰褐色で，長さ約1.5mm。中に黄褐色で光沢のある種子を1つ含む。

ツルノゲイトウ。子葉は狭卵形で先は円く，基部はくさび形，柄は長く伸びる。無毛で，主脈と柄は紅紫色を帯びる。第１対生葉は楕円形～倒披針形。

葉は対生し，倒披針形～楕円形。両面とも無毛でつやがある。節間に２状の白毛を生じる。

ツルノゲイトウ。葉は全縁または微細な鋸歯がある。茎は密に分枝して匍匐し，葉腋に球状の花序を１～３個つける。

ナガエツルノゲイトウ

長柄蔓野鶏頭　alligatorweed　ヒユ科　ツルノゲイトウ属

Alternanthera philoxeroides (Mart.) Griseb.

【南アメリカ】

分布	関東以西	生活史	多年生（夏生）
出芽	3〜8月	繁殖器官	匍匐茎
花期	4〜10月	種子散布	−
草丈	脛〜膝		

1989年に兵庫県で確認された。観賞用水草の逸出が疑われる。水路や水辺を覆い，畦畔，水田にも生育し，分布を広げている。茎断片で旺盛に繁殖し，水利に被害を及ぼしている。侵略的外来種として特定外来生物指定。

ナガエツルノゲイトウ。左：越冬した匍匐茎の断片からの萌芽。耕起による断片化や，水流により茎が拡散する。右：茎断片の節から萌芽する。

ナガエツルノゲイトウ。左：葉は対生し，倒卵形〜倒広披針形で基部はくさび形。全縁で細かい縁毛がある。右：茎は長さ1m以上で柔らかく中空。匍匐して多く分枝し，各節から発根する。

ナガエツルノゲイトウ。茎上部は直立する。

ツルノゲイトウ。花序は無柄。花被は狭卵形で5枚，先は尖る。

ナガエツルノゲイトウ。水に浮きやすく，水湿地では旺盛に生育してしばしば水面を埋め，水利などの障害となる。

ツルノゲイトウ。果実は扁平な倒心形。種子は扁円形，赤褐色で長さ約1.1mm。

ナガエツルノゲイトウ。葉腋から球状の花序を単生し，柄は1〜4cm。花被片は5枚で白色。日本では種子による繁殖は知られていない。

イヌビユ

犬莧 amaranth, livid ヒユ科 ヒユ属

Amaranthus blitum L.

【地中海地域】

分布	全国	生活史	一年生(夏生)
出芽	4〜7月	繁殖器官	種子(300mg)
花期	6〜10月	種子散布	重力
草丈	脛〜腿		

世界の温帯〜熱帯に広く分布し，日本への侵入年代は不明。畑地，空き地，道ばたなどに多く生育する。

イヌビユ。左上：子葉は線状披針形で無毛，主脈がくぼむ。はじめ短柄のち長柄。葉柄，胚軸は淡紅色。第1葉は広卵形で先がわずかにくぼむ。右上：第2葉は縁がわずかに波打ち，先は切形でくぼむ。第3葉以降も葉の先端が縮れたようにくぼむ。裏面は淡紅紫色。葉柄は長い。左下：葉は互生，菱状卵形。基部は広いくさび形で葉柄が伸びる。

イヌビユ。根元で分枝し，茎は地を這って斜上する。茎，葉とも無毛。

イヌビユ。左：茎頂や葉腋から黄緑色〜黄褐色の穂状花序を出す。穂長は10cm以下。苞は卵形で先が尖り膜質，花被片の長さの約半分。花被片は3枚，長楕円形〜へら形で長さ約1.5mm。雄ずいは3本，雌ずいは1本。中：胞果は扁平な広卵形で花被片よりも長く，下半分にしわがある。横に裂けない。右：種子はレンズ形。光沢があり黒褐色。長さ0.8〜1.1mm。

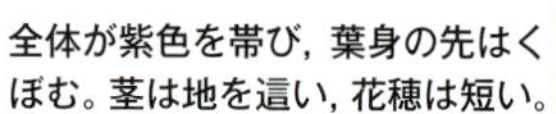

変種 ***Amaranthus blitum*** L. var. ***emarginatus*** (Salzm. ex Uline & W. L. Bray) Lambinon は熱帯アメリカ原産。沖縄地方の道ばた，畑地に定着。

全体が紫色を帯び，葉身の先はくぼむ。茎は地を這い，花穂は短い。

ホナガイヌビユ

穂長犬莧 amaranth, slender ヒユ科 ヒユ属

Amaranthus viridis L.

【熱帯アメリカ】

分布	全国	生活史	一年生(夏生)
出芽	4〜7月	繁殖器官	種子(450mg)
花期	7〜10月	種子散布	重力
草丈	膝〜胸		

大正期に侵入し，畑地，道ばた，空き地などに生育する。ヒユ類ではもっとも多く，普通に見られる。アオビユと呼ばれることがあるが，アオゲイトウに対しても同じ和名が用いられたことがあるので，混乱を避けるために用いないほうがよい。

ホナガイヌビユ。左上：子葉は線状披針形で無毛，はじめ短柄，のち長柄。第1葉は狭卵形で無毛。右上：葉は互生，幼葉は狭卵形〜卵形，先がわずかにくぼむ。緑色で長柄。左下：茎は基部で分枝し，主茎はほぼ直立する。葉は互生し，三角状広卵形で基部は切形。長い柄がある。

ホナガイヌビユ。基部の分枝は，はじめ地を這って斜上する。花穂のほとんどが茎頂につく。

左：花穂は，はじめ直立し長さ10cm以上で茶褐色。のち分枝して横に長く伸びる。上：花被片は3枚で広倒披針形。中央脈は緑色。雄花と雌花が混生する。

ホナガイヌビユ。左：胞果は倒卵形。裂開せず表面に著しいしわがある。右：種子はレンズ形で黒色，光沢があり，径1〜1.2mm。

ホソアオゲイトウ

細青鶏頭　pigweed, smooth　ヒユ科　ヒユ属

Amaranthus hybridus L.

【熱帯アメリカ】

分布	全国	生活史	一年生（夏生）
出芽	4～7月	繁殖器官	種子（370mg）
花期	8～10月	種子散布	重力
草丈	胸～2m		

1920年代後半には侵入していたとされる。畑地や空き地などに多い。夏作物の強害草で肥沃な土地では高さ2mに達する一方，遅く出芽した個体や条件の悪い土地では高さ10cm程度でも開花する。

ホソアオゲイトウ。左：子葉は線形～線状披針形で無毛。先は鈍い。第1葉は卵形で，柄と基部は紫紅色を帯びる。先がくぼみ，柄は長く伸びる。右：葉は互生。第2葉から縁が波状になる。第2～5葉は卵形で全縁，先がわずかにくぼむ。

ホソアオゲイトウ。左：葉は螺旋状につき，表面は緑色で無毛，裏面は淡緑色で脈状に毛がある。右：茎は直立し，縮れた毛が密生する。葉は卵形～菱形状卵形で基部はくさび形。

ホソアオゲイトウ。左上：茎先や茎上部の葉腋から円錐状の花序を出す。花序は通常緑色，ときに紅紫色。晩生で開花は通常8月以降。右上：頂生の花序は長く伸び，基部は多数分枝する。先端は直立またはやや傾く。右下：花穂は鋭く尖った苞が目立つ。苞は白色で長さ2～4mm，花被片の1.5倍長。花被片は4～5枚で長楕円形，長さ1.5～ 2mm。先が尖り，中央脈は緑色。雄ずいは5本。果実は花被片とほぼ同長。

アオゲイトウ

青鶏頭　pigweed, redroot　ヒユ科　ヒユ属

Amaranthus retroflexus L.

【北アメリカ】

分布	全国	生活史	一年生（夏生）
出芽	4～6月	繁殖器官	種子（370mg）
花期	7～9月	種子散布	重力
草丈	膝～胸		

1912年に侵入が確認された。畑や道ばた，空き地に生育する。かつて全国に広がったが，西日本では減少した。この種もアオビユと称されたことがある。

アオゲイトウ。左上：子葉は線形～線状披針形で先は鈍く無毛。第1葉は卵形で先がくぼむ。右上：幼植物の葉の裏面は，紫紅色を帯びる。右下：葉は互生。第2葉以降が円形～広卵形で先がくぼみ，縁にまばらに毛がある。

左：茎は直立し，葉は菱状卵形。ホソアオゲイトウに比べ，葉の縁はあまり波打たず，先もあまり尖らない。茎は淡緑色。右下：ホソアオゲイトウに似るが，より小型で花期は早く，6月から開花する。

アオゲイトウ。上：茎頂と茎上部の葉腋に長さ5～10cmの花序を出す。花序の分枝は少なく，短い。右：小苞は披針形で先が尖り，長さ4～6mm，花被片の1.5～3倍長。花被片は5枚。上部が幅広いへら形で，中央脈は緑色。胞果は花被よりも短く，熟すと横に裂開する。

種子。左：ホソアオゲイトウ。黒色～黒褐色でレンズ形。光沢があり，径約1mm。右：アオゲイトウ。レンズ形で黒色，光沢があり，径1～1.3mm。

イガホビユ

別名：ホナガアオゲイトウ

毬穂莧 amaranth, Powell ヒユ科 ヒユ属

Amaranthus powellii S. Watson

【北アメリカ】

分布	北海道〜九州	生活史	一年生（夏生）
出芽	4〜7月	繁殖器官	種子（400mg）
花期	6〜10月	種子散布	重力
草丈	脛〜腰		

畑地，道ばた，空き地などに生育する。他のヒユ類によく似るためこれまであまり認識されていなかったが，北日本では畑地の害草としてかなり広がっている。

ハリビユ

針莧 amaranth, spiny ヒユ科 ヒユ属

Amaranthus spinosus L.

【熱帯アメリカ】

分布	本州以南	生活史	一年生（夏生）
出芽	4〜7月	繁殖器官	種子（220mg）
花期	8〜10月	種子散布	重力
草丈	膝〜頭		

明治時代中期に沖縄に侵入し，九州など暖かい地域に多い。道ばたや畑地，空き地に生育し，局地的に多発して，飼料作では強害草となっている。

イガホビユ。左：子葉は線形〜線状披針形で先は鈍く無毛。第1葉は卵形で先がくぼむ。右：葉は互生し，幼植物の葉身は卵形〜狭卵形。ほぼ無毛。

イガホビユ。上：葉は長柄，基部はくさび形で全縁。縁はあまり波打たない。右：かなり早い時期から茎頂に花序を出し，基部で分枝する。茎は無毛か上部に毛を散生する。葉は質薄く，生育中期以降は中央より先でもっとも幅広いことが多い。

ハリビユ。上：子葉は線形〜線状披針形で先は鈍く無毛。基部と葉柄，胚軸は赤みを帯びる。第1葉は卵形で先がくぼむ。中：葉は互生し，第2〜4葉は卵形〜広卵形。柄は赤紫色を帯びる。ほぼ無毛。下：葉柄は長く，葉身は狭卵形〜広卵形。葉身の中央部に白い紋を生じることがある。

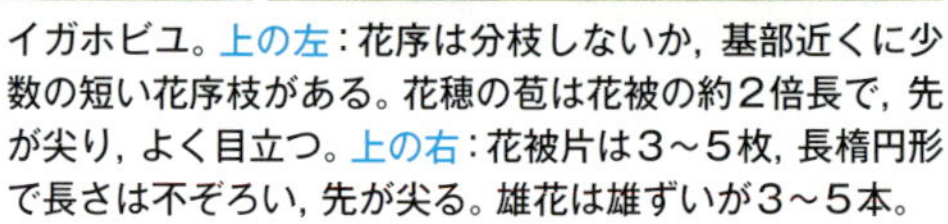

イガホビユ。上の左：花序は分枝しないか，基部近くに少数の短い花序枝がある。花穂の苞は花被の約2倍長で，先が尖り，よく目立つ。上の右：花被片は3〜5枚，長楕円形で長さは不ぞろい，先が尖る。雄花は雄ずいが3〜5本。

イガホビユ。胞果は花被片とほぼ同長。熟すと横に裂開する。

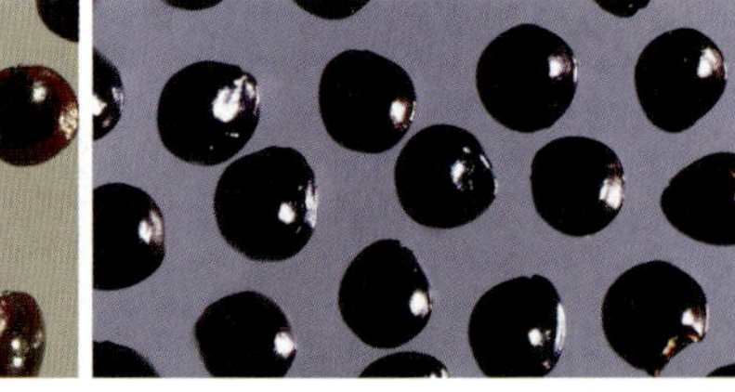

種子。左：イガホビユ。黒色で光沢があり，径1〜1.3mm。右：ハリビユ。レンズ形で黒色，光沢があり，径約0.8mm。

オオホナガアオゲイトウ *Amaranthus palmeri* S. Watson は北アメリカ原産の一年生植物。1930年代には日本に侵入していた。畑地や空き地に生育する。雌雄異株。日本ではまだあまり広がっていないが，北アメリカではグリホサート抵抗性集団が蔓延している。

ハリビユ。節に長さ3～20mmの鋭い刺がある。茎は黄緑色でときに赤みを帯び，光沢がある。

オオホナガアオゲイトウ。上の左：子葉は線状披針形で先は鈍く無毛。第1，2葉は卵形～狭卵形で無毛，柄は長い。左：葉は互生，葉身は菱状卵形～卵形。全縁で基部はくさび形。先端がわずかにくぼむ。葉柄は他のヒユ類に比べて長い。上の中：茎は直立し，大型のものは高さ2mに達する。花序は頂生して分枝せず，直立して多数の花を密につける。雌花は緑色，苞は線状披針形で。雌花序は雄花序よりも刺々しく見える。花被片は5枚でへら形。上の右：雄花は淡黄緑色で，苞は卵形～三角状卵形。花被片は5枚で長楕円状披針形。

ハリビユ。葉柄は長く，葉は狭卵形で基部はくさび形。茎上部に長い花序を出す。花は黄緑色。

ヒメシロビユ *Amaranthus albus* L. は北アメリカ原産の一年生植物。大正年間に北海道に侵入が確認された。北海道に多く，空き地や道ばたなどに生育する。

左：茎は高さ10～50cm，水平に多くの枝を出し無毛。葉は互生し，小型。葉身は倒卵形。基部はくさび形で，縁や全縁かやや波状。右：葉身の先に中央脈が針状に突出する。花序は葉腋について短い。苞は緑色で広披針形，花序に2列に並び，先は長芒となり反る。花被片は3枚。

ハリビユ。左：茎の下方では葉腋に球状に花を密生する。雌雄異花で写真は雌花。右：花序中にも短い刺が混じる。苞は披針形で不同長。花被片は5枚，倒披針状長楕円形で先が尖り，中央脈は緑色。写真は雄花。

沖縄地方に多いヒユ属 *Amaranthus* sp. は畑地，道ばた，空き地などに生育する。侵入年代，日本での分布とも不明。

左：茎は直立して分枝が多く，赤みを帯び無毛。葉は互生し，卵形で全縁。濃緑色でやや厚みがあり，側脈も明瞭。茎頂と茎上部の葉腋から花序を出し，花序の分枝は少ない。右：雌雄同株。花は黄緑色。苞は花被片より短く，花被片は5枚。

シロザ

藜 | lambsquarters, common | ヒユ科 | アカザ属

Chenopodium album L.

【在来】

分布	全国	生活史	一年生（夏生）
出芽	3～7月	繁殖器官	種子（700mg）
花期	(5～) 8～10月	種子散布	重力
草丈	膝～頭		

夏の畑地の代表的な雑草で，道ばたや空き地にも生育する。肥沃な土地では大型になり，多数の種子を生産して永続的な埋土種子集団をつくる。アカザ ***Chenopodium album*** L. var. ***centrorubrum*** Makino はシロザの変種。

シロザ。左：子葉は線形でやや厚く，表面に透明な球状の点が散在する。第1，2葉は対生状で全縁，はじめ長楕円状披針形でのち狭卵形。中：第3葉以降は互生し，狭卵形～三角状卵形となる。縁は波状に切れ込む。葉柄は長く，淡紅色。右：葉身は三角状卵形で，葉縁には不ぞろいの鋸歯がある。新芽には白い粉が密につく。裏面は白色となる。

アカザ。左：子葉は広線形，第1，2葉は対生状。狭卵形で基部は切形。右：葉身はシロザと同形で，新芽の基部に赤い粉がある。しばしばシロザと混生する。

左：シロザ。全体無毛。茎は分枝し，縦に条があり，木質化して硬い。右：アカザ。新芽の赤い粉は生育が進むと目立たなくなり，花期にはシロザと区別がつかなくなることも多い。

シロザ。茎上部の葉は披針形で全縁。茎の先と茎上部の葉腋から花序を出し，全体が円錐状となり，黄緑色の小さな花を多数つける。

右：シロザの若葉，葉の裏面には透明な粉状物が密集する。右下：アカザの粉状物。

コアカザ

小藜 goosefoot, figleaved ヒユ科 アカザ属

Chenopodium ficifolium Sm.

【ユーラシア】

分布	全国	生活史	一年生（夏生）
出芽	3～6月	繁殖器官	種子（150mg）
花期	5～8月	種子散布	重力
草丈	脛～腰		

古い時代に侵入したとされる。畑地や道ばた，空き地などに生育する。シロザに比べ小型で花期が早い。

シロザ。5～7月に開花する早生型は草高1m程度，葉身は楕円形～披針形で鋸歯は少ない。

花被片は5裂し，縁が白く，粉状物が目立つ。雄ずいは5本。花後に花被片が閉じて胞果を包み，背面が膨らんで稜になり，五角形に見える。熟すと赤みを帯びることが多い。

シロザ。果皮は薄い膜で白色に黒色の斑紋があり，種子を包む。種子は扁平な球形，黒色で光沢があり，径1.2～1.6mm。

シロザモドキ *Chenopodium strictum* Roth は近年気付かれた外来種。結実時に果皮がめくれて光沢のある種子が裸出する。果実以外の形態はシロザによく似ており，シロザと見なされていることが多い。

シロザモドキの結実期。光沢のある種子が裸出する。

コアカザ。左上：子葉は広線形で先は鈍く，厚みがあり無毛。第1，2葉は対生状で広線形，全縁。右上：第3葉から互生になり，狭披針形で縁は波状の鋸歯がある。葉は淡緑色，表面に白い粉がある。右下：第5葉以降は基部が太い三角状となり，縁は波状に切れ込む。シロザに比べ幅が狭い。

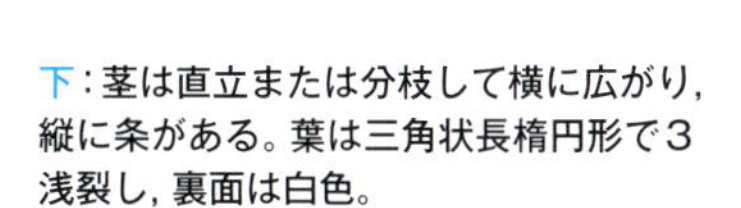

下：茎は直立または分枝して横に広がり，縦に条がある。葉は三角状長楕円形で3浅裂し，裏面は白色。

コアカザ。左：枝先に淡緑色の花を多数，円錐状の花序につける。茎上部の葉は線形で波状の鋸歯がある。花被片は5裂し，緑色で長さ1mm。雄ずい5本。緑色に熟し，果時の花被片の背面は稜にならない。上：種子は扁平で円く，黒色で光沢はない。径約1mm。

ウラジロアカザ

裏白藜 | goosefoot, oakleaf | ヒユ科 | アカザ属

Chenopodium glaucum L.

【ユーラシア】

分　布	全国	生活史	一年生（夏生）
出　芽	4～7月	繁殖器官	種子（280mg）
花　期	5～9月	種子散布	重力
草　丈	足首～脛		

明治中期に侵入が確認された。海辺の砂地に多いが，道ばたや空き地にも生育し，北日本では畑地にも入り込んでいる。

ウラジロアカザ。左：子葉は長楕円形で厚みがあり無毛。第1，2葉は対生状で縁に1，2の波状の鋸歯がある。中：幼植物の葉は，はじめ数対は対生する。主脈が白く目立ち縁は波状に不規則に切れ込む。右：生育が進むと葉は互生する。無毛で裏面は白く，やや多肉質で厚い。茎は基部で分枝する。

ウラジロアカザ。茎は地を這い，上部が斜上する。茎には紫紅色の条がある。茎頂と葉腋に短い花序をつける。

ゴウシュウアリタソウ。茎は地際でよく分枝し，地を這い，葉とともに屈毛と腺毛を密生する。世代交代が早く，しばしば親個体付近に落ちた種子から発芽する。

ウラジロアカザ。花序は黄緑色で無毛。雌花と両性花を混生し，花被片は3～4裂し長さ0.5～0.7mm。

ゴウシュウアリタソウ。左：茎先は斜上し，葉腋に数個の目立たない花をつける。葉面はしわが目立ち，下面には腺点が多い。右：花被には黄色い腺体があり，強い臭いを放つ。花被は5裂し，多肉質で宿存して胞果を包む。

種子。左：ウラジロアカザ。扁球形，暗褐色で光沢があり，径約1mm。右：ゴウシュウアリタソウ。種子は扁球形で濃褐色，径約0.7mm。

ゴウシュウアリタソウ

豪州有田草　goosefoot, clammy　ヒユ科　アリタソウ属

Dysphania pumilio (R. Br.) Mosyakin et Clemants

【オーストラリア】

分　布	北海道〜九州	生活史	一年生（夏生）
出　芽	4〜9月	繁殖器官	種子（55mg）
花　期	6〜10月	種子散布	重力
草　丈	〜脛		

昭和初期に侵入が確認され，1990年代以降に全国的に増加した。道ばた，空き地，畑地など明るい裸地に多い。強い臭いがあり，短期間で開花，結実するため，露地，施設野菜の害草。

アリタソウ

有田草　mexicantea　ヒユ科　アリタソウ属

Dysphania ambrosioides (L.) Mosyakin et Clemants

【メキシコ】

分　布	北海道〜九州	生活史	一年生（夏生）
出　芽	4〜7月	繁殖器官	種子（90mg）
花　期	8〜10月	種子散布	重力
草　丈	脛〜腰		

江戸時代に薬用として移入し，大正期に野生化して各地に広がった。空き地や道ばた，畑地などに生育する。全体に強い臭いがある。茎や葉に毛の多いものをケアリタソウと呼ぶこともあるが，変異は連続的。

ゴウシュウアリタソウ。左：子葉は多肉質で狭卵形，無毛。葉柄は紅色を帯び，長く伸びる。中：第1，2葉は対生状。卵形で縁は波状。葉柄，表面に毛を散生する。右：葉は互生し，楕円形で両側に3〜4対の大きな鋸歯がある。

アリタソウ。左：子葉は狭卵形，多肉質で無毛。葉柄は紅色を帯びる。第1，2葉は対生状で卵形。子葉，第1，2葉ともに柄が伸びて基部はくさび形となる。中：第3葉以降は葉の縁が波打つ。両面と葉柄に嚢状毛があるが，のち消失する。右：葉は互生，第6葉以降は長楕円形で縁は不ぞろいの鋸歯となる。葉腋からさかんに分枝する。

アリタソウ。茎は基部で分枝し，斜上して直立する。縦に条がある。茎葉は粗い鋸歯があり，先が尖る。茎や葉の裏に黄色の腺体があり，強い臭いを放つ。

アリタソウ。左：枝先に緑色の多数の花を円錐花序につける。右：花穂には線形の苞葉がある。花被片は4〜5枚，白色の葯が目立つ。

アリタソウ。胞果は花被片に包まれる。種子は球形で赤褐色〜黒褐色，光沢があり長さ約0.7mm。

コヒルガオ

小昼顔 bindweed, Japanese ヒルガオ科 ヒルガオ属

Calystegia hederacea Wall.

ヒルガオ

昼顔 bindweed, hairy ヒルガオ科 ヒルガオ属

Calystegia pubescens Lindl.

【在来】コヒルガオ

分布	北海道〜九州	生活史	多年生（夏生）
出芽	3〜7月	繁殖器官	種子（20.3g）
花期	5〜8月		根茎
草丈	つる性	種子散布	重力

【在来】ヒルガオ

分布	北海道〜九州	生活史	多年生（夏生）
出芽	4〜7月	繁殖器官	種子（30.7g）
花期	7〜8月		根茎
草丈	つる性	種子散布	重力

いずれも畑地，樹園地，道ばた，空き地などに生育する。ヒルガオは北日本に，コヒルガオは西日本に多い。耕起される土地ではコヒルガオの方が多い。典型的な形態であれば両種の識別はたやすいが，実際には両種とも，葉身や花の形態に変異が多く，中間的なタイプも多い。

コヒルガオ。左：子葉は長方形で，先はくぼむか切形，基部は心形。やや光沢がある。右：第1，2葉は長楕円形で先は鈍く，基部は心形で外側が少し張り出す。

コヒルガオ。上：茎は紅紫色を帯びる。子葉腋からの分枝が地下に貫入し，根茎となる。幼茎，葉とも無毛。右：茎基部から多数の根茎を地下に伸長させる。

コヒルガオ。葉柄は長く，葉身の基部は耳形で2片に分かれ，各片はさらに2片に切れ込む。ヒルガオに比べ早くから開花する。花は葉腋に1つずつつく。全体がヒルガオより小型。

コヒルガオ。白色の根茎が地中20cm深以内を横走し，腋芽から地上茎を萌芽する。根茎の断片により伝播，繁殖する。

コヒルガオ。左：花柄は葉柄とほぼ同長。花冠は径3〜4cmで淡紅色の漏斗状。五角状になることが多い。右：萼片は5裂し，外側に2枚の苞があり，先端は尖る。花柄の上部に縮れた狭い翼がある。自家不和合性で，結実率は低い。

コヒルガオ。種子は倒卵形で黒褐色，表面にいぼ状突起がある。光沢はなく，長さ約4mm。

コヒルガオ。左上：根茎には多肉質の鱗片葉があり，葉腋から茎を萌芽し，その脇から根を2本出す。右上：根茎から萌芽した第1，2葉は三角形で基部は矛形。葉は互生。右下：茎は細長いつるとなる。つるは左巻き。

セイヨウヒルガオ

西洋昼顔 bindweed, field **ヒルガオ科** **セイヨウヒルガオ属**

Convolvulus arvensis L.

【ヨーロッパ】

分布	全国	生活史	多年生(夏生)
出芽	5〜7月	繁殖器官	種子(9.1〜14.9g)
花期	7〜9月		根
草丈	つる性	種子散布	重力

戦後に輸入穀物に混入して侵入，拡散したと思われる。道ばた，空き地，畑地などに生育する。欧米では畑作物の強害草であるが，日本での被害はこれまで多くない。

根茎から萌芽したヒルガオ。コヒルガオに比べて葉身は長く，先が鈍い。基部は下側方へ張り出し，2裂しない。全体ほぼ無毛。

ヒルガオ。花期は通常7月以降。花は葉腋に1つずつつく。全体がコヒルガオより大型。

ヒルガオ。左：花柄は長さ3〜6cm。花冠は径5〜6cmで淡紅色の漏斗状。右：萼片は5裂し，外側に2枚の苞があり，先端は円いかわずかにくぼむ。花柄に翼はない。自家不和合性で，結実率は低い。

ヒルガオ。種子は広倒卵形，黒色〜黒褐色で光沢はなく，長さ約5mm。

典型的なコヒルガオ(左)とヒルガオ(右)の花。コヒルガオの苞は長さ1〜2cmの三角状卵形で先は尖る。花柄上部に狭い翼がある。ヒルガオは2枚の苞が長さ2〜2.5cmの卵形で先は鈍く，花柄に翼はない。

セイヨウヒルガオ。根は地下深く伸長するとともに，水平方向にも旺盛に伸長し，親植物から離れた場所から地上茎を萌芽する。

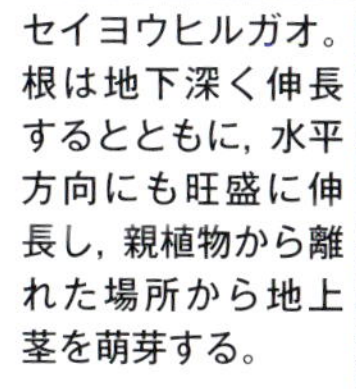

葉は互生し，葉身は矛形で先は円く，基部は左右に少し張り出す。葉身の形態には変異が大きく，ヒルガオやコヒルガオに近いタイプもある。

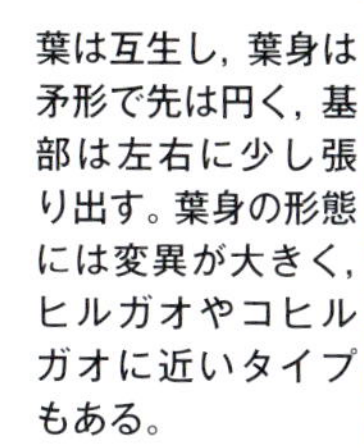

下：茎はつるとなって伸び，無毛または短毛がある。4稜があり，他物に絡みつく。葉腋から花序を伸ばし，1〜2個の花をつける。萼は5深裂し，長さ約4mm。

花柄の途中に小さな1〜2枚の苞葉がある。

花冠は径約2cmで白色〜桃色。雌ずいは二叉状。自家不和合性。

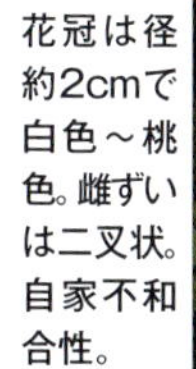

マメアサガオ

豆朝顔 morningglory, pitted ヒルガオ科 サツマイモ属

Ipomoea lacunosa L.

【北アメリカ】

分 布	本州以南	生活史	一年生（夏生）
出 芽	5～8月	繁殖器官	種子（22g）
花 期	9～10月	種子散布	重力
草 丈	つる性		

戦後，輸入穀物に混じって侵入した。道ばたや空き地に広がり，畑地にも入り込み，夏作物の強害草である。

ホシアサガオ

星朝顔 morningglory, threelobe ヒルガオ科 サツマイモ属

Ipomoea triloba L.

【南アメリカ】

分 布	本州以南	生活史	一年生（夏生）
出 芽	5～8月	繁殖器官	種子（15.5g）
花 期	9～10月	種子散布	重力
草 丈	つる性		

1945年以降に日本に侵入した。空き地，道ばた，畑地などに生育する。マメアサガオと同様，夏畑作物の強害草。

マメアサガオ。左：子葉は深く切れ込み，裂片は八の字形に末広がりに外側に開く。第1，2葉は広卵形で，基部は心形，先は細長く尖る。中：葉は互生し，長い柄がある。葉の縁や葉全体が赤紫を帯びることがあり，両面に毛が散生する。右：茎はつるとなって他物に絡みつき無毛または短毛を散生する。生育後期の葉は3裂することがある。

ホシアサガオ。左：子葉は深く切れ込み，裂片はハの字形に開く。第1葉は広卵形で基部は心形，先は短く尖る。中：葉は互生。葉は黄緑で全体ほぼ無毛。右：茎はつるとなって他物に絡みつく。葉身は広卵形で全縁または生育後期は浅く3～5裂する。

マメアサガオ。左：花柄は長さ1.5～4cmで葉柄より短い。1花序に花は1，2個つく。花冠は幅約1.5cm。白花が多く淡紅紫色のタイプもある。右：花柄にはいぼ状の突起があり，稜がある。途中に小さな線形の苞葉が2枚ある。萼裂片は先が細く尖り，縁に長い毛がある。蒴果は上向きに熟し，上半部に柔毛が散生する。果実が熟すと萼片は平開する。

ホシアサガオ。左：花柄は長さ3～10cmで葉柄より長い。1花序に花が1～数個つく。花冠は径約2cm。淡紫色で中心部は濃紅紫色。右：萼裂片は先が尖り，縁に長毛が生える。蒴果は上向きに熟し，径約8mm，上部に長毛を散生する。花柄の突起はまばら。

アメリカアサガオ

亜米利加朝顔 | morningglory, ivyleaf | ヒルガオ科 | サツマイモ属

Ipomoea hederacea (L.) Jacq.

【熱帯アメリカ】

分　布	全国	生活史	一年生(夏生)
出　芽	6～8月	繁殖器官	種子(13～29g)
花　期	8～10月	種子散布	重力
草　丈	つる性		

江戸末期に観賞用で移入されていたが，戦後，輸入穀物に混入して各地に広がったと思われる。空き地や道ばた，畑地に生育し，夏畑作物の強害草。葉身が分裂せず，卵円形のタイプをマルバアメリカアサガオ *Ipomoea hederacea* (L.) Jacq. var. *integriuscula* A. Gray という。

アメリカアサガオ。左：子葉は中裂し，裂片の先は円い。中：葉は互生，葉身は深く3裂または5裂し，先は尖り，両面に毛が散生する。葉柄は下向きの長い毛が生える。右：つるを伸ばし始めたマルバアメリカアサガオ。葉は卵円形で切れ込まず，基部は心形，先は短く尖る。

アメリカアサガオ。上：茎はつるとなって伸び，下向きの粗い毛が生える。葉腋に花序を出し，1～3個の花をつける。左：萼片には開出した長毛が密生し，花後は反り返る。蒴果は球形で長さ約1cm。花柄の途中に多肉の苞葉が対生する。

マルバアメリカアサガオ。上：葉身以外の形態はアメリカアサガオと同じ。右：花冠は漏斗形で径3～4cm。色は青紫，赤紫，白などさまざま。花柄は葉柄より短い。萼裂片は線形で長さ約2cm。

種子。左：マメアサガオ。1果実に4粒の種子が入る。種子は黒褐色で丸みがあり，形はややいびつ。表面が平滑で光沢があり，長さ約4mm。中：ホシアサガオ。1果実に4粒の種子が入る。種子は黒褐色，表面が平滑で光沢があり，整った形状。長さ約3.5mm。右：アメリカアサガオ。1果実内の種子は6個。種子は黒色で表面に短毛が密生する。長さ4～5mm。

マルバアサガオ

丸葉朝顔 | morningglory, tall | ヒルガオ科 | サツマイモ属

Ipomoea purpurea (L.) Roth

【熱帯アメリカ】

分布	本州以南	生活史	一年生（夏生）
出芽	5～7月	繁殖器官	種子（21g）
花期	6～10月	種子散布	重力
草丈	つる性		

江戸期に観賞用で移入された。その後野生化し，道ばたや空き地に生育し，畑地にも入り込んでいる。

アサガオ

朝顔 | morningglory, Japanese | ヒルガオ科 | サツマイモ属

Ipomoea nil (L.) Roth

【インド～ヒマラヤ】

分布	全国	生活史	一年生（夏生）
出芽	4～7月	繁殖器官	種子（20g）
花期	8～9月	種子散布	重力
草丈	つる性		

観賞用で栽培され，各地でしばしば野生化し，道ばた，空き地などに生育する。耕地には入り込んでいない。

マルバアサガオ。左：子葉は濃緑色で中裂し，裂片の先は円い。アメリカアサガオに比べて裂片は幅広い。中：葉は互生。卵円形で全縁。基部は心形で，先端が急に短く尖る。両面に短毛が密生し，細かい葉脈が目立つ。右：茎はつるとなって他物に絡みつく。つるにも下向きの長毛が生える。

マルバアサガオ。葉腋に花序を出し，1～5個の花をつける。

マルバアサガオ。左：花冠は径約6cm。青紫，赤紫，白色などさまざま。右：萼裂片は狭長楕円形で先が短く尖り，下部に長毛が生える。花後，花柄は下に曲がり，果実は下向きに熟す。

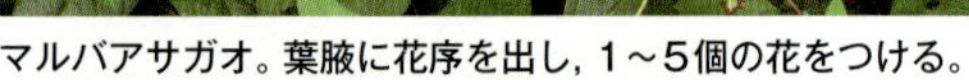

マルバアサガオ。1果実内の種子は6個。種子は扁平な卵形で3～4稜あり，黒褐色。表面は無毛または微細な綿毛がある。長さ4～5mm。

マルバアサガオ（左）の萼片は蒴果の2倍長，アメリカアサガオ（中）の萼片は中部で急に狭まり，先は外に反る。アサガオ（右）の萼片はしだいに先に細く伸びる。

アサガオ。左上：子葉は中裂し，裂片の先は円い。裂片の幅はアメリカアサガオ，マルバアサガオに比べ狭い。左下：葉は互生，葉柄に下向きの長毛が生える。葉身は広卵形で3裂し，裂片の先は鋭く尖り，両面に毛が散生する。

アサガオ。左：茎はつるとなり，他物に絡みつく。茎には下向きの毛が生える。葉腋に花序を出し，1～2花をつける。右：花冠は漏斗形で幅約4cm，花色は白色，瑠璃色など多様。

マルバルコウ

丸葉縷紅 | morningglory, red | ヒルガオ科 | サツマイモ属

Ipomoea coccinea L.

【熱帯アメリカ】

分布	本州以南	生活史	一年生(夏生)
出芽	4〜8月	繁殖器官	種子(20g)
花期	6〜10月	種子散布	重力
草丈	つる性		

19世紀に観賞用で移入した。野生化して道ばたや空き地に広がり，畑地や樹園地の強害草となっている。

マルバルコウ。左：子葉は浅裂し，裂片の先は円みを帯びる。子葉柄や胚軸は赤褐色を帯びる。右：葉は互生。葉身は広卵形〜卵円形で先が鋭く尖り，基部は心形。葉は全縁または両側に2，3個の突起がある。

上：ダイズの畦間を埋めたマルバルコウ。葉が数枚出た後に茎がつるとなり，他物に絡みつく。茎，葉柄，葉とも無毛。葉の質は他のアサガオ類に比べて薄い。左：葉腋から花序を出し，1花序に2〜5個の花をつける。

マルバルコウ。左：花冠は五角形で径約1.5cm。朱赤色で先が広く開く。花冠が黄色のタイプもある。中：萼裂片は長楕円形で無毛。先は急に棒状の突起となり，両側に翼状の張り出しを持つ。蒴果は球形で幅6〜8.5mm。果柄は下向きに曲がる。右：1果実に種子は4個入る。種子は黒色〜暗褐色で微細な毛があり，長さ3〜4mm。

ネコアサガオ *Ipomoea biflora* (L.) Pers は熱帯アジア原産の一年生または多年生草本。1962年に九州で確認され，南西諸島に自生している。全草に毛が多く，花は径約15mmで白色。

ツタノハルコウ *Ipomoea hederifolia* L. は熱帯アメリカ原産。1998年に神奈川県で確認された。

ツタノハルコウ。マルバルコウによく似るが，茎上部の葉は3〜5裂する。果実は上向きで熟す。種子表面は黒色と褐色のまだら模様で，銀白色の綿毛がある。

ルコウソウ *Ipomoea quamoclit* L. およびルコウソウとマルバルコウの交配種モミジルコウ *Ipomoea* × *sloteri* Niewl. が観賞用に栽培され，人家付近などにしばしば逸出し，野生化している。一年生。

ルコウソウ。花は鮮紅色の漏斗形で径約3cm。葉は羽状に細かく裂ける。

モミジルコウ。右：子葉は中裂し，裂片は広く開き，先は円い。下：葉は互生，掌状に深裂し，裂片の先は尖る。

ノアサガオ

野朝顔 morningglory, blue ヒルガオ科 サツマイモ属

Ipomoea indica (Burm.) Merr.

【熱帯アジア】

分 布	紀伊半島以南	生活史	多年生（夏生）
出 芽	周年（南西諸島）	繁殖器官	種子（28g）
花 期	10～5月（南西諸島）		匍匐茎
草 丈	つる性	種子散布	重力

暖かい地域の海岸近く，道ばたや林縁，河原などに生育し，樹園地や畑地にもしばしば入り込む。近年，オーシャン・ブルー等，花冠が大型の園芸品種の栽培が増え，各地で逸出している。

モミジヒルガオ

別名：モミジバヒルガオ，タイワンアサガオ

紅葉昼顔 morningglory, Cairo ヒルガオ科 サツマイモ属

Ipomoea cairica (L.) Sweet

【アジア～アフリカの熱帯】

分 布	本州以南	生活史	多年生（夏生）
出 芽	周年（南西諸島）	繁殖器官	種子，匍匐茎，
花 期	周年（南西諸島）		塊根
草 丈	つる性	種子散布	重力

1930年代には移入し，観賞用として栽培されていた。南西諸島では広く定着し，林縁，道ばた，空き地などに生育し，耕地にも入り込む。

ノアサガオ。左：子葉は中裂し，裂片の先は円い。葉柄と胚軸は紅紫色。中：葉は互生し，広卵形。基部は心形で先は長く尖る。無毛。右：茎はつるとなって他物に絡みつく。緑色または赤みを帯び，短毛がある。地面に接した茎から発根し，茎断片も繁殖体となる。

ノアサガオ。左：茎は10m以上伸び，しばしば作物や樹冠を覆いつくす。葉身は長さ10～15cmに達する。中：花柄は長さ5cm以下，花冠は淡紫紅色，径6～10cmで葉腋に数個つく。花は一日花で朝から昼過ぎまで開花する。右：蒴果は上向きにつき，萼片は細く尖り，反り返らない。自家不和合性で結実率は低い。

ノアサガオ。種子。暗褐色で短毛を密生する。長さ約5mm。

モミジヒルガオ。上：地下の塊根から数mに達するつるを伸ばす。茎は無毛でしばしば節から発根する。葉は互生，葉身は光沢があり無毛，掌状に5～7裂する。裂片の縁は波打ち，先は尖る。左下：葉腋から出る花柄の先に径約7cmの花を1～数個つける。右下：花冠は紅紫色で中央部は濃紫色。蒴果は径約1cmの球形。1蒴果に種子は4個入り，種子は長い絹毛で覆われる。

オキナアサガオ *Jacquemontia tanmifolia* (L.) Griseb. は熱帯アメリカ原産の一年生植物。関東以西にしばしば見られ，畑地にもまれに入り込む。

オキナアサガオ。左上：子葉は腎形で黄緑色，無毛。アブラナ類に似る。幼植物の葉は狭卵形～卵形で先は尖り，縁に毛が並ぶ。左下：葉腋の頭状花序に密生する多数の花。花冠は青紫色で径約8mm，萼片は線形で尖り，長毛が密生する。右：茎はつる性で，葉は卵形～広卵形で基部は心形。成葉はほぼ無毛。

アメリカネナシカズラ

亜米利加根無葛　dodder, field　ヒルガオ科　ネナシカズラ属

Cuscuta campestris Yuncker

【北アメリカ】

分　布	全国	生活史	一年生（夏生）
出　芽	5〜7月	繁殖器官	種子（5.4g）
花　期	7〜10月	種子散布	重力
草　丈	つる性		

1970年頃に侵入が確認され，全国的に分布する。河原，道ばたなどに生育し，ネナシカズラ類ではもっとも多い。作物にも寄生し，しばしば作物に被害を及ぼす。

ネナシカズラ

根無葛　dodder, field　ヒルガオ科　ネナシカズラ属

Cuscuta japonica Choisy

【在来】

分　布	全国	生活史	一年生（夏生）
出　芽	4〜7月	繁殖器官	種子（4.8g）
花　期	7〜9月	種子散布	重力
草　丈	つる性		

河原，海岸，道ばたなどの草地に生育する。寄生植物で葉緑素を持たない。

アメリカネナシカズラ。左：土中の種子から出芽した幼芽。中：茎はつる性で細く，径約1mm，宿主に寄生すると根は枯れる。右：茎は淡黄〜淡黄赤色。宿主に絡みつき，寄生根を出して養分を吸収する。

アメリカネナシカズラ。茎の節に長さ約1.5mmの鱗片状の葉があり，節から分枝する。

茎は左巻き，宿主を選ばず，種々の植物に寄生する。

左：鱗片の腋に短い集散花序を出し，多数の花を頭状につける。中：花冠は白色で径約3mm，裂片は卵形で先が尖り，広く開く。雄ずいは5本。蒴果は球形で径約3mm。熟すと不斉に裂ける。右：種子は黒褐色，歪んだ楕円形で長さ約1.5mm。

ネナシカズラ。右：土中の種子から出芽した幼芽。基部は白色，先端は淡褐色を帯びる。下：茎は黄褐色，針金状で無毛，左巻きで径約1.5〜2.5mm。葉は鱗片状で長さ約2mm。

ネナシカズラ。左：茎には紫褐色の斑点がある。花序は数個が集まり短い穂状。花は無柄。上：萼は5裂し，裂片は長さ約1mmで先は円い。花冠は汚白色で長さ約4mm，上部は5裂する。雄ずいは5本。

ネナシカズラ。蒴果は卵形で長さ約4mm，はじめ花冠をかぶり，熟すと裸出する。種子はふつう4個。径2.5〜3mm。

この他ネナシカズラ類には，マメダオシ *Cuscuta australis* R. Br.，ハマネナシカズラ *C. chinensis* Lam. などがある。マメダオシの茎はネナシカズラより細く黄色で，花序は短く花は密集する。花柱は2本，蒴果は球形。ダイズの他，ナス科作物にも寄生し，局地的に多発する。ハマネナシカズラは海岸の砂地に生育し，ハマゴウなどの海岸植物に寄生する。

ヤブカラシ

薮枯らし　－　ブドウ科　ヤブカラシ属

Cayratia japonica (Thunb.) Gagnep.

【在来】

分　布	北海道(南西部)以南	生活史	多年生(夏生)
出　芽	4〜7月	繁殖器官	種子, 根
花　期	7〜10月	種子散布	被食
草　丈	つる性		

林縁, 河原, 土手, 道ばた, 空き地, 樹園地などに生育する。地下深く張り巡らせた根(クリーピングルート)系で旺盛に栄養繁殖するため, いったん定着すると防除は困難である。

ヤブカラシ。地下のクリーピングルートから萌芽した地上茎。新葉を縦にたたんだ状態で直立し, 赤紫色で軟毛がある。

ヤブカラシ。幼芽から展開した葉。葉身は鳥足状複葉で, 頂小葉が大きい。5小葉は短柄をもち, 各小葉は卵形〜狭卵形, 縁には低く粗い鋸歯があり, 先は尖り, 基部はくさび形。

ヤブカラシ。左：葉は互生し, 葉柄は長い。茎は紫褐色を帯び稜がある。右：葉に対生して巻きひげを出し, 先端はふつう2分岐して他物に絡みつく。

生け垣に絡みつき, 覆い被さったヤブカラシ。

ヤブカラシ。茎は成長すると無毛となる。樹木やフェンスなど, 絡みつくものがない場合には茎は地表を這う。

ヤブカラシ。上：花序をつける節では葉は対生する。径9〜15cmの集散花序で, 直立する総花柄の先に通常3本の枝が集散状に出た後に各枝が2出集散型の分岐を繰り返し, 全体としてやや円盤形の花序になる。下：花は径約5mm, 花弁は緑色, 4枚で三角状卵形。雄ずいは4本。花弁は外側に反り, 早くに脱落する。花盤は黄色〜赤色を帯び, 蜜を分泌し, 柱頭が突き出る。通常, あまり結実しない。

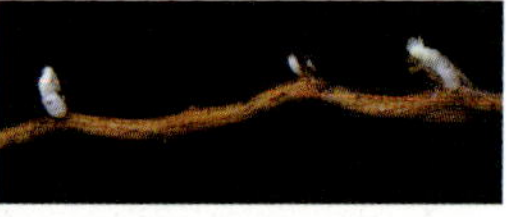

ヤブカラシ。上：太い褐色の根が地下を縦横に伸び, そのところどころから直上して地上茎を出す。左下：地表近くを横走する根から直接地上茎を出す。右下：根の不定芽からの萌芽。土中では白色で先端はかぎ状。

ヒイラギヤブカラシ

柊藪枯らし　－　ブドウ科　ヤブカラシ属

Cayratia tenuifolia (Wight et Arn.) Gagnep.

【在来】

分布	本州西部以南	生活史	多年生(夏生)
出芽	4～7月	繁殖器官	種子(10.2g)
花期	5～11月		根
草丈	つる性	種子散布	被食

西日本から九州，沖縄に分布し，南西諸島で生育するのはほとんど本種。畑地，樹園地，道ばたなどに生育し，サトウキビ畑でしばしば大きな被害を及ぼす。

ヒイラギヤブカラシ。左：子葉は菱状狭卵形で質は厚く無毛，柄は長く，先は鈍い。第１葉は3小葉。中：葉は互生，第2～3葉から鳥足状複葉となる。幼葉はしばしば赤紫色を帯びる。右：根から萌芽した地上茎。ヤブカラシに比べて葉は小型で厚みがあり，鋸歯は細かく数が多い。

ヒイラギヤブカラシ。頂小葉は卵形で小葉の先端は円い。全体に光沢が弱い。

生け垣に絡みつき，開花したヒイラギヤブカラシ。茎は赤紫色を帯び，稜がある。花序は集散花序。

サトウキビ畑に侵入し，サトウキビに絡みついたヒイラギヤブカラシ。

ヒイラギヤブカラシ。左：ヤブカラシとは異なり，花盤は黄色。右：果実は球形で径約1cm。黒色に熟し，2～4個の種子を入れる。

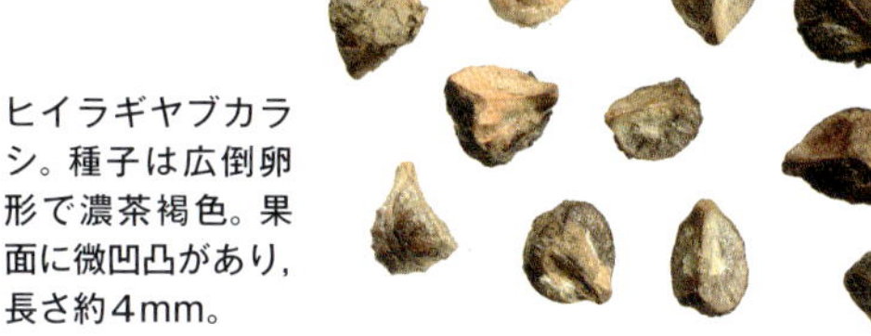

ヒイラギヤブカラシ。種子は広倒卵形で濃茶褐色。果面に微凹凸があり，長さ約4mm。

アメリカフウロ

亜米利加風露 | geranium, Carolina | フウロソウ科 | フウロソウ属

Geranium carolinianum L.

【北アメリカ】

分布	全国	生活史	一年生(冬生)
出芽	9～11月，3～4月	繁殖器官	種子(2.8g)
花期	3～6月	種子散布	自動
草丈	脛～膝		

昭和初期に侵入が確認された。空き地や道ばた，畑地，樹園地などに生育し，西日本では冬作物の害草となっている。

アメリカフウロ。左：子葉は腎形で先がわずかにくぼみ，縁は淡紅色を帯びた灰緑色。両面，葉柄，縁に短毛が密生する。第1，2葉は5～7中裂の掌状葉。葉柄は赤紫色で白毛が密生する。右：越冬期。地際に葉を広げ，全体に赤紫色を帯びる。葉身は5深裂し，さらに細裂する。葉柄の基部に托葉がある。葉柄は長く，紅紫色。

茎は基部から分枝し，斜上する。茎は白毛と腺毛を密生する。花期の茎葉は基部まで切れ込む。

アメリカフウロ。左上：葉腋と茎先から散形花序を出し，淡紅色の5弁花を2～6個つける。花は径約8mm，花弁は倒卵形で先はくぼむ。萼片は長さ約5mm，先端に棒状の突起がある。
左下：蒴果の嘴は長さ1.5～2cmで黒色。微細な毛に覆われ，花後によく目立つ。右下：種子は楕円形で濃褐色，長さ約2mm。微細な網目模様がある。

ゲンノショウコ

現の証拠 | － | フウロソウ科 | フウロソウ属

Geranium thunbergii Siebold ex Lindl. et Paxton

【在来】

分布	全国	生活史	多年生(夏生)
出芽	4～7月	繁殖器官	種子(3.5g)
花期	7～10月		根茎
草丈	脛～腿	種子散布	自動

道ばたや空き地，畦畔，土手などの草地に生育する。

ゲンノショウコ。左：子葉は腎形，先はくぼむ。緑色に淡紅色を帯び，両面，縁，葉柄とも短毛を密生する。第1葉は5～7中裂の掌状葉。右：根生葉は長柄があり，5裂する。茎上部の葉は小さく3裂し，葉柄は短い。葉身にしばしば黒紫色の斑点を生じる。

ゲンノショウコ。上：茎上部の葉は対生し，葉柄は短い。葉身は3裂し，少数の鋸歯があり，先は尖る。茎は暗紫色を帯び，下向きの開出毛がある。茎先や葉腋から出た花柄の先に白色～紅紫色の5弁花を2個ずつつける。右：萼片は5枚で，先端に短い棒状の芒がある。花は径1～1.5cm，花弁は倒卵形。雄ずいは10本。

ゲンノショウコ。左：蒴果は熟すと5つに裂け，種子をはじき飛ばす。嘴には腺毛がある。
右：種子は楕円形で黒褐色。長さ約2mm。

オランダフウロ *Erodium cicutarium* (L.) L' Hér var. *cicutarium* はユーラシア原産の一年生草本。江戸末期に栽培された記録がある他，戦後も侵入している。道ばたや畑地の周辺，樹園地などに生育する。

フウセンカズラ

風船葛　balloonvine　ムクロジ科　フウセンカズラ属

Cardiospermum halicacabum L.

【熱帯アメリカ】

分布	全国	生活史	一年生（夏生），熱帯地域では多年生
出芽	5～7月		
花期	7～11月（南西諸島では通年）	繁殖器官	種子（3.3g）
草丈	つる性	種子散布	重力

明治初期に観賞用に移入され，逸出して道ばたや空き地などに野生化している。南西諸島では変種コフウセンカズラ *Cardiospermum halicacabum* L. var. *microcarpum* (Kunth) Blume とともに畑地にも蔓延している。

フウセンカズラ。左：子葉は楕円形で肉厚，黄緑色で無毛。中：第1，2葉は対生状。3全裂し，頂小葉は3中裂する。右：葉は互生。2～3回3出複葉で葉柄は3～4cm。

フウセンカズラ。左：葉に対生する巻きひげで他物に絡みつく。茎は無毛または有毛。中：茎上部の巻きひげの先端に花序をつける。花は径8～10mm，白色の4弁花。外萼片2枚が長さ約2mm，内萼片2枚が長さ約2mm。右：果実は径1.5～3cmの丸い風船形で内側は3室に別れる。

コフウセンカズラ生育初期。葉身は2回3出～2回羽状複葉。小葉は狭卵形で2～3裂する。

コフウセンカズラの開花・結実個体。4月上旬。熱帯～亜熱帯地域では多年生で周年生育する。果実は成熟すると赤みを帯びる。

フウセンカズラ（左）とコフウセンカズラ（右）の果実。コフウセンカズラは小さく，径約2.5cmで稜が目立つ。

種子。左：フウセンカズラ。球形で径約5mm。心形の白い斑がある。右：コフウセンカズラ。球形で径約5mm。心形の白い斑がある。

ツルマメ

蔓豆　－　マメ科　ダイズ属

Glycine max (L.) Merr. subsp. ***soja*** (Siebold et Zucc.) H. Ohashi

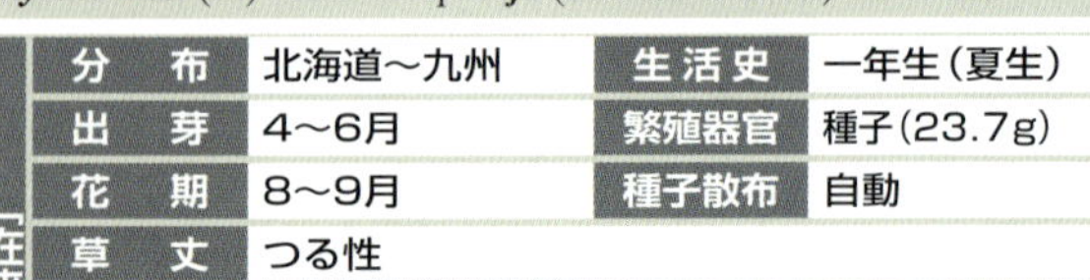

【在来】

分　布	北海道〜九州	生活史	一年生(夏生)
出　芽	4〜6月	繁殖器官	種子(23.7g)
花　期	8〜9月	種子散布	自動
草　丈	つる性		

畦畔，土手などの草地に生育し，しばしば周辺から畑地にも入り込む。ダイズの野生祖先種と考えられており，ごくまれに交雑する。

ヤブツルアズキ

藪蔓小豆　－　マメ科　ササゲ属

Vigna angularis (Willd.) Ohwi et H. Ohashi var. ***nipponensis*** (Ohwi) Ohwi et H. Ohashi

【在来】

分　布	全国	生活史	一年生(夏生)
出　芽	5〜6月	繁殖器官	種子(19.1g)
花　期	8〜9月	種子散布	自動
草　丈	つる性		

河原，土手，畦畔など明るい草地に生育し，夏畑作物の畑にもしばしば入り込む。栽培アズキの野生祖先種とされ，両者の中間的な形態をもつノラアズキがある。

ツルマメ。左：子葉は長楕円形で厚みがあり無毛。やや一方に曲がり，脈がしわのように見える。第1，2葉は対生状で単葉。広卵形で両面と縁に白毛がある。中：第3葉から互生し，3出複葉となり，柄は長い。小葉は広卵形〜楕円形。右：茎はつる性で細く伸び，下向きの粗い淡褐色の毛が密生する。托葉は広披針形で長さ2〜3mm。

ツルマメ。茎は多数の分枝を出し，他物に螺旋状に巻きついて広がる。成植物の小葉は狭卵形〜披針形。

ヤブツルアズキ。成葉の小葉は3浅裂することが多い。

左：ツルマメ。葉腋から短い花柄を出し，紅紫色の蝶形花を数個つける。右：ヤブツルアズキ。豆果は線形で無毛，長さ6〜8cm。1果に8〜12個の種子を入れ，黒色に熟して裂開し，種子を弾き出す。

ツルマメ。左：萼は5中裂し，毛がある。旗弁は幅約5mm，長さ約3mm。翼弁に囲まれて竜骨弁は見えない。右：豆果は扁平な長楕円形で湾曲し，淡褐色の斜上毛が密生する。長さ2.5〜3cm。2，3の種子を入れ，熟すと黒褐色となり裂開する。

ヤブマメ

藪豆　－　マメ科　ヤブマメ属

Amphicarpaea bracteata (L.) Fernald subsp. *edgeworthii* (Benth.) H. Ohashi var. *japonica* (Oliv.) H. Ohashi

【在来】

分　布	北海道〜九州	生活史	一年生（夏生）
出　芽	5〜7月	繁殖器官	種子（22.9g）
花　期	8〜9月	種子散布	自動
草　丈	つる性		

空き地や林縁，畦畔，樹園地などに生育する。地下にも閉鎖花をつけ，種子をつくる。

ヤブツルアズキ。子葉は地下にあり，地上には出ない。第1，2葉は単葉で対生状，先の尖った心形。表面にまばらに短毛がある。第2葉から互生し3出複葉となる。小葉は卵形で先が尖る。

ヤブマメ。左：開放花の種子由来の幼植物。子葉は地下にある。第1，2葉は単葉で対生。卵形で両面に白毛。右：第3葉から3出複葉。柄が長く小葉は広卵形。質は薄く両面に毛がある。先は尖らず，裏面は白緑色。

ヤブツルアズキ。葉柄は濃紫色で長い。3出複葉のうち，頂小葉が大きい。第5葉以降に茎がつるになる。

ヤブツルアズキ。茎は赤紫色で，黄褐色の毛がある。托葉は狭卵形，基部は赤紫色で先が尖る。

ヤブツルアズキ。花冠は淡黄色で長さ約2cm。竜骨弁は左にねじれ，左の翼弁がその上側に接して包み，右の翼弁が竜骨弁の突起を包む。

ヤブマメ。左上：地下の閉鎖花の種子由来の幼植物。開放花由来のものより大きい。左下：托葉は卵形で先が尖る。右：茎はつるとなり，他物に絡みつく。茎には下向きの褐色の長軟毛が密生する。

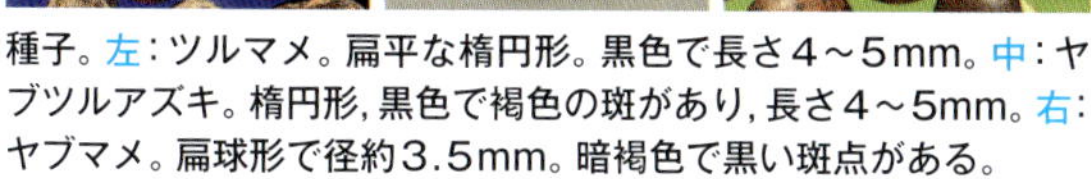

種子。左：ツルマメ。扁平な楕円形。黒色で長さ4〜5mm。中：ヤブツルアズキ。楕円形，黒色で褐色の斑があり，長さ4〜5mm。右：ヤブマメ。扁球形で径約3.5mm。暗褐色で黒い斑点がある。

ヤブマメ。左：葉腋から短い総状花序を出し，数個の花を密生する。花冠は長さ1.5〜2cmで白色，旗弁の先端部は淡紫色となる。萼は円筒形で紫色に染まることが多い。右：豆果は扁平で長さ2〜3cm。縁に長毛があり，他は無毛。中に種子を2，3個入れる。地下の閉鎖花の豆果には種子は1個のみ。

メドハギ

箆萩	lespedeza, sericea	マメ科	ハギ属

Lespedeza cuneata (Dum. Cours.) G. Don

【在来】

分　布	全国	生活史	多年生（夏生）
出　芽	4～7月	繁殖器官	種子（1.3g）
花　期	8～10月		根茎
草　丈	脛～胸	種子散布	重力

土手，空き地，芝地などやや乾いた草地に生育する。法面緑化資材としても利用されてきたが，近年，中国，朝鮮半島原産の近縁外来種が導入され，定着，自生している。

ネコハギ

猫萩	−	マメ科	ハギ属

Lespedeza pilosa (Thunb.) Siebold et Zucc.

【在来】

分　布	北海道～九州	生活史	多年生（夏生）
出　芽	4～6月	繁殖器官	種子（2.0g）
花　期	8～9月		根茎
草　丈	脛～腿	種子散布	重力

日当りのよい乾いた土手や畦畔などの草地などに生育する。

メドハギ。左：子葉は楕円形で片側にくぼみがある。第1，2葉は単葉で対生し，倒卵形で先がくぼむ。右：第2葉から互生し3出複葉。小葉は倒披針形，各小葉はほぼ等大で，先端には芒状の突起がある。

メドハギ。左：茎は直立または斜上し，生育後期には上部でも分枝する。葉は茎に密につき，小葉は線状くさび形で頂小葉はやや大きい。右：根茎から萌芽した地上茎。地際で分枝し，茎基部は木質となる。

メドハギ。左上：茎は直立し，上向きの毛が密生する。葉の表面は無毛，裏面には伏毛がある。右上：各葉腋から出た短い花柄に蝶形花を単生する。花は長さ約7cm。旗弁は黄白色で，赤紫色の斑点がある。萼は5深裂し，裂片は披針形。左下：豆果。扁平な楕円形，長さ約3mm，先が尖り，1種子を入れる。熟すと茶褐色となり，網状の脈と白毛がある。

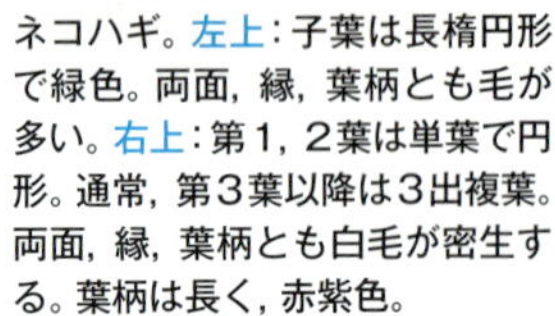

ネコハギ。左上：子葉は長楕円形で緑色。両面，縁，葉柄とも毛が多い。右上：第1，2葉は単葉で円形。通常，第3葉以降は3出複葉。両面，縁，葉柄とも白毛が密生する。葉柄は長く，赤紫色。
右下：葉は互生し，3出複葉の各小葉は倒広卵形で先はわずかにくぼむ。茎葉全体に長い細毛がある。

ネコハギ。茎はつる性の針金状で硬く，分枝して地面を這う。

左：葉腋の短い花序に2～5個の花をつける。花は長さ約8mm，花弁は白色，旗弁の基部に紫紅色の斑がある。右：萼は5深裂して先は尖り，白毛が密生する。豆果は長さ約4mm，扁平な卵円形で毛があり，種子が1個入る。

種子。左：メドハギ。扁平な卵形で長さ約1.8mm。黄緑色に茶褐色の不規則な斑紋がある。右：ネコハギ。扁平な卵形で茶褐色，長さ2～3mm。紫色の斑紋があり，光沢はない。

ヤハズソウ

矢筈草　lespedeza, common　マメ科　ヤハズソウ属

Kummerowia striata (Thunb.) Schindl.

【在来】

分布	全国	生活史	一年生（夏生）
出芽	5〜6月	繁殖器官	種子（1.8g）
花期	8〜10月	種子散布	重力
草丈	足首〜脛		

日当りのよい草地，道ばた，河原，空き地，芝地などに生育する。茎が丈夫で踏みつけに強い。

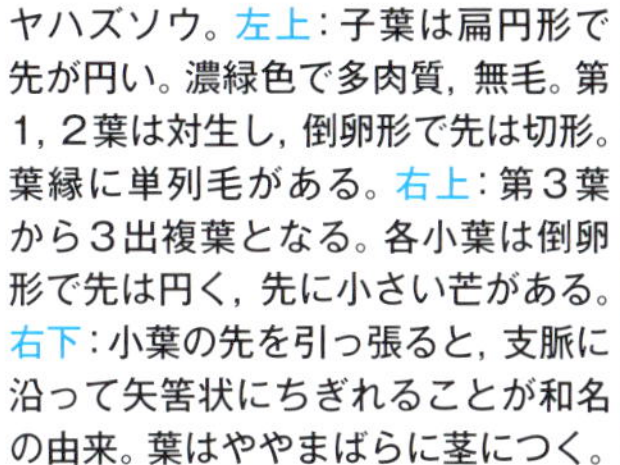

ヤハズソウ。左上：子葉は扁円形で先が円い。濃緑色で多肉質，無毛。第1，2葉は対生し，倒卵形で先は切形。葉縁に単列毛がある。右上：第3葉から3出複葉となる。各小葉は倒卵形で先は円く，先に小さい芒がある。右下：小葉の先を引っ張ると，支脈に沿って矢筈状にちぎれることが和名の由来。葉はややまばらに茎につく。

ヤハズソウ。地際から分枝して地表面に広がり，茎先端は斜上する。

ヤハズソウ。左：茎は細いが硬く，下向きの毛が並ぶ。托葉は淡褐色の薄い膜状。上：葉腋に長さ約5mmの蝶形花を1，2個つける。旗弁は淡紅紫色で，紅紫色の筋模様が放射状につく。萼は5深裂し毛がある。

豆果は扁平な倒卵形で先が尖り，茶褐色で白毛に覆われる。長さ約3.5mm。中に1種子があり，種子は扁平な卵形で濃紫色。長さ約2mm。

マルバヤハズソウ

丸葉矢筈草　lespedeza, Korean　マメ科　ヤハズソウ属

Kummerowia stipulacea (Maxim.) Makino

【在来】

分布	本州〜九州	生活史	一年生（夏生）
出芽	5〜7月	繁殖器官	種子（1.5g）
花期	8〜9月	種子散布	重力
草丈	足首〜脛		

道ばた，河原，空き地，芝地などに生育する。しばしばヤハズソウと混生する。

マルバヤハズソウ。左上：子葉は楕円形，濃緑色。先は円く，柄は短い。右上：第1，2葉は対生し，単葉。倒卵形で基部はくさび形，先がわずかにくぼむ。第3葉から3出複葉で縁はわずかに波状。右下：葉は互生。小葉は倒卵形でヤハズソウより幅広く，先端がくぼみ，葉脈が目立つ。縁や中央脈に絹毛状の長白毛がある。

マルバヤハズソウ。茎は直立し，地際から多数分枝して斜立する。

マルバヤハズソウ。左：茎には上向きの毛が密生する。托葉は幅が広く，白緑色を帯びる。右：葉腋に長さ約5mmの蝶形花を単生する。旗弁は淡紅紫色で，基部に短い紅紫色の筋模様が放射状につく。ヤハズソウに比べ，旗弁の色が濃く全体に円い。萼は無毛で短く，先は鈍い。

豆果は扁平な楕円形で，先は円く，長さ約3mm。種子は黒色で長さ1.5〜1.9mm。

エビスグサ

夷草 | sicklepod | マメ科 | センナ属

Senna obtusifolia (L.) H. S. Irwin et Barneby

【熱帯アメリカ】

分　布	関東以西	生活史	一年生（夏生）
出　芽	5〜7月	繁殖器官	種子（25.8g）
花　期	8〜9月	種子散布	自動
草　丈	膝〜腰		

江戸期に中国から薬用として移入された。暖かい地方の畑地，空き地，道ばた，樹園地などに生育する。

アメリカツノクサネム

亜米利加角草合歓 | sesbania, hemp | マメ科 | ツノクサネム属

Sesbania exaltata (Raf.) Rydb. ex A. W. Hill

【熱帯アメリカ】

分　布	本州中央部以西	生活史	一年生（夏生）
出　芽	5〜7月	繁殖器官	種子（15.2g）
花　期	8〜11月	種子散布	自動
草　丈	胸〜3m		

戦後に侵入が確認された。北アメリカでは畑作物の主要害草であり，輸入穀物への混入を通して，近年は日本の畑地でも生育が確認されている。

エビスグサ。左：子葉は楕円形，黄緑色で先は円く，無毛。第１葉から複葉で，２対の偶数羽状複葉。右：葉は互生。基部にもっとも近い１対の小葉の柄の基部に突起状の蜜腺がある。

エビスグサ。左：葉は偶数羽状複葉で，小葉は２〜４対，倒卵形〜楕円形，裏面に軟毛がある。全体に悪臭がある。下：茎は直立して分枝する。茎ははじめ細かい軟毛があり，のち無毛となる。

エビスグサ。花は葉腋から出た10〜20mmの柄の先に１，２個つく。花は左右相称で径約２cm，花弁は５枚，黄色で倒卵形。萼は狭卵形。

左：エビスグサの豆果は細長く，円柱形で長さ10〜15cm，25〜30個の種子を入れる。右：アメリカツノクサネム結実期。豆果は長い線形で斜上してつき，長さ15〜20cm，中に多数の種子を入れる。

アメリカツノクサネム。左上：子葉は長楕円形で黄緑色，無毛。第１葉は単葉で長楕円形。第２葉から偶数羽状複葉となる。右上：葉は互生，小葉は長楕円形で先は円い。左下：葉は偶数羽状複葉で小葉は15〜25対。茎は無毛で緑白色。

左：茎は直立し，ほとんど分枝しない。茎中部の葉は長さ30cmに達する。葉腋から短い花序を出し，まばらに数個の花をつける。下：蝶形花は長さ約２cm，旗弁の裏面に紫色の斑点がある。

種子。上：エビスグサ。菱形，茶褐色で光沢がある。長さ４〜５mm。下：アメリカツノクサネム。楕円形で茶褐色，長さ約４mm。

カワラケツメイ

河原決明 | － | マメ科 | カワラケツメイ属

Chamaecrista nomame (Siebold) H. Ohashi

【在来】

分布	本州〜九州	生活史	一年生（夏生）
出芽	5〜7月	繁殖器官	種子（10.5g）
花期	8〜10月	種子散布	自動
草丈	脛〜膝		

道ばた，畦畔，空き地，土手などやや乾いた場所に生育する。

カワラケツメイ。左：子葉は不整の四角状卵形で厚みがある。表面は緑色，裏面は紫紅色。第１葉は数対の羽状複葉で小葉は線状楕円形。右：葉は互生し，茎は直立する。第２〜４葉も第１葉と同形で偶数羽状複葉，表面は無毛，小葉の先は尖る。幼茎には上向きの曲がった毛が密生する。

茎は硬く，茶色を帯び，下部はやや木質で無毛。もっとも基部の小葉の下に腺点がある。托葉は線状披針形。

カワラケツメイ。左：葉腋から花柄を出し，径0.7〜1cmの黄色の花をつける。花弁，萼とも5枚。右：豆果は扁平な広線形で長さ約3cm。濃茶褐色で毛が密生する。斜上し，目立つ。縦に裂開し，8〜11個の種子を入れる。

種子。左：カワラケツメイ。扁平な菱形。茶褐色に黒斑があり，光沢がある。長さ約3.5mm。右：シナガワハギ。腎形で表面は滑らか。黄褐色〜褐色で長さ約2mm。

シナガワハギ

品川萩 | sweetclover, yellow | マメ科 | シナガワハギ属

Melilotus officinalis (L.) Pall. subsp. ***suaveolens*** (Ledeb.) H. Ohashi

【ユーラシア】

分布	全国	生活史	一年生（夏生または冬生）
出芽	5〜7月		
花期	4〜6月	繁殖器官	種子（1.4g）
草丈	膝〜頭	種子散布	重力

明治初期から主に沿海地に定着し，全国的に道ばたや空き地に生育する。シロバナシナガワハギ ***Melilotus officinalis*** (L.) Pall. subsp. ***albus*** (Medik.) H. Ohashi et Y. Tateishi は花が白色でやや小さい。飼料作物として利用される。

シナガワハギ。左：子葉は片側に曲がった楕円形で先は円い。緑色で無毛。第１葉は超広卵形で先はくぼみ，無毛。柄は長く，紅紫色。第２葉から３小葉。右：葉は互生し，羽状３小葉。小葉は卵形または楕円形〜長楕円形。青緑色で，縁に浅い鋸歯がある。托葉は糸状。

シナガワハギ。茎は多く分枝して直立し，有毛または無毛。

シナガワハギ。上：総状花序は長さ2〜15cmで，黄色の蝶形花を密生し，花後に伸長する。花は長さ4〜7mm，萼は無毛で長さ2〜2.5mm。右：豆果はやや扁平な卵形〜球形で，表面に網目状のしわがある。長さ約3mmで無毛，黒色に熟し，1〜2種子を入れる。

シロツメクサ

白詰草 clover, white マメ科 シャジクソウ属

Trifolium repens L.

【ヨーロッパ】

分布	全国	生活史	多年生(冬生)
出芽	9～11月	繁殖器官	種子(500～700mg)
花期	4～10月		匍匐茎
草丈	足首～脛	種子散布	重力

江戸時代初期に移入し，のち牧草として導入されたものが全国に逸出・野生化した。道ばた，畦畔，芝地，土手，空き地，畑地などに生育し，高地の草原にも侵入している。

ムラサキツメクサ(アカツメクサ)

紫詰草 clover, red マメ科 シャジクソウ属

Trifolium pratense L.

【ヨーロッパ】

分布	全国	生活史	多年生(冬生)
出芽	9～11月	繁殖器官	種子(1.6～1.8g)
花期	5～9月		根茎
草丈	足首～膝	種子散布	重力

江戸末期に牧草として導入された。全国に逸出・野生化し，芝地，道ばた，空き地，河原などに生育し，山地帯の道路法面にも侵入している。

シロツメクサ。左上：子葉は長楕円形で多肉質，緑色で表面は滑らか。第１葉は単葉で超広卵形，先がくぼみ，縁に鋸歯がある。右上：第２葉から３出複葉となる。葉柄は長い。縁に細かい鋸歯があり，小葉は倒卵形で先端がくぼむ。葉身には八の字形の薄い白斑があり，その様相は個体によりさまざま。右下：茎は暗紫色を帯び無毛，根元から多く分枝し地面を這う。

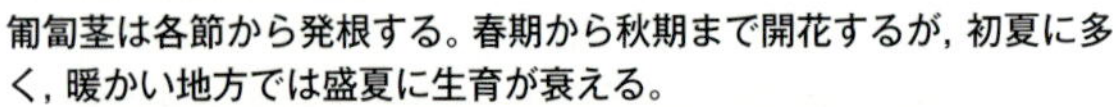

匍匐茎は各節から発根する。春期から秋期まで開花するが，初夏に多く，暖かい地方では盛夏に生育が衰える。

シロツメクサ。左：葉柄から長い花柄を出し，先端に径約2cmの頭状花序をつけ，白色の蝶形花を多数つける。花は長さ約10mm。萼は5裂し無毛，先は鋭く尖る。右：花弁は落ちずに枯れたまま豆果を包む。果皮は薄く，熟しても裂開しない。

ムラサキツメクサ。左上：子葉は多肉質で楕円形，緑色で表面は滑らか。第１葉は単葉で横広楕円形。葉柄，両面，縁に軟毛がある。右上：第２葉から３出複葉となる。葉柄は赤紫色を帯びる。幼植物の小葉は広倒卵形で先は少しくぼむ。托葉は膜質で葉柄に合着し，長毛がある。左下：越冬個体。全体に開出した軟毛がある。小葉に淡緑色～緑白色の斑紋があることが多い。

上：茎は直立または斜上する。茎上部の葉の小葉は先の尖る長楕円形。茎先に頭状花序をつける。左：花柄は短く，花序の直下に葉が１対つく。花序は径約2cm，紅紫色の蝶形花を密集する。萼は筒状，５深裂し，先は針状で白軟毛がある。

種子。左：シロツメクサ。心形，表面は滑らかで光沢があり，ふつう黄色。古くなると赤褐色。長さ１～1.5mm。右：ムラサキツメクサ。卵形で黄色～紫色。長さ約2mm。

コメツブツメクサ

米粒詰草　clover, small hop　マメ科　シャジクソウ属

Trifolium dubium Sibth.

【ヨーロッパ】

分布	全国	生活史	一年生(冬生)
出芽	9～11月	繁殖器官	種子(350mg)
花期	4～6月	種子散布	重力
草丈	足首～膝		

大正年間に侵入が確認され，戦後に広がった。芝地や道ばた，空き地など，日当りのよいやや乾いた草地に生育する。

クスダマツメクサ

薬玉詰草　clover, large hop　マメ科　シャジクソウ属

Trifolium campestre Schreb.

【地中海地域】

分布	全国	生活史	一年生(冬生)
出芽	9～11月	繁殖器官	種子(370mg)
花期	5～7月	種子散布	重力
草丈	脛～膝		

1943年に横浜市で確認された。その後全国に広がり，河原，海岸，道ばた，空き地などに生育する。コメツブツメクサに似るが，刈り取りや踏圧のある場所には少ない。

コメツブツメクサ。左：子葉は長楕円形で先は円い。多肉質で無毛。第１葉は単葉，広倒卵形で先はわずかにくぼむか切形。第２葉から３出複葉。小葉の基部はくさび形。右：葉は互生し，葉柄は赤紫色を帯びる。根元で分枝し，茎は赤紫色。托葉は卵状披針形で２裂し，長毛がある。葉は３出複葉で小葉は倒卵形，ほぼ無毛。

茎上部は斜上する。茎中部につく葉の葉柄は小葉より短い。成植物は小葉の上半部に鋸歯がある。葉腋から長さ約2cmの花柄を出し，長さ約1cmの花序をつける。

左：球形の総状花序に黄色の蝶形花を５～20個つける。花は長さ約4mm。右：花は花後，下向し，茶褐色となり豆果を覆う。萼は長さ約2mm，無毛で５裂する。１果に１種子を入れる。

コメツブツメクサの種子は楕円形で黄褐色～淡茶褐色，滑らかで強い光沢がある。長さ約1mm。

クスダマツメクサ。左：子葉は楕円形，先は円く，濃緑色で無毛。第１葉は単葉，横広楕円形で，先がややくぼみ，基部は心形。右：第２葉から３出複葉。葉は互生し，小葉は倒卵形で先端がわずかにくぼむか円い。ほぼ無毛。托葉は卵形～楕円形で先は尖る。

茎は直立または匍匐する。茎中部につく葉の葉柄は小葉より長いか同長。成葉では小葉の基部はくさび形，縁は基部が全縁で中部より先に鋸歯がある。茎には伏した白い短軟毛が散生する。

クスダマツメクサ。花柄は長さ１～3cm。卵円形の花序に鮮黄色の花を20個以上つける。萼筒ははじめ緑色，長さ約0.6mmで無毛。裂片は針形。花は長さ約4～6mmでコメツブツメクサより大きい。

花は花後，下向し，萼筒とともに褐色となる。旗弁の脈がしわとなり目立つ。１果に１種子を入れる。

クスダマツメクサの種子は楕円形で褐色，長さ１～1.5mm。

コメツブウマゴヤシ

米粒馬肥　medic, black　マメ科　ウマゴヤシ属

Medicago lupulina L.

【ヨーロッパ】

分布	全国	生活史	一年生（冬生）
出芽	9～10月	繁殖器官	種子（1.2～2.3g）
花期	5～7月	種子散布	重力
草丈	脛～膝		

江戸時代に移入し，その後全国に広がった。畑地，牧草地，空き地，道ばた，芝地などに生育する。

コメツブウマゴヤシ。左上：子葉は楕円形で先は円く無毛，柄は短い。第１葉は単葉で広卵形～超広卵形，先端がわずかに尖る。第２葉から３出複葉。右上：小葉は広倒卵形で両面と縁に軟毛がある。托葉は先端が尖り，全縁または１～２の鋸歯がある。右下：茎は方形，よく分枝して地を這うか斜上する。変異が大きく全体に腺毛があるタイプもある。

コメツブウマゴヤシ。葉はやや白みを帯び，成葉の小葉は倒卵形～円形で上部には細かい鋸歯がある。葉腋から長さ約2cmの縦長の花序を出す。

コメツブウマゴヤシ。左：20～30個の黄色の蝶形花をつける。花は長さ２～3mm，旗弁はやや閉じて先端が上向する。萼は長さ約1.5mm，裂片は筒部より長く，毛がある。右：豆果は腎形で長さ約2.5mm。先端がやや内側に巻く。表面に渦巻状の脈がある。熟すと黒色となる。種子は１個。

種子。左：コメツブウマゴヤシ。卵形～長卵形，黄色～緑黄色でやや光沢がある。長さ約2mm。右：ウマゴヤシ。腎形，滑らかで少し曲がり，黄褐色～暗褐色，長さ２～3mm。

ウマゴヤシ

馬肥　burclover, California　マメ科　ウマゴヤシ属

Medicago polymorpha L.

【ヨーロッパ南部】

分布	全国	生活史	一年生（冬生）
出芽	4～5月	繁殖器官	種子（2.7g）
花期	9～11月	種子散布	重力，付着
草丈	足首～腿		

江戸時代に牧草として移入され，逸出・野生化した。道ばた，河原，畑地，空き地，海岸などに生育する。

ウマゴヤシ。左：子葉は線状長楕円形で先は鈍い。表面は緑色，裏面は紅紫色。第１葉は単葉で腎形，先がくぼむ。右：葉は互生し，第２葉から３出複葉。小葉は心形で基部はくさび形，先端はくぼむ。縁は波状。葉柄は淡紅色を帯びる。

上：茎は基部で分枝して地を這い，直立または斜上し，ほとんど無毛。成葉の小葉は倒卵形～広倒卵形で，基部はくさび形，上半部に鈍い鋸歯がある。左：１花序に花は数個とまばら。花は黄色で長さ３～6mm。萼は長さ２～3mm。

ウマゴヤシの豆果は４～５回，螺旋状に巻き，縁に先の曲がった刺が多数並ぶ。径約7mm。１果実に種子は４～５個。

ウマゴヤシ（左）の托葉は櫛の歯状に細裂する。近縁種コウマゴヤシ*（右）の托葉は裂けず，全体に毛がある。

*Medicago minima (L.) Bartal.

ミヤコグサ

都草　trefoil, birdsfoot　マメ科　ミヤコグサ属

Lotus corniculatus L. var. ***japonicus*** Regel

【在来】

分　布	北海道～九州	生活史	多年生（冬生）
出　芽	9～11月	繁殖器官	種子（650mg）
花　期	5～7月		根茎
草　丈	足首～膝	種子散布	自動

日当りのよい道ばた，畦畔，芝地，河原や海岸の砂地などの草地に生育する。

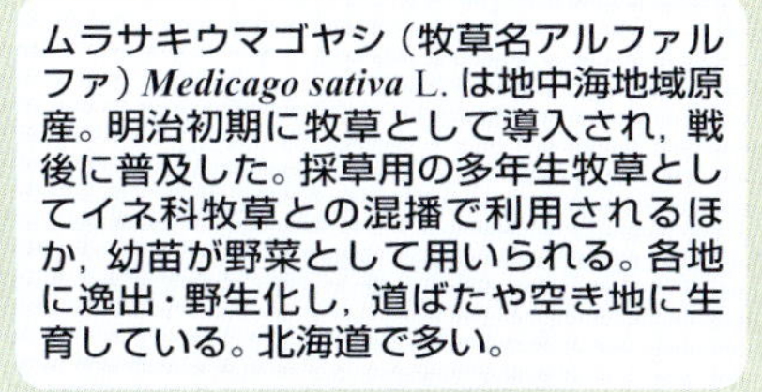

ムラサキウマゴヤシ（牧草名アルファルファ）*Medicago sativa* L. は地中海地域原産。明治初期に牧草として導入され，戦後に普及した。採草用の多年生牧草としてイネ科牧草との混播で利用されるほか，幼苗が野菜として用いられる。各地に逸出・野生化し，道ばたや空き地に生育している。北海道で多い。

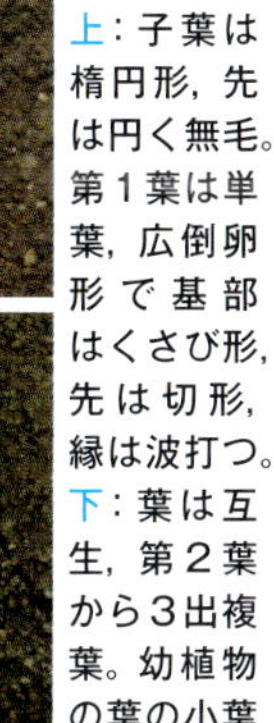

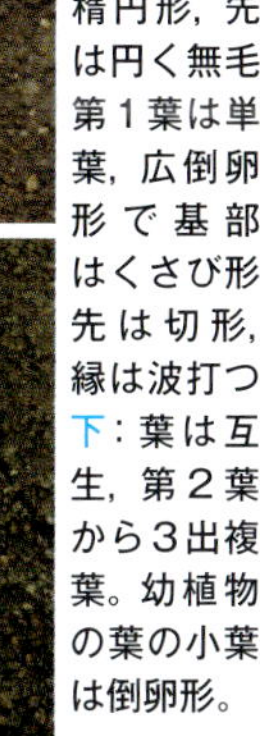

ムラサキウマゴヤシ。上：子葉は楕円形，先は円く無毛。第１葉は単葉，広倒卵形で基部はくさび形，先は切形，縁は波打つ。下：葉は互生，第２葉から３出複葉。幼植物の葉の小葉は倒卵形。

ミヤコグサ。左：子葉は楕円形で先は円く緑色。多肉質でつやがあり無毛。第１，２葉は３出複葉で小葉は倒卵形。中：第３葉以降，葉柄基部に托葉のように見える小葉がつき，５小葉となる。右：分枝を伸長した幼植物。小葉は卵形～倒卵形。茎，葉はほぼ無毛。茎は地を這い，先端は斜上する。

ムラサキウマゴヤシ。地際から多数の茎を叢生する。成植物の葉の小葉は狭倒卵形～長楕円形で，上部に細かい鋸歯がある。

ミヤコグサ。左：葉は５小葉。葉の基部に１対の托葉状の小葉があり，先端の３枚が３小葉状に見える。右：葉腋から細長い花柄を出し，先に１～３花をつける。花は鮮黄色で長さ約15mm。萼は長さ6～7mmで５深裂し，裂片は線状披針形。

ミヤコグサ。左：豆果は線形で無毛。熟すと２裂し，螺旋状にねじれて種子を弾く。右：種子は扁平な卵形，濃茶褐色で光沢がある。長さ約1.3mm。

ムラサキウマゴヤシ。総状花序に密に紫色～青紫色の花を10～20個つける。花は長さ7～10mm。豆果は螺旋状に巻く。

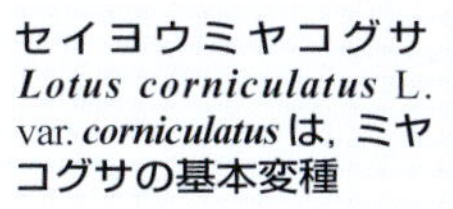

セイヨウミヤコグサ
Lotus corniculatus L. var. ***corniculatus*** **は，ミヤコグサの基本変種**

セイヨウミヤコグサ。全体が大型で，花は１花序に５～７個つく。

カラスノエンドウ 別名：ヤハズエンドウ

烏の豌豆　vetch, narrowleaf　マメ科　ソラマメ属

Vicia sativa L. subsp. ***nigra*** (L.) Ehrh. var. ***segetalis*** (Thuill.) Ser.

【在来】

分布	本州以南	生活史	一年生（冬生）
出芽	9～3月	繁殖器官	種子（14.5g）
花期	4～6月	種子散布	自動
草丈	つる性		

畑地や樹園地，畦畔，道ばたや空き地，土手などの草地に生育する。ムギ作では重要な害草。

スズメノエンドウ

雀の豌豆　vetch, tiny　マメ科　ソラマメ属

Vicia hirsuta (L.) Gray

【在来】

分布	本州以南	生活史	一年生（冬生）
出芽	9～3月	繁殖器官	種子（5.3g）
花期	4～5月	種子散布	自動
草丈	つる性		

道ばたや空き地，畦畔，土手などに生育する。カラスノエンドウに比べて小さいが，暖地では畑地の害草となる。

カラスノエンドウ。左：第１葉は２小葉（１対）で，小葉は線状長楕円形で先は尖る。第２，３葉も第１葉と同形。子葉は地下にあり地上に出ない。右：第１枝には５，６対の２小葉がつく。第１枝の基部から第２枝，第３枝を出す。第２枝の小葉は倒広卵形，長楕円形など，第１枝の小葉と形が異なる。

茎は地際から分枝し，地を這う。第２枝以降の小葉は４対以上となり，小葉の先は少しくぼむ。茎は四角形で軟毛があり，越冬期はしばしば赤紫色を帯びる。托葉は２裂し，中央に腺点がある。

カラスノエンドウ。上：葉の先が巻きひげとなり，他物に絡みついて茎が立ち上がる。葉は互生し，偶数羽状複葉で小葉は５～６対。小葉の形態は個体や集団によってさまざまな変化がある。葉腋に１，２個の紅紫色の花をつける。左：花は長さ約1.5cmの５弁の蝶形花。萼は５中裂し，先が尖る。花柄はごく短い。

豆果は扁平な倒卵形で先が尖り，茶褐色で白毛に覆われる。長さ約3.5mm。中に１種子があり，種子は扁平な卵形で濃紫色。長さ約2mm。

左：スズメノエンドウ（左）とカスマグサ（右）。第1葉は4小葉（2対）で小葉は線状楕円形。子葉は地下にある。右：第1枝は数枚の複葉を出し，地際から第2枝が出る。枝上部の複葉の先端は巻きひげとなる。茎は地際から分枝し，地を這う。茎は四角形で赤紫色を帯びる。

小葉は線状長楕円形で先が少しくぼみ，小突起がある。成植物では小葉は12～14枚。托葉は線形に深く切れ込む。

左：長い花柄の先に白紫色の蝶形花を数個つける。花は長さ３～４mm。萼は５裂し，裂片の先は尖る。右：豆果は長楕円形，長さ約１cmで毛が密生する。１果に通常２種子を入れ，完熟すると黒色になり，種子を弾き出す。

種子。左：カラスノエンドウ。球形，濃茶褐色で黒斑がある。径2.5～3mm。右：スズメノエンドウ。やや扁平な球形で，光沢があり，淡茶褐色に紫色の斑紋がある。径２～2.3mm。

カスマグサ

かす間草 | vetch, sparrow | マメ科 | ソラマメ属

Vicia tetrasperma (L.) Schreb.

【在来】

分布	本州以南	生活史	一年生（冬生）
出芽	9〜3月	繁殖器官	種子（4.0g）
花期	4〜5月	種子散布	自動
草丈	つる性		

道ばたや畦畔，土手，畑地などに生育し，スズメノエンドウとしばしば混生する。カラスノエンドウとスズメノエンドウの中間的な形態が和名の由来。

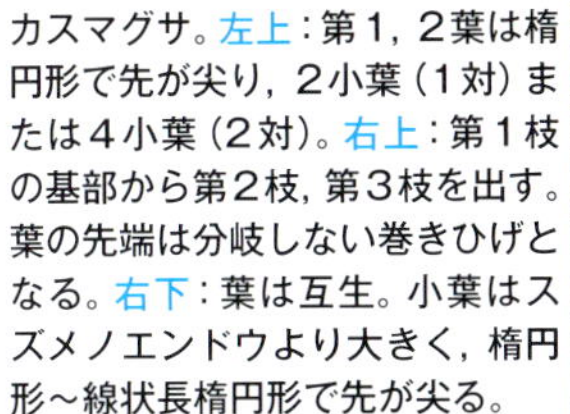

カスマグサ。左上：第1，2葉は楕円形で先が尖り，2小葉（1対）または4小葉（2対）。右上：第1枝の基部から第2枝，第3枝を出す。葉の先端は分岐しない巻きひげとなる。右下：葉は互生。小葉はスズメノエンドウより大きく，楕円形〜線状長楕円形で先が尖る。

カスマグサ。上：葉は3〜6対の偶数羽状複葉。巻きひげで他物に絡みついて立ち上がる。茎は無毛。托葉はごく小さい。左：葉腋から出た細い花柄の先に1〜3個の蝶形花をつける。花弁は淡紫紅色で，旗弁に赤紫色の筋がある。

カスマグサ。左：豆果は扁平で無毛，長さ1.5〜2cm。通常4個の種子を入れる。上：種子は球形，緑褐色で黒斑がある。径約2mm。

ナヨクサフジ

弱草藤 | vetch, winter | マメ科 | ソラマメ属

Vicia villosa Roth subsp. ***varia*** (Host) Corb.

【ヨーロッパ，西アジア】

分布	全国	生活史	一年生（冬生）
出芽	9〜11月	繁殖器官	種子（32.3g）
花期	5〜7月	種子散布	重力
草丈	つる性		

1943年に確認された。全体に長軟毛の多いビロードクサフジ *Vicia villosa* Roth subsp. *villosa* とともに，ヘアリベッチの名で飼料や緑肥，被覆植物として栽培される。逸出，野生化し，道ばた，空き地，畦畔，畑地，樹園地などに生育する。

ナヨクサフジ。左：子葉は地下にある。第1葉は2〜4小葉，第2葉は4小葉，小葉は狭長楕円形。左下：第1枝から数枚の葉を出した後，基部から第2枝，第3枝を出す。第2枝以降の小葉は楕円形。葉の先端は巻きひげ。右下：茎は柔らかく，地際から分枝し，地を這う。茎や葉は無毛またはまばらに伏した軟毛がある。托葉は狭卵形〜卵形で基部に歯牙がある。葉は互生，偶数羽状複葉で5〜12対の小葉をつける。

左：大型のつる性で長さ2m以上，高さ50cm〜1mになり，旺盛に分枝して巻きひげで絡み合い，密生した群落をなし，他の植物を被圧する。右：長さ3〜10cmの花柄の先の片側に10〜40花をつける。萼は長さ約5mmで，花と同色。花は長さ約1.5cmで筒部が長く，青紫色〜紅紫色。旗弁の上部1/3が反り返る。

ナヨクサフジ。左：豆果は狭長楕円形で無毛，長さ2〜4cm。灰褐色に熟し，1果に2〜8個の種子を入れる。上：種子はほぼ球形で，暗紫色〜黒色。径約7mm。

アレチヌスビトハギ

荒地盗人萩 | panicledleaf ticktrefoil | マメ科 | シバハギ属

Desmodium paniculatum (L.) DC.

【北アメリカ東南部】

分布	本州以南	生活史	多年生（夏生）
出芽	5〜6月	繁殖器官	種子（4.6g）
花期	7〜10月		根茎
草丈	脛〜腰	種子散布	付着

1940年に大阪府で確認された。日当りのよい，やや乾いた空き地，道ばたなどに生育する。

アレチヌスビトハギ。左：子葉は楕円形で先が円く，一方がくぼみ，つやと厚みがある。第1，2葉は対生し円形，両面に伏した軟毛がある。右：第3，4葉は卵形，第5葉から3小葉で互生する。頂小葉は狭卵形，卵形または狭長楕円形などさまざまで，側小葉より少し大きい。先は鈍い。裏面は多毛で淡色。

アレチヌスビトハギ。茎は直立または斜上する。全体無毛またはかぎ毛がある。地下の根茎は太く，刈り取り後の再生は早い。

茎頂に円錐花序，上部の葉腋に総状花序をつける。花は紅紫色，長さ6〜8mm。旗弁の基部に黄色の点紋が2個つく。花はしぼむと青色に変わる。

節果は扁平，上部は直線状，下部は深くくびれ，3〜5個の小節果となる。

アレチヌスビトハギ。左：小節果はほぼ三角形，全体に細かいかぎ毛があり，他物に付着する。長さ4〜7mm。右：種子は腎形，光沢のある茶褐色で長さ約4mm。

ヌスビトハギ

盗人萩 | − | マメ科 | ヌスビトハギ属

Hylodesmum podocarpum (DC.) H. Ohashi et R. R. Mill subsp. *oxyphyllum* (DC.) H. Ohashi et R. R. Mill var. *japonicum* (Miq.) H. Ohashi

【在来】

分布	北海道〜九州	生活史	多年生（夏生）
出芽	4〜6月	繁殖器官	種子（9.7g）
花期	8〜9月		根茎
草丈	脛〜腰	種子散布	付着

道ばたや土手，林縁などに生育し，やや湿った半陰地に多い。

ヌスビトハギ。左：第1，2葉は単葉で対生，卵形。基部に線形の托葉がある。第3葉から3出複葉。葉柄と葉の縁に短軟毛が並ぶ。右：葉は互生，3出複葉。頂小葉は卵形〜長卵形。幼植物の小葉は先は鈍い。側小葉はやや小さい。小葉は中部より下がもっとも幅広い。根茎はやや細長く横に伸び，越冬芽は地上茎の基部につく。

ヌスビトハギ。上：茎は直立し，上部は分枝する。成植物の葉は先が尖り，裏面は淡緑色。総状花序に淡紅色の花をまばらにつける。花は長さ3〜4mm。右：節果はふつう2個つく。

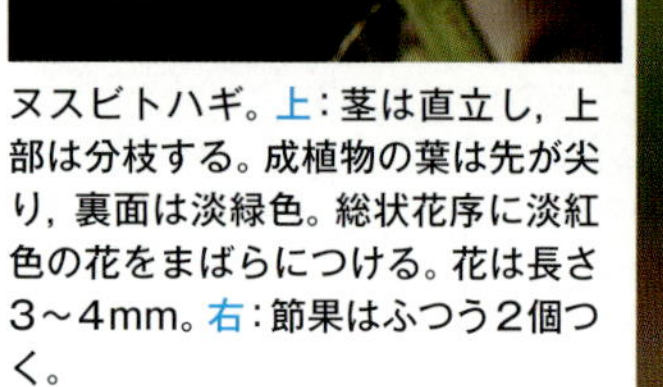

ヌスビトハギ。左：小節果は長さ5〜7mmの半月形。表面にかぎ状の毛が密生する。右：種子は小節果と同形で扁平。長さ4〜5mm。

ギンネム（ギンゴウカン）

銀合歓　leadtree, white　マメ科　ギンゴウカン属

Leucaena leucocephala (Lam.) de Wit

【熱帯アメリカ】

分布	南西諸島，小笠原	生活史	常緑小高木
出芽	通年？	繁殖器官	種子（29.1g）
花期	通年	種子散布	重力
草丈	～5m		

1961年以前に緑肥，緑化，砂防などの植林のために導入された。亜熱帯域で逸出・野生化し，土手や道ばた，林縁などに生育している。

ギンネム。左：子葉は四角状楕円形，先は切形で，基部はわずかに矢じり形。光沢があり質は厚い。第１葉は１回羽状複葉で２～数対の小葉が対生し，第２葉から２回羽状複葉，２対の羽片に各４～５対の小葉が対生する。右：小葉は長楕円形で先が尖る。成植物では６～８対の羽片に10～20対の小葉をつける。葉や小葉は熱や寒さ，乾燥により閉じる。

ギンネム。左：長さ２～６cmの花柄に径２～３cmの球形で白色の花序をつける。10本の雄ずいは花弁の３倍長で目立つ。上：種子は扁平な楕円形，褐色で光沢があり，長さ約７mm。

ギンネム。根圏の浅い人里では樹高１～２mでとどまる。林地では樹高10mに達する。切り株からの萌芽・再生能も高い。豆果は扁平な楕円形で長さ10～15cm，黒褐色に熟し，10～25個の種子を入れる。

オジギソウ *Mimosa pudica* L. は南アメリカ原産の多年生草本で江戸末期に日本に持ち込まれた。戦後，九州南部～南西諸島に定着し，道ばた，空き地など，日当りのよいやや乾いた場所に生育する。

オジギソウ。左上：子葉は四角状楕円形，先は切形で，基部はわずかに矢じり形。光沢があり質は厚い。第１葉は１回羽状複葉で３対の小葉が対生し，第２葉から２回羽状複葉，２対の羽片に各３対の小葉が対生する。下：茎は匍匐性で刺がある。葉は互生し，２回羽状複葉で，羽片は１～２対。小葉は線状長楕円形で10～25対ある。葉は夜間や刺激を受けるとすみやかに閉じる。右上：葉腋から数個の径約１cmの頭状花序を出す。萼は微小，花弁は長さ２～2.5mm，雄ずいは４本，花糸は紅紫色で目立つ。

ハイクサネム（別名：アメリカゴウカン）*Desmanthus illinoensis* (Michx.) MacMill. ex B. L. Rob. et Ferdnald は北アメリカ原産の多年生草本で，沖縄では1966年に，本州では1997年に記録された。沖縄本島では定着し，道ばたや空き地で普通に見られる。

ハイクサネム。左上：子葉は卵形，先は円く，基部はわずかに矢じり形。光沢があり質は厚い。第１葉は１回羽状複葉で５対の小葉が対生し，第２葉から２回羽状複葉，２対の羽片に各８対の小葉が対生する。右：茎は横に分枝し，斜上して低木状で高さ１mになる。葉は互生し，２回羽状複葉で，羽片は４～12対。小葉は長楕円形で15～30対ある。左下：葉腋から径約１cmの頭状花序を出し，白色の花糸が目立つ。果実は長さ約2cmの長楕円形で黒褐色に熟す。

クズ

葛 kudzu マメ科 クズ属

Pueraria lobata (Willd.) Ohwi

【在来】

分布	全国	生活史	多年生(夏生)
出芽	4〜7月	繁殖器官	種子(10.4g)
花期	7〜9月		匍匐茎，塊根
草丈	つる性	種子散布	重力

道ばた，空き地，土手，林縁，樹園地などに生育し，旺盛につるを伸ばし樹木を覆う。秋の七草のひとつで，塊根のデンプンは薬用，食用とされる。土壌侵食防止のために北アメリカに導入され，強害草となっている。

左：子葉は楕円形で先は円く無毛，柄は短い。第1，2葉は単葉で対生状，広卵形。第3葉から3出複葉となる。中：葉は互生し，長柄がある。幼植物の頂小葉は広卵形で全縁，側小葉は左右非対称の卵形。先が尖り，葉柄，葉の両面，縁に毛が密生する。右：越冬根から萌芽して展葉した新苗。

左：木質化し，越冬した匍匐茎の節からも萌芽し，茎を伸ばす。右：茎は左巻き，褐色の長毛と白色の短毛が生える。托葉は狭卵形で中央部が茎につく。

茎はつる性で長さ10m以上となり，他物に巻きついてよじ登る。

成葉は大型で，長さ幅とも10〜15cm。頂小葉，側小葉ともにしばしば3浅裂する。裏面は白色を帯び，毛が密生する。

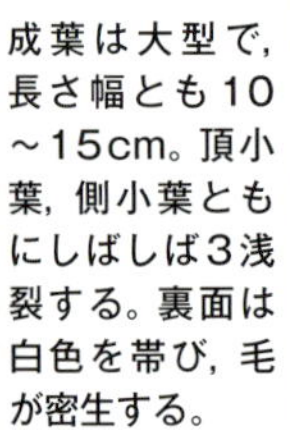

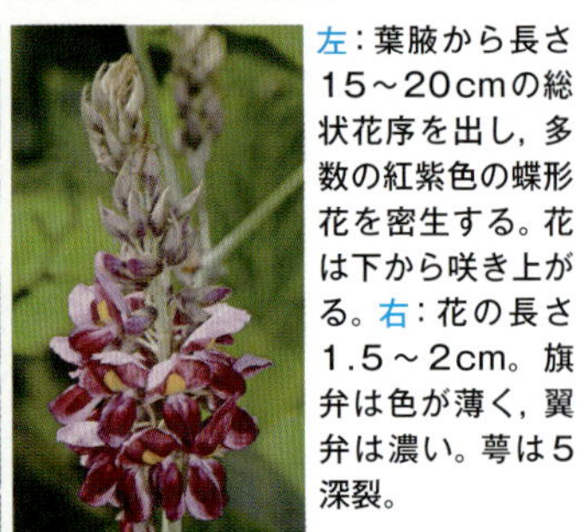

左：葉腋から長さ15〜20cmの総状花序を出し，多数の紅紫色の蝶形花を密生する。花は下から咲き上がる。右：花の長さ1.5〜2cm。旗弁は色が薄く，翼弁は濃い。萼は5深裂。

左：根は肥大し塊根となり，大型のものは長さ1m，径20cmに達する。右：豆果は扁平な楕円形，長さ5〜10cm。褐色で，粗い毛を密生し，中に約10個の種子を入れる。

種子は扁平な楕円形，表面は滑らかで，淡褐色に黒褐色の斑点がある。長さ3〜4mm。

ゲンゲ

別名：レンゲソウ

紫雲英，蓮華草　Chinese milk-vetch　マメ科　ゲンゲ属

Astragalus sinicus L.

【在来】

分　布	本州～九州	生活史	一年生（冬生）
出　芽	9～11月	繁殖器官	種子（3.9g）
花　期	4～5月	種子散布	重力
草　丈	足首～脛		

中国原産で江戸時代以前から水田の緑肥として栽培されてきた。近年は野生化し，水田とその周囲の湿った土地に生育する。近年は景観形成作物としての栽培もある。

ゲンゲ。左上：子葉は長楕円形でやや一方に湾曲し，先は円く無毛。無柄。第１葉は単葉で腎形，先がわずかにくぼみ，縁に短毛がある。右上：第２葉は３出複葉，第３葉は５複葉となる。葉柄は長く，小葉は倒卵形で先がくぼむ。右下：葉は互生し，奇数羽状複葉で小葉は7～11枚。ロゼット状で越冬する。

ゲンゲ。左：開花個体。茎はやや地を這い，多数分枝して斜上する。右：葉腋から10～20cmの花柄を出し，7～10個の紅紫色の蝶形花を輪状につける。花弁は長さ12mm，萼は5裂し先が尖る。

豆果は反った舟形で，先が尖り無毛。中に5個程度の種子を入れ，長さ2～2.5cm，黒く熟す。

ゲンゲの種子は、扁平，やや角のある楕円形で一側がくぼむ。茶褐色～黄緑色，黒色などで長さ3～4mm。

コマツナギ

駒繋ぎ　－　マメ科　コマツナギ属

Indigofera pseudotinctoria Matsum.

【在来】

分　布	本州～九州	生活史	多年生低木
出　芽	4～6月	繁殖器官	種子（2.6g）
花　期	7～9月	種子散布	重力
草　丈	足首～腰		

土手や畦畔，空き地や樹園地，林縁などに生育する。草本に見えるが低木である。

コマツナギ。左上：子葉は広楕円形で先は円く無毛。無柄。左下：第1，2葉は単葉で対生，長楕円形。第3葉から互生し，3小葉。右下：葉は奇数羽状複葉。小葉は長楕円形で先は円く，先端に小突起，脈は不明瞭。

コマツナギ。上：茎は木質で硬く，分枝して四方に広がるか直立する。茎には上向きの伏毛がある。左：葉腋から出た花序に長さ約4mmの淡紅紫色の蝶形花を総状につける。萼は長さ2mmで5裂し，白毛がある。

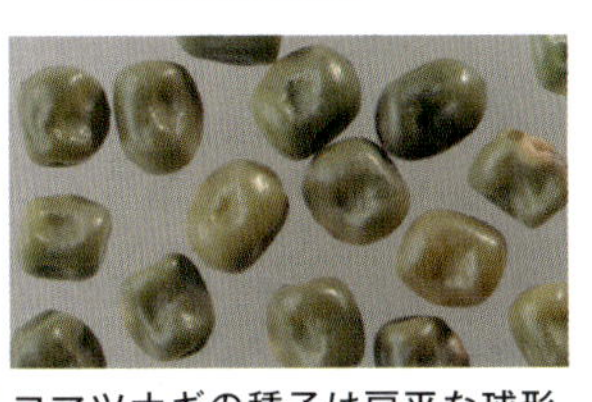

コマツナギの種子は扁平な球形，淡茶褐色で滑らか。長さ約2mm。

コマツナギの結実した個体。豆果は円柱形で長さ約3cm，黒褐色に熟し，中に数個の種子がある。

コミカンソウ

小蜜柑草 ｜ － ｜ ミカンソウ科 ｜ コミカンソウ属

Phyllanthus lepidocarpus Siebold et Zucc.

【在来】

分布	関東以西	生活史	一年生（夏生）
出芽	4～7月	繁殖器官	種子（360mg）
花期	7～10月	種子散布	重力
草丈	足首～脛		

暖かい地方の道ばた，空き地，畑地などに生育する。

ヒメミカンソウ

姫蜜柑草 ｜ － ｜ ミカンソウ科 ｜ コミカンソウ属

Phyllanthus ussuriensis Rupr. et Maxim.

【在来】

分布	本州～九州	生活史	一年生（夏生）
出芽	4～7月	繁殖器官	種子（110mg）
花期	7～9月	種子散布	重力
草丈	足首～脛		

暖かい地方の道ばた，空き地，畑地，樹園地などに生育する。

コミカンソウ。左：子葉は楕円形で無毛，緑色。幼植物は基部に倒卵形の葉を螺旋状に数枚広げる。基部から分枝を出し，左右2列に楕円形の葉を互生する。中：葉は互生，楕円形～長楕円形で全縁。裏面は緑白色。右：茎は紅赤色を帯び，斜上に分枝する。多くの横枝を出し，その両側に葉が規則正しく互生するため，羽状複葉に見える。

コミカンソウ。左：花はごく小さく，茎上部の葉腋に雄花，下部の葉腋に雌花をつける。無柄で下向き，アリにより送受粉される。雄花は白色で花被片は6枚，雄ずい3個。雌花は6枚の花被片の中央が赤い。右：果実は楕円形，赤褐色で表面にいぼ状の突起がある。径約2.5mm。熟すと3裂し，各室に2個ずつ種子を入れる。

ヒメミカンソウ。左：子葉は長楕円形で緑色，無毛。第1，2葉は対生状で楕円形。中：新葉ははじめ2つに折れ，茎ははじめ赤みを帯びる。葉身は長楕円形～披針形で全縁，白い中央脈が目立つ。右：葉は無柄で左右2列に互生し，羽状複葉のように見える。茎は基部で分枝し，細長い枝をまばらに出し，弓形に傾く。

ヒメミカンソウ。左：葉腋の下側に柄のある径約2mmの黄緑色の雄花と雌花をそれぞれつける。雄花は花被片が4～5枚，雌花は花被片6枚。右：蒴果は短柄があり，扁平な球形で無毛。径約2.5mmで淡黄色，表面は滑らか。

ナガエコミカンソウ

長柄小蜜柑草 Phyllanthus, long-stalked ミカンソウ科 コミカンソウ属

Phyllanthus tenellus Roxb.

【東アフリカ】

分布	関東以西	生活史	一年生(夏生) または多年生
出芽	3〜7月		
花期	6〜1月	繁殖器官	種子(200mg)
草丈	脛〜腰	種子散布	重力

1987年に神奈川県で確認され，関東以西に分布を広げて，市街地の道ばたには普通に見られるようになっている。空き地，畑地などにも生育する。ブラジルコミカンソウの名が与えられたことがある。

オガサワラコミカンソウ ***Phyllanthus deblis*** Klein ex Willd. はインド原産の一年生草本。沖縄，小笠原など亜熱帯地域に侵入，定着している。茎は直立し，高さ10〜45cm。花柄は短く，花被片は雄花，雌花とも6枚。蒴果は径約2mm，赤褐色に熟し，表面は平滑。キダチコミカンソウ ***P. amarus*** Schumach. も亜熱帯地域に侵入，定着している。葉は長楕円形で密に互生する。果実を含め，全体緑色で，蒴果に突起がない。

ナガエコミカンソウ。左：子葉は楕円形，先は円く，基部はくさび形で無毛。第1，2葉は対生状で倒卵形，先はわずかに尖る。中：第3，4葉も対生状。その後，枝を横に出し，羽状複葉のように葉を互生する。右：葉は楕円形〜倒卵形で，先は鈍いか円い。基部はくさび形または円形。全縁で両面とも無毛。

種子。上：コミカンソウ。半月形，黄褐色で全面に横しわがある。長さ約1.2mm。中：ヒメミカンソウは半月形，茶褐色で黒斑があり，短い不規則の縦しわがある。長さ約1.2mm。下：ナガエコミカンソウは3稜形で表面に多数の小突起がある。長さ約1mm。

ナガエコミカンソウ。茎は直立し，しばしば紫色を帯び無毛。全体に枝が多く，まばらに水平方向に枝を出す。暖かい地域では越冬し，低木化する。

ナガエコミカンソウ。葉には短い柄があり，狭三角形の托葉がある。葉腋に長さ約5mmの柄のある花を1〜数個つける。花は径約2mmで淡黄色。雌花(左上)は花被片5〜6枚で狭卵形〜狭楕円形。雄花(左下)は花被片5枚で扁楕円形。右上：蒴果は扁球形，無毛で表面は滑らか。径約2mm。果柄は長さ4〜8mm。

ハナイバナ

葉内花 － ムラサキ科 ハナイバナ属

Bothriospermum zeylanicum (J. Jacq.) Druce

【在来】

分布	全国	生活史	一年生
出芽	9～11月，4～6月		(冬生，夏生)
花期	4～11月	繁殖器官	種子(630mg)
草丈	足首～脛	種子散布	重力

畑地や畦畔，道ばた，空き地に生育する。暖かい地域のムギ類や秋冬作野菜では害草の1種。春期に落ちた種子が発芽し，夏秋に開花するため，出芽時期，花期とも長い。

左上：子葉は広卵状円形，緑色。葉面と縁に白色の短毛がある。第1葉は広卵形で先がわずかに尖る。縁の毛は先端方向に向け斜めに開く。右上：葉は互生，広卵形で上向きの短毛があり，縁は波打ち，先はわずかに尖る。右下：越冬個体は根生葉を地際に広げる。根生葉は長柄があり長楕円形で，基部はくさび形，全体がさじ状となる。

茎基部は地を這い，上部は斜上し，上向きの毛が生える。茎葉は短柄で長楕円形～楕円形，茎上部まで葉がつく。春期に出芽した個体は根生葉を出さず，短期間で開花する。

左：茎上部の葉腋に3～5mmの花柄の先に花を1つつける。花冠は淡青紫色で5裂し，径2～3mm。雄ずい5本，花柱1本は白色の副花冠に隠れ，外側からは見えない。萼は5深裂，花後下向き，肥大して果実を包む。右：1果に種子（分果）を4つつける。分果は倒卵形で灰褐色。表面に多数の乳頭状突起がある。

キュウリグサ

胡瓜草 － ムラサキ科 キュウリグサ属

Trigonotis peduncularis (Trevir.) Benth. ex Hemsl.

【在来】

分布	全国	生活史	一年生（冬生）
出芽	9～3月	繁殖器官	種子(120mg)
花期	3～6月	種子散布	重力
草丈	足首～脛		

畑地や畦畔，道ばた，空き地などに生育する。主に越冬個体が春期に開花する。

左上：子葉は円形で緑色。表面，縁，葉柄に短毛が密生する。第1葉は広卵形，葉柄は短く赤紫色を帯び，縁に寝た毛が多い。右上：葉は互生，幼葉は広卵形で黄緑色，中央脈が明瞭。全体に伏した短毛がある。左下：根生葉をロゼット状に広げて越冬する。根生葉は卵円形で先端がわずかにくぼむ。葉柄，葉脈は赤紫色を帯び，葉の縁は波打つ。

地際で分枝し，茎基部は地を這い，上部は斜上する。茎葉は長楕円形～狭卵形で無柄。

左：螺旋状に巻いた花茎の先に，淡青色の花をつける。花冠は5裂し，径約2mm。雄ずい5本，花柱1本は黄色の副花冠に隠れ，外からは見えない。萼は5裂し，裂片は三角形で毛がある。右：1果に種子（分果）を4つつける。分果は四面体形で淡茶褐色～茶褐色，表面は滑らかで，長さ約0.8mm。

ノハラムラサキ

野原紫　forget-me-not, field　ムラサキ科　ワスレナグサ属

Myosotis arvensis (L.) Hill

【ヨーロッパ】

分布	北海道〜本州	生活史	一年生（冬生）
出芽	8〜10月	繁殖器官	種子（300mg）
花期	5〜6月	種子散布	重力
草丈	足首〜膝		

1936年の千葉県の記録がもっとも古い。道ばた，畦畔，土手，空き地などに生育し，北日本ではかなり広がっている。

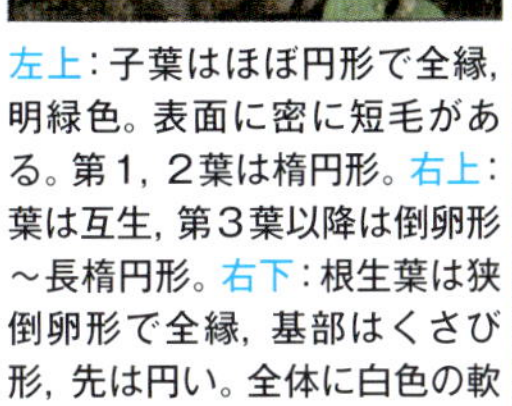

左上：子葉はほぼ円形で全縁，明緑色。表面に密に短毛がある。第1，2葉は楕円形。右上：葉は互生，第3葉以降は倒卵形〜長楕円形。右下：根生葉は狭倒卵形で全縁，基部はくさび形，先は円い。全体に白色の軟毛がある。

開花個体。茎葉は長楕円形で無柄。茎頂に巻いた花序を出し，下部から順に花茎を伸ばしながら開花する。

左：花は径約3mm，淡青色で5裂する。萼は5深裂し，かぎ状の毛が密生する。右：1果に種子（分果）を4つつける。分果は扁平な3稜ある卵形。黒色で光沢があり，表面は滑らか。長さ約1.5mm。

近縁のワスレナグサ *Myosotis alpestris* F. W. Schmidt は花冠が径約8mm，萼は浅裂し，平伏した短毛がある。

ヒレハリソウ（コンフリー）

鰭玻璃草　comfrey, common　ムラサキ科　ヒレハリソウ属

Symphytum officinale L.

【ヨーロッパ】

分布	全国	生活史	多年生（夏生）
出芽	4〜7月	繁殖器官	種子，根茎
花期	6〜8月	種子散布	重力
草丈	膝〜胸		

明治期に一時，薬用，食品として栽培され，その後，逸出，野生化している。道ばた，畦畔，土手などに生育し，北日本では牧草地の害草である。ピロリジジンアルカロイドが含まれ，人および家畜の中毒が報告されている。

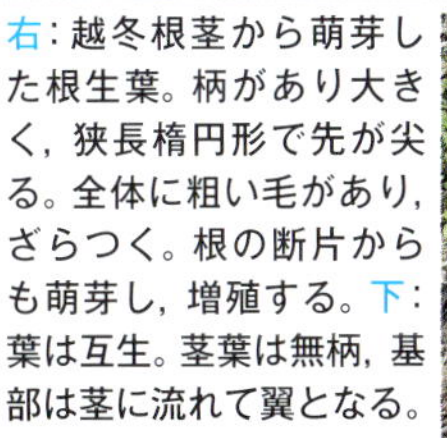

右：越冬根茎から萌芽した根生葉。柄があり大きく，狭長楕円形で先が尖る。全体に粗い毛があり，ざらつく。根の断片からも萌芽し，増殖する。下：葉は互生。茎葉は無柄，基部は茎に流れて翼となる。

上：茎は多数分枝し，横に広がり，株となる。枝先に花序を生じる。右：花序は先端が巻く。花は筒状で長さ約2cm，下向きに咲き，淡青紫色〜淡紅色。花冠は5浅裂する。自家不和合性で，マルハナバチ類により送受粉される。

コモチマンネングサ

子持万年草 | - | ベンケイソウ科 | マンネングサ属

Sedum bulbiferum Makino

【在来】

分布	本州以南	生活史	一年生(冬生)
出芽	9～11月	繁殖器官	珠芽
花期	5～6月	種子散布	-
草丈	～足首		

道ばた，空き地，畦畔，畑地など，やや湿った日陰に生育する。種子はほとんど形成せず，珠芽(むかご)によって繁殖する。

コモチマンネングサ。左：珠芽が発根，定着した幼植物。葉ははじめ広卵形。淡緑色で無毛。右：葉は細いへら形で，肉質。無柄で先は鈍く尖る。茎下部の葉は対生。

茎は地際で分枝し，基部は地を這い，上部は斜上する。多肉質で柔らかい。茎下部は赤褐色を帯びる。茎上部の葉は互生。

上：茎上部で分枝した枝の先に径約12mmの黄色の花をつける。花弁は5枚で披針形，萼片は5枚でへら形。雄ずい10本，雌ずい5本。種子はほとんどできない。右：葉腋に小さい円い葉が2対ある珠芽(むかご)をつけ，これが離れて地に落ちて新苗となる。

ベンケイソウ科マンネングサ属では，マルバマンネングサ ***Sedum makinoi*** Maxim. var. ***makinoi***，ツルマンネングサ ***S. sarmentosum*** Bunge，メキシコマンネングサ ***S. mexicanum*** Britton などが人里に生育する。珠芽をつけるのはコモチマンネングサのみ。

カラムシ

茎蒸，苧 | - | イラクサ科 | ヤブマオ属

Boehmeria nivea (L.) Gaudich. var. ***concolor*** Makino f. ***niponónivea*** (Koidz.) Kitam. ex H. Ohba

【在来】

分布	本州以南	生活史	多年生(夏生)
出芽	4～7月	繁殖器官	種子(40mg)
花期	7～9月		根茎
草丈	膝～胸	種子散布	重力

林縁，土手，耕地や樹園地の周辺に生育する。繊維の原料として古くから栽培されており，その逸出による分布とも考えられる。

カラムシ。左：子葉は円形～広卵形で先がわずかにくぼみ，縁に短毛が並ぶ。第1，2葉は対生し，卵形。ほぼ全縁で先は鈍く，表面と縁に毛がある。右：第3，4葉から縁に粗い鋸歯が生じる。葉身は広卵形。

カラムシ。茎上部の葉の裏面は白い綿毛が密生する。雌雄同株で，茎上部に雌花序，茎中部に雄花序が，葉の陰に隠れるようにつく。

ヤブマオ属ではこの他，ヤブマオ ***Boehmeria japonica*** (L. f.) Miq.，コアカソ ***B. spicata*** (Thunb.) Thunb. var. ***spicata***，アカソ ***B. silvestrii*** (Pamp.) W. T. Wang などが人里の林縁などに生育する多年生草本。ミズ属のコゴメミズ ***Pilea microphylla*** (L.) Liebm. は南アメリカ原産の小型の一年生草本。沖縄地方では広範囲に見られ，道ばたや石の隙間などに生育する。

コゴメミズ。左：茎は地際から上部まで分枝して横に広がり，高さ5～20cm，葉は倒卵形で先は円く，全縁で無毛。対生し，主茎の葉は大きく，分枝の葉は小さい。右：花は葉腋の短い枝に数個ずつ束生し，単性。径約1mmで緑色または紅緑色。

ドクダミ

蕺草　－　ドクダミ科　ドクダミ属

Houttuynia cordata Thunb.

【在来】

分布	全国	生活史	多年生（夏生）
出芽	4～7月	繁殖器官	種子（47mg）
花期	6～8月		根茎
草丈	脛～膝	種子散布	重力

庭や道ばた，畦畔，林縁，林床などやや湿った日陰に生育する。「十薬」の名で飲用や薬用などに利用される。傷つけると特有の臭気を放つ。主に根茎で繁殖する。

カラムシ。根茎からの萌芽。前年の地上茎の基部に多くの越冬芽を生じ，茎が群生する。根茎は太く木質。茎は円柱形で短毛が密生する。

ドクダミ。左：子葉は卵形で先が尖り淡緑色，無毛。第1，2葉は広卵形で先は鈍く，基部は円い。中：第4，5葉から先が尖り，基部は切形から心形となる。葉柄，新葉は赤みを帯びる。右：根茎から萌芽した幼葉は卵形で基部は心形，先は尖り，はじめ茎を筒状に包みながら抽出する。葉柄，葉脈，縁が赤みを帯びる。

カラムシ。葉は互生，長さ10～15cm，縁に粗い鋸歯があり，先が細く尖る。葉柄，葉身裏面脈上に斜上毛が密生する。茎はやや木質化する。

左上：茎は紅紫色で直立し，無毛。葉は互生，葉身は広卵形で基部は心形，先は尖り，無毛で全縁。青みを帯びた暗緑色。膜質で葉柄と融合した托葉がある。右上：茎上部の葉腋から穂状の花序を出す。花柄は長さ2～3cm。右下：花序の基部に4枚の花弁状の白い楕円形の苞葉がつく。花序は長さ1～3cm。上部に雄性の，下部に両性の淡緑色の花が多数つき，下から順に咲く。花被はなく，雄ずい3本と雌ずい3本。葯は黄色。

カラムシ。雌花序。雌花は球状に集まり淡緑色。4個の花被片が筒となり長さ0.8mm，短毛がある。花柱は1本で線形。托葉は線形で長さ約6mm。

左：果実の断面。中に8～10個の種子を入れる。右：種子は楕円形で先が少し尖り，濃茶褐色。全面に微小な網状斑紋がある。長さ約0.6mm。

蒴果は長さ2～3mmでほぼ球形。雄ずいは反る。

カラムシのそう果は卵円形で全面に白毛があり，淡茶褐色～濃茶褐色。長さ約1mm。

ドクダミ。左：根茎は地下30cm以内を長く横走し，先端が地上茎となる。白色で径2～3mm。冬期には地上部全体が枯死し，根茎で越冬する。右：鱗片葉に包まれた腋芽から抽出した芽。根茎の鱗片葉ははじめ白色でのち茶褐色となる。節から発根する。

ツユクサ

露草 | dayflower, Asiatic | ツユクサ科 | ツユクサ属

Commelina communis L.

【在来】

分布	全国	生活史	一年生（夏生）
出芽	4～7月	繁殖器官	種子（6～10g）
花期	6～9月	種子散布	重力
草丈	足首～膝		

道ばたや畦畔，空き地，畑地，樹園地に生育し，湿った土地に多い。作物による被陰に耐え，初期生育も早いため，夏作物の強害草。2n=88。ケツユクサ *C. communis* L. f. *ciliata* Pennell は苞葉，葉鞘に毛がある。2n=44または46の倍数異数体。

マルバツユクサ

丸葉露草 | dayflower, Benghal | ツユクサ科 | ツユクサ属

Commelina benghalensis L.

【在来】

分布	関東以西	生活史	一年生（夏生）
出芽	5～8月	繁殖器官	種子（2.8～4.0g）
花期	7～10月	種子散布	重力
草丈	足首～膝		

主に西日本の道ばた，畦畔，畑地，樹園地に生育する。海岸部の砂地に多いとされていたが，近年，分布を広げている。耐陰性があり，通常の開放花の他，地下に閉鎖花をつける。

ツユクサ。左上：子葉鞘は白色で，種子とひもで連結する。第1葉は披針状卵形，先が尖り，緑色で光沢がある。右上：葉は互生。第2，3葉も第1葉と同形。数本の平行脈がある。下：茎は柔らかく，地際で多く分枝して斜上する。葉柄に毛があり，幼茎は淡紫色となる。

上：葉の基部は膜質の葉鞘で茎を抱く。葉鞘口部には長軟毛がある。茎下部は地を這い，節から発根し，茎が切断されても再生する。下：茎上部は斜上し無毛。茎の先の節から編笠状の苞に数個の花をつける。

左：花は径1.5～2cm，花弁は3枚で，上2枚が青色で卵円形，下1枚は白色で披針形。雄ずいは6本，うち下方の長い2本が花粉を多量に出し，短い3本と中間の1本は装飾的役割で花粉は少ない。右：蒴果は楕円形。2室あり，1室に1～4個の種子が入り，1果実に2～5個の種子が入る。1室に1個のみの種子は大きい。

マルバツユクサ。左：第1葉は広楕円形～円形で先は円い。黄緑色で光沢がある。中：葉は互生する。第2，3葉は狭卵形。葉の表面は黄緑色。右：葉は卵形，基部に短い葉柄があり，膜質の葉鞘が茎を抱く。葉鞘の縁に白毛が散生する。茎基部から分枝する。

右上：茎は匍匐し，節から発根する。基部の節から地下走出枝を出す。葉身の先は尖らず，縁がやや波打つ。表面に細毛が散生する。右下：茎上部の葉腋に半円形の苞を出し，中に数個の花をつける。下：花は径約1.2cm，ツユクサより小さい。上2枚は淡青色，下1枚は白色で小さい。通常，2個開花する。

右：1果実に長さ3～4mmの大型の種子1個と，長さ約2mmの小型の種子が1～4個できる。

茎基部から伸ばした白い地下走出枝の節に，白い苞に包まれた閉鎖花を1つつける。閉鎖花の蒴果にも大小の種子をつくる。地表を這う走出枝にも閉鎖花をつける。

シマツユクサ

島露草　dayflower, spreading　ツユクサ科　ツユクサ属

Commelina diffusa Burm. f.

【在来】

分布	南西諸島	生活史	一年生（夏生）
出芽	3～10月		多年生
花期	3～8月	繁殖器官	種子（2.4～3.5g）
草丈	足首～膝	種子散布	重力

九州南部以南に分布し，畑地や道ばたなどやや湿った土地に生育する。熱帯～亜熱帯地域では多年生となる。近年，西日本～九州北部においても確認されており，拡大していると思われる。

カロライナツユクサ *Commelina caroliniana* Walter は2012年に九州北部で初めて確認された。その後，西日本各地で見つかり，畦畔や水路沿い，空き地などに生育し，ダイズ畑でも被害を及ぼしている。合衆国カロライナ州に由来する学名，和名がついているが，原産地はインド地方である。

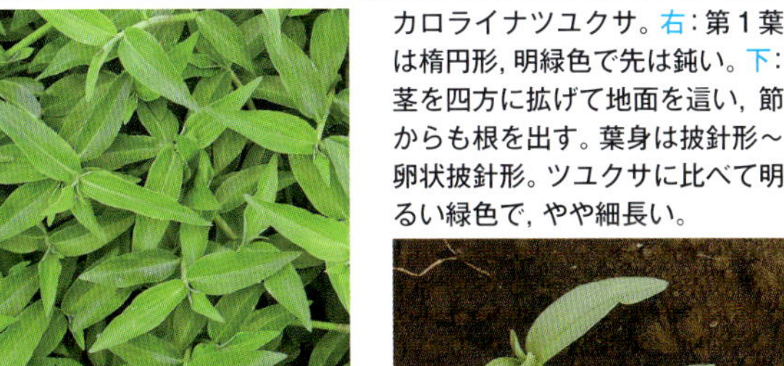

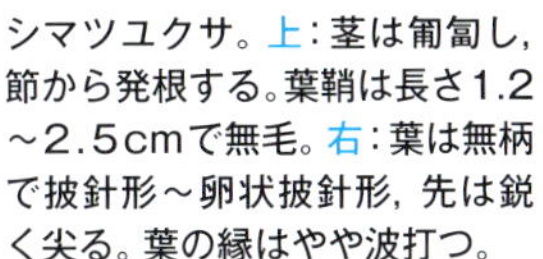

シマツユクサ。上：茎は匍匐し，節から発根する。葉鞘は長さ1.2～2.5cmで無毛。右：葉は無柄で披針形～卵状披針形，先は鋭く尖る。葉の縁はやや波打つ。

茎は紅紫色を帯び，上部は斜上する。茎上部の葉腋に狭卵形の苞を出し，中に数個の花をつける。

シマツユクサ。花は淡紫色～淡青色で花径10～15mm，花弁3枚は同大。苞は幅狭く，先はしだいに長く尖り，長さ約1.5cm。蒴果は3室あり，5種子が入る。

種子。左上：ツユクサ。半楕円形で灰褐色，全面に著しい凹凸がある。長さ3～4mm。右上：マルバツユクサ。灰褐色で全面に著しい凹凸がある。左下：ホウライツユクサ。暗灰褐色で楕円形。表面は平滑で無毛，粉状の粒子で覆われる。長さ約3mm。

カロライナツユクサ。右：第1葉は楕円形，明緑色で先は鈍い。下：茎を四方に拡げて地面を這い，節からも根を出す。葉身は披針形～卵状披針形。ツユクサに比べて明るい緑色で，やや細長い。

カロライナツユクサ。花弁は淡青色で3枚，下側の1枚がやや小さい。径0.8～1.4cmでツユクサに比べて小さい。花を包む苞は先が細長く尖る。種子の表面は平滑，エライオソームがあり，アリによって種子が散布される。

ホウライツユクサ *Commelina auriculata* Blume は九州南部以南に分布。湿った陰地や道ばたに多い。

ホウライツユクサ。左上：葉は互生し，基部は茎を抱く。幼植物の葉は尖らない。葉の表面に短毛が散生する。茎は基部から分枝する。右上：花弁は淡紫色で，上方2枚がやや横つきとなる。苞は半円形で先端の尖りが短い。下：茎は地を這い，葉は広披針形で先が尖り，白味を帯びた濃緑色。

カラスビシャク

烏柄杓 | - | サトイモ科 | ハンゲ属

Pinellia ternata (Thunb.) Breitenb.

【在来】

分布	全国	生活史	多年生(夏生)
出芽	4～6月	繁殖器官	種子，球茎，珠芽
花期	5～7月		
草丈	足首～脛	種子散布	重力

畑地，樹園地，畦畔，土手などに生育し，日陰地にも多い。主に地下の球茎や珠芽（むかご）により繁殖する。

左：地下の珠芽から出た新葉。葉は心形で先が尖り，1枚のみ出て，光沢のある緑色。右：珠芽からの萌芽。葉柄は土中では白色。

珠芽から萌芽したものははじめ単葉。球茎から出た葉は3小葉のことが多い。

葉は根生葉のみで，葉柄は長く10～20cm，葉身はふつう3小葉からなる。小葉は長楕円形～狭卵形で全縁，先は尖る。

左：花茎を出し，花は葉よりも高い位置につく。仏炎苞は筒状で長さ5～7cm。緑色または紫色を帯びる。花軸の先が鞭状で苞の外に突き出る。右：仏炎苞の中に肉穂花序がある。花序の下部は仏炎苞に合生し，子房のみの雌花を多数つける。上部に少し離れて淡黄色の葯のみの雄花がつく。

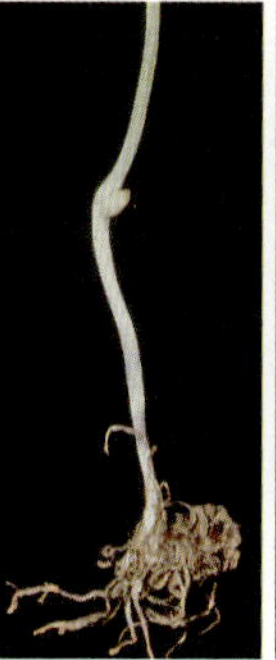

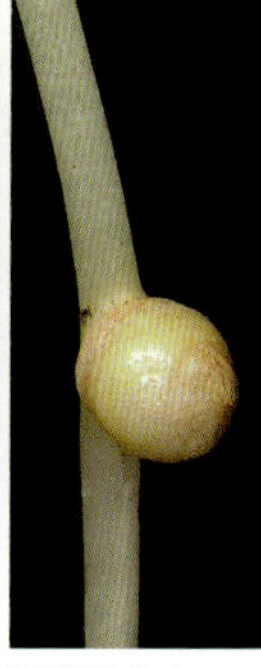

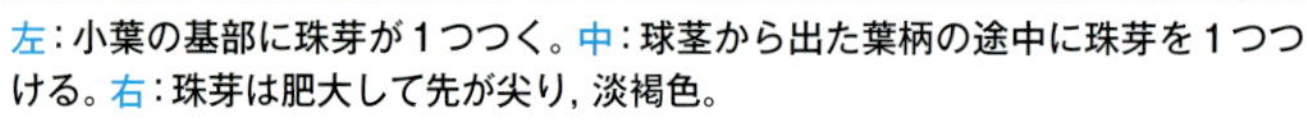

左：小葉の基部に珠芽が1つつく。中：球茎から出た葉柄の途中に珠芽を1つつける。右：珠芽は肥大して先が尖り，淡褐色。

球茎は径約1cm。新芽の先は黄色ではじめ下向きに曲がるが，しだいに上向きとなる。

ノビル

野蒜	-	ヒガンバナ科	ネギ属

Allium macrostemon Bunge

【在来】

分布	全国	生活史	多年生（冬生）
出芽	10～11月	繁殖器官	種子，鱗茎，珠芽
花期	4～6月		
草丈	足首～腿	種子散布	重力

道ばた，畦畔，土手，樹園地などに生育し，畑地にもしばしば入り込む。全体にネギ臭があり，鱗茎は食用とされる。

ノビル。左：珠芽からの萌芽。幼芽は淡緑色。第１葉は線形で緑色。第２葉は半円形の線形。幅約１mm。右：晩秋に葉を出して越冬する。葉鞘部は直立し，中部以上は地表に広がる。

葉は線形で緑白色，長さ20～30cm，中空で断面は三日月形。基部は白い膜質で鞘状となる。

ノビル。左：花茎は直立し，高さ40～60cm，はじめ２枚の総苞に包まれ，嘴状。花期には葉の多くが枯死する。右上：花序は散形で花柄は長い。花被片は６枚，卵状長楕円形で長さ約５mm，白色または淡紅色。雄ずい５本，花柱１本とも花被片より長い。右下：花は結実せず，珠芽となることが多い。珠芽は径約５mm，暗紫色に熟し落下する。しばしば花序上で萌芽する。

ノビルの鱗茎は白い球状で径１～２cm，鱗茎の横に小鱗茎がついて分球して増殖する。葉の基部は葉鞘となり若い葉を包み，葉鞘は鱗茎の外皮となる。

タカサゴユリ

高砂百合	-	ユリ科	ユリ属

Lilium formosanum A. Wallace

【台湾】

分布	本州以南	生活史	多年生
出芽	9～11月，3～5月	繁殖器官	種子（1.9g）
花期	7～9月		鱗茎
草丈	腰～頭	種子散布	風

1920年代に観賞用に導入されたという。種子から開花まで１年程度と，ユリ類では短期間で繁殖できるため，逸出し，空き地や道ばた，市街地の植え込み，石垣の隙間，土手などに野生化している。

タカサゴユリ。左：種子由来の幼植物。子葉は種皮をつけて地上に出る。葉は無柄で互生し，線形で無毛。葉の表面は光沢がある。右：細長い根生葉を輪生状に広げて越冬する。冬期はしばしば全体が紅紫色を帯びる。

右：百合根状の鱗茎から直立茎を出し，幅約１cm，長さ約15cmの線形の葉を密につける。葉は互生で，無柄でやや茎を抱く。全縁で無毛。鱗茎は球形～広卵形で黄色みを帯びる。左下：茎の先の葉腋に１～数個の花をつける。花は横からやや下向きに咲き，花被片は６枚。白色で先が大きく開いて反り返る。花冠は長さ15～20cm，外側は紫褐色を帯びる。右下：蒴果は長さ５～７cm，直立し，３室がある。熟すと上部が裂開し，多数の種子を風で散らす。

種子は扁平で周囲に幅の広い翼がつき，黄金色。長さ約8.5mm。

ネジバナ

別名：モジズリ

捩花	-	ラン科	ネジバナ属

Spiranthes sinensis (Pers.) Ames var. ***amoena*** (M. Bieb.) H. Hara

【在来】

分　布	全国	生活史	多年生
出　芽	5〜6月	繁殖器官	種子(0.56mg)
花　期	6〜7月		塊根
草　丈	足首〜脛	種子散布	風

畦畔，芝地，空き地など，日当りのよい草地に生育する。

キショウブ

黄菖蒲	iris, yellowflag	アヤメ科	アヤメ属

Iris pseudacorus L.

【ユーラシア】

分　布	北海道〜九州	生活史	多年生
出　芽	9〜10月	繁殖器官	種子(21.3g)
花　期	5〜6月		根茎
草　丈	腰〜頭	種子散布	水

明治末期に花卉として移入された。水辺に植栽されることが多く，水路沿いや水田周辺に逸出し，しばしば群生する。

ネジバナ。葉は多くが根生し，披針形または線形で先端は尖り，平滑で無毛，やや光沢がある。

右：根生葉の間から花茎を立て，茎は細く直立し，1〜3枚の鱗片葉がある。花は花茎に螺旋状につく。左：苞は花茎に密着。花冠は淡紅色で長さ約5mm。花は花弁（内花被片）3枚，萼片（外花被片）3枚からなる。唇弁は白色で縁に細かな歯牙がある。側花弁と背萼片は重なり淡紅紫色。側萼片は水平に張り出し淡紅紫色。花の基部に1枚の披針形の苞がある。果実は直立し楕円形。

ネジバナ。芝生に群生した集団。ラン科で人里に普通に生育する種はこの種に限られる。

ネジバナ。菌根菌と共生して紡錘状に肥厚した菌根が数本ある。

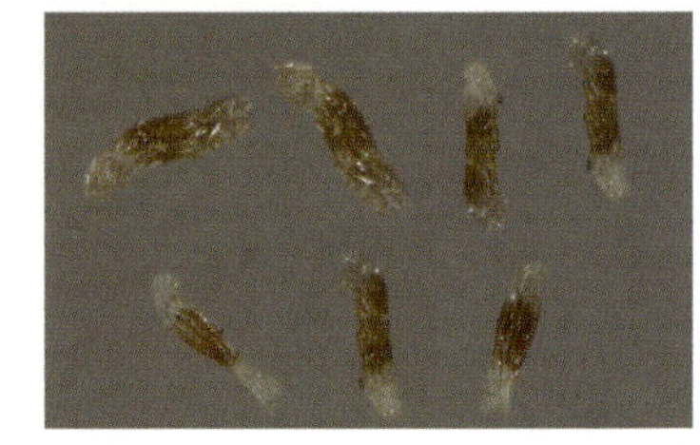

ネジバナ。種子は楕円形で茶褐色，両端に半透明の付属物がつく。長さ0.25〜0.3mm。

キショウブ。葉は濃緑色，無毛で線形の葉を多数叢生する。葉は全縁，先は尖り，基部は抱き合って2列に並ぶ。花茎は葉とほぼ同高。地下を横走する太い根茎から分枝して繁殖する。

左：花茎は直立し，花は全体鮮黄色で径約10cm，花被片は6枚，外花被片は大きく開出し，内花被片は小さく直立する。外花被片は広卵形で長さ5〜7cm，先が垂れる。内花被片は長さ2〜3cm，小型で細長く，斜上または直立する。花柱は3分枝して放射状に横に広がり，先は2裂して立ち上がり，縁に歯牙がある。右：蒴果の断面。花後に三角柱形の蒴果をつける。熟した蒴果は3裂し，強くよじれ，種子の多くがこぼれ落ちる。

キショウブの種子は扁平な半球形で赤銅褐色，やや光沢があり，長さ5〜7mm。

ニワゼキショウ

庭石菖 | blue-eyed grass, annual | アヤメ科 | ニワゼキショウ属

Sisyrinchium rosulatum E. P. Bicknell

【北アメリカ】

分布	全国	生活史	多年生（冬生）
出芽	9〜11月	繁殖器官	種子（193mg）
花期	5〜7月		根茎
草丈	〜脛	種子散布	重力

明治中期に移入し，芝地，道ばた，空き地など，日当りのよい場所に普通に生育する。

オオニワゼキショウ *Sisyrinchium* sp. は北アメリカ原産。本州以南の道ばたや土手などに生育し，しばしばニワゼキショウと混生する。ニワゼキショウより草丈が高く，花が小さい。

ニワゼキショウ。左：子葉鞘は先に種皮をつけ，湾曲し，黄緑色。第１葉は扁平で線形，先が尖り，内側に少し曲がる。第2葉も扁平な線形で剣状，基部は淡紫色。中：全体無毛で，葉の基部は扁平で鞘状に茎を抱き，扇形に葉を広げる。右：葉の多くは根生葉で叢生し，越冬個体は地表に葉を広げる。

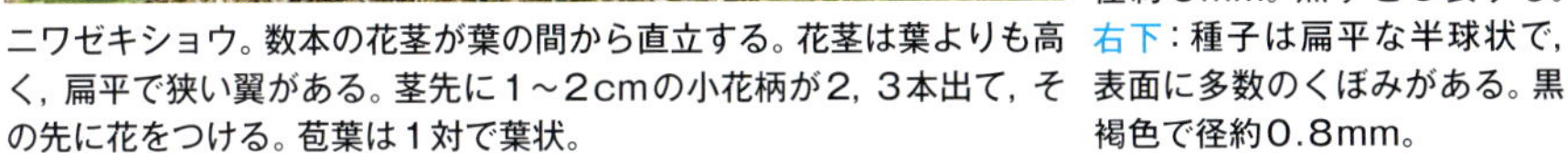

ニワゼキショウ。数本の花茎が葉の間から直立する。花茎は葉よりも高く，扁平で狭い翼がある。茎先に１〜2cmの小花柄が2，3本出て，その先に花をつける。苞葉は１対で葉状。

ニワゼキショウ。左上：花は径約１.５cm。花被片は６枚。淡紫色または白色で下部は紫色，基部は黄色となる。花は１日花。右上：蒴果は球形で光沢があり，径約３mm。熟すと３裂する。右下：種子は扁平な半球状で，表面に多数のくぼみがある。黒褐色で径約０.８mm。

ニワゼキショウ（左）とオオニワゼキショウ（右）の花。オオニワゼキショウの花は径約１cmで小さい。花被片は淡青色で，濃紫色の筋は不明瞭。内花被片の幅が狭く，外花被片より小さい。

オオニワゼキショウの花と果実。蒴果はやや大きく，球形で径約5mm。花筒がくびれる傾向がある。

ルリニワゼキショウ *Sisyrinchium angustifolium* Mill. は北アメリカ東部原産。移入年代は不明。関東地方で逸出，野生化し，芝地などに生育する。

ルリニワゼキショウ。左：花は径約１.５cm。6枚の花被片はほぼ同形，淡青紫色。先端は一度くぼんだのち鋭く尖る。雄ずいは合着して長く突き出る。右：果実。蒴果はややいびつな球形。

クサイ

草藺 | rush, slender | イグサ科 | イグサ属

Juncus tenuis Willd.

【在来】

分布	全国	生活史	多年生
出芽	3～10月	繁殖器官	種子（9.3mg）
花期	6～8月		根茎
草丈	足首～膝	種子散布	重力，雨滴，付着

道ばた，空き地，畦畔など，踏圧のある湿った土地に生育する。耕地に入り込むことはない。

クサイ。左：子葉鞘は種皮をかぶる。第１葉は黄緑色で先が尖る。右：3葉期。葉は互生，狭線形で多肉質。

上：葉腋から分枝の葉を出した幼植物。葉は扁平で先端が褐色を帯びる。右：葉は互生，扁平で細長く，イネ科のように上面に曲がる。基部は鞘状に茎を抱き，葉耳は楕円形，膜質で透明。

短い根茎から多数の茎を直立して叢生する。茎は濃緑色。茎の先に長さ5～20cmの葉状の苞をつけ，そこから数本の花序をまばらに出す。

左：花被は6枚。披針形で先が尖り，淡緑色。縁は白い膜質，長さ4mm。雄ずいは6本，柱頭は3裂する。右：蒴果は三角状卵形，花被よりやや短く，長さ2.5mm。緑色に淡褐色を帯びる。

クサイの種子は少し曲がった倒卵形で，やや透明な淡褐色。微細な横長の格子紋がある。長さ約0.5mm。

イ

藺 | － | イグサ科 | イグサ属

Juncus decipiens (Buchenau) Nakai

【在来】

分布	全国	生活史	多年生
出芽	4～7月	繁殖器官	種子（18.2mg）
花期	6～9月		根茎
草丈	膝～胸	種子散布	重力，雨滴，水

湿地，畦畔，水路沿い，湿った道ばたなどに生育する。栽培品のイグサは本種の改良品。

イ。左上：子葉鞘は先端に種皮をかぶり白色。第１葉は緑白色で多肉質の扁平な線形，先が尖る。左下：はじめ数枚は線形葉がある。第5，6葉期に分げつし，のち丸い茎を出す。右下：茎は径２～3mmの円柱形。葉は葉身がなく，茎の基部に褐色の鱗片葉と鞘状葉がある。

上：茎頂に集散花序をつける。花序より先にあるのは，苞が茎状となったもの。
右：地下を横走する根茎の各節から，茎を密生して出し，大きな株となる。

イ。左：花序枝は多数つき，一部が下向きに曲がる。花被片は披針形で鋭頭。蒴果は3稜状卵形～惰円形で，褐色に熟す。右：種子は卵状楕円形，半透明な褐色で，全面に網目状の斑紋がある。長さ約0.5mm。

コウガイゼキショウ

莞石菖 － イグサ科 イグサ属

Juncus prismatocarpus R. Br. subsp. ***leschenaultia*** (J. Gay ex Laharpe) Kirschner

【在来】

分布	全国	生活史	多年生
出芽	4～10月	繁殖器官	種子(13.7mg)
花期	5～9月		根茎
草丈	足首～脛	種子散布	重力, 水

湿地, 水田, 畦畔, 水路沿いなどに生育する。コウガイゼキショウの類でもっとも普通。類似種にハリコウガイゼキショウ ***J. wallichianus*** Laharpe, ヒロハノコウガイゼキショウ ***J. diastrophanthus*** Buchenau などがある。

コウガイゼキショウ。左上:子葉鞘の先は淡茶褐色で種皮をかぶる。第1葉は子葉鞘の基部内側から生じ, 膜質。左下:葉は互生, 2つ折れで合着し, 扁平で剣状で先は尖る。質は厚く光沢がある。基部は赤みを帯びることが多い。右下:茎は多数叢生し, 株になる。茎の先が2～3回分枝し, その先端に普通4～7花からなる小穂を集散状に多数つける。

コウガイゼキショウ。左:花被片は線状披針形で先は尖り, 内外花被片はほとんど同長で長さ4～5mm。雄ずい3本, 柱頭は3裂する。右:しばしば植物体全体が紅葉する。

コウガイゼキショウ。左:蒴果は披針状長楕円形で先が尖る。長さ4～5mmで花被片より長い。右:種子は狭卵形で黄褐色, 全面に網目斑紋があり, 長さ約0.5mm。

ヒメコウガイゼキショウ ***Juncus bufonius*** L. は全国の湿地や休耕田に生育するまれな植物とされているが近年, 西日本のムギ圃場や直播水田でしばしば群生が見られる。種子で繁殖し, 越冬後4～5月に開花・結実する。草高10～30cm。

ヒメコウガイゼキショウ。花茎の先に花序がつく。最下の苞は葉状で花序より明らかに短い。果実は熟すと褐色となり, 裂開する。

スズメノヤリ

雀の槍 － イグサ科 スズメノヤリ属

Luzula capitata (Miq.) Miq. ex Kom.

【在来】

分布	全国	生活史	多年生(冬生)
出芽	9～10月	繁殖器官	種子(585mg)
花期	3～5月		根茎
草丈	足首～脛	種子散布	重力, アリ

芝地, 畦畔, 道ばた, 土手などの日当りのよい乾いた草地に生育する。

スズメノヤリ。左:子葉鞘は地下にある。第1, 2葉は先の尖る線形。第3葉から広線形。右:葉腋から分枝の葉を出した幼植物。葉は互生し, 縁に長い白毛がある。葉の先端は硬く, 褐色を帯びる。

スズメノヤリ。花茎は直立し, 高さ10～30cm。茎葉は2～3枚で短い。

下:茎の先に赤褐色の小さな花が密集した球形の花序を1つつける。花序は径約1cm。右:花序は雌性先熟。花被片は6枚で赤褐色～黒褐色, 披針形で先が尖る。柱頭は3本, 雄ずいは6本で葯は黄色。

蒴果は花被片と同長で, 三角状倒卵形。中に種子を3個入れる。

スズメノヤリの種子は広卵形～球形, 黒褐色に熟し, 長さ約1mm。基部にエライオソームをつける。

カヤツリグサ

蚊帳吊草 | − | カヤツリグサ科 | カヤツリグサ属

Cyperus microiria Steud.

【在来】

分　布	本州以南	生活史	一年生（夏生）
出　芽	4～7月	繁殖器官	種子（170mg）
花　期	7～10月	種子散布	重力
草　丈	脛～腿		

畑地，道ばた，空き地，畦畔など，日当りのよい乾いた裸地に生育することが多く，代表的な夏雑草。近縁のコゴメガヤツリ（p.35）は水田など，湿った土地に多く，出穂前の識別は難しい。

チャガヤツリ *Cyperus amuricus* Maxim.は全国に分布し，空き地や道ばたなどやや乾いた土地に生育する。カヤツリグサに比べやや花期が早い。

カヤツリグサ。左：第1～3葉。葉は線形で，先が尖り緑色。第1，2葉の基部は茎を抱く。右：葉は3列互生となる。第3葉以降，葉鞘は融合して筒状になる。

チャガヤツリ。左：花序枝は分岐せず，小穂は赤褐色から褐色に熟す。右：小穂の鱗片は倒卵形で緑色，中肋の先が鋭く尖り反る。

左：カヤツリグサの葉鞘は平行脈が目立ち，白緑色で基部は赤褐色を帯びることがある。

右：茎の断面は三角形となる。

カヤツリグサ。花序は全体に黄褐色。花序枝は分岐し，結実しても垂れない。

カヤツリグサ。葉腋から分枝し，叢生となり，葉は根生または茎下部から出る。茎の先に細長い葉状の苞葉を3～5枚出す。苞葉は不同長で，1～2枚は花序より著しく長い。苞葉の中央から数個の花序を散形に出す。茎と葉には特有の香気がある。

カヤツリグサ。小穂は長さ10～15mm，2列に小花をつける。小穂の鱗片は広倒卵形で緑色，中肋の先がやや尖る。近縁種コゴメガヤツリは小穂の鱗片の先は尖らない。

種子（そう果）は濃茶褐色～黒褐色。狭倒卵形で3稜があり，表面に網目状の斑紋がある。光沢はなく，長さ約1.2mm。

ヒメクグ

姫沙草 kyllinga, green **カヤツリグサ科** **カヤツリグサ属**

Cyperus brevifolius (Rottb.) Hassk. var. ***leiolepis*** (Franch. et Sav.) T. Koyama

【在来】

分布	全国	生活史	多年生（夏生）
出芽	4〜6月	繁殖器官	種子（210mg）
花期	7〜10月		根茎
草丈	足首〜脛	種子散布	重力

芝地や畦畔，道ばたなどやや湿った草地に生育する。根茎で繁殖する。

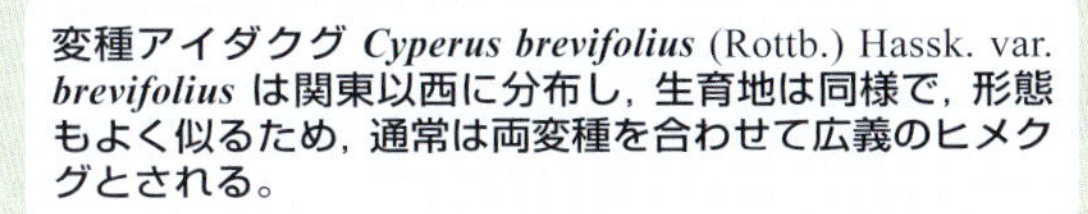
変種アイダクグ *Cyperus brevifolius* (Rottb.) Hassk. var. ***brevifolius*** は関東以西に分布し，生育地は同様で，形態もよく似るため，通常は両変種を合わせて広義のヒメクグとされる。

ヒメクグ。左：第1，2葉。線形で先が尖り緑色。右：葉は3列互生となり，茎断面は三角形。葉の質は柔らかく，扁平で狭い線形。茎基部の葉鞘は褐色または赤褐色を帯びる。

ヒメクグ。葉腋から分枝し，各節から3稜形の茎を直立させる。茎基部の葉は短い。茎の先に2〜3枚の苞葉を水平〜やや下向きにつける。

ヒメクグ。左：茎の先に径7〜10mmの球状の花序を単生する。花期は緑色，成熟すると褐色となる。上：小穂は狭卵形で長さ3.5〜4mm。鱗片は4枚，外側の2枚は小さく，脱落しやすい。内側2枚の膜質の鱗片がそう果を包む。鱗片の竜骨は平滑。

ヒメクグ。果実は倒卵形でレンズ形，茶褐色で光沢があり，長さ1〜1.5mm。

アイダクグ。第1，2葉。線形で先が尖り緑色。

アイダクグ。左：葉は3列互生し，茎基部の葉鞘は褐色または赤褐色を帯びる。右：葉腋から分枝が水平に伸長し，根茎となる。

アイダクグ。左：花序は楕円形。苞葉は水平よりやや下向きにつく。生育のよい条件ではヒメクグより高く伸びる。上：小穂は狭卵形で，内側2枚の鱗片の背（竜骨）に小さい刺があり，先端が反る。肉眼での識別は難しい。

アイダクグ。根茎の分布は浅く，地表面付近を横走する。水平に伸長した後，すぐ上向きの地上茎を出す。

ショクヨウガヤツリ 別名：キハマスゲ

食用蚊帳吊 nutsedge, yellow カヤツリグサ科 カヤツリグサ属

Cyperus esculentus L.

【ヨーロッパ】

分布	本州～九州	生活史	多年生（夏生）
出芽	4～7月	繁殖器官	種子（100mg）
花期	7～10月		塊茎
草丈	脛～腰	種子散布	重力

1980年頃に栃木県で確認された。輸入飼料に混入しての侵入とされる。畑地，水田の他，道ばた，空き地，河原などにも生育する。栽培型と雑草型があり，日本に定着しているのは雑草型。塊茎を食用にする系統はアフリカなどで栽培される。

ショクヨウガヤツリ。左：種子由来の幼植物。第1，2葉は線形，明緑色。中：葉は3列互生し，葉鞘は茎を包む。右：春～夏に，地下を伸長した根茎の先端が萌芽し，子株を形成する。葉身は斜上する。

左：茎は3稜がある。全体無毛。葉身の表面は淡緑色，裏面は白みを帯び，線形。中央脈が明瞭。基部の鞘は紅紫色を帯びる。中：花茎は平滑で三角柱状。苞葉は数枚で，3～4枚は花序より長い。4～7本の花序枝の先に黄緑色の小穂を多数つけた花序を出す。右：小穂は線形で黄褐色～わら色。長さ1～4cm。鱗片は楕円形，長さ約2mm。小花の柱頭は3裂する。

ショクヨウガヤツリの茎基部は褐色で肥厚する。地中を横走する根茎の先に分株を形成して増殖する。夏～秋に根茎の先端に塊茎を形成する。根茎は白色，褐色の鱗片があるため縞模様となる。

左：塊茎は球形で径5～10mm，まばらに剛毛がある。形成初期は白色で，成熟すると褐色となる。右：そう果は3稜のある倒卵形，灰褐色～褐色で，長さ1～1.5mm。

ハマスゲ

浜菅 nutsedge, purple カヤツリグサ科 カヤツリグサ属

Cyperus rotundus L.

【在来】

分　布	本州以南	生活史	多年生（夏生）
出　芽	4～7月	繁殖器官	種子（150mg）
花　期	7～10月		塊茎
草　丈	脛～膝	種子散布	重力

海岸の砂浜，河原，道ばた，空き地，芝地，畑地，樹園地など，日当りのよい乾燥する土地に生育し，暖かい地域では強害草となる。塊茎は「香附子」と呼ばれ，漢方で薬用にされる。

カヤツリグサ科植物は熱帯～亜熱帯の湿地に多い。畑地やその周辺にも生育する草種として，クグガヤツリ *Cyperus compressus* L.，イガガヤツリ *C. polystachyos* Rottb.，ヒンジガヤツリ *Lipocarpha microcephala* (R. Br.) Kunth などがある。

ハマスゲ。左：種子由来の幼植物。葉は線形，光沢があり明緑色。やや質が硬く横に開く。右：越冬塊茎から萌芽した新苗。葉は濃緑色で光沢があり，先が尖り，反り返る。

下：親株7～8葉期ごとに株基部から根茎を伸ばして分株を形成する。これを繰り返して密な群落を形成する。

上：根茎を伸ばし，開花期ころから根茎先端に塊茎を形成する。新しい根茎の腋芽から新たな根茎が伸びる。右：株基部は褐色で肥厚し，褐色の繊維で覆われる。

ハマスゲ。左：茎は直立，細くて硬い。葉は茎の下部に数枚が3列互生する。苞葉は1～2枚で，花序とほぼ同長。右上：花序枝は1～5本。小穂は光沢のある赤褐色。長さ1～4cm。右下：鱗片は長楕円形で中肋は緑色，両端は赤褐色。

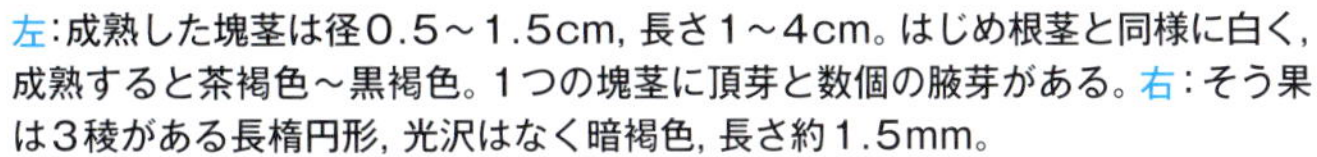

左：成熟した塊茎は径0.5～1.5cm，長さ1～4cm。はじめ根茎と同様に白く，成熟すると茶褐色～黒褐色。1つの塊茎に頂芽と数個の腋芽がある。右：そう果は3稜がある長楕円形，光沢はなく暗褐色，長さ約1.5mm。

コヌカグサ（レッドトップ）

小糠草 redtop イネ科 ヌカボ属

Agrostis gigantea Roth

【ユーラシア】

分　布	全国	生活史	多年生（冬生）
出　芽	9〜10月	繁殖器官	種子（108mg）
花　期	6〜8月		根茎
草　丈	膝〜腰	種子散布	重力

明治初期に牧草として導入され，現在も飼料や道路法面や河川敷などの土壌侵食防止に利用されている。広範囲に逸出，野生化し，畑地や畦畔，道ばたなどの草地に生育している。北海道の連作ムギ圃場の害草。

ヌカボ *Agrostis clavata* Trin. var. *nukabo* Ohwi は日本全国の畦畔，湿地，草地，道ばたなどに生育する普通の一年生植物。円錐花序の枝は中軸に沿い，細く見える。ハイコヌカグサ *A. stolonifera* L. はクリーピングベントグラスとして芝生に用いられる。水田畦畔にも生育し，本田に侵入する（水田編 p.23）。セイヨウヌカボ *Apera spica-venti* (L.) P. Beauv. はヨーロッパ原産でムギ作の主要雑草。2014年に北海道のコムギ圃場への侵入が確認された。

コヌカグサ。左：第１葉は線形，垂直に開出し，第２〜３葉も線形。右：葉身は線形で先はしだいに尖る。白っぽい緑色で全体無毛。

左：種子由来の越冬個体。葉鞘はしばしば赤紫色を帯びる。葉身は柔らかく，ざらつく。右：根茎からの萌芽。親株の周囲から斜上して抽出し，直立する。

穎果は紡錘形で淡褐色。長さ約１mm。

左：分げつして株となる。茎は短く這った茎基部から直立し硬い。右：葉舌は高さ２〜７mm。膜質で先が裂ける。葉耳はない。

左：穂は円錐花序で直立し，長さ10〜25cm。多くの枝からなり，花序の枝は輪生し，ざらつく。成熟すると赤紫色を帯びる。右：１小穂は１小花からなる。包穎はほぼ同長で長さ２〜2.5mm。護穎は透明で包穎よりやや短く，内穎は護穎の1/2長。

上：根茎は細長く，地中を這う。土中10cm以内に分布する。下：親株の周囲に多数の短い根茎を伸ばし，密に新苗を萌芽する。

シバムギ

芝麦　quackgrass　イネ科　シバムギ属

Elytrigia repens (L.) Desv. ex B. D. Jackson

［地中海地域］

分布	北海道～九州	生活史	多年生(冬生)
出芽	9～5月	繁殖器官	種子(2.6g)
花期	6～8月		根茎
草丈	膝～胸	種子散布	重力

世界の温帯～寒帯に分布し，各国で強害草とされている。日本には1930年代に侵入が確認されている。北海道～本州北部の平地に多く，畑地や牧草地，道ばたに生育し，根茎で旺盛に繁殖し，秋播きコムギの連作圃場や牧草地で問題となる。

シバムギ。左：第1，2葉。直立し，灰緑色。葉鞘は紅紫色を帯びる。右：分げつした種子由来の幼植物。6～8葉期に根茎が伸長を始める。葉身は無毛または表面に微毛がある。

左：根茎からややまばらに地上茎を萌芽する。右：萌芽からの生育。葉身は厚く，緑はざらつき，葉鞘にはしばしば短毛がある。出穂後～秋期に地上茎を増加させる。

左：越冬後，分げつした地上茎。葉身は暗緑色～白緑色でざらつく。右：越冬した地上部が5～8月にかけて出穂する。稈は細くて硬い。

左：穂は直立し，長さ10～20cm。各節に1小穂ずつ交互につく。自家不和合性で結実率は低く，1穂中の1割程度。右：小穂は無柄。長さ8～10mmで，4～7小花をつける。包穎は同大で小花より短く，長さ約10mm。護穎は披針形で無毛，長さ7～14mm。しばしば短い芒をつける。

左：葉舌は高さ1mm未満。葉鞘の口部に細い三日月形の葉耳がある。右：種内の変異が多く，葉鞘にはしばしば微毛がある。

右：根茎は先端が鋭く尖り，白色の鱗片葉に包まれる。径1.5～3mmで，はじめ白色でのちに黄色みを帯びる。
下：根茎は地中10～15cm層に水平に広がる。節から発根する。切断された根茎断片からも旺盛に萌芽する。

スズメノテッポウ

雀の鉄砲　foxtail, shortawn　**イネ科**　**スズメノテッポウ属**

Alopecurus aequalis Sobol. var. ***amurensis*** (Kom.) Ohwi

【在来】

分布	全国	生活史	一年生(冬生)
出芽	10～11月, 3～4月	繁殖器官	種子(240mg)
花期	3～5月	種子散布	重力
草丈	脛～膝		

冬の水田，道ばた，空き地などやや湿った土地に生育する。イネ科の代表的な冬生一年生雑草。スルホニルウレア系(ALS阻害)除草剤およびトリフルラリンに抵抗性タイプあり。

セトガヤ

瀬戸茅　－　**イネ科**　**スズメノテッポウ属**

Alopecurus japonicus Steud.

【在来】

分布	関東以西～九州	生活史	一年生(冬生)
出芽	10～11月	繁殖器官	種子(1.7g)
花期	3～5月	種子散布	重力
草丈	脛～腿		

湿地や休耕田に生育し，西日本の冬の水田に多い。しばしばスズメノテッポウと混生するが，スズメノテッポウに比べて少ない。

スズメノテッポウ。左：1，2葉。葉身は線形で先が尖る。新葉は巻いて抽出する。右：葉身は平らでねじれず，ややくすんだ緑色。葉鞘は紫紅色～茶褐色。

スズメノテッポウ。左：分げつを増やした越冬個体。茎，葉とも柔らかく，全体無毛。右：花序は直立して小穂を密生し，円柱状で淡緑色。葯はオレンジ色。

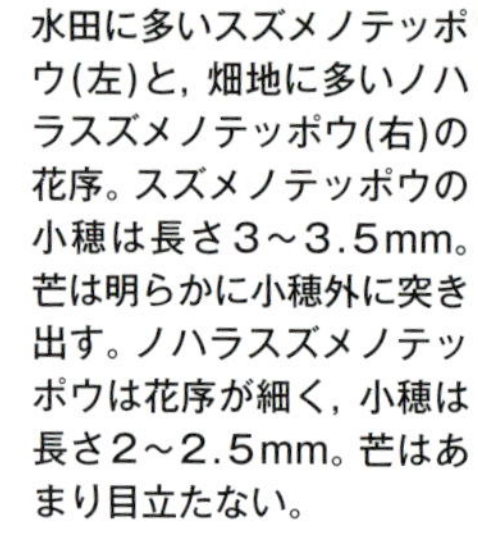

水田に多いスズメノテッポウ(左)と，畑地に多いノハラスズメノテッポウ(右)の花序。スズメノテッポウの小穂は長さ3～3.5mm。芒は明らかに小穂外に突き出す。ノハラスズメノテッポウは花序が細く，小穂は長さ2～2.5mm。芒はあまり目立たない。

スズメノテッポウの葉舌は白色で膜質，長さ2～5mmで目立つ。葉耳はない。葉身は平行脈で，脈の部分がくぼむ。

スズメノテッポウ。左：1小穂に1小花。包穎は同大で長い軟毛が列生し，護穎の芒が小穂の外に突き出る。右：小花。芒は護穎の背から出る。護穎のみで内穎はない。

セトガヤ。上：2葉期。葉は線形で光沢のない白緑色。同じ葉齢のスズメノテッポウより大きい。下：越冬個体。全体無毛で，スズメノテッポウと比べ，分げつが少なく，直立する傾向がある。

左：セトガヤの葉舌は白色で膜質。高さ2～4mm。左下：花序は円柱状で小穂を密生する。幅5～8mm。スズメノテッポウに比べて小穂が大きく，葯が白い。止葉の葉鞘は花序を包む。右下：小穂は扁平な狭卵形で長さ4～7mm。芒が長く，小穂の外に突き出る。1小穂に1小花。包穎は同形同大。竜骨に軟毛が列生する。

オオスズメノテッポウ

大雀の鉄砲　foxtail, meadow　イネ科　スズメノテッポウ属

Alopecurus pratensis L.

スズメノテッポウの基本変種ノハラスズメノテッポウ ***Alopecurus aequalis*** Sobol. var. ***aequalis*** は畑地など，やや乾いた土地に生育する。

ノスズメノテッポウ ***Alopecurus myosuroides*** Huds. はヨーロッパのムギ作の強害草。日本ではまれ。

【ヨーロッパ～西アジア】

分布	北海道～九州	生活史	多年生
出芽	9～10月	繁殖器官	種子（350mg）
花期	5～7月		根茎
草丈	脛～胸	種子散布	重力

明治初期に牧草として移入された。逸出し，主に北日本で定着し，道ばた，土手などに生育する。牧草地にも入り込み，開花期が早いため採草前に種子を生産し，飼料価値を低下させる害草である。

オオスズメノテッポウ。左：第1，2葉。線形で直立する。中：分げつを始めた幼植物。葉の質は厚い。右：葉身は線形，粉緑色を帯びる。全体平滑で無毛。

葉鞘はしばしば紫褐色を帯びる。茎は叢生し，短い根茎がある。

オオスズメノテッポウ。左：葉舌は高さ1～3mmで切形。中：円錐花序は密に小穂をつける。幅6～10mm。雌性期。右：雄性期，葯は濃黄色～紫褐色で小穂の外に垂れる。

左：オオスズメノテッポウ。稈は直立する。オオアワガエリ（p.318）と誤認されやすい。

下：スズメノテッポウの穎果。扁平で暗灰色，長さ1～1.4mm。

オオスズメノテッポウ。左：1小穂は1小花からなり，長さ4～6mm。包穎は同大で，竜骨と側脈に長い毛が生える。右：護穎は狭卵形で無毛，基部から芒が出て，小穂の外に突き出す。内穎はない。穎果は小型で扁平，黄褐色で長さ約3mm。

右：セトガヤの穎果。扁平な楕円形。淡黄褐色で光沢があり，長さ2.5～3mm。

カズノコグサ

別名：ミノゴメ

数の子草 | sloughgrass, American | イネ科 | カズノコグサ属

Beckmannia syzigachne (Steud.) Fernald

【在来】

分　布	北海道～九州	生活史	一年生（冬生），多年生
出　芽	10～11月，3～4月		
花　期	4～6月	繁殖器官	種子(400～530mg)
草　丈	膝～腰	種子散布	重力

冬の水田，水路際など湿った土地に多く生育する。西日本のムギ圃場では強害草で，冬生一年生。冷涼な浅い水湿地では短命な多年生となる。トリフルラリンに抵抗性タイプあり。

カズノコグサ。左：第1，2葉。黄緑色で線形，先が尖る。全体無毛。中：同じ環境に生育するスズメノテッポウと比べ，全体が明るい緑色。右：分げつする越冬個体。葉鞘はしばしば淡紅紫色を帯びる。茎上部の葉はスズメノテッポウと比べ，やや幅広く柔らかい。

左：葉舌は長さ3～6mm，白い膜質。上：出穂個体。稈は直立し，太く柔らかい。花序は円錐形で長さ15～30cm。はじめ緑色。

花序は熟すと黄色となる。

左：花序の中軸から短い枝を左右2列に出し，淡緑色の小穂を片側に多数密につける。中：1小穂は1小花からなる。包穎は同形で，長さ3～3.5mm，背面が著しく膨れて袋状となり，小花を包む。包穎の側脈は分岐する。包穎が浮袋となって水に浮き，散布される。右：小花は狭卵形で長さ約3mm。護穎の先は尖り，内穎は護穎よりやや短い。

穎果は長楕円形で淡黄褐色。平滑で光沢はなく，長さ約2mm。

カズノコグサの根（左）は白色，スズメノテッポウの根（右）は褐色を帯びる。

ヒエガエリ

稗返り　minor bluegrass, Asian　イネ科　ヒエガエリ属

Polypogon fugax Nees ex Steud.

【在来】

分　布	本州以南	生活史	一年生（冬生）
出　芽	9〜10月	繁殖器官	種子
花　期	4〜6月	種子散布	重力
草　丈	脛〜膝		

畦畔や河原，湿った草地など，乾湿の変動が大きい，明るい土地に多く生育する。西日本ではムギ圃場にもしばしば入り込む。

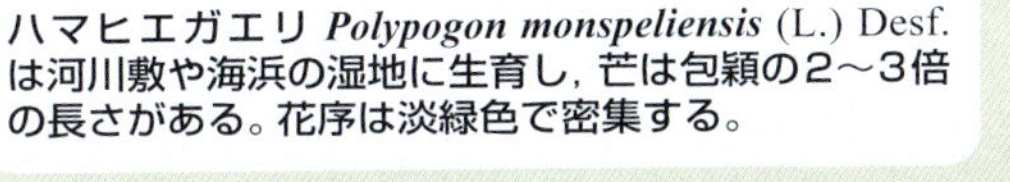

ハマヒエガエリ ***Polypogon monspeliensis*** (L.) Desf. は河川敷や海浜の湿地に生育し，芒は包穎の2〜3倍の長さがある。花序は淡緑色で密集する。

ヒエガエリ。左：3葉期。葉は明緑色で線形。右：葉鞘は平滑で基部近くまで裂ける。葉身は緑白色で，質は薄くやや柔らかい。縁はざらつく。

全体無毛。基部は節で曲がり上部は斜上または直立する。葉身は広線形で，他の冬生一年生イネ科に比べ短く直線的。茎は滑らか。

左：葉舌は白色の膜質で長く，多数の縦脈があり長さ3〜8mm。葉身の基部は円い。
右：花期。花序の枝が斜めに立ち，花序に隙間がある。はじめ淡緑色でやや紫色を帯びる。

ヒエガエリ。
左：花序は円錐形，穂の枝ははじめ軸にぴったりつき，しだいに横に開く。
右：結実期には花序の枝が直立し，全体が円柱状に見える。

ヒエガエリ。左：花序の各節から長さ1〜2cmの枝を出し，密に小穂をつける。右：小穂は長さ約2mm。包穎はほぼ同長で約2.5mm。先は小さく2裂して裂片の間から直立する芒が出る。芒は包穎とほぼ同長。小穂は1小花からなる。

穎果は長楕円形，茶褐色で長さ約1mm。

コバンソウ

小判草 quakinggrass, big イネ科 コバンソウ属

Briza maxima L.

【地中海地域】

分布	本州〜九州	生活史	一年生(冬生)
出芽	10〜11月	繁殖器官	種子(300mg)
花期	5〜6月	種子散布	重力
草丈	脛〜腿		

明治初期に観賞用として移入された。ドライフラワーとして利用されている。道ばた，空き地，砂地などに野生化して生育している。

コバンソウ。左：第1，2葉は線状披針形で先がやや尖り，黄緑色。葉身，葉鞘とも無毛。中：葉身は扁平でねじれる。葉基部は斜めに稈をとりまく。右：分げつを広げた越冬個体。葉鞘は紫色を帯びる。葉身の縁と表面は少しざらつく。茎基部はやや匍匐する。

葉舌は白色の膜質で高さ3〜5mm。葉鞘上部の縁も白い膜質となる。

茎は直立し，細く無毛。茎上部に長さ3〜10cmの円錐花序を出す。

数個の枝をまばらに出し，各枝から1〜3個の大型の小穂を垂らす。小穂は卵形〜楕円形で，はじめ黄緑色。

左：小穂は熟すと光沢のある黄褐色となる。
上：小穂は卵形で，長さ8〜25mm。7〜20個の小花がある。包穎は2個ともほぼ同形。

コバンソウ。上：護穎は太い5〜9脈が目立つ。内穎は護穎の1/2長。右：穎果は広倒卵形で褐色，光沢はなく，長さ2.2〜2.5mm。

ヒメコバンソウ

姫小判草　quakinggrass, little　イネ科　コバンソウ属

Briza minor L.

【地中海地域】

分布	本州以南	生活史	一年生(冬生)
出芽	10～11月	繁殖器官	種子(87mg)
花期	5～6月	種子散布	重力
草丈	足首～膝		

江戸時代末期には定着していたとされる。道ばた，空き地など乾いた明るい草地に生育する。

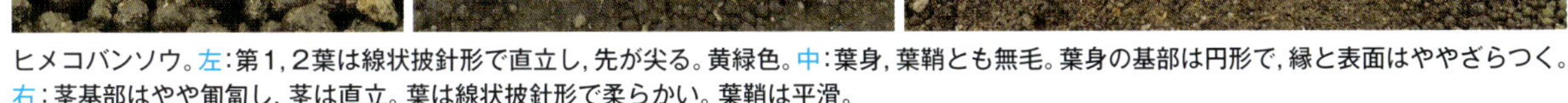

ヒメコバンソウ。左：第1，2葉は線状披針形で直立し，先が尖る。黄緑色。中：葉身，葉鞘とも無毛。葉身の基部は円形で，縁と表面はややざらつく。右：茎基部はやや匍匐し，茎は直立。葉は線状披針形で柔らかい。葉鞘は平滑。

左：葉舌は膜質で，先が尖り，高さ3～5mm。葉鞘の縁は膜質で，葉基部は斜めに稈をとりまく。中：茎は基部からほぼ直立し，長さ4～20cmの円錐花序を出す。葉身も直立する。右：コバンソウと同じつくりの，小型で淡緑色の小穂を多数まばらに垂れ下がってつける。花序の枝は細い。

左：小穂は卵状三角形で長さ約4mm，4～8小花からなる。包穎は長さ約2mm，2個ともほぼ同形で無毛。右：護穎の縁は膜質，外側には毛が生える。内穎は護穎の2/3長。

ヒメコバンソウ。穎果は卵形で褐色，やや光沢があり，長さ約1mm。

イヌムギ

犬麦 rescuegrass イネ科 スズメノチャヒキ属

Bromus catharticus Vahl

【南アメリカ】

分布	全国	生活史	多年生(冬生)
出芽	9～11月	繁殖器官	種子(8.2g)
花期	5～7月		根茎
草丈	膝～腰	種子散布	重力

明治初期に牧草として移入され，逸出し，全国に定着している。道ばたや畦畔，土手や空き地に生育し，周辺からしばしば畑地にも入り込む。

ヒゲナガスズメノチャヒキ

髭長雀の茶引き brome, ripgut イネ科 スズメノチャヒキ属

Bromus diandrus Roth

【地中海地域】

分布	北海道～九州	生活史	一年生(冬生)
出芽	9～11月	繁殖器官	種子(11.2g)
花期	4～7月	種子散布	重力
草丈	脛～腿		

大正期に侵入し，戦後に各地に拡散した。市街地の道ばたや空き地など，乾いた土地に生育する。

イヌムギ。左：2葉期，葉身は線形で先が尖る。葉身裏面の基部，葉鞘ともに白毛を密生する。中：分げつする越冬個体。葉は広線形，硬く，背面は竜骨となる。右：葉鞘は閉じ，2つ折れとなる。白緑色で脈が目立つ。

左：葉舌は薄い膜質で白色，卵形で3～5mm。

右：稈は濃緑色で平滑。長さ15～25cmの円錐花序に，緑色で大型の小穂をまばらにつける。

花序の各節に2～3個の枝を出す。小穂は扁平で硬い。多くは閉鎖花のみをつける。

イヌムギ。左：小穂は長さ2～3cm，5～9小花からなり，扁平で無毛。第1包穎は長さ8～13mm，第2包穎は長さ10～15mm。上：護穎は竜骨が明らかで，短い芒がある。内穎は護穎の1/2長。穎果は線状長楕円形，茶褐色で長さ6～7mm。

ヤクナガイヌムギ *Bromus carinatus* Hook. et Arn. は北アメリカ原産，花期がイヌムギより早く，多くが開放花で，黄褐色の葯が目立つ。内穎は護穎の2/3～3/4長。

ヒゲナガスズメノチャヒキ第1，2葉。葉身は線形で両面に軟毛が多い。

分げつする越冬個体。葉は白緑色で両面に軟毛が多い。葉鞘は円筒形。

ヒゲナガスズメノチャヒキ。左：葉身両面，葉鞘とも白色の軟毛が密生する。右：葉舌は高さ2～4mmで半透明の膜質。

スズメノチャヒキ

雀の茶引き　brome, Japanese　イネ科　スズメノチャヒキ属

Bromus japonicus Thunb.

キツネガヤ ***Bromus remotiflorus*** (Steud.) Ohwi は人里の林縁など半陰地に普通な多年生草本。先の垂れた花序に細長い小穂をつける。スズメノチャヒキ属は多くの外来種が侵入，定着している。コスズメノチャヒキ ***B. itermis*** Leyss. は多年生。スムースブロムグラスとして北海道の一部で牧草として利用される。ウマノチャヒキ ***B. tectorum*** L. はヨーロッパ原産，市街地の道ばたや空き地などに生育する。全体に軟毛が多く，小穂は下垂し，長いのげがあり，紫褐色に熟す。

【在来】

分　布	北海道～九州	生活史	一年生（冬生）
出　芽	9～11月	繁殖器官	種子（2.0g）
花　期	5～7月	種子散布	重力
草　丈	脛～腿		

道ばた，空き地，土手，河原などに生育し，畑地周辺からときおりムギ圃場などにも入り込む。

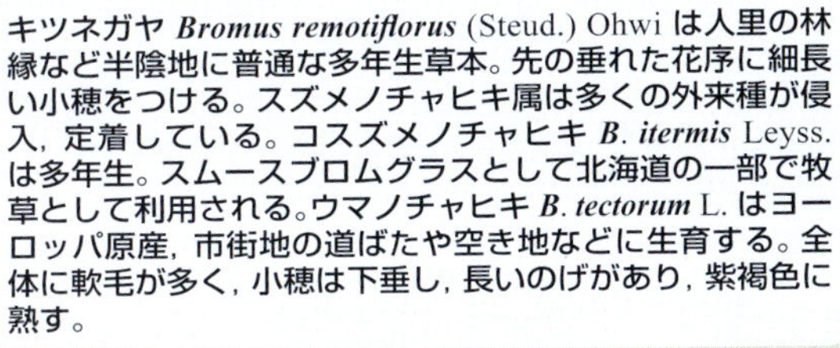

スズメノチャヒキ。左：葉は線形で紫色を帯びる。垂直に抽出し，次の葉が出るとしだいに開く。葉身両面，葉鞘に白毛がある。右：分げつする越冬個体。葉は線形で扁平，全体に軟毛が多い。

ヒゲナガスズメノチャヒキ。上：茎上部に円錐花序を出し，花序は一方に傾く。花序の各節に1～3の枝を出し，1，2の小穂をつける。花序の枝には短毛が密生する。下：円錐花序は成熟期には垂れ下がる。

スズメノチャヒキ。葉舌は半円形の膜質で，長さ1～2.5mm。縁は鋸歯がある。葉鞘は円筒形で，完全に閉じる。

スズメノチャヒキ。左：茎は直立し，円錐花序は長さ10～25cm。上：花序は一方に傾き，1節から1～3本出て枝を出し，まばらに小穂をつける。

小穂は熟すと下垂し，芒は外側に反り返る。

ヒゲナガスズメノチャヒキ。左：小穂は披針形で長さ3～4cm，6～9小花からなる。第1包穎は長さ10～15mm，第2包穎は長さ15～30mm。右：護穎は20～30mm。先端が2裂し，その間から3～5cmの長い芒を出す。内穎は薄膜質。

スズメノチャヒキ。左：小穂は円筒形で無毛。長さ17～23mmで6～10小花からなる。2個の包穎は無芒。第1包穎は長さ5～6mm，第2包穎は長さ7～8mm。背面は丸い。小花の芒は下方のものは短く，上方ほど長く，1cmに達する。中：護穎は長さ約10mm，先は円いか軽くくぼむ。内穎は長さ7～8mm。右：穎果は線形で茶褐色，長さ約7mm。

メヒシバ

雌日芝　crabgrass, southern　イネ科　メヒシバ属

Digitaria ciliaris (Retz.) Koeler

【在来】

分　布	全国	生活史	一年生（夏生）
出　芽	4～7月	繁殖器官	種子（620mg）
花　期	7～10月	種子散布	重力
草　丈	脛～腿		

畑地，畦畔，道ばた，空き地，樹園地，芝地，牧草地など，肥沃な陽地に幅広く生育する。日本全国でもっとも普通な夏の一年生雑草。

ヘンリーメヒシバ *Digitaria henryi* Rendle は九州南部以南に分布し，砂地や道ばたに生育する多年生草本。花序は花期から結実期まで直立する。

メヒシバ。左：第１葉は広卵形～広披針形，長楕円形で水平に出る。先が尖り，表面，縁ともに白毛が密生する。中：第１，２葉の葉腋から分げつした５葉期。葉身は広線状披針形で先が尖り，表面，縁，葉鞘に白毛が密生する。葉身は質が薄く柔らかく，縁は波打つ。右：地際で分げつし，地面を這って四方に広がる。葉は広線形で縁はざらつく。葉鞘に長毛がある。葉鞘や葉縁はしばしば赤褐色を帯びる。

左：茎の下部は地表に接し，上部は斜上する。右：地表に接した各節から発根する。

葉舌は白い膜質で高さ１～3mm。

左：細長い花茎を斜上し，その先に掌状に総を出す。右：開花期の群落。メヒシバ属３種の中ではもっとも大きい。全体に毛が多く，灰緑色に見える。花序は通常黄緑色。

総は３～12個，総の出る位置は２～３段にずれる。総の中軸はざらつく。

メヒシバ。左：総には淡緑色の小穂を列生する。長短２タイプの柄をもった小穂が対になって並ぶ。柱頭は紅紫色で目立つ。中左：小穂は披針形で長さ３～3.5mm。第１包穎は長さ0.5mmの小さな三角形。中右：第２包穎は披針形で1.8mm。護穎の縁の毛の長さや密度には変異が大きい。右：穎果は楕円形で乳白色，長さ2mm。

コメヒシバ

小雌日芝　－　イネ科　メヒシバ属

Digitaria radicosa (J. Presl) Miq.

【在来】

分布	本州以南	生活史	一年生（夏生）
出芽	5～7月	繁殖器官	種子（300mg）
花期	7～10月	種子散布	重力
草丈	足首～脛		

庭や道ばた，空き地など，人家近くの日陰気味の裸地に生育する。

コメヒシバ。左：第１葉は楕円形，先は尖らない。第２葉は広披針形で先が尖る。葉鞘と縁に白毛が散生する。幼植物では葉の裏面，縁，葉鞘に毛がある。右：植物体は全体に軟弱でほぼ無毛。葉は鮮緑色で質が薄く，縁は細かく波打つ。基部は円みを帯びる。茎は細く，地面を匍匐して伸び，紅紫色を帯びる。

コメヒシバ（左）とメヒシバ（右）との比較。全体的に小型で軟弱。

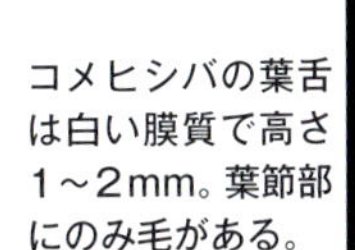

コメヒシバの葉舌は白い膜質で高さ1～2mm。葉節部にのみ毛がある。

コメヒシバ。上：総は2～4本，1点から掌状に出る。中軸は滑らか。右上：小穂は総の片側に密着し，披針形，長さ約3mm。右下：第１包穎は微小，第２包穎は2.2mm。

アキメヒシバ

秋雌日芝　crabgrass, violet　イネ科　メヒシバ属

Digitaria violascens Link

【在来】

分布	全国	生活史	一年生（夏生）
出芽	6～7月	繁殖器官	種子（250mg）
花期	9～10月	種子散布	重力
草丈	脛～膝		

道ばたや畦畔，空き地，芝地など，主に草地に生育する。メヒシバより出穂期がやや遅い。

アキメヒシバ。上：第１，２葉。広披針形で先が尖る。基部と葉鞘には白毛が散生する。幼植物では葉の裏面，葉鞘に毛がある。右：葉鞘は扁平で紫色を帯び，分げつして地面を這う。葉身は無毛。

アキメヒシバ。左：葉舌は薄い膜質でわずかに褐色を帯び，長さ1～2mm。葉鞘口部付近にまばらな長毛が散生する。右：茎の基部は分げつし，地面を這って四方に広がり，上部は斜上する。成葉は線形で，葉鞘は赤紫色を帯び無毛。

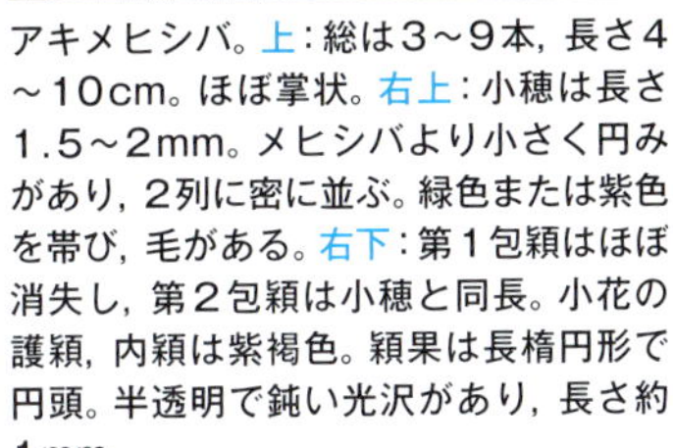

アキメヒシバ。上：総は3～9本，長さ4～10cm。ほぼ掌状。右上：小穂は長さ1.5～2mm。メヒシバより小さく円みがあり，2列に密に並ぶ。緑色または紫色を帯び，毛がある。右下：第１包穎はほぼ消失し，第２包穎は小穂と同長。小花の護穎，内穎は紫褐色。穎果は長楕円形で円頭。半透明で鈍い光沢があり，長さ約1mm。

オヒシバ

雄日芝 goosegrass イネ科 オヒシバ属

Eleusine indica (L.) Gaertn.

【在来】

分布	本州以南	生活史	一年生(夏生)
出芽	5～7月	繁殖器官	種子(1.4g)
花期	7～10月	種子散布	重力
草丈	脛～腰		

道ばたや畦畔，空き地，樹園地など，乾いた硬い土地に多く生育する。西南暖地では畑地にも入り込む。南西諸島では通年にわたって生育，開花する。

シコクビエ *Eleusine coracana* (L.) Gaertn はオヒシバを原種とする作物。旧熱帯で広く栽培され，日本でもかつて山村で栽培されていた。

オヒシバ。左：第１葉は広線形，地表に接するように水平に開き線状披針形。淡緑色で平行脈が目立つ。右：第２葉以降は葉身が２つ折れで，広線形～披針形で先が尖る。葉鞘は扁平で全体無毛。

シコクビエ。全草壮大で，穎果は球形で大きく，平滑でしわがない。

オヒシバ。左：生育初期は地面に張り付くように広がる。全体硬く丈夫。葉はやや硬く，平滑で光沢がある。葉鞘は白緑色。右：茎は叢生して大株となる。稈はわずかに扁平で，先に掌状に花序をつける。

左：成葉は基部の縁にまばらに白い長毛がある。右：葉舌は薄く切形で高さ約1mm，縁に毛状の細かい歯が並ぶ。

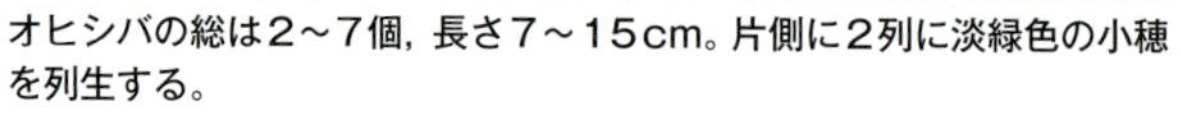

オヒシバの総は2～7個，長さ7～15cm。片側に2列に淡緑色の小穂を列生する。

左：小穂は左右に扁平，4～6小花からなり，長さ4～6mm。第１包穎は長さ1.5～2mm。第2包穎は長さ2.5～3mm。右：護穎は長さ3～3.5mm，内穎はやや短い。穎果は卵状楕円形，長さ1.1～1.3mm。暗褐色で横しわが目立ち，穎から容易に離れる。

シナダレスズメガヤ

摽垂雀茅	lovegrass, weeping	イネ科	スズメガヤ属

Eragrostis curvula (Schrad.) Nees

【南アフリカ】

分　布	全国	生活史	多年生(夏生)
出　芽	4〜9月	繁殖器官	種子(290mg)
花　期	6〜10月		根茎
草　丈	腿〜胸	種子散布	重力

戦前に砂防，緑化用に導入され，広く野生化している。河原や道ばたなど，日当りのよい砂質土壌に多く，河原に優占し，植生を改変している。

カゼクサ

風草	-	イネ科	スズメガヤ属

Eragrostis ferruginea (Thunb.) P. Beauv.

【在来】

分　布	本州〜九州	生活史	多年生(夏生)
出　芽	4〜7月	繁殖器官	種子(280mg)
花　期	8〜11月		根茎
草　丈	膝〜腰	種子散布	重力

道ばたや土手，畦畔など，乾いた草地に生育し，踏みつけにも強く，しばしば耕地の周辺などに群生する。

シナダレスズメガヤ。左：第１葉は線形で先は剣状，平行脈が目立つ。基部の葉鞘と葉身基部の縁には長い毛がある。右：葉は細長く，先が垂れる。葉鞘は紅紫色を帯びる。

シナダレスズメガヤ。上：根茎で越冬し，株基部から萌芽する。右：葉舌は短毛状。葉鞘口部に長い軟毛があり，葉鞘は無毛。

左：稈は叢生して大株となる。茎上部の葉鞘は平滑で無毛。葉は乾くと内側に巻き，著しくざらつく。左下：長い花茎の先に長さ20〜40cmの円錐花序を傾いてつける。花序はまばらに小穂を多数つけ，灰緑色にくすむ。花序の分岐点には白毛がある。右下：小穂は披針形で紫色を帯びた灰緑色，長さ6〜12mm。7〜11小花からなる。包穎は膜質で，第１包穎は長さ1.5mm，第２包穎は2.5mm。護穎は膜質で長さ約2.5mm。

シナダレスズメガヤの穎果は広卵形〜球形で，乳白色，黄橙色〜黒褐色など。長さ約0.5mm。

カゼクサ。左：第１葉は線形〜線状披針形で先が尖り，２つ折れで抽出する。葉身基部にのみ毛がある。右：短い根茎から萌芽し，茎は束生する。

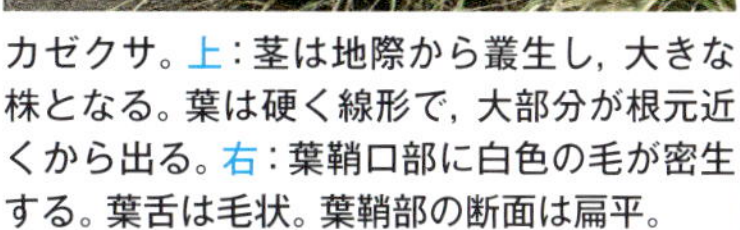

カゼクサ。上：茎は地際から叢生し，大きな株となる。葉は硬く線形で，大部分が根元近くから出る。右：葉鞘口部に白色の毛が密生する。葉舌は毛状。葉鞘部の断面は扁平。

左：円錐花序は直立し，長さ20〜40cm。まばらに小穂をつける。右の上：小穂は扁平な長楕円形で長さ5〜10mm，5〜10小花からなる。濃紫褐色で光沢がある。柄に黄色の腺がある。第１包穎は長さ1〜2mm，第２包穎は2.5〜3mm。護穎は長さ2.5〜3mm。右の下：熟すと内穎を残して穎果が落ちる。

カゼクサの穎果は長楕円形で赤褐色。長さ約1mm。

アオカモジグサ

青髭草 - イネ科 エゾムギ属

Elymus racemifer (Steud.) Tzvelev

【在来】

分布	全国	生活史	多年生(冬生)
出芽	10～11月	繁殖器官	種子(2.8g)
花期	5～7月		根茎
草丈	膝～腰	種子散布	重力

道ばた，畦畔，土手などの草地に生育する。近縁のカモジグサに比べ，大株とはならず，乾いた土地に多い。

カモジグサ

髭草 - イネ科 エゾムギ属

Elymus tsukushiensis Honda var. ***transiens*** (Hack.) Osada

【在来】

分布	全国	生活史	多年生(冬生)
出芽	9～10月	繁殖器官	種子(5.8g)
花期	5～7月		根茎
草丈	脛～腰	種子散布	重力

道ばた，畦畔，土手などの草地に生育する。近縁のアオカモジグサに比べ，大株となり，やや湿った土地に多い。

左：アオカモジグサ。第１葉は線形で粉青緑色。垂直に伸び，質は硬い。両面に短毛がある。先端は尖る。右：カモジグサ。第１，２葉は線形で無毛，淡緑色。質は硬く無毛で，先端は尖る。

葉舌。左：アオカモジグサは高さ１～1.4mm，縁は切形で短い切れ目が並び，褐色を帯びる。葉耳は爪状の小突起となる。右：カモジグサは高さ１mm未満，縁は切形で短い切れ目が並ぶ。葉耳は爪状の小突起となる。

越冬個体。左：アオカモジグサ。葉鞘は赤紫色を帯び，葉鞘縁，葉身縁ともに短毛がある。茎葉は淡緑色，表面はざらつく。右：カモジグサ。葉鞘は赤紫色を帯び，茎葉は粉白状に見える。表面はざらつく。茎は直立～叢生し，基部は屈曲する。

左：アオカモジグサ。茎は直立し，穂状花序は長さ10～20cm，弓形に曲がって先が垂れる。小穂は淡緑色～緑色。乾燥すると芒が外側に反り返る。右：カモジグサ。茎は直立し，穂状花序は長さ15～30cm，弓形に曲がり垂れ下がる。小穂は紫色を帯びた緑白色。芒は乾いてもほとんど反り返らない。

ナギナタガヤ

薙刀茅　fescue, rattail　イネ科　ナギナタガヤ属

Vulpia myuros (L.) C. C. Gmel.

【地中海地域】

分　布	本州〜九州	生活史	一年生(冬生)
出　芽	9〜11月，3〜4月	繁殖器官	種子(270mg)
花　期	5〜7月	種子散布	重力
草　丈	足首〜腿		

明治初期に移入されたとされる。芝生種子への混入により全国に拡散したと思われる。畦畔，道ばた，空き地に生育し，日当りのよい砂地や乾いた草地に多い。夏に枯死して倒伏した植物体が地面を覆う。

変種オオナギナタガヤ *Vulpia myuros* (L.) C. C. Gmel. var. *megalura* (Nutt.) Rydb. は北アメリカ原産で，草生栽培用に導入。

小穂。左：アオカモジグサは長さ10〜20mm，4〜7小花からなる。護穎の先は長い芒となる。包穎は長さ5〜8mm，2個ともほぼ同形同大。右：カモジグサは長さ15〜25mm，5〜10小花からなる。護穎の先は長い芒となる。包穎は長さ4.5〜7mm，2個ともほぼ同形同大。

左：アオカモジグサの護穎は長さ7〜10mmで背面は丸く，毛が散生する。内穎は護穎の2/3〜4/5の長さで先端は切形。右：カモジグサの護穎は長さ9〜12mmで無毛。内穎は護穎とほぼ同長で先端はやや尖る。

穎果。左：アオカモジグサは長楕円形で褐色，光沢はなく，長さ4〜5mm。右：カモジグサは長楕円形で淡黄色，光沢はなく，長さ約5mm。

ナギナタガヤ。左：第1葉は垂直に伸びる。葉身は非常に細く，内側に巻いて糸状に出る。中：分げつする越冬個体。全体無毛で滑らか。葉鞘はしばしば赤褐色を帯びる。根生葉は幅0.5〜1mm，縁は内側に巻き込む。右：葉舌は高さ0.5〜1mm。葉身表面に毛があり縁はざらつく。

ナギナタガヤ。左：花序は円錐形で長さ約20cm，上部は一方に傾く。花序の基部は葉鞘に隠れる。稈につく葉は幅0.5〜3mm。上：稈は同一方向になびき，倒伏して枯死し，密な群落は敷わら状に地表面を覆う。

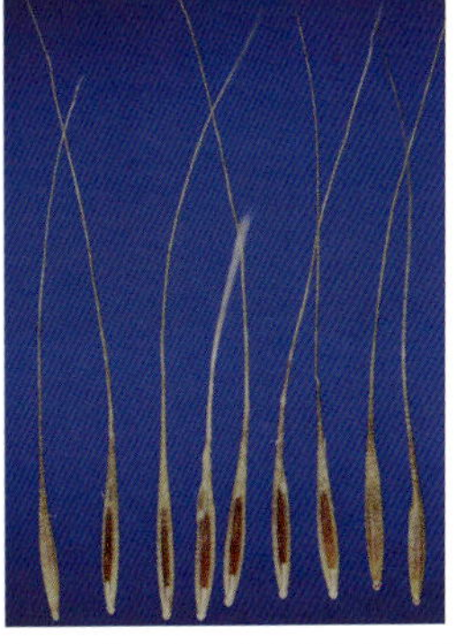

左：小穂は3〜7小花からなり，長さ約8mm。芒は長さ8〜15mm。第1包穎は1〜3.5mm，第2包穎は3〜8mm。上：護穎は長さ5〜6mm，背面はざらつく。内穎は護穎とほぼ同長。芒は10〜15mm。穎果は護穎と内穎に包まれる。

オオナギナタガヤ。稈は細く，直立し，出穂期の草高は50〜60cm，ナギナタガヤに比べ出穂開花が約1か月早い。

スズメノヒエ

雀の稗　－　イネ科　スズメノヒエ属

Paspalum thunbergii Kunth ex Steud.

【在来】

分布	本州以南	生活史	多年生（夏生）
出芽	4～7月	繁殖器官	種子（1.7g）
花期	7～10月		根茎
草丈	膝～腰	種子散布	重力

道ばた，畦畔，芝地や土手など，日当りのよいやや湿った草地に生育する。

スズメノコビエ *Paspalum scrobiculatum* L. はスズメノヒエに似る多年生植物。小穂が小さく植物体はほぼ無毛。本州西部以南に分布し，南西諸島では普通。東南アジア～アフリカ等，旧熱帯に広く分布し，インドでは雑穀として栽培もされる。

スズメノヒエ。左上：第１葉は斜開し，線状楕円形。多くの平行脈があり，緑色で裏面，縁，葉鞘ともに白毛が密生し，表面にもまばらに毛がある。
左下：地際で分枝し，茎基部は倒伏し，株になる。葉は平らで多くが根生葉，線形～広線形で，全草に軟毛が密生する。茎上部は斜上し，節にも毛が密生する。根茎は短い。

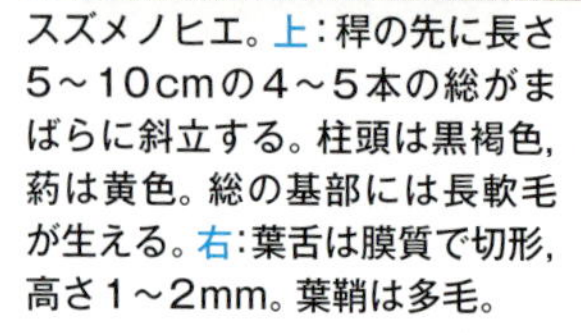

スズメノヒエ。上：稈の先に長さ5～10cmの4～5本の総がまばらに斜立する。柱頭は黒褐色，葯は黄色。総の基部には長軟毛が生える。右：葉舌は膜質で切形，高さ1～2mm。葉鞘は多毛。

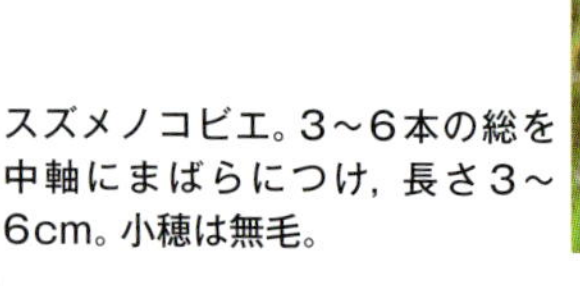

スズメノコビエ。3～6本の総を中軸にまばらにつけ，長さ3～6cm。小穂は無毛。

シマスズメノヒエ。左：第１葉は線形，子葉鞘は赤紫色。新葉は直立して出た後，開いて垂れる。幼植物では葉身裏面に毛があるが表面は無毛。右：越冬根茎から萌芽した新葉。茎は叢生する。葉身は無毛で粉緑色。基部の葉鞘には剛毛があり，赤紫色を帯びることがある。

シマスズメノヒエの出穂個体。稈は直立または斜上する。葉身基部にのみ毛があり，葉鞘は平滑で無毛。

スズメノヒエ。左：穂軸に小穂が2列につく。小穂は短柄をもち，長さ約2.6mm，円形で淡緑色。ほぼ無毛。第１包穎は消失，第２包穎は花軸側にある。平らな第１小花の護穎が外側を向く。第２小花のみ結実する。上：護穎と内穎は革質で，淡黄色に熟す。中央が膨らみ，脈が目立つ。

シマスズメノヒエ

島雀の稗　dallisgrass　イネ科　スズメノヒエ属

Paspalum dilatatum Poir.

【南アメリカ】

分布	本州以南	生活史	多年生（夏生）
出芽	4～7月	繁殖器官	種子（1.1g）
花期	6～9月		根茎
草丈	膝～胸	種子散布	重力

本州では戦後に定着し，広がった。道ばたや畦畔，土手や芝地など草刈りされる土地に生育する。ダリスグラスの名で暖地型牧草として利用もされている。

タチスズメノヒエ

立雀の稗　vaseygrass　イネ科　スズメノヒエ属

Paspalum urvillei Steud.

【南アメリカ】

分布	関東以西	生活史	多年生（夏生）
出芽	4～7月	繁殖器官	種子（360mg）
花期	8～10月		根茎
草丈	腰～頭	種子散布	重力

1958年に侵入が確認された。道ばたや空き地，芝地，畑地，樹園地など，明るい草地に生育する。南西諸島ではサトウキビの強害草。

シマスズメノヒエ。左：葉舌は膜状で高さ1.5～3mm。葉鞘口部に長毛がある。稈は丸い。右：花序は3～7本の総を開出または下垂する。総は長さ5～10cm，基部に白色の長毛がある。

シマスズメノヒエ。左：花軸の片側に2～4列に小穂が並ぶ。小穂は卵形で，縁に毛が多い。葯は黒褐色，柱頭は暗紫色。下：小穂は長さ3～3.5mm。第1包穎はない。第2包穎は花軸側を向く。第1小花の護穎は扁平。第2小花のみ結実する。

シマスズメノヒエ。護穎は平滑，革質で光沢があり，両縁が内側に曲がって，同質の内穎を抱く。広卵形で長さ約3mm，乳褐色。

タチスズメノヒエ。上：第1～3葉は広線形で外側に湾曲し，黄緑色で無毛。葉鞘に開出毛がある。右：基部の葉鞘は紅紫色を帯び，剛毛がある。葉身は両面とも無毛または裏面のみまばらに毛があり，縁はやや波打つ。

タチスズメノヒエ。左：葉舌は高さ3～5mm，縁に長毛をつける。葉鞘と葉身の接続部に長毛が生える。右：太い稈が密に束生し，無毛で直立する。上部の葉は無毛。葉身は線形で縁はざらつく。花序はほぼ直立し，長さ4～10cmの総が10～20本，直立または斜上する。総の基部には白色の長毛がある。

タチスズメノヒエ。左：毛の生えた小穂が花軸の片側に2～3列に密生する。柱頭は黒紫色，葯は黄白色。第1包穎は消失，第2包穎は花軸側を向き，第1小花の護穎が外側を向く。中：小穂は卵形，長さ約2.5mm。包穎の縁に長毛が生える。淡緑色または紫色を帯びる。シマスズメノヒエよりやや小さい。第2小花のみ結実する。右：護穎は革質で光沢があり，両縁が内側に曲がって内穎を抱く。卵形で長さ約1.7mm，淡褐色。中に長さ約1.4mmの褐色の穎果を入れる。

アメリカスズメノヒエ

亜米利加雀の稗　bahiagrass　イネ科　スズメノヒエ属

Paspalum notatum Flüggé

【南アメリカ】

分　布	関東以西	生活史	多年生（夏生）
出　芽	4〜7月	繁殖器官	種子（1.0g）
花　期	6〜10月		根茎
草　丈	脛〜腿	種子散布	重力

1969年に侵入が記録された。バヒアグラスとして緑化および暖地型牧草に用いられ，逸出して分布を拡大している。道ばた，空き地，畑地，樹園地に生育する。

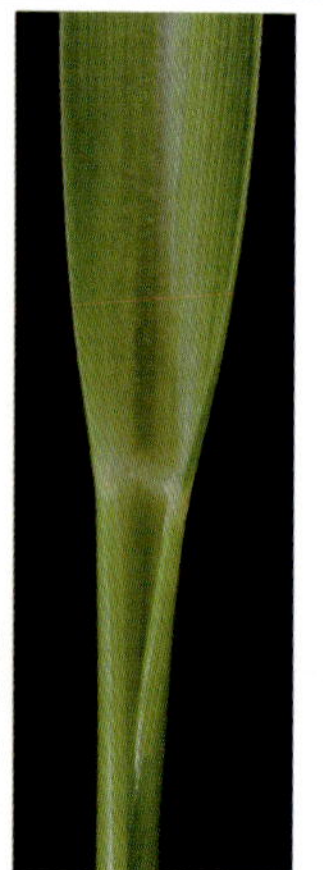

アメリカスズメノヒエ。左：第１葉は長楕円形で無毛，第２〜４葉は線形，ややねじれて斜上する。葉鞘は赤紫色を帯びる。全体ほぼ無毛。右：葉舌は低く，短毛の列となる。葉鞘は扁平。葉身基部の縁にわずかに毛がある。

木質の太い根茎が古い葉鞘に覆われ，地表を横走し，稈を出す。葉身も葉鞘も厚く光沢がある。葉鞘の基部は紫色を帯びる。

左：稈の先に二叉状に長さ6〜15cmの総を2，3本出す。右：各花軸に小穂がほぼ2列に並ぶ。小穂は長さ約3mmの扁平な卵形。平滑で無毛，光沢がある。葯と柱頭は黒紫色。第１包穎はなく，第２包穎と不稔の第１小花の護穎は小穂と同長で同形。

アメリカスズメノヒエ。第２小花のみ結実する。護穎は革質で光沢があり，縁は内穎を抱く。褐色で長さ約2〜2.5mm。

オガサワラスズメノヒエ

小笠原雀の稗　paspalum, sour　イネ科　スズメノヒエ属

Paspalum conjugatum Bergius

【熱帯アメリカ】

分　布	関東以南	生活史	多年生（夏生）
出　芽	亜熱帯地域ではほぼ周年	繁殖器官	種子（1.2g）
花　期	亜熱帯地域ではほぼ周年		匍匐茎
草　丈	膝〜腿	種子散布	重力

1970年に侵入。亜熱帯地域では以前から見られ，本州〜九州の暖地でもまれに見られる。道ばたや牧草地に普通に生育し，害が大きい。

オガサワラスズメノヒエ。左：第１，２葉は淡緑色，披針形で水平に開出し，縁に短毛がまばらに生える。葉鞘は赤褐色。右：葉身は広線形で柔らかく，両面とも無毛で黄緑色。

左：稈は匍匐して節から発根する。匍匐茎の節間は8〜10cm。各節から直立茎と根を出す。節部には白毛がある。右：葉舌は高さ1mm以下，縁に毛が並ぶ。葉身は広線形で，基部は円形〜鈍形。縁に微毛がある。葉鞘は扁平で平滑，縁に長毛が並ぶ。

稈の上部に湾曲する２本の総をほぼ水平に出す。総は長さ10〜15cm。

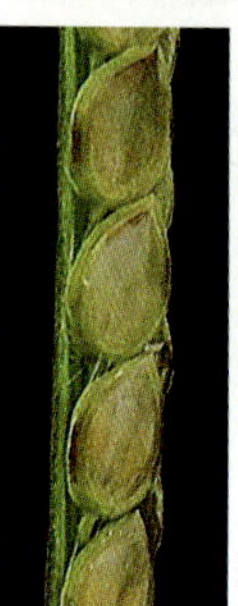

オガサワラスズメノヒエ。左：花軸には扁平な卵形の小穂を2列に密につける。小穂は先が短く尖り，長さ約1.5〜2mm。第１小花は不稔，第２小花のみ稔実する。上：小花は長さ1.5〜1.7mm，縁に長い白毛がある。

パラグラス

paragrass　イネ科　ニクキビモドキ属

Urochloa mutica (Forssk.) T.-Q. Nguyen

【熱帯アフリカ】

分　布	南西諸島	生活史	多年生(夏生)
出　芽	周年	繁殖器官	種子(290mg)
花　期	周年(温帯域では開花しないとされる)		匍匐茎
草　丈	胸～2.5m	種子散布	重力

戦後，牧草として導入した。世界各地の熱帯地域で牧草として利用されている一方，水湿地の侵略的植物とされている。南西諸島では広範囲に逸出・自生し，河原，畑地，道ばた，空き地，牧草地，水辺などに生育する。

パラグラス。左：第1葉は長楕円形，葉身の両面と縁に毛が密生し，葉脈が明瞭。中：幼植物は垂直に伸び，葉身は水平に開出する。葉鞘は紅紫色を帯びる。右：茎断片も繁殖源となる。葉身は先が鋭く尖る。葉身の縁はざらつく。

稈の下部は径5～8mmで，節に長い白毛が密生。茎は基部が斜上し，節から発根して上部が直立する。

パラグラスの生育期。稈は長さ2～6mに達する。水辺などにしばしば純群落を形成する。

葉舌は高さ約2mm，縁に毛がある。葉身の基部は円く，無毛または両面に目立たない短毛がある。葉鞘は太く，上向きの白い軟毛が密生する。

パラグラス。稈の先に円錐花序を出し，花序は長さ15～30cm。節から長さ3～10cmの枝を出し，短い柄の小穂を基部から先まで密につける。花軸や枝に散生する長い軟毛と密生した短毛がある。

パラグラス。左：小穂は狭卵形で無毛，淡緑色で長さ約3mm。第1包穎は小穂の1/4長，第2包穎は小穂と同長。第1小花は雄性。上：第2小花のみ結実するが，結実率は低い。穎果は長さ1.8～2mm。

シマヒゲシバ（ムラサキヒゲシバ）

島髭芝 | fingergrass, swollen | イネ科 | オヒゲシバ属

Chloris barbata Sw.

【熱帯アメリカ】

分布	南西諸島,本州にややまれ	生活史	一年生（夏生）〜多年生
出芽	（南西諸島ではほぼ通年？）		
花期	8〜10月（南西諸島ではほぼ通年？）	繁殖器官	種子（170mg）
草丈	脛〜腰	種子散布	重力

戦後，沖縄に侵入した。道ばたや畑地，空き地に生育する。

アフリカヒゲシバ *Chloris gayana* Kunth は南アフリカ原産の多年生，牧草ローズグラスとして熱帯〜亜熱帯で栽培される。南西諸島では逸出，野生化している。花序は5〜15本の総が斜上し，淡黄褐色。

シマヒゲシバ。左上：第1，2葉は線形，葉鞘，葉身裏面基部に軟毛が生える。第1〜3葉の葉身は巻いて抽出，第4葉以降は2つ折れとなる。左下：葉身は平滑で表面は無毛，裏面は軟毛が生える。葉鞘は扁平で背面が竜骨となり平滑で無毛。葉鞘の縁は白い膜質，基部は紅紫色を帯びる。右上：茎下部は屈曲して節から発根する。葉鞘，稈ともに著しく扁平。

シマヒゲシバ。葉舌は高さ0.5mm以下，縁に短毛が並ぶ。葉鞘口部に白い軟毛がある。

右：稈は直立し，花序は稈頂に掌状につき，紫色を帯びることが多い。下：総は6〜15本，斜上し，長さ2〜9cm。小穂を2列に密生する。

シマヒゲシバ。左：小穂は長さ2.5〜4mm。3〜4小花からなる。第1小花のみ両性で結実し，上方の小花は護穎のみで不稔。包穎は透明な膜質で披針形，第1包穎は長さ約1.5mm，第2包穎は2〜2.8mm。第1小花の護穎は楕円形で長さ約2mm。上半部に縁毛があり，先は長さ3〜7mmの芒がある。右：穎果は楕円形，赤褐色〜淡褐色で長さ1〜1.5mm。

コウセンガヤ *Chloris radiata* R. Br. は熱帯アメリカ原産の一年生草本。高さ20〜70cm。南西諸島には戦前には定着しており，平地の道ばたや空き地，耕地周辺に生育する。

コウセンガヤ。上：茎は直立し，叢生する。葉鞘は幅広く扁平，背面が竜骨となる。葉身表面の基部に白色の軟毛が散生する。下：総は12〜25本，斜上し，長さ4〜11cm。小穂が密につく。小穂は長さ3.5mm，両性の第1小花護穎の芒は8〜13mmとなる。

ヒメヒゲシバ *Chloris divaricata* R. Br. はオーストラリア原産。1969年に沖縄県で侵入が確認された。高さ15〜40cmの多年草。道ばたや空き地，耕地の周辺に生育する。

ヒメヒゲシバ。左：葉身はざらつくが無毛。葉鞘は背面が竜骨となり，平滑で無毛。茎基部は屈曲し平伏して節から発根する。下：総は3〜7本，開出し，長さ3〜10cm。小穂は花軸に圧着し，ややまばらにつく。ギョウギシバに似る。

シンクリノイガ

新栗の毬　sandbur, southern　イネ科　クリノイガ属

Cenchrus echinatus L.

【熱帯アメリカ】

分　布	関東以南	生活史	一年生(夏生)
出　芽	4〜7月	繁殖器官	種子(1.9g)
花　期	7〜10月	種子散布	重力，付着
草　丈	脛〜腿		

南西諸島には古くから侵入，定着し，道ばた，空き地，畑地，土手など日当りのよい土地に生育する。本土でも開港地などに見られる。

タツノツメガヤ

龍の爪茅　crowfootgrass　イネ科　タツノツメガヤ属

Dactyloctenium aegyptium (L.) P. Beauv.

【熱帯アジア〜アフリカ】

分　布	本州南部以南	生活史	一年生(夏生)
出　芽	4〜7月	繁殖器官	種子(230〜270mg)
花　期	7〜10月	種子散布	重力
草　丈	足首〜脛		

日本への侵入年代は不明。南西諸島では道ばた，空き地，畑地などに普通。本土では海岸付近にややまれ。

シンクリノイガ。葉身は平らかやや内側に巻き，線形で先は鋭く尖る。葉鞘はやや扁平，しばしば紅紫色を帯びる。

シンクリノイガ。葉舌は長さ1〜2mmの毛状。葉身表面基部にしばしば毛が散生する。葉鞘は縁と口部に白毛がある。茎基部は匍匐して立ち上がる。

シンクリノイガ。上：花序は円柱状で直立し，長さ3〜10cm。8〜30個の無柄のつぼ形の総苞に筒に包まれた小穂がつく。淡緑色で一部紫色に染まる。下：総苞の刺は刺針状，基部の針は短い。総苞は幅5〜7mm。全面にやや長い白軟毛が密生する。総苞内に2〜3個の小穂がある。

タツノツメガヤ。上：第1葉は黄緑色，楕円形で鈍頭，葉脈が明瞭。葉身基部に毛が散生する。第2葉以降は線形。右：葉鞘は扁平で，基部はしばしば紅紫色を帯びる。葉身は反曲する。

タツノツメガヤ。上：葉身は線形，粉白色を帯び，扁平で柔らかく，縁は波打つ。葉鞘は扁平で茎を抱く。右：茎基部は匍匐し，各節から1〜4の直立茎と根を出す。上部は直立または斜上する。

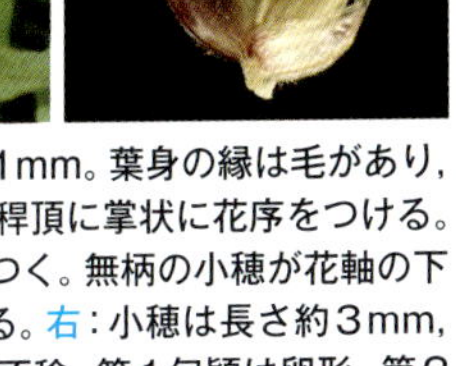

タツノツメガヤ。左：葉舌は高さ0.5〜1mm。葉身の縁は毛があり，表面基部も毛が多い。葉鞘は無毛。中：稈頂に掌状に花序をつける。長さ1〜4cmの総が3〜4本，掌状につく。無柄の小穂が花軸の下側に2列につく。しばしば紫色を帯びる。右：小穂は長さ約3mm，無毛。3〜4小花があり，上方の小花は不稔。第1包穎は卵形，第2包穎は広卵形で芒がある。護穎は広卵形で先は急に尖り，背面は鋭い竜骨となる。

左：シンクリノイガの小穂は2小花よりなり，狭卵形。第1小花は不稔で護穎のみ，第2小花のみ結実する。右：タツノツメガヤの穎果は球形，赤褐色で表面にしわがある。長さ0.7mm。

ネズミムギ（イタリアンライグラス） ホソムギ（ペレニアルライグラス）

鼠麦 ryegrass, Italian イネ科 ドクムギ属

Lolium multiflorum Lam.

分布	全国	生活史	一年生（冬生）
出芽	9～4月	繁殖器官	種子（2.0g）
花期	5～7月	種子散布	重力
草丈	膝～頭		

【地中海地域】

明治初期に牧草として導入された。緑化資材としても全国で利用され，道ばたや土手，空き地，河原などに逸出・野生化し，樹園地にも多く，ムギ圃場では強害草となっている。グリホサートに抵抗性タイプあり。

細麦 ryegrass, perennial イネ科 ドクムギ属

Lolium perenne L.

分布	北海道～九州	生活史	多年生（冬生）
出芽	9～10月	繁殖器官	種子（2.3g）
花期	5～7月		根茎
草丈	膝～腿	種子散布	重力

【地中海地域】

明治初期にネズミムギとともに牧草として導入された。芝生や緑化にも利用されている。ネズミムギに比べ少なく，北海道～東北に多い。

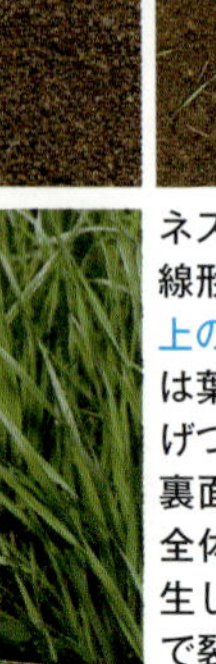

ネズミムギ。上の左：第1，2葉。葉は線形で無毛。葉鞘は暗紫色を帯びる。上の中：分げつを始めた幼植物。新葉は葉鞘の中で巻いている。上の右：分げつ期。葉は線形で細長く，先は尖る。裏面は光沢がある。左：節間伸長期。全体無毛でやや軟弱。単生または叢生し，直立する。葉鞘は丸く，基部まで裂ける。

ネズミムギ。花序は長さ15～25cmで分岐しない。花序の中軸はざらつく。無柄の小穂を交互につける。

ネズミムギ。左：小穂は扁平で長さ2.5cm，小花は8～20個。腋生の小穂には第1包穎はなく，頂生の小穂にのみ2個の包穎がある。第1包穎は長さ4～5mm，第2包穎は6～8mm。右：小花。護穎は披針形で長さ5～8mm。先が2裂し，長さ5～10mmの芒がある。内穎は護穎とほぼ同長。

ネズミムギ。穎果は長楕円形で茶褐色，長さ約4mm。

ホソムギ。幼植物。若い葉身は葉鞘の中で2つに折れて抽出する。基部の葉鞘はしばしば赤みを帯びる。

ホソムギ。越冬株。茎は叢生し，全体無毛。葉は線形で細長く，幅2～4mm。光沢がある。

左：ネズミムギ。葉舌は膜質で高さ1～2mm。葉身基部に先の尖った葉耳がある。葉の表面は平行脈が目立つ。右：ホソムギ。葉耳は先が尖るが，ときに不明瞭。葉舌は高さ1～2mm。

ネズミムギ，ホソムギとも他殖性で容易に交雑するため，形態の変異は連続的で，中間的な形態を示す個体も多い。刈り取り後に再生して抽出したネズミムギの花序は短く，護穎の芒が短いなど，ホソムギに似た形態となる。

オニウシノケグサ（トールフェスク）

鬼牛の毛草　fescue, tall　イネ科　ウシノケグサ属

Schedonorus arundinacea (Schreb.) Dumort

【地中海地域】

分　布	北海道〜九州	生活史	多年生（冬生）
出　芽	9〜10月	繁殖器官	種子（1.8g）
花　期	5〜7月		根茎
草　丈	膝〜頭	種子散布	重力

明治時代に牧草として導入された。牧草の他，緑化や砂防用に利用され，周辺に逸出し，道ばた，空き地，土手，河原などに野生化している。

ヒロハウシノケグサ（メドウフェスク）*Schedonorus pratensis* (Huds.) P. Beauv. はヨーロッパ原産，北海道に広く野生化している。葉耳の縁は無毛で，護穎は通常無芒。

ホソムギは一部の稈からのみ花序を出す。稈はやや扁平。

オニウシノケグサ。左：第1，2葉。葉は線形で無毛。新葉は巻いて抽出する。中：葉鞘は平滑で無毛。基部は紅紫色を帯びる。右：葉身は線形で無毛。葉の表面と縁は強くざらつく。

ホソムギ。上：花序の中軸は平滑で，小穂が交互に並ぶ。左：小穂は長さ約2cm。小花は6〜10個。芒は短いか，ない。第2包穎は小穂の1/3〜3/4長。

オニウシノケグサ。左：根茎は短く叢生する。茎は叢生し直立する。葉の幅は3〜10mm，やや厚い。右：円錐花序は10〜50cm，直立〜やや傾き，緑色〜紫色を帯びる。

オニウシノケグサの葉耳は披針形で縁に短毛がある。葉舌は短く，革質で切形，高さ1〜2mm，縁は鋸歯が並ぶ。葉脈は太く，表面に隆起する。

ホソムギの穎果は長楕円形で茶褐色，長さ約4mm。

オニウシノケグサ。左：花軸の節から2個の枝を斜上して出し，その先に1〜多数の小穂をつける。上の左：小穂は扁平な披針形で，長さ10〜18mm，3〜6小花からなる。包穎は披針形で先が尖り，第1包穎は3〜5mm，第2包穎は4〜7mm。上の右：小花は披針形，長さ8〜9mm。護穎の背は丸く。内穎は護穎とほぼ同長。1〜4mmの短い芒がある。

スズメノカタビラ

雀の帷子 bluegrass, annual **イネ科** **イチゴツナギ属**

Poa annua L. var. *annua*

【在来】

分　布	全国	生活史	一年生(冬生)
出　芽	10～11月，3～5月	繁殖器官	種子(310mg)
花　期	3～6月	種子散布	重力
草　丈	足首～脛		

道ばた，空き地，畑地や冬の水田，芝地など，人里に生育する代表的なイネ科の冬生一年生雑草。シマジンに抵抗性タイプあり。

ナガハグサ(ケンタッキーブルーグラス)

長葉草 bluegrass, Kentucky **イネ科** **イチゴツナギ属**

Poa pratensis L.

【ユーラシア】

分　布	全国	生活史	多年生(冬生)
出　芽	9～10月	繁殖器官	種子(380mg)
花　期	5～6月		根茎
草　丈	脛～腿	種子散布	重力

明治初期に牧草として導入され，芝草としても広く利用されている。道ばたや土手などの明るい草地に生育している。

スズメノカタビラ。左：第１葉は線形で垂直に開出し，断面はU字形。葉身は中央で２つに折れ曲がる。葉鞘は扁平。中：5～6葉になると分げつを始める。葉は明るい緑色。葉鞘は葉身より短く，赤みを帯びることもある。右：地際で分枝し，下部は曲がり，上部は斜上する。全体無毛で光沢があり，軟弱。

スズメノカタビラ。左：葉舌は白い膜質で高さ3～6mm。中：葉の先端は舟形になり尖る。イチゴツナギ属に共通の特徴。右：スズメノカタビラは真冬と真夏以外，ほぼ一年中出穂する。円錐花序は全体淡緑色で長さ3～8cm。

スズメノカタビラ。左：花序の中軸は平滑，花序の枝は横に開く。小穂はふつう淡緑色で，紫色を帯びることもある。右：小穂は扁平な楕円形で長さ約5mm，数個の小花からなる。第１包穎は長さ1.5～2mm，第２包穎は2～2.5mm，ともに膜質で無毛。

スズメノカタビラ。護穎は長さ約3mm，脈上の毛は少なく，中脈は細く目立たない。穎果は披針形で淡褐色，光沢はなく長さ約1.5mm。

変種ツルスズメノカタビラ *Poa annua* L. var. *reptans* Hausskin はヨーロッパ原産，稈の基部が発根しながら匍匐して生育する短命な多年生で，冷涼な芝地などに生育する。

ナガハグサ３葉期。葉は２つ折りで扁平。葉鞘は赤紫色を帯びる。葉の先は舟形となる。

ナガハグサ。上：分げつする種子由来の越冬個体。葉鞘は平滑。左：葉舌は高さ約1mmで切形。

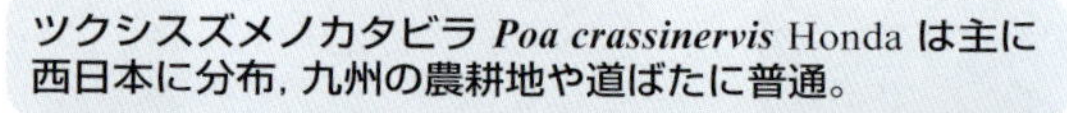

ツクシスズメノカタビラ *Poa crassinervis* Honda は主に西日本に分布，九州の農耕地や道ばたに普通。

ツクシスズメノカタビラ。左：円錐花序の枝はやや太く，斜め上に向く。スズメノカタビラに比べ草丈が高く，小穂は淡緑色。右：第２包穎と護穎は狭い長楕円形，護穎の中脈は太く，脈上に密に毛が生える。

オオスズメノカタビラ

大雀の帷子　bluegrass, roughstalk　イネ科　イチゴツナギ属

Poa trivialis L.

【ユーラシア】

分布	北海道〜九州	生活史	多年生(冬生)
出芽	9〜11月	繁殖器官	種子(141mg)
花期	4〜6月		根茎
草丈	膝〜腰	種子散布	重力

明治以降に移入した。畦畔や道ばた，土手や空き地，湿地に生育する。耕起されない土地では根茎で越夏する多年生，ムギ圃場など畑地では種子で更新する。稈の基部の数節が数珠状に肥厚するタイプがある。

イチゴツナギ属で平地の耕地周辺に生育する草種としては，一年生ではオオイチゴツナギ *Poa nipponica* Koidz.，ミゾイチゴツナギ *P. acroleuca* Steud.，多年生ではヌマイチゴツナギ *P. palustris* L.，イチゴツナギ *P. sphondylodes* Trin. がある。

ナガハグサの葉は稈の株に多く，根生葉は長い。稈は基部から直立し，花序は長さ3〜20cm。

オオスズメノカタビラ。左：2葉期。葉は無毛，2つ折りで扁平。葉鞘は赤紫色を帯びる。中：分げつする種子由来の越冬個体。葉身裏面はやや光沢があり，葉の先は舟形となる。葉鞘はざらつく。右：茎を伸長し始めた越冬後の個体。茎基部はしばしば傾伏して短く横に伸びる。

ナガハグサ。各節から3〜6本の枝を出す。止葉は短く，稈に沿って上向することが多い。

左：葉舌は白い膜質で先が尖り，高さ4〜10mm。右：茎上部に長さ10〜20cmの円錐花序を出す。枝は細く，斜上または横に開出し，その上部以上に多数の小穂をつける。花序の枝はざらつく。出穂始めの小穂は緑色。

左：小穂は2〜6小花からなり，長さ4〜6mm。第1包穎は長さ2〜3.5mm，第2包穎は2.5〜4mm。護穎は長さ3〜4mmで先が尖る。右：穎果は披針形で黄褐色。

ナガハグサ。地表近くを横走する根茎から萌芽した地上茎。

オオスズメノカタビラ。左：結実期には小穂は赤紫色になることが多い。右上：小穂は長さ2.8〜3mm，2〜3小花からなる。第1包穎は2〜2.5mm，第2包穎は2.5〜3mm。右下：護穎は長さ2.5〜3mm，基盤には長くもつれた毛がある。

エノコログサ

狗尾草 foxtail, green イネ科 エノコログサ属

Setaria viridis (L.) P. Beauv.

【在来】

分布	全国	生活史	一年生（夏生）
出芽	4～6月	繁殖器官	種子（530mg）
花期	6～9月	種子散布	重力
草丈	脛～腿		

畑地や道ばた，空き地，砂地など，乾いた裸地に多く生育する。

アキノエノコログサ

秋の狗尾草 foxtail, giant イネ科 エノコログサ属

Setaria faberi R. A. W. Herrm.

【在来】

分布	全国	生活史	一年生（夏生）
出芽	5～7月	繁殖器官	種子（2.6g）
花期	8～10月	種子散布	重力
草丈	膝～胸		

耕地や空き地に多く，畑地にも生育する。エノコログサより大型で花期は遅い。

エノコログサ。上：第1葉は広線形で先が尖り緑色，ほぼ地表に水平に開く。第2葉は線状披針形，平行脈が多く両面とも無毛。右：基部から分枝する。葉は質薄く，先が尖り，基部は急に狭まり葉鞘となって茎を抱く。葉縁，葉鞘が赤褐色を帯びることがある。

アキノエノコログサ。左：第1葉は長楕円形で先が尖る。緑色で平行脈が多い。下：葉は広線形でねじれ，先はしだいに尖る。葉身の表面は短毛が密生する。

エノコログサ。左：葉鞘の縁に短毛があり，葉舌は短い毛の列となる。右：茎は細く，地際で分枝して直立する。

エノコログサ。左：花序は円柱状で長さ3～6cm，黄緑色で直立またはやや一方に傾く。右：肥沃な土地では穂は大型となって枝が分岐し，オオエノコロと呼ばれる形態になる。

上：小穂は長さ約2mm，2小花で1小花のみ稔実する。小穂の柄の基部に数本の刺毛があり，長さは小穂の3～4倍。緑色でときに紫色を帯びる。下：第1包穎は小穂の1/2以下。第2包穎は長く，小穂と同長で，第2小花の護穎は外からは見えない。

アキノエノコログサ。基部は分げつして叢生し，直立する。葉身は線形で，表面や縁は逆撫でずると著しくざらつく。

キンエノコロ

金狗尾草　foxtail, yellow　イネ科　エノコログサ属

Setaria pumila (Poir.) Roem. et Schult.

【在来】

分　布	全国	生活史	一年生（夏生）
出　芽	5～7月	繁殖器官	種子（1.2g）
花　期	8～10月	種子散布	重力
草　丈	脛～腰		

畦畔や土手，芝地など，日当りのよい草刈り地に多く生育する。

コツブキンエノコロ *Setaria pallidefusca* (Schumach.) Stapf et C. E. Hubb は小穂が長楕円形で長さ2～2.8mmであるが，キンエノコロとの変異は連続するため，区別しない見解が一般的。ザラツキエノコログサ *S. verticillata* (L.) P. Beauv. は南ヨーロッパ原産で関東以西に散発的に生育し，南西諸島では普通。

アキノエノコログサ。花序は円柱状で長さ5～10cm，淡緑色で先は垂れ下がる。

キンエノコロ。上：第1葉は線状長楕円形，第2葉は線状披針形。先は尖り，黄緑色。他の2種に比べて第1葉の位置が高い。右：分げつ始め。葉身の裏面は光沢があり平滑。葉鞘はやや扁平で，しばしば紅色を帯びる。

アキノエノコログサ。左：葉舌は1条の毛の列となる。葉鞘の縁に長毛が列生する。右：小穂は長さ2.8～3mm。基部に少数の刺毛があり，刺毛は緑～紫色がかる。

キンエノコロ。成植物の茎は叢生して直立し，茎先に円柱形の穂を出す。

アキノエノコログサ。第1包穎は長さ1.5mm，第2包穎は2.5mm。第2包穎は小穂よりやや短く，第2小花の護穎が一部裸出する。

キンエノコロ。左：葉舌は1列の毛。葉鞘の縁は無毛。葉身基部にのみ長毛がある。右：花序は直立し，長さ3～10mm。刺毛は黄金色。

小穂は広卵形で，長さ3～3.5mm。他の2種より大きく丸い。

キンエノコロ。左：第1包穎は長さが小穂の1/2，第2包穎は3/5～2/3で第2小花の護穎が広く裸出する。右：穎果は広卵形で暗灰色，長さ2.1～2.3mm。

ザラツキエノコログサの花序の刺毛は下向きにざらつき，花序同士が接触すると絡まる。

ススキ

薄　eulaliagrass　イネ科　ススキ属

Miscanthus sinensis Andersson

【在来】

分布	全国	生活史	多年生(夏生)
出芽	4～6月	繁殖器官	種子(560mg)
花期	9～10月		根茎
草丈	胸～2m	種子散布	風

日当りのよい乾いた空き地や土手，河原，耕地周辺の草地に群生する。秋の七草のひとつ。年1～2回の刈り取りがなされる環境で維持される。

ススキ。左：第1葉は線状長楕円形で先が尖る。第2～5葉は線形で先は鋭く尖る。葉身は先が開出する。右：越冬芽からの萌芽。根茎は硬く，分枝して叢生する。茎は円柱形で，葉鞘が茎を包み，節に上向きの長毛がある。

普通は冬期に地上部が枯れる。短い根茎が多数分枝し，年々外側に肥大して大株となる。株元から多数の根生葉が生じて叢生する。中心部の古い根茎が枯死し，いくつかの株に分かれる。

ススキ。左：生育中期。葉の縁は著しくざらつき，不用意に触ると手を切る。葉鞘は稈を包む。右：稈は叢生，直立して株立ちになり無毛。

葉舌は切形で，長さ約1.5mm，上縁にはまばらに短毛が生える。葉身の中央脈が白く目立ち，裏面に少し毛がある。葉身基部，葉鞘，節に軟毛がある。

ススキ。左：10～25本の総が短い中軸に散房状につく。上：花序は銀白色～淡紫色で，長さ15～30cm。

左：小穂。長柄小穂と短柄小穂が対をなしてつく。包穎は小穂と同長で長さ5～7mm。基部に4～6mmの毛がある。2小花があり，第1小花は不稔。第2小花の護穎に長い芒があり，芒は「く」の字形に曲がる。右：穎果。楕円形で暗赤褐色，光沢があり長さ約2mm。

オギ

荻　－　イネ科　ススキ属

Miscanthus sacchariflorus (Maxim.) Benth.

【在来】

分布	北海道〜九州	生活史	多年生（夏生）
出芽	4〜7月	繁殖器官	種子（540mg）
花期	9〜11月		根茎
草丈	胸〜2.5m	種子散布	風

河原や水辺，土手の下部などに群生する。ススキより大型で，湿った地に生育する。

オギ。左：第１葉は線形で先が尖る。第２〜３葉は線形で先は鋭く尖る。中：越冬芽からの萌芽。葉鞘は無毛で先端が紅紫色を帯びる。右：太い根茎が地下を横走し，まばらに稈を直立する。

葉舌は低い膜状で縁に短毛が並ぶ。葉の縁はややざらつく。

オギ。長い葉鞘が稈を取り巻く。稈は円形で硬く，平滑で無毛。下部の葉は花期には脱落する。

根茎から多数の稈を出し，群生する。葉身の裏面はやや粉白色。

左：出穂期。稈の先に長さ30〜50cmの大型の花序をつける。右：先端は下垂し，ススキより密に小穂をつける。各節に長柄小穂と短柄小穂を対につける。

オギの小穂は長さ5〜6mmの披針形で淡黄褐色。小穂の毛は銀白色で小穂の2〜4倍長。包穎にも白毛を生じる。第１小花は不稔で，第２小花のみ結実する。護穎の芒は短く目立たない。

穎果。倒披針形で褐色〜紫褐色，光沢はなく，長さ2.0〜2.4mm。

カモガヤ（オーチャードグラス）

鴨茅　orchardgrass　イネ科　カモガヤ属

Dactylis glomerata L.

【ユーラシア】

分布	北海道～九州	生活史	多年生（冬生）
出芽	10～11月	繁殖器官	種子（750mg）
花期	5～7月		根茎
草丈	膝～胸	種子散布	重力

明治初期に牧草として導入され，現在も広く利用されている。逸出して道ばたや土手，樹園地，河原などに生育し，自然草原にも侵入している。花粉症の原因ともなる。

オオアワガエリ（チモシー）

大粟返り　timothy　イネ科　アワガエリ属

Phleum pratense L.

【ユーラシア】

分布	全国	生活史	多年生（冬生）
出芽	9～11月	繁殖器官	種子（420mg）
花期	6～8月		根茎
草丈	膝～腰	種子散布	重力

明治初期に牧草として導入され，北日本ではオーチャードグラスとともに現在も広く利用されている。逸出して道ばたや土手，樹園地などに生育し，自然草原にも侵入している。

カモガヤ。左：第1，2葉。葉身は2つ折りで出る。先は鋭く尖る。中：分げつする越冬個体。葉は白っぽい緑色で無毛。葉は柔らかく，葉身，葉鞘とも扁平で，竜骨となる。右：越冬再生株。根茎は短く，匍匐茎は伸ばさない。

カモガヤ。左：葉舌は白色の膜質で高さ6～12mm，先は尖る。葉鞘は下方では縁が合着して筒型となる。右：茎は叢生，直立し無毛。円錐花序は長さ10～20cm，はじめ直立し，広く開く。花序全体が白っぽく見える。

左：花序の各節に1個ずつ枝を出し，長い柄の先に密集して小穂をつける。右上：小穂は5～10mmで4～6小花からなる。扁平で，包穎や護穎は竜骨がある。第1苞穎は長さ3～4mm，第2包穎は5～6mm。護穎は長さ4～7mm。包穎の縁は透明な膜質。護穎には短い芒があり，竜骨に長毛がある。右下：穎果は披針形，淡褐色で長さ2.5～3mm。

オオアワガエリ。左：第1，2葉は線形，緑色で葉身，葉鞘とも無毛。葉鞘は紅紫色を帯びる。下：地際で分げつし，新葉は巻いて抽出する。葉身はねじれ，やや内側に巻き，先端が尖る。

オオアワガエリ。上：根茎は短く叢生する。茎の基部は肥大する。葉身は淡緑色でやや硬く，ざらつくが無毛。左：葉舌は膜状で長さ1～5mm。葉鞘は円筒形で平滑。

クサヨシ（リードカナリーグラス）

草葦　canarygrass, reed　イネ科　クサヨシ属

Phalaris arundinacea L.

【在来】

分布	北海道～九州	生活史	多年生
出芽	9～10月	繁殖器官	種子（650mg）
花期	5～7月		根茎
草丈	腿～2m	種子散布	重力

畦畔，道ばた，河原や水辺，湿地などに生育する。牧草由来の系統が乾いた草地に侵入・定着している。

クサヨシ。左：第1～3葉。葉身は線形～狭披針形，緑色で無毛。右：葉鞘は無毛で平滑。葉身は広線形で先が細く尖り，無毛。ざらつく。縁にごく短い毛がある。

オオアワガエリ。越冬株から多数の稈を直立させる。

クサヨシ。稈は円筒形で直立，叢生し，匍匐茎を出す。円錐花序は長さ5～25cm，はじめ円柱形で直立し，のち上方から枝を開く。結実するとふたたび円柱形に戻る。

左：花序は多数の小穂が密集して円柱形。長さ6～20cm，径7～8mm。上：小穂は扁平で1小花からなる。第1包穎，第2包穎は同形で長さ3～3.5mm。竜骨上に白色長毛が並び，竜骨の先は硬い芒になって突き出る。

クサヨシ。葉舌は白色の膜質で，先端が尖り，長さ2～5mm。葉耳はない。

クサヨシ。左：小穂は卵形で淡緑～紫色。長さ4～5mmで左右に扁平。第1，第2包穎は同形。右：1小穂は3小花。第1，第2小花は不稔，極小な鱗片状で長毛が生える。第3小花のみ稔実する。護穎は長さ3～3.5mm，光沢があり，まばらに毛がある。

オオアワガエリ。護穎は膜質で包穎の2/3～3/4長。穎果は乳灰色，長さ1.5～1.8mm。

クサヨシ。穎果は狭卵形で先が尖り，暗灰褐色で長さ1.6～2mm。

ヒゲガヤ

髭茅 dogtailgrass, hedgehog イネ科 クシガヤ属

Cynosurus echinatus L.

【地中海地域】

分布	北海道〜九州	生活史	一年生(冬生)
出芽	9〜10月	繁殖器官	種子(1.5g)
花期	6〜7月	種子散布	重力
草丈	脛〜腰		

1957年に岡山県で侵入が確認された。道ばたや土手などに生育し，北日本のムギ圃場で近年，強害草となっている。

シラゲガヤ(ベルベットグラス)

白毛茅 velvetgrass, common イネ科 シラゲガヤ属

Holcus lanatus L.

【ヨーロッパ】

分布	北海道〜九州	生活史	多年生(冬生)
出芽	9〜10月	繁殖器官	種子(220〜370mg)
花期	6〜7月		根茎
草丈	脛〜腰	種子散布	重力

明治時代に牧草として移入されたが，現在では利用されていない。道ばたや芝地，空き地，牧草地などに生育し，寒冷で湿った地に多い。

ヒゲガヤ。左：第1，2葉。葉身の先端が内向きに曲がる。中：幼植物。全体無毛。葉身はねじれる。右：基部で分げつして直立する。葉身先端は尖り，表面はざらつき，裏面は平滑。

ヒゲガヤ。左上：葉舌は白色の膜質で目立ち，高さ5〜10mm。葉耳はなく，葉鞘は丸く無毛。右上：花序は緑色，しばしば淡紫色を帯び，光沢がある。直立する止葉からわずかに抽出する。左下：花序は短い円錐形〜卵形で片側に密に小穂をつけ，長さ1〜8cm。

ヒゲガヤ。成熟すると花序は褐色となる。花序の中心部に無柄の稔性小穂，その周辺に有柄の不稔小穂がつく。

ヒゲガヤ。左：稔性小穂は2〜6小花からなる。包穎はほぼ同長で7〜12mm，白色半透明の膜質で先は鋭く尖る。護穎は5〜7mmで先は2裂し，中央脈が長さ約15mmの芒となる。上：穎果。長さ3〜4mm，護穎と内穎に固く包まれる。

シラゲガヤ。左：第1〜3葉。葉身は線形ではじめ直立し，両面に白短毛を密生する。下：生育初期。葉鞘基部は紅紫色を帯び，白短毛を密生し，脈が明らか。

シラゲガヤ。上：地際で分げつし，稈は束生する。葉身，葉鞘はビロード状の毛に覆われる。葉は柔らかい。左：葉舌は白い膜質，高さ2〜5mm。植物体全体に微毛が密に生える。

ハルガヤ

春茅 vernalgrass, sweet イネ科 ハルガヤ属

Anthoxanthum odoratum L.

［ユーラシア］

分布	北海道～九州	生活史	多年生（冬生）
出芽	9～10月	繁殖器官	種子（630mg）
花期	4～7月		根茎
草丈	脛～腰	種子散布	重力

明治初期に牧草として導入された。北日本中心に野生化し，牧草地，道ばた，空き地，河原などに生育する。クマリンの芳香がする。

シラゲガヤ。花序にも白い軟毛を密に生じ，白緑色に見える。花序は円錐形で直立し，長さ5～20cm，しばしば紫色を帯びる。各節から長短不同の枝を出し，小穂を密につける。

シラゲガヤ。小穂は扁平で長さ約4mm。包穎に包まれた小さな2小花がある。第1包穎は披針形で1脈，第2包穎は狭卵形で3脈がある。護穎は平滑で光沢がある。第1小花は無芒で両性，第2小花に芒があり雄性。芒は乾くと曲がる。

シラゲガヤ。穎果は狭卵形，褐色で護穎と内穎に包まれる。長さ約1.5mm。

ハルガヤ。上：第1～3葉。新葉は垂直に抽出し，のち斜めになる。葉身は緑色でねじれる。下：分げつした越冬個体。葉身は線形で柔らかく，両面に微毛があるか無毛。葉鞘は無毛で基部はしばしば紅紫色を帯びる。

ハルガヤ越冬株。葉身は平滑で柔らかい。

左：葉舌は長い膜状で高さ1～5mm，先が尖る。葉の基部の縁にのみ長毛がある。右：稈は株状に多数叢生して直立する。花序ははじめ淡緑色，のち黄褐色。

ハルガヤ。左：円錐花序は長さ4～10cm，光沢のある小穂を密につける。雄性先熟で，葯が脱落した後，長い柱頭が小穂の外に出る。右：小穂は長さ6～10mm。第1包穎は小穂の1/2長，第2包穎は小穂と同長。扁平で3小花を含む。第1，第2小花は不稔で護穎のみ。中央の第3小花のみ稔実する。

第1小花の芒は短く，第2小花の芒は長く曲がる。ともに褐色の毛に覆われる。第3小花の護穎は無毛。穎果は長さ1.4～1.7mm。

ナルコビエ

鳴子稗 | cupgrass, woolly | イネ科 | ナルコビエ属

Eriochloa villosa (Thunb.) Kunth

【在来】

分布	全国	生活史	多年生（夏生）
出芽	4～7月	繁殖器官	種子（2.8g）
花期	7～9月		根茎
草丈	膝～胸	種子散布	重力

河原や畦畔など，明るい日当りのよい人里の草地に生育する。

ナルコビエ。上：第1葉は広線形，斜め上に開く。第2～5葉は披針形，葉身は成長すると水平になる。右：葉舌は高さ0.5mmで毛状。葉身は短い毛を密生し，触ると柔らかな感じがする。葉鞘にも短毛が密生する。

ナルコビエ。上：基部は地表を這い，稈は直立，叢生する。短い軟毛に覆われる。葉は線形で，縁は細かく波打つ。稈の先に花序を出す。左上：花序は長さ7～10cm。3～5cmの数本の総が中軸の片側から横に出る。中軸や枝には軟毛が密生する。総の下側に2列に小穂が密生する。小穂の膨れた面（第2包頴側）が外側を向く。柱頭も葯も白色。左下：小穂は卵状楕円形，長さ4～4.5mm。短毛があり，基部に白色の総苞毛がつく。第1包頴は基盤と合着し，小穂の付け根の白い付属物となっている。第1小花は不稔で護頴のみ。第2苞頴と第1小花の護頴の内側にある両性の第2小花が結実する。

ヌカキビ

糠黍 | panicgrass, Japanese | イネ科 | キビ属

Panicum bisulcatum Thunb.

【在来】

分布	全国	生活史	一年生（夏生）
出芽	5～6月	繁殖器官	種子（150mg）
花期	9～11月	種子散布	重力
草丈	脛～腿		

畦畔や林縁，道ばた，空き地，河原などやや湿った土地に生育する。

ヌカキビ。上：第1葉は卵形で水平に開出し，先が尖る。第2，3葉は狭披針形。平行脈が多く無毛。葉身基部は稈を取り巻き，縁に短毛がある。右：葉舌は切形，薄い膜質で高さ0.5mm，縁は毛状。葉鞘の片側の縁に短毛が並ぶ。

上：基部は節から発根し，分枝して斜上する。葉は線状披針形で扁平，質は薄くややざらつく。下部の葉鞘は淡紫色を帯びる。円錐花序は長さ15～30cm，枝はほぼ水平に開き，垂れ下がる。全体に軟弱に見える。花序の中軸は通常，無毛で平滑。右：花序の枝は細くしなやか。先端に2～6の小穂をまばらにつける。

ヌカキビ。小穂は倒卵形で暗緑色，長さ1.8～2mm。第1包頴は小穂の1/3～1/2長。第2包頴は小穂と同長。第1小花は護頴のみで不稔。頴は熟すと光沢をもつ。頴果は護頴と内頴に包まれたまま落ちる。

オオクサキビ

大草黍 panicum, fall イネ科 キビ属

Panicum dichotomiflorum Michx.

【北アメリカ】

分布	全国	生活史	一年生（夏生）
出芽	5～7月	繁殖器官	種子（410mg）
花期	8～10月	種子散布	重力
草丈	膝～胸		

1927年に侵入が確認された。戦後，転換畑の飼料作物として導入が試みられた。河原，牧草地，道ばたなど湿った土地でも旺盛に生育し，水田，畑地双方で雑草となる。

オオクサキビ。左：第1葉は狭卵形で先が尖る。平行脈が多く，表面は無毛。幼植物では葉鞘，葉身裏面に毛が密生。右：葉は線形で平滑。縁はやや波打ち，太い中脈が目立つようになる。全体無毛で茎葉に光沢があり，基部で分枝し，斜上する。

オオクサキビ。左：葉舌は1列の毛状で高さ約3mm。葉身は両面とも無毛でざらつく。葉鞘は平滑。右：茎は太く，直立または斜上する。円錐花序は長さ15～30cm。

円錐花序の枝は斜上し，小穂は枝の上部に圧着する。花序の基部は止葉の葉鞘内にとどまる。葯はオレンジ色。柱頭は暗紫色。

オオクサキビ。右上：小穂は長さ2～3mm，披針形で先が尖る。無毛で淡緑色～淡紫色。第1包穎は小穂の1/5～1/4長で先の鈍い三角形。第2包穎は小穂と同長。第1小花は護穎のみで不稔，第2小花のみ結実する。左：第2小花の護穎と内穎は長さ約2mm，硬く，光沢がある。

ハイキビ

這黍 torpedograss イネ科 キビ属

Panicum repens L.

【在来】

分布	四国，九州以南	生活史	多年生（夏生）
出芽	4～7月（南西諸島で周年）	繁殖器官	根茎
花期	9～10月（南西諸島で周年）	種子散布	－
草丈	脛～腰		

世界の熱帯～亜熱帯に広く分布し，南西諸島では道ばた，空き地，土手などに生育し，畑地の重要害草。四国，九州では海岸の砂地にまれに生育する。

ハイキビ。上：根茎から萌芽した地上茎。根茎は地中約20cm以内に大半が分布し，切断されても旺盛に萌芽する。葉身は淡緑色，革質で硬く，平らまたはねじれ，先端は鋭く尖る。下：根茎は土中を横走し，各節から1本ずつ稈を立てる。地上茎はほとんど分枝しない。

ハイキビ。上の左：葉舌は高さ0.3mm，1列の短毛が生える。葉鞘は縁のみ有毛。葉身は表面にまばらな短毛がある。上の右：稈は直立して径数mm，淡緑色，滑らかでやや光沢がある。下の左：円錐花序は長さ15～25cm，直立。枝はややざらつき，まばらに小穂をつける。下の右：小穂は長さ約2.5mm，平滑で淡緑色。第1包穎は小穂の1/5～1/4長。第2包穎は小穂と同長。ほとんど結実しない。

その他のキビ属では，ギネアキビ *Panicum maximum* Jacq. は南アフリカ原産の多年生，1974年に侵入が気づかれた。暖地型牧草としても導入されている。束生して大きな株となり，高さ2mになる。葉鞘は粗毛があり，小穂の先は鈍く，護穎に横しわがある。ハナクサキビ *P. capillare* L. は北アメリカ原産の一年生，全国に散見され，道ばたや空き地に生育する。高さ20～80cmで葉身，葉鞘とも有毛。

イトアゼガヤ

糸畦茅 sprangletop, red イネ科 アゼガヤ属

Leptochloa panicea (Retz.) Ohwi

【在来】

分布	九州以南	生活史	一年生(夏生)
出芽	4〜7月	繁殖器官	種子(31mg)
花期	8〜9月	種子散布	重力
草丈	脛〜腰		

畑地や道ばた，空き地など，日当りのよい乾いた土地に生育する。九州ではまれ，南西諸島では普通。

イトアゼガヤ。上：第1葉は楕円形，第2〜4葉は線形で横に開く。第5葉以降は細長く，先端が下垂する。右：葉舌は白色の膜質で切形。高さ0.5〜1mm。葉身基部や葉鞘に開出する毛が散生する。

イトアゼガヤ。稈は根元から束生し，全体が細く軟弱。円錐花序は長さ20〜30cm。枝は糸状で長さ2〜10cm。

イトアゼガヤ。左：花序の枝は軸に単生し，開出する。分岐せず，著しくざらつく。微小な小穂が2列に並ぶ。上の左：小穂は扁平，長さ1.3〜1.8mm，2〜3小花からなる。第1，第2包頴とも披針形。白緑色，しばしば淡紫色を帯びる。上の右：頴果は球形〜卵形で径約0.5mm。

ニセアゼガヤ *Leptochloa fusca* (L.) Kunth subsp. *uninerva* (J. Presl) N. Snow は南アメリカ〜北アメリカの原産。一年生または短命な多年生。1962年に東海地域への定着が報告され，分布を広げている。沖縄地方では道ばたや畑地，空き地に普通。草高30〜80cm。

ニセアゼガヤ。葉身は線形，粉緑色でざらつき，幅2〜5mm。葉身，葉鞘とも脈が明瞭。第4葉以降，細長い線形となる。

左：葉舌は白い膜質で高さ約6mm，生育とともに不規則に切れ込み，破れる。葉鞘は平滑で無毛。右：長さ10〜25cmの円錐状の花序に多数の総をつける。小穂は鉛色で長さ4〜7mm，6〜9小花からなる。

コヒメビエ（ワセビエ）*Echinochloa colona* (L.) Link は熱帯アジア原産の一年生草本。南西諸島には以前から定着，九州地方にも分布を広げている。畑地，道ばた，水田などに生育する。草高20〜40cm。

コヒメビエ。葉身は線形で先が垂れる。葉身，葉鞘とも無毛で葉舌はない。縁と表面は少しざらつく。

上：茎は直立し，扁平。花序は長さ5〜20cmで直立する。密に多数の枝をつけ，下方の枝は斜開する。左：小穂は卵円形で先が尖り，長さ2.5〜3mm，全体に剛毛が密生する。第1包頴は鋭三角形で小穂の1/2長。第2包頴は小穂と同長。第1小花は不稔で，第2小花のみ結実する。

ツノアイアシ

角間葦　itchgrass　イネ科　ツノアイアシ属

Rottboellia cochinchinensis (Lour.) Clayton

【インド】

分布	四国，九州以南	生活史	一年生（夏生）
出芽	3～7月	繁殖器官	種子（4.7～10.1g）
花期	4～10月	種子散布	重力
草丈	胸～2.5m		

戦後に沖縄に侵入し，南西諸島一帯に定着している。畑地，樹園地，道ばた，空き地などに生育し，サトウキビ畑の強害草。本土ではまれ。

ツノアイアシ。左：第1葉は長楕円形で先は鈍く，無毛。葉鞘はしばしば赤みを帯びる。第2葉以降は鋭頭。右：葉身は線形，中央部がもっとも幅広く，扁平で先が鋭く尖る。両面に粗い短毛があり，表面はざらつく。

左：葉舌は切形で厚い膜質，高さ約1～3mmで縁に毛がある。基部の葉鞘にもやや粗い毛がある。右：稈の基部の一部は倒れ，節から発根するが，全体として直立する。

ツノアイアシは高さ1～2.5mに達する。稈は通常太く分岐する。葉鞘には剛毛がある。

右上：稈頂と葉腋から円柱形の花序を直立。長さ8～15cm，先はしだいに細くなり，黄緑色で平滑，無毛。節間は5～7mm。右下：花軸の各節に無柄の有性小穂と長さ3～3.5mmの柄のある無性小穂をつける。小穂は広披針形で扁平，長さ4.5～6mm。包穎は革質，護穎と内穎は膜質。上：花序は折れやすく，成熟すると主軸の節ごと折れて脱落。穎果は楕円形～卵形，黄褐色で長さ3～4mm。

ヒメオニササガヤ

姫鬼笹茅　bluestem, Kleberg's　イネ科　オニササガヤ属

Dichanthium annulatum (Forssk.) Stapf

【熱帯アジア～アフリカ】

分布	本州南部以南	生活史	多年生（夏生）
出芽	3～7月	繁殖器官	種子（430mg）
花期	4～11月		匍匐茎
草丈	膝～腰	種子散布	重力

1975年頃に沖縄に牧草として導入したものが逸出。1995年に本土でも侵入が確認された。西南日本一帯に分布を広げており，南西諸島では畑地，道ばた，空き地，牧草地，芝地などに生育している。

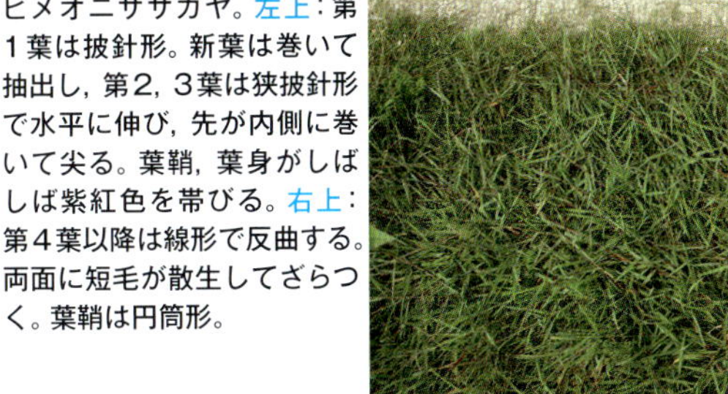

ヒメオニササガヤ。左上：第1葉は披針形。新葉は巻いて抽出し，第2，3葉は狭披針形で水平に伸び，先が内側に巻いて尖る。葉鞘，葉身がしばしば紫紅色を帯びる。右上：第4葉以降は線形で反曲する。両面に短毛が散生してざらつく。葉鞘は円筒形。

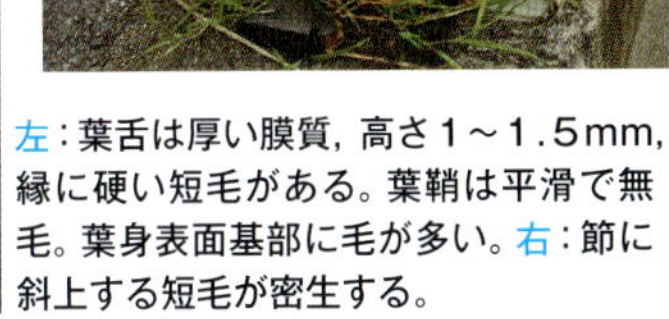

右の上：基部は匍匐し，稈は紅紫色。少数の稈が叢生してやや群生する。右の下：稈は中実。花序は稈に頂生する。花序ははじめ淡緑色，のち紫褐色となり，熟すと白味を帯びる。

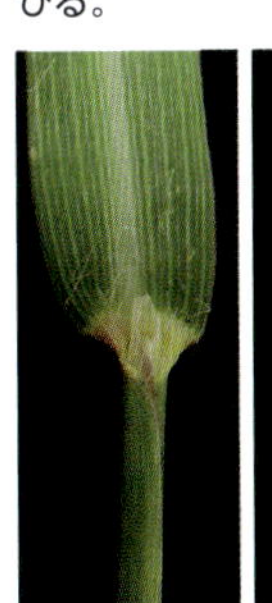

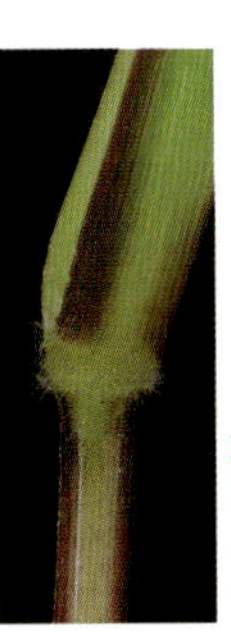

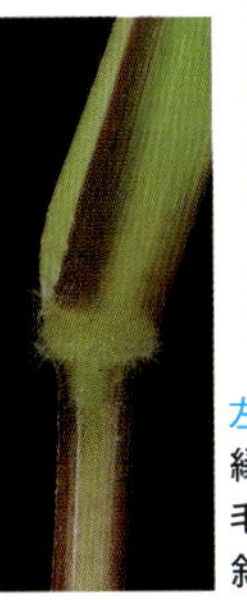

左：葉舌は厚い膜質，高さ1～1.5mm，縁に硬い短毛がある。葉鞘は平滑で無毛。葉身表面基部に毛が多い。右：節に斜上する短毛が密生する。

ヒメオニササガヤの花序。長さ6～15cm，花軸から長さ3～6cmの総を2～8個，斜上する。花軸は小穂とともに紫色を帯び，枝の基部に長毛がある。

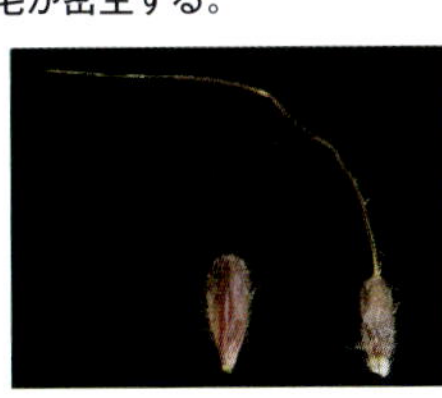

無柄と有柄の小穂が対をなして総の片側につく。小穂はともに長さ約4mm。無柄の小穂は長楕円状披針形，両性でねじれた芒がある。2小花があり，第2小花のみ結実する。有柄小穂は線状披針形で1個の包穎からなり不稔，芒はない。包穎は多数の白毛がある。

アシボソ

脚細 | Mary's-grass | イネ科 | アシボソ属

Microstegium vimineum (Trin.) A. Camus

【在来】

分　布	全国	生活史	一年生（夏生）
出　芽	4～7月	繁殖器官	種子（1.1g）
花　期	10～11月	種子散布	重力
草　丈	脛～膝		

林縁など，日陰の湿った草地に生育する。

左：アシボソ。第１葉は円形。第２葉は狭卵形，第３葉は披針形で先が尖る。右：ササガヤ。第１葉は地表に接し，やや厚く卵形。第２，３葉は水平に開出。狭卵形で先が尖る。

左：アシボソ。茎下部は各節から発根して横に這い，四方に分枝する。葉身は披針形，先は尖る。両面に白毛が密生する。葉鞘は赤紫色を帯びる。右：ササガヤ。葉は広披針形で薄く，基部は左右やや不同で円形。両面とも無毛。縁はやや波打つ。

左：アシボソ。葉舌は薄く切形，高さ0.5mmで縁は毛状となる。葉鞘口部にまばらな長毛があり，葉鞘は短毛が散生する。右：ササガヤ。葉舌は微小で高さ0.5mm。葉鞘は無毛，縁にのみまばらな毛がある。

ササガヤ

笹茅 | - | イネ科 | アシボソ属

Microstegium japonicum (Miq.) Koidz.

【在来】

分　布	全国	生活史	一年生（夏生）
出　芽	4～7月	繁殖器官	種子（79mg）
花　期	9～12月	種子散布	重力
草　丈	脛～膝		

道ばたや林縁など，やや日陰に多く生育する。

アシボソ。左：花序は1～3個の総からなり長さ4～6cm。淡緑色の小穂が軸に圧着する。右：各節に有柄小穂と無柄小穂が１個ずつつく。柄には軸とともに毛がまばらに斜上する。小穂は長さ5～8mm。第２小花の護穎に長い芒があるかまたはない。

ササガヤ。左：花序は長さ4～6cmの2～6個の総からなり，細くて弱々しい。淡緑色の小穂が軸に沿ってつく。右：小穂は長さ3～3.5mm，長柄（2.5～3mm）と短柄（1～1.5mm）の２個の小穂が対になる。第２小花の護穎に長い芒がある。

コブナグサ

小鮒草　arthraxon, jointhead　イネ科　コブナグサ属

Arthraxon hispidus (Thunb.) Makino

【在来】			
分布	全国	生活史	一年生(夏生)
出芽	5~6月	繁殖器官	種子(450mg)
花期	9~10月	種子散布	重力
草丈	脛~膝		

畦畔や道ばたなど，湿った草地に多く生育する。

コブナグサ。上：第1葉は楕円形~卵形，縁にまばらに毛があり，平行脈が明瞭。2~4葉は楕円形~長楕円形。葉身両面，縁，葉鞘には長毛がある。右：葉身は狭卵形で縁は波打つ。先が尖り，基部は心形で茎を抱く。両面無毛だが葉鞘と縁に長毛がある。

左：地際で分げつして基部は匍匐し，節から発根し，上部は斜上する。光沢があり紫色を帯び，節に毛がある。葉身は笹の葉に似て幅広く，小鮒に似るとされる。右：葉舌は切形で縁は細裂し，長さ1~2mm。葉身の基部は心形。縁に剛毛がある。葉鞘にまばらに毛がある。

花序ははじめ黄緑色。紫褐色に熟す。

コブナグサ。左：花序は3~5cmの総がまばらに3~10本，放射状につく。総には緑白色~黒紫色の小穂がほぼ2列に並ぶ。右：小穂は各節に1個ずつつき，長さ5~6mm。第1苞穎は上向きの刺毛があり小穂を包む。護穎の背面に3~15mmの芒がある。

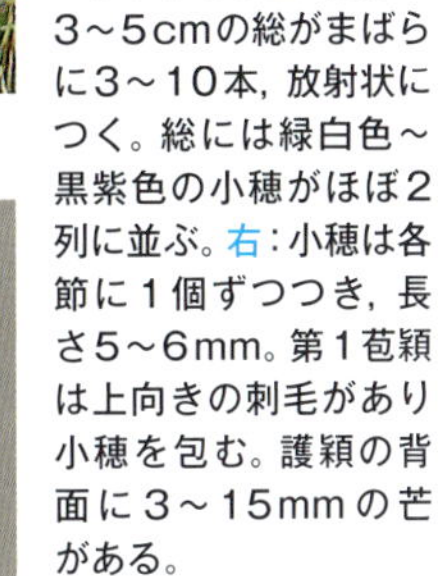

穎果は円柱状紡錘形，黄色で下半部が紫色を帯び，長さ2~3mm。

チカラシバ

力芝　fountaingrass, Chinese　イネ科　チカラシバ属

Pennisetum alopecuroides (L.) Spreng.

【在来】			
分布	全国	生活史	多年生(夏生)
出芽	4~7月	繁殖器官	種子(4.0g)
花期	8~10月		根茎
草丈	膝~腰	種子散布	重力，付着

道ばた，畦畔，空き地，土手など，日当りのよい草地に生育し，群生する。

チカラシバ。左：第1~3葉は緑色，線状長楕円形~線形，垂直に開出する。右：葉鞘はやや扁平で平滑。葉身は線形で硬い。

左：葉舌は短毛の列となる。葉鞘口部，葉身基部にはまばらな長毛がある。右：根茎は短く，地際から叢生して大株となる。成植物の稈は強靭で直立する。基部は紫色の葉鞘に包まれ扁平。葉はほとんどが根生葉で硬く，濃緑色。

左：茎の先に，円柱状で長さ10~20cmの黒紫色の花序をつける。右：小穂は1小花で，長さ7~8mm。基部に紫色の刺毛がある。第1包穎は微小で長さ1mm，第2包穎は4mm。不稔の第1小花の護穎，第2小花の護穎は小穂と同長。

穎果は長楕円形で灰褐色。穎果は刺毛ごと散布される。

チガヤ

茅萱 | cogongrass | イネ科 | チガヤ属

Imperata cylindrica (L.) Raeusch.

【在来】

分　布	全国	生活史	多年生（夏生）
出　芽	4〜7月	繁殖器官	種子（140mg；チガヤ，280mg；ケナシチガヤ），根茎
花　期	5〜6月（南西諸島では通年）		
草　丈	脛〜腿	種子散布	風

畦畔や土手，道ばた，空き地，樹園地，芝地，海岸など，日当りのよい草地に群生する。ケナシチガヤ；var. ***cylindrica*** とチガヤ（ケチガヤ，フシゲチガヤ）；var. ***koenigii*** (Retz.) Pilg. の2変種があり，ケナシチガヤは早生型で出穂期が約1か月早い。

左：第1葉は披針形，淡緑色。右：4葉期。第2〜4葉は広線形，葉身は水平に開出し，先端は細く尖る。

左：春期に根茎から抽出した地上茎。先は硬く尖る。葉鞘は硬く稈を包み，紅紫色。葉身は鱗片状。右：地上茎は直立し，少数の葉がつく。葉は扁平な線形，平らでざらつく。

左：葉舌は膜質の切形で短い。葉身基部は狭まり，葉鞘のようになる。葉鞘はふつう毛がある。右：ケナシチガヤ（左）は稈の節が無毛，やや湿地に多い。チガヤ（右）は節に毛があり，乾いた土地に多い。

刈り取り後にすみやかに再生した地上茎。横走する根茎から多数の地上茎を抽出し，群生する。

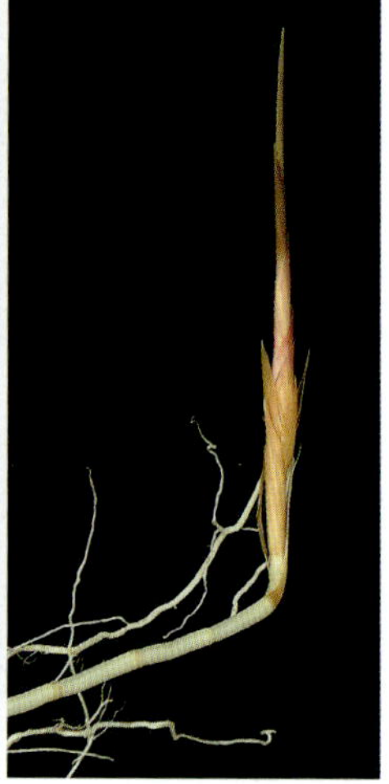

下の左：根茎は径3〜5mmで硬く，白色で硬い鱗片に包まれ，先端は鋭い。下の右：根茎は土中を長く横走またはやや斜め下向きに伸長した後，上向きに伸長して地上茎となる。ふつう地下20cmまでに分布する。

出穂・開花中のケナシチガヤ。円錐花序を直立させる。ケナシチガヤの出穂期はチガヤより約1か月早く4～5月。

草地に群生し，大きな群落を形成したチガヤ。

左：花序は長さ10～20cm，幅約1cm。紫褐色の葯が目立つ。
右：葯，柱頭ともに小穂外に突き出して目立つ。

左：長柄小穂と短柄小穂が対でつく。右：小穂は披針形，長さ4～6mm。1小穂は2小花からなり，第1小花は不稔。包穎は同形同大で披針形，膜質で小穂と同長。柱頭は黒紫色。小穂基部に8～12mmの銀白色の絹毛が輪生する。

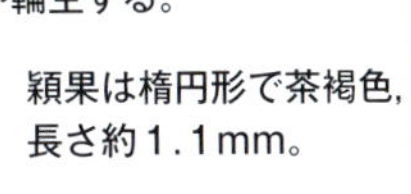

穎果は楕円形で茶褐色，長さ約1.1mm。

メリケンカルカヤ

米利硬苅萱　broomsedge　イネ科　メリケンカルカヤ属

Andropogon virginicus L.

【北アメリカ】

分布	本州以南	生活史	多年生（夏生）
出芽	4〜7月	繁殖器官	種子（220mg）
花期	9〜10月		根茎
草丈	膝〜腰	種子散布	風

1940年代に侵入し，西日本に定着し，しだいに東日本にも分布を広げている。空き地や道ばた，芝地，畦畔など，日当りのよい乾いた草地に多い。

第１葉は広線形で無毛，地面に水平。第２葉以降は２つ折れで抽出。

幼植物の葉は外側に曲がり，先は上向きに尖る。葉身にまばらに毛が生える。

芝地の越冬株。葉は硬く，平滑で無毛。葉鞘は明らかな竜骨があり扁平。

左：茎は叢生して基部から直立し，硬く平滑。稈の上部の葉は葉鞘のみとなる。右：葉鞘は扁平，葉身基部の縁に長毛がある。葉舌は切形で長さ0.6〜0.8mm，縁に短毛がある。

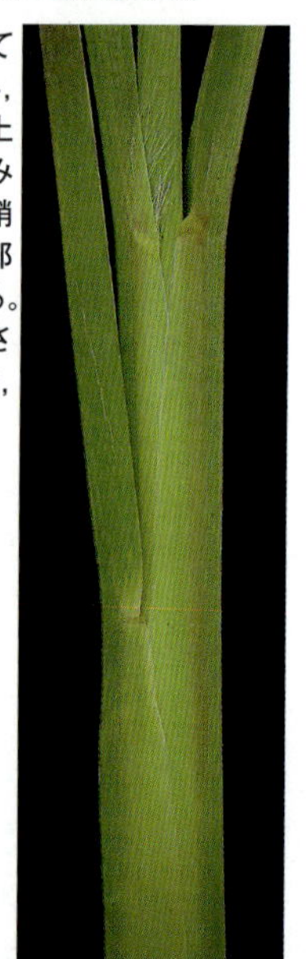

晩秋に全体が赤褐色となる。

葉鞘のみの葉が白い長毛の生えた総を包む。総は長さ2〜3cm。

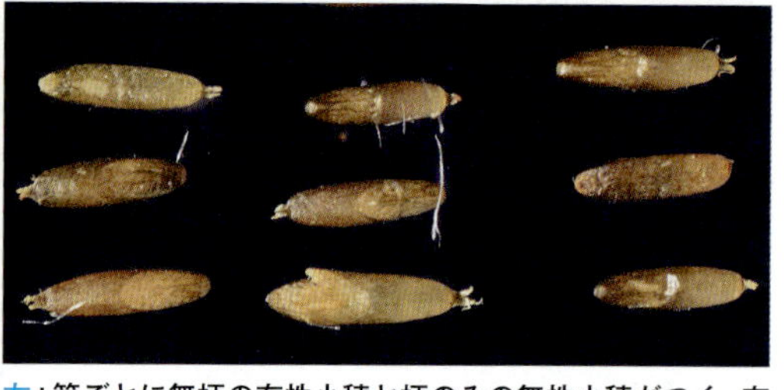

左：節ごとに無柄の有性小穂と柄のみの無性小穂がつく。有性小穂は２小花で第２小花のみ稔実する，護穎の先に長さ10〜20mmの芒がある。有柄小穂基部に長さ約8mmの白い綿毛が多数つく。上：穎果は長楕円形で暗灰褐色〜褐色，長さ約2mm。

セイバンモロコシ

西蕃蜀黍　johnsongrass　イネ科　モロコシ属

Sorghum halepense (L.) Pers.

分布	本州以南	生活史	多年生（夏生）
出芽	4～7月	繁殖器官	種子（3.1g）
花期	6～11月		根茎
草丈	腰～頭	種子散布	重力

【アフリカ】

昭和初期に侵入が確認された。道ばた，河原，土手などに生育し，畑地でも害草となる。

ソルガム ***Sorghum bicolor*** (L.) Moench の雑草型（シャッターケーン）は小穂が脱粒する。北アメリカのトウモロコシ作の強害雑草であるが，近年，日本の飼料作においても一部で侵入・定着している。

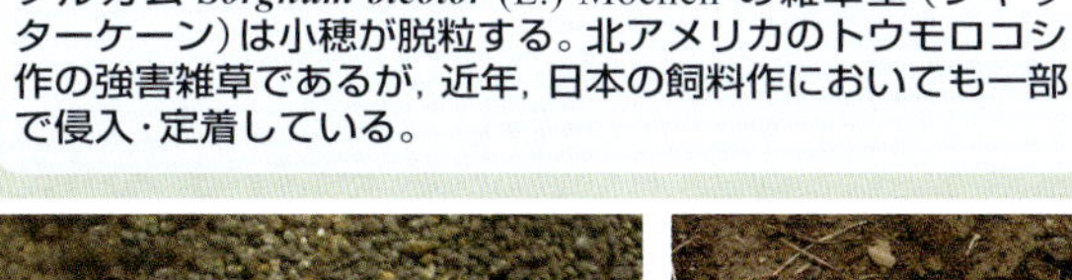

セイバンモロコシ。第１葉は広線形，第２葉以降は線形。葉身は緑色で無毛。幼植物では中脈は不明瞭。葉鞘は赤褐色。

越冬した根茎から萌芽した地上茎。葉身は線形で先が尖る。基部の葉身は短く鱗片状。

前年伸長し越冬した根茎の節から萌芽した地上茎。葉鞘は赤紫色を帯びる。葉身の縁はやや波打つ。

左：生育中期。茎は硬く，径約1cmになる。平滑で無毛。光沢があり，節に短毛を生じる。もろく，折れやすい。葉身は中央脈の幅が広く，両面とも平滑で無毛。ススキに似るが縁はあまりざらつかない。右：葉舌は高さ3mm，縁に短毛がある。葉鞘は平滑で無毛。

上：出穂期。円錐花序は大きく開き，長さ15～30cm。枝は輪生状で下垂する。右：花序。小穂は枝先に集まる。花序の軸や柄は縮れたように波打つことが多い。

左：小穂は有柄小穂と無柄小穂が対になる。小穂は長さ4～5mm。有柄小穂は雄性で無芒，無柄小穂は両性で長い芒をもつ。芒は途中で曲がることが多い。第１小花は不稔，第２小花のみ結実する。第１包頴は毛があり，第２包頴はやや革質。芒のないタイプもある。右：包頴は熟すと黒褐色となる。中に楕円形で褐色の頴果を１つ含む。

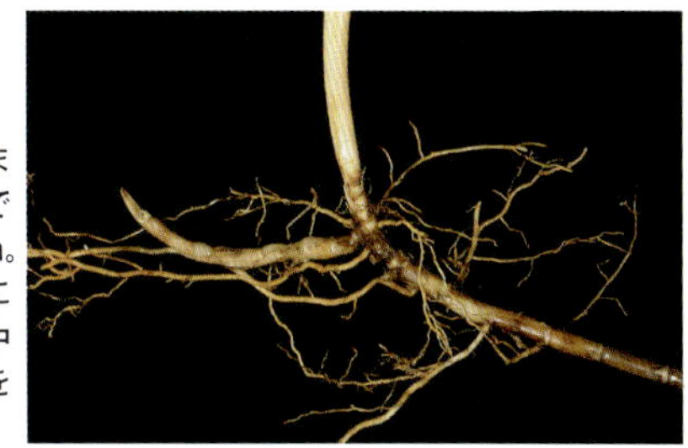

根茎は白色または赤紫色で径0.8～1cm。出穂期以降に伸長し，地中20cm以内を横走する。

ギョウギシバ

行儀芝 | bermudagrass | イネ科 | ギョウギシバ属

Cynodon dactylon (L.) Pers.

【在来】

分　布	全国	生活史	多年生(夏生)
出　芽	4～7月	繁殖器官	種子(180mg)
花　期	5～9月		匍匐茎
草　丈	足首～膝	種子散布	重力

道ばた，芝地，河原，海岸などに生育し，畑地や樹園地に入り込むこともある。バミューダグラスとして，西南暖地において芝および飼料用に栽培される。

ギョウギシバ。左：葉身は短い線形で水平に開く。葉鞘は扁平で，赤みを帯びる。下の左：短く硬い葉を2列につける。葉身は短い線形で先は尖り，扁平または2つ折れとなる。淡緑色で無毛。下の右：匍匐茎を地表に横走して広がる。各節から茎と根を出す。

葉舌は厚い膜質の切形で高さ0.2～0.3mm，毛がある。葉鞘口部に軟毛が生える。

シバ。上：第1葉は線形で先は鈍い。第2～5葉は線形で先が尖る。無毛。下：分げつを始めた幼植物。葉鞘は無毛。紅紫色を帯びる。

ギョウギシバ。左：匍匐茎の節から直立茎を出し，その先端に花序をつける。稈は硬く平滑。上：花序は掌状で，長さ2.5～5cmの細長い総を3～7個つける。小穂は緑白色，ときに黒紫色に染まる。

葉舌はなく，葉鞘口部に長毛があり，葉身の基部にもしばしばまばらに毛がある。

ギョウギシバ。左：総の軸の下面に，2列に長さ約3mmの小穂をつける。小穂基部に2個の顕著な包穎が目立つ。包穎は同形で小穂の1/2長。小穂は長さ2～3mm，1小花からなる。護穎は小穂と同長，竜骨上に軟毛が生える。右：小花は扁平な紡錘形，灰白～灰褐色。穎果はやや扁平な楕円形，赤褐色で光沢があり，長さ約1.2mm。

各節から直立茎を出し，地表を覆って群生する。

シバ

芝 lawngrass, Korean イネ科 シバ属

Zoysia japonica Steud.

【在来】

分布	全国	生活史	多年生（夏生）
出芽	4～7月	繁殖器官	種子（350mg）
花期	5～6月		匍匐茎
草丈	～足首	種子散布	重力，被食

道ばた，空き地，海岸の砂地に生育する。ノシバとも呼ばれ，庭や公園，ゴルフ場の芝生はこの野生種を選抜し，品種としたものが利用されている。

シバ。匍匐茎は細長く地面を這う。地下にも根茎がある。

シバ。上：匍匐茎は針金状で細長く平滑。各節から茎と根を出し，直立茎は，第1節から根を出し，第3節から伸長する。左：直立茎は数枚の葉を出し，葉身は水平に近い角度で出て，互生し，扁平な線形または内側に曲がる。

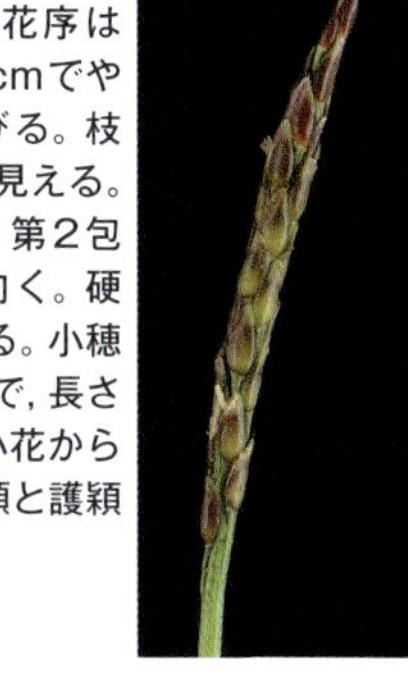

シバ。左：花茎は長く伸びる。総状花序は長さ約2～5cmでやや紫色を帯びる。枝は短く穂状に見える。雌性先熟。右：第2包穎が外側を向く。硬く，光沢がある。小穂は歪んだ卵形で，長さ約3mm，1小花からなり，第2包穎と護穎のみをもつ。

シバの穎果は長楕円状披針形で暗褐色。長さ約1.2mm。包穎，護穎に固く包まれる。

イヌシバ *Stenotaphrum secundatum* (Walter) Kuntze は熱帯アメリカ原産の多年生草本。1966年に福岡県で確認され，関東以西に定着している。セントオーガスチングラスとして芝生に利用され，逸出・野生化する。草高10～30cm。

イヌシバ。右上：葉身は2つ折れとなり鈍頭～円頭，短く硬い。葉鞘は著しく扁平で背面は竜骨となり，淡緑色。左下：匍匐茎を伸ばして地表に広がり，全体に肉質で光沢があり無毛。葉舌は毛が並ぶ。右下：穂状花序は長さ5～10cm，花序軸は扁平。多肉で節があり，片側の節に有柄小穂と無柄小穂が対につく。熟すと節で折れて脱落する。

チャボウシノシッペイ（ムカデシバ）*Eremochloa ophiuroides* (Munro) Hack. は東南アジア～中国南部原産の多年生草本。戦後，沖縄に侵入し，1980年代に本土にも広がった。センチピードグラスとして畦畔への植栽が進められ，関東以西の各地で逸出・野生化している。草高5～30cm。

チャボウシノシッペイ。右上：葉身は2つ折れとなり，先端が急に尖る。基部の縁のみ毛がある。葉鞘は扁平で背面は竜骨となる。左下：茎は斜上または地を這って地表を覆う。葉身の先は急に尖る。葉鞘口部に毛がある。葉舌は膜質で縁に毛があり，高さ約0.5mm。右下：花序は直立し，長さ4～6cm。紫色を帯びる。小穂は長さ3～3.5mm，軸に2列に互生する。無柄小穂の第2小花のみ稔実する。

スギナ

杉菜 | horsetail, field | トクサ科 | トクサ属

Equisetum arvense L.

【在来】

分布	北海道～九州	生活史	多年生（夏生）
出芽	3～8月	繁殖器官	胞子，根茎，塊茎
花期	3～4月	胞子散布	風
草丈	脛～膝		

胞子と根茎，塊茎で繁殖する夏緑性の柔らかい多年生草本。畦畔や土手，畑地，樹園地，道ばた，荒地などに生育する。地下部がよく発達し，地上部の数倍のバイオマスがある。

イヌスギナ

犬杉菜 | horsetail, marsh | トクサ科 | トクサ属

Equisetum palustre L.

【在来】

分布	北海道～九州	生活史	多年生（夏生）
出芽	4～10月	繁殖器官	胞子，根茎，塊茎
花期	7～8月	胞子散布	風
草丈	膝～腿		

スギナに比べ大型で，より湿った草地，水田とその畦畔，河川，土手や道ばたなどに生育し，水際の湿性域に多い。

スギナ。栄養茎の節部に輪生状に枝を密生する。鮮緑色で中空，円柱状，径3～4mm，縦に隆起した線がある。枝は節部に輪生状に密生し，四角柱状でふつう分岐せず隆条は3～4，歯片は3～4枚。節には舌状葉がさや状になってつく。

つくしと呼ばれる胞子茎。高さ10～30cm，淡褐色で平滑，柔らかい肉質で円柱形。

イヌスギナ。地上茎は円柱形で径2～4mm。直立し，規則正しく枝を輪生する。主軸の先は長く伸びて枝をつけない。

スギナ。胞子嚢穂は胞子茎の茎頂に生じ長楕円形，たて状六角形の胞子葉を密生する。胞子葉の下面に数個の胞子嚢をつけ，中に淡緑色の胞子を生ずる。まれに栄養茎の主軸の先に胞子嚢をつける。胞子を散布した後に枯れる。

上：根茎の節に細かい毛のある塊茎をつける。左：地中深く横走する根茎から，春に地上茎を萌芽する。

イヌスギナ。枝は分枝せず，長さ5～20cm，歯片は黒色，辺縁は白色の膜質となる。栄養茎の先端に長さ1～3cmの胞子嚢穂をつける。

栄養茎は高さ20～40cm，直立または基部のみ倒伏している。やせ地でも生育するが，肥沃地ほどよく生育し，中性からややアルカリ性で生育がよい。夏から秋にかけて地上部は枯死する。

スギナ。根茎は暗褐色で短い毛があり，節から地上茎を出す。横走根茎は主に30cm前後の深さに分布する。根茎は1節に分断されても萌芽できる。

水辺に群生するイヌスギナ。草高80cmに達する。根茎は黒褐色の光沢を帯び無毛。スギナと同様，節に塊茎を形成する。

和名索引

オ

カ

キ

ク

ケ

コ

サ

シ

ス

セ

ソ

タ

チ

ツ

テ

ト

ナ

ニ

ヌ

ネ

ノ

ハ

ヒ

フ

ヘ

ホ

マ

ミ

ム

メ

モ

ヤ

ユ

ヨ

リ

ル

レ

ワ

学名索引

A

B

C

G

H

I

J

K

L

M

N

O

P

R

S

英名索引

D

E

F

G

H

I

J

K

L

M

N

O

P

Q

R

S

T

V

W

Y

あとがき

公益財団法人日本植物調節剤研究協会（以下，植調協会）からその創立50周年記念事業として，雑草図鑑の企画について相談をいただいたのが2011年の晩秋です。偶々ですが，その頃私は「身近な雑草の芽生えハンドブック」の準備のため，畑地雑草の幼植物の育成，撮影を進めていたところでした。植調協会や本書の出版元である全国農村教育協会が蓄積してきた，水田雑草や学校向け教材の雑草写真ライブラリと，私が撮り足してゆく写真を組み合わせることができれば，新しい雑草図鑑を編纂するまたとない機会と直感しました。

2007年に上梓した，「農業と雑草の生態学」に収録した拙稿「雑草を見分け，調べる」で，私は雑草に関するさまざまな図鑑類や情報源の特徴と使い方について紹介，解説しました。その中で私は，幼植物が分かる携帯図鑑と，種子から花・果実までの雑草の生活史全体を，近年増えつつある外来種を含めて網羅した本格的な図鑑が必要，と書きました。

結果として，その双方ともこの数年で世に出すことができました。

印刷を待つばかりとなった，本書の全稿を見直しながら，あらためて驚嘆しています。日本で，人間の働きかけが及ぶ立地に生育する植物がこれだけあり，そのすべてが生き物としての進化の歴史と豊かな個性－形とくらし－を持っていることに。

本書は「日本雑草図説」「日本原色雑草図鑑」の21世紀新版，と位置づけて編纂してきました。ですから，収録した草種の選定とその記述は，両書を下敷としています。両書の記述は昭和30年代の日本の農地雑草と農地景観がもとになっています。多くの草種が，その当時も現在も変わらずに馴染みで厄介な雑草です。その一方で，少なからぬ記述が今世紀初頭の日本の現状とは合わなくなっています。

例えば，「図説」「原色図鑑」ともに，雑草の発生する立地のひとつに，桑園という記載が見られます。当時すでに蚕糸業は化学合成繊維の普及と新興生産国への生産移動によって日本では斜陽産業でした。桑園は今やごく限られた地域の特産として残るのみです。公的試験研究機関での栽培研究はほぼ撤退し，多くの桑園が存在したことが日本人のほとんどの記憶から消えようとしています。

その一方で，現在では多くの地域に生育し，農業害草にもなっている外来種も，当時はまだ少ない様子だったことが伺えます。まったく掲載されていない草種もかなりあります。緑地の景観も大きく変わったようです。野生化した外来牧草の存在しない冬場の道ばたや土手の草むらが，どのような草種で構成されていたのか，私も含め，ほとんどの日本人がそれを知りません。

本書で収録した草種の4割以上が外来種です。そして，「図説」「原色図鑑」のいずれにも収録されていない，新たに収録した草種は150種を超えました。日本への外来種の移入はこれからも増えるでしょう。自由貿易という弱肉強食の世が加速し，それに伴って見知らぬ土地に運び込まれる，望まれない植物に歯止めをかけるしくみを日本はまだ持っていません。

本書に掲載する草種の解説を書くために，それら外来雑草の原産国や，侵入年代，逸出の経緯などを関連資料で再確認しました。日本にこうした多くの植物を招き入れ，予想もしない，取り戻すことが難しい，大きな変化をもたらしてしまったのは，世界の社会，経済の巨大な流れであることに思い至ります。

信長の世に，伊吹山や琵琶湖畔でポルトガルが持ち込んだ薬草類。徳川政権とオランダによる独占・制限貿易の時代に，長崎の出島界隈に到着したヨーロッパ原産の雑草。イギリスの投資を基盤に成立した明治の時代，開発した港湾から鉱山，繊維業を結ぶ鉄道沿線，あるいはヨーロッパの農業技術を移植した農地に侵入・拡散したヨーロッパ原産の雑草。アメリカ合衆国軍による無差別爆撃を受けた跡地に，大量の輸入物資，食糧に付随して定着した北アメリカ原産の雑草。1960年代に進んだ，選択的拡大という農業政策はまた，日本の畜産業がアメリカ合衆国の余剰飼料作物の安定市場となることであり，それ以前とは桁違いの大量の雑草が意図せず日本に輸入される状況が現在も続いています。また，日本の独立後も沖縄や首都圏などに駐留を続けているアメリカ軍の基地から拡散したと疑われる雑草も少なくありません。そうしてやってきた雑草の一部は日本の緑地や農耕地にまで拡がり，その対応に新たな除草剤が求められたりしています。

日本の土地で暮らしている人々の意志とはほど遠いところで決まり，動いているお金とモノの流れが，雑草の変化にも現れているのです。

雑草も，社会を映すものです。

どんな雑草が，どのように生えるか，を決めるのはその土地の使い方です。その土地をいかに利用するか，は時代により地域により変わります。明治～大正生まれの「図説」「原色図鑑」の著者編者たちが育ち，見てきた雑草は，役畜の飼養や薪炭林の維持など，身近な生物資源を収奪に近い形で，地域社会の結やしがらみのなかで利用していた時代の農地や人里の景観であったでしょう。その後，幾多の除草剤を始めとして，さまざまな新しい技術が生まれ，人間と土地，雑草との関係を劇的に変えてきました。官民あげての取り組みで，農耕地の雑草を効率的に防除して生産性を上げること。かなりの程度それは達成されました。海外からより安い農林産物も入り，農村から人が減り続けています。あちこちに虫食い的に休耕地が生まれ，効率的な手段と手間で外来種を含めた雑草と，公共投資を交えていかにうまく折り合いをつけるかという，難しいことが求められている時代になりつつあります。

雑草を調べ，雑草との付き合いを考えることは，よりよい土地利用とそれがなされる社会のあり方を考えることでもある…雑草との関わりが続くほどに，そう，私は考えてきました。望ましいあり方とは？　そのためにどうするのか？　これまでのように，当事者の手が届かないところで多くのことが決まっているしくみから，自分たちで学び，決め，自分たちで決められる範囲を広げてゆくための取り組みを続けること。雑草をはじめとする，足元の生物の生き様や他の生物との関わり合いに目を配り，その適切な理解に裏打ちされた土地利用の営みを地域社会の中で引き継ぐこと。それもまた豊かな社会の姿の一つでしょう。

私が生まれた1960年代に刊行された「日本雑草図説」「日本原色雑草図鑑」の両書を21世紀に転生させる。その役割が自分に巡ってきたことへの，慄きと気概を胸に抱きつつ，あっという間に3年が過ぎました。本書に掲載した種数は，当初の企画から大きく膨れ上がりました。すべてをまとめあげるには，私はまったく不勉強であることに，毎日のように溜息を吐きました。

著者の力が及ばず，本書には盛り込むことができなかった内容もあります。

民俗的利用や文化的側面，豆知識的な雑学については割愛しました。すぐれた類書が多くありますので，それらに委ねます。道東・道北の草地雑草や，小笠原，先島諸島など亜熱帯地域の雑草を十分確認，掲載するには至りませんでした。また，収録した草種の記載について既往の文献資料の確認が必ずしも十分だったとはいえず，記述の精度に不安が無いとはいえません。雑草と菌類や節足動物など，他の生物との相互作用については，日本ではあまり研究の進んでいない領域でもあり，情報の収集・整理が及びませんでした。

管理手段とそれに対する草種ごとの反応については，地域や場面，管理目標が定まってはじめて意味をもちます。また，資材や技術は年々変化します。時代を通じて使われるべき本書にはふさわしくないと考え，収録しませんでした。

本書を手にした読者の方々が，それぞれの地域や場面の観察や記述を肉付けし，より有用なものへと育ててほしいと期待しています。

本書の編纂に与えられた3年という期間は，この水準の書籍を完成するには明らかに短いものですが，その間たいへん楽しく充実した日々でした。東日本大震災後の，日本の社会がおかしな，荒んだ方向に進んでゆくことへのやるせなさからの逃避という面もあったかもしれませんが。

本書の完成には，別途協力者としてお名前を掲載した方々以外にも，多くの方々にお世話になりました。中央農業総合研究センターの職員の皆様には日常的に有形無形の助力をいただき，業務科の皆様には雑草見本園の維持管理に長年にわたって多大な支援をいただきました。また，北海道から沖縄まで，多くの試験場研究員，改良普及員，農薬会社の皆様には現地案内や情報提供などでご協力いただきました。さらに，雑草科学や植物分類・生態学分野で魅力的な研究を続けている先輩，若手諸氏の存在は，刺激であり励みでありました。本書を企画した日本植物調節剤研究協会の方々には，調査の支援や関連資料について惜しみなく提供していただきました。

本書の企画から出版まで，全国農村教育協会の元村廣司さんに伴走していただきました。初版刊行後，半世紀近い『日本原色雑草図鑑』の経緯を知り，数々の生物図鑑の編集を手がけてきた彼ならではの絶妙な助言，激励があったからこそ，私の，そして本書の位置づけが定まり，刊行まで完走することができました。

本書の編纂と，私の雑草研究とを支えてくださったすべての皆様に厚く御礼を申し上げます。

浅井元朗

主な参考文献

浅井元朗『身近な雑草の芽生えハンドブック』文一総合出版，2012．

初島住彦『琉球植物誌(追加・訂正)』沖縄生物教育研究会，1971．

伊藤操子・森田亜貴『地下で拡がる多年生雑草たち』京都大学大学院農学研究科雑草学分野，1999.

角野康郎『日本の水草』文一総合出版，2014．

神奈川県植物誌調査会編『神奈川県植物誌2001』神奈川県立生命の星・地球博物館，2001.

笠原安夫『日本雑草図説』養賢堂，1968.

草薙得一編著『原色　雑草の診断』農山漁村文化協会，1986.

森田弘彦・浅井元朗編著『原色雑草診断・防除事典』農山漁村文化協会，2014．

日本雑草学会雑草学事典編集委員会編『雑草学事典CD版』日本雑草学会，2011.

沼田真・吉沢長人編『新版　日本原色雑草図鑑』全国農村教育協会，1978.

大場秀章編著『植物分類表』アボック社，2009.

長田武正『増補日本イネ科植物図譜』平凡社，1993.

多田多恵子著『身近な草木の実とタネハンドブック』文一総合出版，2010．

高江洲賢文・比屋根真一・後藤健志・尾川原正司「沖縄の農地に発生する病害虫・雑草診断・防除ハンドブック(3)畑やその周辺の雑草」沖縄県植物防疫協会，2013．

高江洲賢文・比屋根真一・佐渡山安常・後藤健志・尾川原正司「沖縄の農地に発生する病害虫・雑草診断・防除ハンドブック(4)水田とその周りの雑草」沖縄県植物防疫協会，2014．

佐竹義輔・大井次三郎・北村四郎・亘理俊二・冨成忠夫編『日本の野生植物　Ⅰ草本 単子葉類，Ⅱ 草本 離弁花類，Ⅲ 草本 合弁花類』平凡社，1982-1989.

清水建美『図説植物用語事典』八坂書房，2001.

清水建美著，梅林正芳図『日本草本植物根系図説』平凡社，1995．

清水建美編『日本の帰化植物』平凡社，2003.

清水矩宏・森田弘彦・廣田伸七編著『日本帰化植物写真図鑑』全国農村教育協会，2001.

植村修二・勝山輝男・清水矩宏・水田光雄・森田弘彦・廣田伸七・池原直樹編著『日本帰化植物写真図鑑』第2巻，全国農村教育協会，2010.

柳沢朗・古原洋・越智弘明監修『北海道の耕地雑草　見分け方と防除法』北海道協同組合通信社，2009.

谷城勝弘『カヤツリグサ科入門図鑑』全国農村教育協会，2007．

米倉浩司(邑田仁監修)『日本維管束植物目録』北隆館，2012.

[以下はWeb資料(国内のサイトのみ掲載)]

米倉浩司・梶田忠『BG Plants 和名－学名インデックス(Y-List)』
http://bean.bio.chiba-u.jp/bgplants/ylist_main.html，2003-

(独) 農研機構・中央農業総合研究センター　雑草生物情報データベース　http://weedps.narc.affrc.go.jp

侵入生物データベース　http://www.nies.go.jp/biodiversity/invasive/resources/listja_ref.html

北海道ブルーリスト2010　http://bluelist.hokkaido-ies.go.jp

北海道の耕地雑草　http://daisetsuzan.sakura.ne.jp

四季の里地里山植物　http://members3.jcom.home.ne.jp/u-plant2/

千葉北西部，周辺ぷち植物誌　http://pepd.blog66.fc2.com

三河の野草　http://mikawanoyasou.org

西宮の湿生・水生植物　http://plants.minibird.jp

松江の花図鑑　http://matsue-hana.com

著者略歴

浅井 元朗（あさい・もとあき）

1966年，宮城県生まれ。
京都大学大学院農学研究科博士課程修了。博士（農学），技術士（農業・植物保護）。
1996年に農林水産省農業研究センターに採用された後，中央農業総合研究センターを経て，畑地雑草の生態と管理の研究に取り組んできた。
現在，農業・食品産業技術総合研究機構 東北農業研究センター。

【主著】
『農業と雑草の生態学　侵入植物から遺伝子組換え作物まで』（責任編集，文一総合出版，2007）
『身近な雑草の芽生えハンドブック』（文一総合出版，2012）
『原色 雑草診断・防除事典』（共編著，農山漁村文化協会，2014）。
『身近な雑草の芽生えハンドブック 2』（文一総合出版，2016）

協力者

[採種・調査]
石川枝津子
我妻尚広
秋本正博
八木隆徳
松川勲
平田めぐみ
平久保友美
平智文
山本嘉人
佐藤節郎
根岸七緒
青木政晴
福本匡志
市原実
村井和夫
須藤健一
橘雅明
榎本敬
山下純
大段秀記
長谷川航
霍詳子
西脇亜也
高江洲賢文
比屋根真一
與儀喜与政
渡部烈光
渡部香奈子
北見農試の方々

[栽培]
内野彰
渡邉寛明
川名義明
黒川俊二
澁谷知子
中谷敬子
今泉智通
稲沼幸子
加藤弘子
山田ミナ子
赤坂舞子
西村愛子
松嶋賢一
青木大輔

[写真提供]
角野康郎
谷城勝弘
酒井長雄
植村修二
村田威夫
西村愛子
馬場玲子

（公財）日本植物調節剤研究協会研究所

本書に関するご意見、ご感想をお聞かせください。"こんな本がほしい"などの小社出版に関するご要望もお待ちしております。詳しくは小社ホームページをご覧ください。
種名などの掲載内容につきましては誤りのないように細心の注意を払っておりますが、万一ミスがあった場合は、ホームページの当該書籍の項に最新の正誤表を掲載しております。お手数ですが適宜チェックいただきますようお願いいたします。
全農教ホームページ　http://www.zennokyo.co.jp　または「全農教」で検索

植調雑草大鑑

定価はカバーに表示してあります。

2015年２月12日　初版 第1刷 発行
2016年11月25日　２版 第1刷 発行

著　　者／浅井元朗
企 画 者／公益財団法人日本植物調節剤研究協会

発 行 所／株式会社全国農村教育協会
東京都台東区台東 1-26-6（植調会館）　〒110-0016
電 話 03-3833-1821（代表）　Fax 03-3833-1665
Ｈ Ｐ　http://www.zennokyo.co.jp
Eメール　hon@zennokyo.co.jp

印　　刷／株式会社大成美術印刷所

ISBN978-4-88137-182-4 C3645